高等院校设计类通用教材

# 室内装饰工程管理及概预算

张秋梅 主编

张秋梅 张亚连 陈祖建 李光耀 董文英 编著



中国林业出版社

## 内 容 简 介

本教材分为装饰工程管理和装饰工程概预算两篇。

上篇根据《建筑工程施工质量验收统一标准》（GB50300—2001）及《建筑装饰装修工程质量验收规范》（GB50210—2001）的基本内容，结合现行的建筑装饰装修设计规范与标准编写而成。分别介绍了装饰抹灰工程、门窗工程、涂饰工程、裱糊工程与软包工程等的工程质量管理内容。

下篇全面介绍了装饰工程预算与定额的概念、预算费用组成、装饰工程工程量计算原理、装饰工程工程量清单计价、装饰工程招投标的发展等内容，最后介绍了装饰工程投标报价的实例。

本教材可作为大中专院校开设室内设计专业的专用教材，也可作为高职高专、成人职大及社会团体开办室内设计师培训班的培训教材。

**图书在版编目（CIP）数据**

室内装饰工程管理及概预算/张秋梅主编. —北京：中国林业出版社，2006.9（2018.2 重印）
高等院校设计类通用教材
ISBN 978-7-5038-4478-2

Ⅰ. 室… Ⅱ. 张… Ⅲ. ①室内装饰－施工管理－高等学校－教材 ②室内装饰－建筑概算定额－高等学校－教材 ③室内装饰－建筑预算定额－高等学校－教材 Ⅳ. TU767

中国版本图书馆 CIP 数据核字（2006）第 099584 号

**中国林业出版社·教育出版分社**

**策划编辑** 杜 娟　　**责任编辑** 郑铁志

**电话：**83143553　　**传真：**83143516

**出版发行** 中国林业出版社（100009 北京市西城区德内大街刘海胡同 7 号）
E-mail：jiaocaipublic@163.com　电话：（010）83143500
网 址：http：//lycb.forestry.gov.cn

**经　销** 新华书店
**印　刷** 三河市祥达印刷包装有限公司
**版　次** 2006 年 9 月第 1 版
**印　次** 2018 年 2 月第 6 次
**开　本** 889mm×1194mm 1/16
**印　张** 14.5
**字　数** 502 千字
**定　价** 28.00 元

# 木材科学及设计艺术学科教材

## 编写指导委员会

# 前　言

随着人民群众生活水平的日益提高、建筑装饰技术及建筑装饰材料的不断发展和国民生活水平的提高，人们对工作和居住环境的要求越来越高，建筑装饰装修行业在今日焕发出越来越强盛的生命力，具有无比广阔的产业发展前景，已逐步发展成为国民经济的重要产业。建筑行业的迅速发展，急需大批优秀的室内设计人才、工程技术人才和工程项目管理人才。

建筑装饰装修产业的飞速发展，对建筑装饰装修行业及从业人员提出了新的要求：要求他们对多学科交叉的建筑装饰技术有更深刻的理解和认识；具有更深的艺术造诣和艺术创新水平；能够科学、正确选用装饰材料；合理确定建筑装饰材料的施工方案与工艺程序；具备高水平的工程项目管理能力，等等。

本教材结合现行的建筑装饰装修设计规范与标准编写成书。上篇介绍了装饰抹灰工程、门窗工程、顶棚工程、涂饰工程、裱糊与软包工程等的工程质量管理内容。下篇介绍了装饰工程预算与定额的概念、预算费用组成、工程量计算原理、工程量清单计价、招投标的发展等内容。全书的特点是，叙述简洁、通俗易懂，突出了实用性和可操作性。

本教材上篇的第2、4、6、7章内容由中南林业科技大学张秋梅编写；上篇的第1章及下篇的第10、13章的第1、2节内容由中南林业科技大学张亚连编写；上篇的第3、5章及下篇的第11、12章和第13章的第3节内容由福建农林大学陈祖建编写；上篇的第8章由浙江林学院李光耀编写，第9章由四川农业大学董文英编写。

本教材可作为大中专院校室内设计专业的专用教材，也可作为高职高专、成人职大及社会团体开办室内设计师培训班的培训教材。

建筑装饰装修工程涉及面广、工艺程序繁多，加之作者水平有限，书中遗漏、错误之处在所难免，敬请读者尤其同行业专家和老师们不吝赐教。

编　者

2006年2月

# 目　录

## 下篇 室内装饰工程概预算

# 上篇　室内装饰工程管理

# 第1章 装饰工程项目管理

【本章难点与重点】 装饰工程项目管理是装饰企业管理的基础内容，是装饰企业管理层与作业层相分离的一项管理制度，装饰工程项目管理有其自身的特点和质量管理体系要素。

室内装饰项目管理是装饰企业管理的基础内容，是室内装饰企业管理层与作业层相分离的一项管理制度，也是装饰企业对外展示企业自身形象的窗口。装饰企业的自身管理水平，是保证装饰施工项目质量好坏的条件。

## 1.1 装饰工程项目

### 1.1.1 项目的概念

项目是在一定的约束条件下，具有特定目标的、一次性的任务。

项目各种各样，不同的项目有不同的内容，长江三峡水利枢纽工程、京九铁路、导弹卫星制造发射是大项目；开个生日聚会、课外活动、校际联欢是小项目。所有这些经济或社会活动都包含着策划、评估、计划、实施、控制、协调、结束等基本内容，都可以称之为项目。

### 1.1.2 项目的属性

1. 一次性

这是项目与其他重复性劳动的最大区别，项目总是具有其独特性。研制一项产品，建造一栋楼房，甚至写一篇论文，都不会有完全相同的简单重复，即使类似的项目也会因地点、时间和外部环境不同而有差别。一次性属性是项目的最重要的属性，其他属性都由此衍生而来。

2. 有一定的约束条件

项目一般有限定的资源消耗，限定的时间、空间要求和相应的规定标准。例如，生日聚会就要限定具体的时间、地点，费用也要有一定的限额；又如，一项室内装饰工程，要有特定的室内空间，具体某个时间段，限定的资金额，达到约定的室内装饰目的等约束条件。

3. 具有确定的目标

作为一个项目，必须有确定的目标，包含成果性的目标及其他需要满足条件的目标。如建造一栋住宅，其目标就是在规定的时间里，使用一定的资金，建造出质量上符合规定标准、造型上合理美观、功能上满足使用需求的民用建筑物。

综上所述，项目可以定义为：在一定的约束条件下，具有特定目标的、一次性的任务。项目是一个外延很广泛的概念，在企事业、机关、社会团体以至生活的方方面面都有项目和项目管理问题。可以说，室内装饰施工项目就是项目的一般意义在室内装饰工程上的具体运用。

### 1.1.3 项目的生命周期和阶段性

项目的生命周期是指项目从开始到实现目标的全

部时间。

项目是一次性的渐进过程，从项目的开始到结束可分成若干阶段，这些阶段构成了项目的整个生命周期。

不同的项目因目标不一、约束条件不同而划分为不同的阶段。如建设项目可以分为：发起和可行性研究阶段，规划和设计阶段，制造与施工阶段，移交与投产阶段；工业产品开发项目可以分为：市场需求调研阶段，开发方案可行性论证阶段，产品设计与样品试制阶段，小批量试产阶段，批量生产阶段。

每一个项目阶段都以它的某种可交付成果的完成为标志，如建设项目的设计阶段要交付建设工程、初步设计和施工设计方案；工业产品开发项目的样品试制阶段要交付合乎设计要求的样品等。通常前一阶段的交付成果经验收合格后，才可以开始下一阶段的工作。一方面，为了保证前一阶段成果符合阶段性目标，避免返工；另一方面为了保证工程项目的连续性，不至于因人员流动和外部条件变化而导致工程项目衔接不上。

大多数项目的生命周期都可以归纳为启动、规划、实施、结尾几个基本过程，其资源投入模式大致相同，即开始投入较低，然后逐步增高，当接近尾声时迅速降低，如图 1－1 所示。

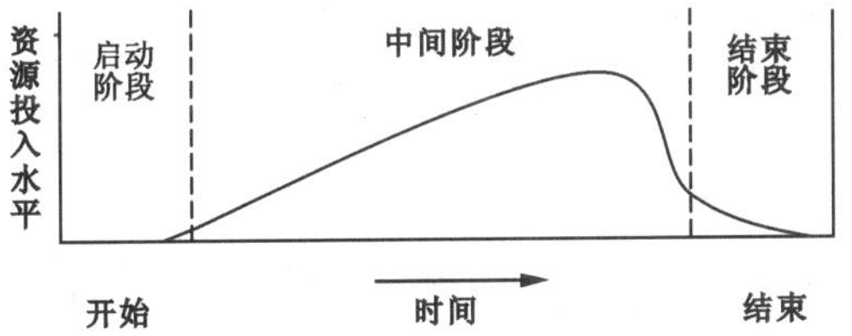


图 1－1　典型的项目生命周期资源投入模式

### 1.1.4　装饰工程项目的组成

室内装饰工程项目按其复杂程度，一般由以下工程内容组成。

1. 单项工程

凡是具有独立的设计文件，竣工后可以发挥生产能力或效益等功能的工程，称为一个单项工程。一个建设项目，可能是一个单项工程所组成，也可能由若干个单项工程所组成。例如，工业建设项目中，各个独立的生产车间、实验大楼等；民用建设项目中，学校的教学楼、实验室、图书馆、宿舍楼等，这些都可以称为一个单项工程，其内容包括建筑工程、设备安装工程以及工具、仪器等的购置过程。

2. 单位工程

凡是具有单独设计，可以独立施工，但完工后不能独立发挥生产能力或效益的工程，称为一个单位工程。一个单项工程一般都由若干个单位工程所组成。例如，一个车间，一般由土建工程、装饰工程、工业管道工程、设备安装工程、电气照明工程和给排水工程等若干个单位工程组成。其中的某一个工程，如设备安装工程，可以称为单位工程。

3. 分部工程

组成单位工程的若干个分部工程称为分部工程。例如：一幢房屋的土建单位工程，按其结构或构造部位，可以划分为基础、主体、屋面、装饰等分部工程；按其工种工程可以划分为土石方工程、砌筑工程、钢筋混凝土工程、防水工程、装饰工程等；按其质量检验评定要求可以划分为地基与基础工程、主体工程、地面与楼面工程、门窗工程、装饰工程、屋面工程等。对于建筑装饰工程而言，其分部工程可以划分为墙面工程、柱面工程、楼地面工程、吊顶工程、铝合金工程、玻璃工程等。

4. 分项工程（又称施工过程）

组成分部工程的若干个施工过程称为分项工程。装饰工程一般按照选用的施工方法、材料、结构构件和配件等的不同来划分。如轻钢龙骨吊顶、墙纸裱糊、地面镶贴花岗石板等。

由此可知，为了有利于国家对基本建设项目计划价格的统一管理，便于编制建设预算文件和计划文件等，我国将工程建设项目进行科学的分析与分解，在实际的建设中，室内装饰工程可以是独立的单项工程、单位工程，也可以是单位工程中的分部或分项工程。

## 1.2　装饰工程项目管理的特点与内容

### 1.2.1　装饰工程项目管理的特点

装饰工程项目是指在一定的约束条件下（主要指限定资源、限定时间），具有特定装饰目标的一次性任务。其特点主要体现在以下 3 点。

1. 装饰工程项目管理是一种一次性管理

这是由装饰工程项目的单件性特征决定的。它决定了装饰工程项目目标的一次性。例如，装修一个星级酒店或设计一个大型商厦，它不同于其他工业产品的批量性，不同于其他生产过程的重复性，也不同于其他管理，如财务管理的重复性和经常性等。由于装饰工程具有永久性特点和项目管理的一次性特征，在装饰工程项目管理过程中，一旦出现差错，很难有纠正的机会，只有遗憾留存。这一点与其他工业企业管理有着明显的区别。

2. 装饰工程项目具有生命周期

装饰工程项目的单件性、过程的一次性决定了装饰工程项目的生命周期。装饰工程项目的生命周期实质上是项目的时间限制。在装饰工程施工过程中，就有工期要求，开工有时，竣工有日。开工意味着项目的诞生（开始），竣工意味着项目的结束（完成）。超越这一时间限制就意味着项目在一定程度上的失败。同时，整个生命周期，又明显划分为若干特定阶段，每一阶段都有一定的时间要求，都有它特定的施工目标，上一阶段的结束，都是下一阶段成长的前提，都对整个生命周期有决定性的影响。

3. 装饰工程项目具有一定的约束条件

装饰项目的约束条件，既是项目管理的必要条件，又是不可逾越的限制。装饰工程项目管理的一次性特征，其明确的施工目标和时间限制，既定的功能要求，以及质量标准和预算额度，决定了约束条件的约束强度比其他工程项目的管理更高。装饰工程项目管理的重要特点正在于装饰工程项目管理者必须在约定的时间内，善于运用这些约束条件，而又不超越这些条件的情况下，完成好既定任务，达到预期的施工目标；否则，时间不再来，条件不再有，项目管理即告失败。

装饰工程项目管理与施工管理和企业管理不同，不能把它们混为一谈。装饰工程项目管理的对象是整个装饰工程项目；施工管理的对象虽然也是具体的工程项目，也具有一次性的特点，但管理的范围仅限于工程的施工阶段，而不是装饰工程的全过程。装饰工程项目管理与企业管理的区别在于后者的管理对象是整个企业，管理范围涉及企业生产经营活动的各个方面，一个工程项目仅是其中的一个组成部分，而且，企业管理与企业本身是共存亡的，它没有装饰工程项目管理所具有的一次性特点。

### 1.2.2 装饰工程项目管理的工作内容

装饰工程项目管理按管理的工作范围大小来分，可分为全过程管理和阶段性管理两类。装饰工程项目管理属于两者中的“阶段性管理”，即装饰工程项目实现过程中某一特定阶段的管理工作。主要包括设计管理和施工管理两个部分。

1. 设计管理

在装饰工程项目中，特别是在国外装饰工程行业，设计任务常常由装饰工程施工单位来承担。

装饰工程设计管理的主要内容包括以下 4 个方面。

（1）明确业主对设计内容和配合施工进度出图的时间要求，确定设计费用，签订设计合同；

（2）组成设计班子，与专业工程师签订专业设计分包合同；

（3）制订设计进度计划，并监督检查其实施情况，按时提供设计图样；

（4）编制工程设计概、预算，或编制标底控制造价。

2. 装饰工程施工管理

（1）确定施工方案，做好施工准备，主要包括以下内容：

- 施工方案的技术经济比较，选定最佳可行方案；
- 选择适用的装修施工机械；
- 设计装饰工程施工平面布置图；
- 确定各工种工人、机具和材料的需要量。

（2）编制施工进度计划，主要包括以下内容：

- 编制施工进度计划网络图；
- 建立检查进度计划的报表制度和计算机数据处理程序；
- 施工图样供应情况的监督检查；
- 物资供应情况的监督检查；
- 劳动力调配的监督检查；
- 工程质量管理。

（3）合同与造价管理，主要包括以下内容：

- 编制投标报价方案；
- 与业主、分包商及设备、材料供应商签订合同；
- 检查合同执行情况，处理索赔事宜；
- 工程中间验收及竣工验收，结算工程款；
- 控制工程成本；
- 月度结算和竣工决算及损益计算。

## 1.3 装饰工程质量体系的建立和运行

### 1.3.1 装饰工程公司质量体系

“质量体系”的定义是：实施质量管理的组织结构、职责、程序、过程和资源。

体系是一个有机整体，它是由多个按照一定规律运动的事物组成的统一体，如企业是由人、财、物、产、供、销、信息等经营要素按一定的活动要求（各种工作标准、管理标准、技术标准等）组成的统一体。装饰工程施工企业从投标、签订合同、材料和设备供应、现场施工到交工验收等一系列生产经营活动，就是企业质量体系的运行。

一个企业在一般情况下，质量体系只有一个。但对于大、中型装饰工程公司而言，由于装饰工程施工的需要，下属多个独立的专业施工单位或项目经理部形成了多个小的施工企业，那么除了装饰工程总公司实施总的质量控制和管理，建立和形成质量体系外，其下属的多个专业施工单位，也可建立各自的质量体系，实施有效的质量管理，实现各自的质量目标。

装饰工程企业的基本任务是向社会提供符合需求的装饰工程产品和服务，满足人们日常生活和生产活动中对装饰工程的各种需求，增加社会效益和提高企业的经济效益。建立质量体系的目的就是为了实现企业的基本任务，为了企业的生存和发展，提高企业的信誉，增强企业的活力，提升企业的竞争力。

为了实现这个目的，装饰工程的工程产品应达到下述6个方面的目标。

（1）满足规定的需要和用途。按需方的要求设计并按设计施工，同时满足规定的使用要求。

（2）满足业主对工程产品的质量要求和期望，具体包括：

• 适用性。任何装饰工程产品首先应满足使用要求；

• 可靠性。结构牢固、安全可靠；

• 耐久性。保证使用年限、耐腐蚀性；

• 美观性。提供与环境协调的，赏心悦目、丰富多彩的造型、景观，优良的观感质量；

• 经济性。在满足上述要求的前提下，投资合理，体现最佳的经济效益。

（3）符合有关标准的规定和技术规范的要求。

（4）符合社会有关安全、环境保护方面的法令和条例的规定。

（5）工程产品取费低、质量优，具有竞争力。

（6）能使企业获得良好的经济效益。

### 1.3.2 特点与选择

1. 特点

*推荐性标准被法规或合同确定采用后就是“强制性标准”* GB/T19000系列标准是一套推荐性标准。编号“T”就是“推荐”一词的汉语拼音首写字母。虽属推荐性标准，但在合同环境中，供需双方选定的标准模式一旦被合同条款采用，在确定的范围内就是必须执行的强制性标准。如果甲、乙双方或第三方选择某一质量保证模式作为产品认证标准，在该范围内则具有法律效力。

*标准是规范的补充* 就装饰工程而言，如果技术规范、装饰工程设计或施工管理体系不完善，那么技术规范本身就不可能保证业主对装饰工程项目的要求始终得到满足。而系列标准明确了装饰工程质量管理程序作为对技术规范或服务要求的补充，用以控制装饰工程项目设计、施工的全过程，可以充分保证稳定的合乎要求的产品质量。

*标准的目的是指导，内容可以调整* 质量管理和质量保证标准并不是质量管理工作的标准化，而是指提供指导。标准是在总结国际成功经验的基础上，从共性出发，阐述质量管理工作的基本原则、基本规律和质量体系要素的基本构成，适用于不同体制、不同行业的生产企业开展质量管理工作。各个装饰工程公司的规模、市场条件、企业素质、消费者要求各不相同，尽管其工作质量、原理、原则基本相同，但要真正切合实际绝不可以生搬硬套，必须对标准规定的要素及采用要素的程度进行研究，确定企业自身质量体系的构成、建立和完善。可以通过选择要素，组合出既符合质量管理原理，又适用于本企业条件的最佳质量管理体系。

2. 选择

我国的装饰行业所涉及的设计、科研、施工、试验、质量监督、建设监理等企事业单位，在建立企业内部质量管理体系时，毫无疑问，应该选择ISO9004标准，这是一致的。由于这些单位又有各自的特点，因此，所建立的质量体系也是不相同的，这主要是因为质量形成的过程不同而造成的。

ISO9001标准——设计、科研、总承包（集团）公司适用；

ISO9002标准——施工企业适用；

ISO9003标准——质量监督站、监理公司适用。

## 1.4 装饰工程项目质量体系要素

装饰工程项目是装饰工程公司的施工对象，装饰工程施工企业要实施GB/T19000系列标准，就要把质量管理和质量保证落实到工程项目的质量上。一方面要按企业质量体系要素的要求分解出工程项目的质量保证体系，并使之有效运行；另一方面，装饰工程项目施工要实现质量全优，特别是业主单位或第三方提出的外部质量保证要求，以赢得社会信誉。这也是企业进行质量体系认证的重要内容。

在建立装饰工程项目质量保证体系的过程中，应开展一系列有系统、有组织的整理、调整、完善装饰工程项目质量体系各要素的活动，使装饰工程项目从投标、施工准备、施工过程直至竣工交验，全过程中都有质量体系做保证。装饰工程项目质量保证体系要素包括：装饰工程项目项目经理职责；装饰工程项目质量体系原理与原则；工程招投（议）标质量；采购质量；工序管理点控制；装饰工程成品与半成品保护；装饰工程项目文件与记录；工程的安全与责任。

### 1.4.1 装饰工程项目项目经理职责

（1）对工程质量方针和目标的制定和实施负责。对质量作出承诺并写成文件。保证工程项目施工得到全体人员和各工作部门的理解与支持并坚决贯彻执行。

（2）对主要分项分部工程、功能性施工项目、关键与特殊工序、现场主要管理工作等明确其基本要求和质量目标、工作控制要点。

（3）将工程项目方针目标考核结果与经济承包责任制挂钩。

（4）为确保实现业主和国家、行业强制性要求，应致力于实施质量体系所必须的组织机构、责任、程序、过程和资源的健全和完善，以促进质量体系的有效运转。

（5）应对施工全现场质量职能进行合理分配，尤其应注意加强质量成本、材料质量、质量检验、安全生产、施工进度等各职能的协调与管理。

### 1.4.2　装饰工程项目质量体系原理与原则

1. 质量环

质量环包括以下内容：

- 承接装饰工程项目；
- 施工准备；
- 装饰材料采购；
- 装饰施工；
- 试验与检验；
- 竣工交验；
- 回访与保修。

2. 质量体系结构

质量体系结构包括以下内容：

- 明确各级人员的责任与权限，规定各项工作间的衔接、控制内容和保证措施。
- 建立与装饰工程质量体系相适应的组织机构（质量管理小组）。
- 资源与人员。人才和专业技能，施工工具。
- 工程程序。质量体系通过装饰工程施工的有关工作程序，对影响施工质量的因素进行恰当而连续的控制。

3. 装饰工程项目体系文件

（1）政策纲领性文件：

- 工程项目施工管理质量手册；
- 质量保证文本；
- 质量方针目标及其管理规定；
- 质量管理政策性措施。

（2）管理性文件：

- 新工艺质量计划，原材料、构配件质量控制计划，施工质量控制计划，工序质量控制计划，质量检验计划和分部分项工程一次交验合格计划等；
- 施工组织设计；
- 工程项目施工质量管理点明细表、流程图及管理点管理制度；
- 新材料、新工艺的施工方法、作业指导和管理规定；
- 试验、检验规程和管理规定；
- 质量审核大纲；
- 工程项目质量文件管理规定及修改、补充管理办法；
- 工程项目质量方针目标展开分解图及说明；
- 组织机构图及质量职责（包括责任和权限的分配）。

（3）执行性文件：

- 工程变更洽商记录；
- 检验、试验记录；
- 质量事故调查、鉴别、处理记录；
- 质量审核、复审、评定记录；
- 各种统计、分析图表。

4. 装饰工程项目质量体系审核

（1）确定审核的部门、范围，其中包括被审核的工序、工作现场、工程部位、装备器材、人员、文件和记录等。

（2）审核报告：审核后应向委托审核的项目经理提交审核报告，包括审核结果、结论和建议等书面意见。报告内容如下：

- 上次审核纠正措施的完成情况和效果的评价；
- 本次审核的结论性意见；
- 不符合要求的实例，并列出产生问题的原因；
- 纠正的措施（包括负责人、完成时间、要达到的质量标准等）。

### 1.4.3　工程招投（议）标质量

装饰工程设计、施工企业投标的质量直接影响企业的经济效益和生存。投标的质量包括：

- 投标信息质量；
- 确定投标的标底；
- 投标工作的管理。

### 1.4.4　采购质量

装饰工程所需材料和施工工具与设备的采购质量，直接影响到装饰工程的总体质量，采购质量的管理内容包括：

- 采购质量大纲应包括的内容；
- 对规范、图样和订货单的要求；
- 选择合格的供方；
- 关于质量保证的协议；
- 关于检验方法的协议；
- 处理质量争端的规定；
- 进货检验计划和进货控制；
- 进货质量记录。

### 1.4.5　工序管理点控制

实现工序管理点控制，是保证装饰工程项目质量的重要措施，必须予以高度重视，为此，要做到以下几点。

1. 管理点的设置

应根据不同管理层次和职能，按以下原则分级设置：

- 质量目标的重要项目、薄弱环节、关键部位，施工部位需要控制的重要质量特性；
- 影响工期、质量、成本、安全、材料消耗等重要因素环节；
- 新材料、新技术、新工艺的施工环节；
- 质量信息反馈中，缺陷频数较多的项目。

随施工进度和影响因素的变化，管理点的设置要不断推移和调整。

2. 实施管理点的控制

- 制定管理点的管理办法（包括一次合格率和“三工序”活动的管理办法）；
- 落实管理点的质量责任；
- 开展管理点 QC 小组活动；
- 在管理点上开展抽检一次合格管理和检查上道工序、保证本道工序、服务下道工序的“三工序”活动；
- 进行管理点的质量记录；
- 落实与经济责任制结合的检查考核制度。

3. 工序管理点的文件

- 管理点流程图；
- 管理点明细表；
- 管理点（岗位）质量因素分析表；
- 操作指导卡（作业指导书）；
- 自检、交接检、专业检查记录以及控制图表；
- 工序质量分析与计算；
- 质量保持与质量改进的措施与实施记录；
- 工序质量信息。

4. 工序管理点实际效果的考查（略）

### 1.4.6 装饰工程成品与半成品保护

装饰工程成品与半成品的保护，是装饰工程项目管理的重要内容，必须从以下几个方面做好工作。

（1）对于进入施工现场的材料、构配件、设备要合理存放，做好保护措施，避免质量损失；

（2）科学合理安排施工作业程序，注意做好有利成品保护工作的交叉作业安排；

（3）进行全员文明生产与成品保护的职业道德教育；

（4）统一全施工现场的成品保护标志；

（5）采取及时可靠的成品保护措施，严格有关成品保护的奖罚；

（6）工程竣工交验时，同时向业主送发装饰工程成品正确使用和保护说明，避免不必要的质量争议和返修。

### 1.4.7 装饰工程项目质量文件与记录

为保证装饰工程项目质量管理的完整性和准确性，应从以下几个方面保存好装饰工程质量文件和记录。

1. 工程项目质量文件

工程项目质量文件包括以下内容：

- 质量体系文件；
- 施工图样与变更洽商协议；
- 施工组织设计与施工进度计划；
- 工程质量设计与质量责任制度；
- 技术规范与工艺操作规程；
- 工序质量控制与管理点规定；
- 试验、检验规定与作业程序；
- 技术交底与作业指导书；
- 有关质量保证的文件和资料。

2. 工程项目质量记录

工程项目质量记录包括以下内容：

- 工程隐检、预检资料与分部、分项工程验收资料；
- 各种试验数据、鉴定报告、材料试验单；
- 各种验证报告：工序质量审核报告（资料）、工程质量审核报告、质量体系审核报告；
- 有关施工中质量信息记录；
- QC 小组活动记录；
- 质量成本报告；
- 各种质量管理活动记录。

### 1.4.8 工程的安全与责任

1. 施工的安全（略）

2. 使用的安全（略）

## 1.5 装饰工程质量控制与管理

在完成装饰工程项目质量体系建立的基础上，必须认真贯彻装饰工程项目管理体系制订的各项规定和要求，认真抓好装饰工程施工质量的控制与管理，使施工的技术和工艺水平达到图样设计和施工协议商定的标准。

### 1.5.1 装饰工程范围及总体要求

1. 装饰工程的范围

凡新建、扩建、改建工程和对原有房屋等建筑物、构筑物进行室内、室外装饰的，均属于建设装饰装修工程范围。

2. 装饰工程的总体要求

建设装饰装修工程应当做到安全适用、优化环境、经济合理，并符合城市规划、消防、供电、环保等有关规定和标准。

### 1.5.2　装饰工程质量检验方法

检查装饰工程质量的人员，应熟悉规范、规程，要具有一定的施工经验，且经质量检查的培训，能够按照标准的规定，评出正确的质量等级。检验方法主要是：目测、手感、听声音、查资料和实行检测等。

1. 目测

如墙面的平整、顶棚的平顺、线条的顺直、色泽的均匀、图案的清晰等都是靠人的视觉判定。为了确定装饰效果和缺陷的轻重程度，又规定了正视、斜视和不等距离的观察。

2. 手感

如表面是否光滑、刷浆是否掉粉等，要用手摸检查；为了确定饰面或饰件安装或镶贴是否牢固，需要手扳或手摇检查。在检查过程中要注意成品的保护，手摸时要“轻摸”，防止因检查造成表面的污染和损坏。

3. 听声音

为了判定装饰面层安装或镶贴得是否牢固，是否有脱层、空鼓等不牢固现象，需要手敲、用小锤轻击，通过所听声音来鉴别。在检查过程中应注意“轻敲”和“轻击”，防止成品表面出现麻坑、斑点等缺陷。

4. 查资料

装饰工程技术资料要比主体结构工程少一些，为了确保工程质量，必要时，要查对设计图纸、材料产品合格证、材料试验报告或测试记录等，借助有关技术资料，来正确评定工程质量等级。

5. 施行检测

装饰工程质量主要是观察检查，有时只凭眼睛看还不行，还需要实测实量，将目测与实测结合起来进行“双控”，评出的质量等级更为准确合理。

### 1.5.3　装饰工程质量控制内容及管理

1. 装饰工程质量控制内容

装饰的种类繁多，材料更是五花八门，要求把每项装饰工程的质量控制方法都进行文字表述，不但很难做到，而且没有必要。现只能分门别类，归纳为几个大的项目表述。如抹灰项目类，无论什么样材质的材料、应该抹在什么样的基层上。包括墙体立面、顶棚、地坪平面等都归纳为抹灰一类；喷（刷）涂项目类，包括各种涂料，油性的、水性的、瓷性的等，喷涂在各种面层（基层）上的，都归纳为喷涂一类；还有裱糊一类的、粘贴一类的、挂（吊）一类的等。将在本书后面各章节分别讲述。

装饰工程质量控制内容主要如下。

- 做好装饰设计，进行多种方案比较，择优选用优秀设计方案。通过实体工程的测量，将设计的要求结合使用的装饰材料，有效地、合理地布置在工程的立面和平面上。
- 核对材料，量材使用，创造最佳效果。目前的建筑装饰材料，质量不稳定，必须在进场后进行检查和按照质量标准对比，找出其特性，充分利用好的一面，创造好的效果。如将一些颜色花纹不一致的大理石或花岗岩，组合成一定的图案或形象。
- 摆砖放线，使设计落到实处。将设计的图案、做法、要求，合理地放到实体工程上去，体现设计意图，使图样变成实物。
- 树立样板，做出示范。把规范标准的要求实物化，为大面积施工确立质量标准，统一操作工艺，也是为用户做出承诺样板。
- 做好收尾清理和成品保护工作。这是工程完成的最后一道工序。工业产品讲究整理工序和包装，工程不能包装，但可以干干净净、完完整整地反映出工程的本来面目，交给用户一个干净完整的工程。
- 安排工艺程序，按科学规律办事，工序不要颠倒，尽量做得完善，保证工序质量在控制范围之内。

2. 装饰工程对技术管理人员的要求

*具有一定的美学基础知识*　建筑装饰不仅是表面造型和色彩等媒介所创造的视觉效果，而且还包括了美学表现、平面构成、立体构成及其建筑与装饰表现等综合内容而构成的整体效果。因此，要求建筑装饰工程技术人员不仅对装饰构图、造型、色彩等美学概念有一定的了解和掌握，而且对建筑与装饰表现技法要有所知晓。

*熟知建筑装饰工程设计与构造内容*　建筑装饰设计是人们运用美学原则、空间理论等来创造美观实用、舒适的空间环境，如果不熟知建筑装饰工程设计与构造的内容，就无法实现这一目的。对于施工人员，不了解设计与构造的内容，就不能正确理解设计的构思意图，更不能去实现这个意图。因此，设计人员要设计出理想的空间环境，施工人员要把设计变为现实的立体效果，只有熟知建筑装饰工程设计与构造的内容，才能从整体上考虑，创造出更为理想的空间环境。

**具有一定的材料知识**　建筑装饰是通过使用各种材料来达到装饰功能的要求，又是通过使用各种材料来表达装饰效果。因此装饰工程技术人员必须熟悉各种类型常用材料的规格、性能及用途，具有识别各种常用材料质量优劣的常识，对各种材料的质感和装饰效果要有一定了解，以便更好地设计和组织施工。

**熟悉施工操作技能**　建筑装饰工程施工的特点就是往往要求一个人承担多个工种的施工技术，这就要求技术人员在施工工艺技术方面具备全面性和系统性，并且在工艺处理上有较丰富的经验，能处理一些施工中的难点。对于施工管理人员，不仅要熟悉施工操作技能，而且要熟悉检查验收的方法和标准，建筑装饰工程工种多、施工种类多、施工衔接多、每个施工种类的完工都需要进行工艺检查和验收，因此管理人员必须懂得工艺检查的方法和标准，及时发现问题，解决问题，减少工料损失。

具有识图绘图能力　图样是工程技术的语言，在施工中管理人员要向工人分析解释图样，根据图样指导施工，图样不全或不详的部分要及时绘制补缺。

3. 装饰、装修中影响结构的注意事项

当原有房屋装饰、装修时，涉及到拆改主体结构和明显加大荷载时，应向房屋所在地的房地产行政主管部门或物业管理机构提出书面申请，得到批准后，由房屋安全鉴定单位对装饰装修方案的实施安全进行审定。装饰、装修设计方案必须保证房屋的整体性，抗震性和结构的安全。

4. 装饰、装修中的环境保护

建筑装饰施工企业必须采取措施，控制装饰施工现场的各种粉尘、废气、固体废弃物以及噪声、振动对环境的污染和危害，保障人们的正常生活、工作和人身安全。并注意保护相邻建筑物的安全，因装饰、装修损坏毗连房屋的，应负责修复或赔偿。

5. 装饰工程的招投标及资质管理

装饰工程的招投标　凡政府投资的工程，行政、事业单位投资的工程，国有企业（或国有企业控股的企业）投资的工程及国家法律、法规规定的其他工程中的大中型装饰、装修工程应当采取公开招标或邀请招标的方式发包。对于那些不宜公开招标或邀请招标的军事设施工程，保密设施工程、特殊专业等工程，可以采取议标或直接发包。

装饰工程资质管理　从事建筑装饰装修的施工企业、设计单位，必须经建设行政主管部门进行资质审查，并取得资质证书后，方可在资质证书规定的范围内承揽施工、设计业务。建设单位不得将建设装饰装修工程发包给无资质证书或不具备相应资质条件的施工、设计单位。装饰施工企业内部设计部门未取得相应设计资质证书的不得接受装饰设计业务。

6.《建筑装饰装修工程质量验收规范》（GB 50210—2001）简介

《规范》编制目的　《建筑装饰装修工程质量验收规范》（GB 50210—2001）（以下简称《规范》）的编制修订是以“验评分离、强化验收、完善手段、过程控制”为原则，与《建筑工程施工质量验收统一标准》（GB50300—2001）（以下简称《统一标准》）及相应的设计规范配套使用。目的是为了加强工程质量管理、统一建筑装饰装修工程施工质量的验收，保证工程质量。同时，也给建筑装饰装修工程施工中的质量控制和各分项工程施工质量的判定提供具体的管理和技术规定。《规范》中制定的强制性标准，是以保证工程安全、使用功能、人体健康、环境效益和公众利益为重点，对建筑装饰装修工程施工质量作出的带有强制性的控制和验收规定。

《规范》的适用范围与要求　《规范》适用于建筑装饰装修工程施工质量的验收。《规范》应与《统一标准》配套使用。建筑装饰装修工程施工中采用的工程技术文件、承包合同文件对施工质量验收的标准不得低于《规范》的规定。建筑装修装修工程施工质量的验收除应执行《规范》外，还应符合国家现行有关标准、规范的规定。

新《规范》的特点　有如下几点。

- 新《规范》规定了合格指标，取消了优良指标。
- 新《规范》重点规定了施工过程中的检查验收。
- 新《规范》强调了建筑工程施工过程中的监督管理。
- 新《规范》明确了建筑施工过程中的质量责任。
- 新《规范》按照《统一标准》的规定，对进场材料检验批、分项工程、分部（子分部）工程的质量验收提出了质量检验要求及指标，内容完整，重点突出，层次合理，有可操作性。
- 新《规范》总结了国内新技术、新材料、新工艺的工程实践经验，具有一定的独创性。

《规范》对建筑装饰装修工程的基本规定　在设计方面的基本规定有如下 7 条：

- 建筑装饰装修工程必须进行设计，并出具完整的施工图样设计文件。
- 承担建筑装饰装修工程设计的单位应具备相应的资质，并应建立质量管理体系。由于设计原因造成的质量问题应由设计单位负责。
- 建筑装饰装修设计应符合城市规划、消防、环保、节能等有关规定。
- 承担建筑装饰装修工程设计的单位应对建筑物进行必要的了解和实地勘察，设计深度应满足施工要求。
- 建筑装饰装修工程设计必须保证建筑物的结构安全和主要使用功能。当涉及主体和承重结构改动或增加荷载时，必须由原结构设计单位或具备相应资质的设计单位核查有关原始资料，对既有建筑结构的安全性进行核验、确认。
- 建筑装饰装修工程的防火、防雷和抗震设计应符合现行国家标准的规定。
- 当墙体或吊顶内的管线可能产生冰冻或结露时，应进行防冻或防结露设计。

在材料方面的基本规定有 10 条：

● 建筑装饰装修工程所用材料的品种、规格和质量应符合设计要求和国家现行标准的规定。当设计无要求时应符合国家现行标准的规定。严禁使用国家明令淘汰的材料。

● 建筑装饰装修工程所用材料的燃烧性能应符合现行国家标准《建筑内部装修设计防火规范》GB50222—1995、《建筑设计防火规范》GBJ16—1987 和《高层民用建筑设计防火规范》GB50045—1995 的规定。

● 建筑装饰装修工程所用材料应符合国家有关建筑装饰装修材料有害物质限量标准的规定。

● 所有材料进场时应对品种、规格、外观和尺寸进行验收。材料包装应完好，应有产品合格证书、中文说明书及相关性能的检测报告；进口产品应按规定进行商品检验。

● 进场后需要进行复验的材料种类及项目应符合本规范各章的规定。同一厂家生产的同一品种、同一类型的进场材料应至少抽取一组样品进行复验，当合同另有约定时应按合同执行。

● 当国家规定或合同约定应对材料进行见证检测时，或对材料的质量发生争议时，应进行见证检测。

● 承担建筑装饰装修材料检测的单位应具备相应的资质，并应建立质量管理体系。

● 建筑装饰装修工程所使用的材料在运输、储存和施工过程中，必须采取有效措施防止损坏、变质和污染环境。

● 建筑装饰装修工程所使用的材料应按设计要求进行防火、防腐和防虫处理。

● 现场配制的材料如砂浆、胶黏剂等，应按设计要求或产品说明书配制。

在施工方面的规定有 14 条：

● 承担建筑装饰装修工程施工的单位应具备相应的资质，并应建立质量管理体系。施工单位应编制施工组织设计并应经过审查批准。施工单位应按有关的施工工艺标准或经审定的施工技术方案施工，并应对施工全过程实行质量控制。

● 承担建筑装饰装修工程施工的人员应有相应岗位的资格证书。

● 建筑装饰装修工程的施工质量应符合设计要求和《规范》的规定，由于违反设计文件和《规范》的规定施工造成的质量问题应由施工单位负责。

● 建筑装饰装修工程施工中，严禁违反设计文件擅自改动建筑主体、承重结构或主要使用功能；严禁未经设计确认和有关部门批准擅自拆改水、暖、电、燃气、通讯等配套设施。

● 施工单位应遵守有关环境保护的法律法规，并应采取有效措施控制施工现场的各种粉尘、废气、废弃物、噪声、振动等对周围环境造成的污染和危害。

● 施工单位应遵守有关施工安全、劳动保护、防火和防毒的法律法规，应建立相应的管理制度，并应配备必要的设备、器具和标识。

● 建筑装饰装修工程应在基体或基层的质量验收合格后施工。对现有建筑进行装饰装修前，应对基层进行处理并达到《规范》的要求。

● 建筑装饰装修工程施工前应有主要材料的样板或做样板间（件），并应经有关各方确认。

● 墙面采用保温材料的建筑装饰装修工程，所用保温材料的类型、品种、规格及施工工艺应符合设计要求。

● 管道、设备等的安装及调试应在建筑装饰装修工程施工前完成，当必须同步进行时，应在饰面层施工前完成。装饰装修工程不得影响管道、设备等的使用和维修。涉及燃气管道的建筑装饰装修工程必须符合有关安全管理的规定。

● 建筑装饰装修工程的电器安装应符合设计要求和国家现行标准的规定。严禁不经穿管直接埋设电线。

● 室内外装饰装修工程施工的环境条件应满足施工工艺的要求。施工环境温度不应低于 5℃。当必须在低于 5℃气温下施工时，应采取保证工程质量的有效保温措施。

● 建筑装饰装修工程施工过程中应做好半成品、成品的保护，防止污染和损坏。

● 建筑装饰装修工程验收前应将施工现场清理干净。

## 1.6　影响装饰工程质量的主要因素

实践经验证明，影响装饰工程质量的主要因素是人、环境、机具、材料和方法，概括为五大因素。这五个因素之间是互相联系、互相制约的，是不可分割的有机整体。装饰工程质量管理的关键是狠抓这五个因素，将“事后把关”转到“事前预防”，将施工中容易出现质量事故的各种因素控制起来，把管理工作做到生产的全过程中去。具体地说，就是把施工过程中影响质量的五大因素加以控制。

1．操作人员

就建筑工程整体来说，人的因素指企业各部门、每一个人都关心质量管理，即通常所讲的“全员管理”和“全企业管理”。具体到装饰工程，包括若干个分项工程，相当一部分分项工程施工主要依靠手工操作，操作人员的技能、体力、情绪等因素在生产过程中的变化直接影响到工程质量。要强调“预防为主”，首先要强调人的主观能动性。那么，造成施工操作误差的主要原因是：质量意识差，操作时粗心大意；操作技能低，技术不熟练；质量与分配处理不当，影响操作者积极性等。鉴于上述原因应采取以下措施。

*提高质量意识*　要树立以优质求信誉、以优质求效益的指导思想，强化“质量第一，用户至上”的意识；进行“下道工序就是用户”的质量意识教育，提高广大职工搞好工程质量的自觉性和责任感，在数量、进度、效益与质量发生矛盾时，坚持把保证质量放在首位。

*工程质量与施工操作者利益挂钩*　在推行承包经营责任制中，把工程质量好坏列为重要考核指标，将质量好坏与施工操作者的工资、奖金挂钩，定期检查，严格考核，奖惩严明。对为提高工程质量做出重大贡献的人员，要敢于重奖；对忽视质量，弄虚作假，违章操作，或者造成重大质量事故的，要严肃处理，绝不姑息。这样，充分体现奖勤罚懒，奖优罚劣，多劳多得，少劳少得，促使施工操作人员关心质量、重视质量，使质量管理有强大的经济动力和群众基础。

*组织技术培训*　组织操作技术练兵，提高操作技能，既掌握传统工艺，又掌握新材料、新技术和新工艺。经过培训后，关键岗位、重要工序的技术力量要注意保持相对稳定。

*认真执行“三检制”*　所谓“三检制”是指自检、互检和交检。这是工程质量管理工作的重要环节。通过“三检制”促进自我改进和自我提高的能力。

自检，即操作者自我把关，保证操作质量符合质量标准，对于班组来说，就是班组自我把关，保证交付符合质量标准的产品。“三检制”应以“自检”为主。

互检，可由班组长组织在同工种的各班组之间进行，通过互检肯定成绩，找出差距，交流经验，共同提高。

交检，一般由工长或施工队长组织进行。为了保证上道工序质量，上下工序间进行交接检，这是促进上道工序自我严格把关的重要手段。

2. 机具设备

我国有句名言，“工欲善其事，必先利其器”，自古以来，在建筑营造业方面，工匠对所用工具就十分讲究。如今装饰工程施工正向工业化、装配化发展，机具设备已经成为生产符合工程质量要求的重要条件之一。

对于机具设备因素的控制，应按照工艺的需要，合理地选用先进机具；为了保证生产顺利进行，机具在使用之前必须检查；在使用过程中，要加强维修保养，定期检修；机具在使用后，要精心保管，建立健全管理制度，避免损坏，减少损失。

3. 工作环境

工作环境，如温度、湿度、天气、环境及工序衔接等对装饰工程质量影响都很大，一般应进行以下 3 个方面的控制。

*施工温度与湿度*　刷浆、饰面和花饰工程，以及高级抹灰、混色油漆工程，环境温度不应低于 5℃；中级和普通抹灰工程、混色油漆工程，以及玻璃工程，环境温度应在 0℃以上；裱糊工程的环境温度不应低于 15℃；用胶黏剂粘贴的罩面板工程的环境温度，不应低于 10℃。

环境湿度对工程质量影响显著，如在砖墙面上抹灰，必须将墙面浇水润湿；对水泥砂浆抹灰层，必须在湿润条件下养护；油漆工程基层必须干燥，若是潮湿将会产生脱层。

*风雨天气和环境清洁*　油漆工程操作地点应清理干净，做到环境清洁、通风良好，雨雾天气不宜作罩面漆；室外使用涂料不得在雨天施工；六级大风不得进行干粘石的施工。

*工序衔接和工序安排合理*　为施工创造良好环境条件，有利于提高工程质量。如装饰工程应在基体或基层的质量检验合格后，方可施工；室外装饰一般应自上而下进行；高层建筑采取措施后，亦可分段进行；室内装饰工程应待屋面防水工程完工后，并在不致被后继工程所损坏和沾污的条件下进行；室内罩面板和花饰等工程，应待易产生较大湿度的地（楼）面垫层完工后进行。室内抹灰如果在屋面防水工程完工前施工，必须采取相应的防护措施。

有时因为抢工期或者管理人员更换，出现工序颠倒，造成返工修理，极易影响工程质量，想抢工期却欲速则不达。

4. 材料质量

装饰材料是装饰工程的物质基础，正确地选择、合理地使用材料是保证工程质量的重要条件之一。控制材料质量的措施有以下几点。

*必须按设计要求选用材料*　因为装饰工程材料的品种多，颜色、花纹、图案又很繁杂，为了达到理想的装饰效果，所用材料必须符合设计要求。

*所用材料的质量必须符合现行有关材料标准*　供应部门要提供符合要求的材料，包括成品和半成品，严防“以次充好，以假代真”，确保材料符合工程的质量要求。很多事实表明，因为材料质量低劣，往往会给工程质量造成严重损失。

*对进场材料加强验收*　材料进场后应加强验收，认真检验规格、品种、质量、数量，在验收中发现数量短缺、损坏、质量不符合要求等情况，要立即查明

原因，分清责任，及时处理；在使用过程中对材料质量发生怀疑时，应抽样检验，合格后方可使用。

*作好材料管理工作*　材料进场后，要严格管理，按施工总平面布置图和施工顺序就近合理堆放，减少倒垛和二次搬运；并应加强管理和限额发放，避免和减少材料损失。如装饰工程所用的砂浆、灰膏、玻璃、油漆、涂料等，应集中加工和配制。又如，装饰材料和饰件以及有饰面的构件，在运输、保管和施工过程中，必须采取措施，防止损坏和变质。

5. 操作方法

装饰工程的各分项工程因所用机具、材料、工作环境及施工部位不同，必须采用相应正确的操作方法，才能保证工程质量，达到分项工程本身的使用功能、保护作用和装饰效果。反之，采用错误的操作方法是难以达到质量标准的。将人、机具、材料和环境等各种因素有机整合，通过科学的操作方法来实施，预防可能出现的质量缺陷，从而保证工程质量。

由于新材料、新技术不断涌现，各种新型粘结材料、膨胀螺栓和射钉枪等广泛采用，操作方法也有了很大改进和提高。

**【本章小结】**

装饰工程项目管理是装饰企业管理的基础。装饰工程管理有自身的特点和质量管理体系要素。实践经验证明，影响装饰工程质量的重要要素是人、环境、机具、材料和施工方法等五大因素。

**【思考题】**

1. 什么是项目？装饰工程项目的组成内容是什么？

2. 装饰工程项目管理的特点是什么？

3. 影响装饰工程质量的主要因素有哪些？

**【推荐阅读书目】**

1. 建筑装饰装修工程施工与质量验收实用手册．孙科炎主编．北京：中国建材工业出版社，2004.

2. 装饰工程项目管理规范实施手册．张维君主编．北京：中国建筑工业出版社，1999.

3. 室内装饰材料．向仕龙，张秋梅，张求慧编著．北京：中国林业出版社，2003.

**【相关链接】**

1. 中国室内装饰协会．http：//www. cida. net. cn/home. php

2. 设计在线．http：//www. dolcn. com

# 第2章 装饰抹灰工程管理

**【本章难点与重点】** 装饰抹灰工程的管理主要从施工环境、材料质量、施工质量、施工安全等方面来展开。管理的重点在施工环境和施工安全两个方面。质量通病及防治措施是本章的重点讲授内容。

装饰抹灰，一般是指采用水泥、石灰砂浆等抹灰的基本材料，除对墙面做一般抹灰之外，利用不同的施工操作方法将其直接做成饰面层。如拉毛灰、拉条灰、洒毛灰、假面砖、仿石、水刷石、干粘石、水磨石，以及喷砂、喷涂、弹涂、滚涂和彩色抹灰等多种抹灰装饰做法。其面层的厚度、色彩和图案形式，应符合设计要求，并应施于已经硬化和粗糙而平整的中层砂浆面上，操作之前应洒水湿润。当装饰抹灰面层有分格要求时，其分格条的宽窄厚薄必须一致，粘贴于中层砂浆面上应横平竖直，交接严密，饰面完工后适时取出。装饰抹灰面层的施工缝，应留在分格缝、墙阴角、水落管背后或独立装饰组成部分的边缘处。

## 2.1 施工环境控制

1. 基层和面层的一般要求

- 装饰抹灰在基体与基层质量检验合格后方可进行。基层必须清理干净，使抹灰层与基层粘结牢固。
- 装配式混凝土外墙板，其外墙面和接缝不平处以及缺楞掉角处，用水泥砂浆修补后，可直接进行喷涂、滚涂、弹涂。
- 装饰抹灰面层应做在已硬化、粗糙而平整的中层砂浆面上，涂抹前应洒水湿润。
- 装饰抹灰面层的厚度、颜色、图案应符合设计要求。
- 装饰抹灰面层的施工缝，应留在分格缝、墙面阴角、水落管背后或独立装饰组成部分的边缘处。每个分块必须连续作业，不显接槎。

2. 装饰抹灰工作条件

- 喷涂、弹涂等工艺在雨天或天气预报下雨时不得施工；干粘石等工艺在大风天气不宜施工。
- 装饰抹灰的周围的墙面、窗口等部位，应采取有效措施，进行遮挡，以防污染。

3. 做样板

装饰抹灰的材料、配合比、面层颜色和图案要符合设计要求，以达到理想的装饰效果，为此，应预先做出样板（一个样品或标准间），经建设、设计、施工、监理四方共同鉴定合格后，方可大面积施工。

## 2.2 材料质量控制

装饰抹灰工程常用材料主要指配制抹灰砂浆及喷涂、滚涂、弹涂色浆的组成材料，有胶凝材料、细集料、颜料、聚合物及有关防水剂等。

1. 胶凝材料

砂浆装饰抹灰工程用的胶凝材料与一般抹灰工程略同。除此，也常采用白色水泥或彩色水泥。

**白水泥** 产品性能及用途见表2－1。

**彩色水泥** 其品种及编号见表2－2。

**表2－1 白水泥的产品性能及用途**

| 种类 | 特性 | 标号 | 白度（%） | 用途 | 生产厂家 |
| --- | --- | --- | --- | --- | --- |
| 白色硅酸盐水泥 | 强度高，色泽洁白，可配制各种彩色砂浆、彩色色浆及彩色涂料 | 325<br>425 | 70～81 | 1. 建筑装饰工程的粉刷和雕塑<br>2. 制造有艺术性的各种彩色和白色混凝土或钢筋混凝土等的装饰结构部件<br>3. 制造各种颜色的水刷石、人造大理石及水磨石等制品<br>4. 配制彩色水泥 | 苏州光华水泥厂 |
| | | 325<br>425 | 70～75 | | 浙江长兴白水泥厂 |
| | | 325 | 75 | | 陕西长安白水泥厂 |
| | | 425 | | | 广州市建材一厂 |
| 白色硫酸盐水泥 | 与白色硅酸盐水泥相同 | 425 | 73～78 | 1. 与白色硅酸盐水泥同<br>2. 不得直接用于承重结构构件 | 山西闻喜县水泥厂 |
| 白水泥钢渣 | 白度较低，凝结速度快 | 325 | 60～70 | 1. 与白色硅酸盐水泥同<br>2. 不宜直接用于承重结构 | 重庆第二机制砖瓦厂 |

**表2－2 彩色水泥的品种及编号**

| 品种及编号 | | | | | | 生产单位及商标 |
| --- | --- | --- | --- | --- | --- | --- |
| 品种 | 编号 | 品种 | 编号 | 品种 | 编号 | 商标：五羊牌<br>生产单位：广州市建材一厂 |
| 深红 | 101 | 孔雀蓝 | 301 | 银灰 | 502 | |
| 砖红 | 102 | 浅蓝 | 302 | 米色（灰白） | 503 | |
| 桃红 | 103 | 深绿 | 401 | 白色 | 601 | |
| 米黄 | 201 | 浅绿 | 402 | 黑色 | 701 | |
| 樱黄 | 202 | 深灰 | 501 | 咖啡色 | 702 | |

重庆第二机制砖瓦厂利用钢渣白水泥配制生产钢渣彩色水泥，但必须注意采用耐碱、耐光的矿物颜料及无机颜料，严禁使用酸性化工颜料及有机颜料、染料。

2. 细集料

*硅砂* 分天然硅砂、人造硅砂及机制硅砂。人造硅砂和机制硅砂，系将硅岩加以焙烧，经人工或机械破碎，筛分而成。它们比天然硅砂质量好、纯净，而且 $SiO_2$ 含量也较高。除用在装饰工程外，硅砂多用于配制耐腐蚀砂浆等。

*石屑* 是粒径比石粒更小的细集料，主要用于抹灰工程中配制外墙喷涂饰面用的聚合物砂浆。常用的有松香石屑、白云石屑等。

3. 颜料

掺颜料的砂浆，一般用在室外抹灰工程中，如人造大理石、假面砖、喷涂、弹涂、滚涂和彩色砂浆。这些装饰面，长期受阳光照射，风、雨、霜、雪及大气中有害气体腐蚀和污染。为保证饰面质量，延长使用年限，在施工时必须选择好颜料，以免褪色和变色，影响装饰效果。

**颜料选择** 要根据颜料的价格、砂浆品种、建筑物使用部位和设计要求而定。建筑物处于受酸侵蚀的环境中，要使用耐酸性好的颜料；受日光曝晒的部位，要选择耐光性好的颜料；碱性强的砂浆，要使用耐碱性好的颜料。设计要求鲜艳颜色，可选用颜色鲜艳的有机颜料。

**颜料种类及性质** 颜料分有机颜料和无机颜料两种。砂浆装饰抹灰常用颜料及性质见表2－3。

无机颜料为天然或合成的无机物，多数为矿物质颜料。无机颜料遮盖力强，密度大，耐热和耐光性好，但颜色不够鲜艳。

**表2－3 砂浆装饰抹灰常用颜料及性质**

| 颜色 | 颜料名称 | 性质 |
| --- | --- | --- |
| 红色 | 氧化铁红 | 有天然和人造两种。遮盖力及着色力较强，有优越的耐光、耐高温、耐污浊气体及耐碱性能，是较好、较经济的红色颜料之一 |
| | 甲苯胺红 | 为鲜艳红色粉末，遮盖力、着色力较高，耐光、耐热、耐酸碱，在大气中无敏感性，一般用于高级装饰工程 |
| 黄色 | 氧化铁黄 | 遮盖力比其他黄色颜料都高，着色力几乎与铅铬黄相等，耐光性、耐大气影响、耐污浊气体以及耐碱性等都比较强，是装饰工程中既好又经济的黄色颜料之一 |
| | 铬黄 | 铬黄系含有铬酸铅的黄色颜料，着色力高，遮盖力强，较氧化铁黄鲜艳，但不耐强碱 |

（续）

| 颜色 | 颜料名称 | 性　　质 |
|---|---|---|
| 绿色 | 铬绿 | 是铅铬黄和普鲁士蓝的混合物，颜色变动较大，决定于两种成分比例的组合，遮盖力强，耐气候、耐光、耐热性均好，但不耐酸碱 |
| | 氧化铁黄与酞菁绿 | 参见本表中“氧化铁黄”及“群青” |
| 蓝色 | 群青 | 为半透明鲜艳的蓝色颜料，耐光、耐风雨、耐热、耐碱，但不耐酸，是既好又经济的蓝色颜料之一 |
| | 铬蓝与酞菁蓝 | 为带绿光的蓝色颜料，耐热、耐光、耐酸碱性能较好 |
| 棕色 | 氧化铁棕 | 是氧化铁红和氧化铁黑的机械混合物，有的产品还掺有少量氧化铁黄 |
| 紫色 | 氧化铁紫 | 可用氧化铁红和群青配用代替 |
| 黑色 | 氧化铁黑 | 遮盖力、着色力强，耐光，耐一切碱类，对大气作用也很稳定，是一种既好又经济的黑色颜料之一 |
| | 炭黑 | 根据制造方法不同分为槽黑和炉黑两种。装饰工程常用炉黑，性能与氧化铁黑基本相同，仅质量密度稍轻，不易操作 |
| | 锰黑 | 遮盖力颇强 |
| | 松烟 | 采用松材、松根、松枝等在室内进行不完全燃烧而熏得的黑色烟炭，遮盖力及着色力均好 |

有机颜料为天然或合成的有机物，多数为化工颜料。有机颜料颜色鲜明，有较好的着色力，比无机颜料耐化学腐蚀性好。缺点是耐热性、耐光性和耐溶性较差，强度不高。

4. 分散剂

传统用的分散剂六偏磷酸钠，系一种有机聚合物，常用于室外喷涂、刷涂等调制色浆，对于稳定砂浆稠度，使颜料分散均匀及抑制水泥中游离成分的析出，均有一定效果。本品为白色结晶颗粒，易潮解结块，需用塑料袋贮存。使用时，一般掺入量为水泥质量的1%。

但工程实践和研究试验都证实，掺入六偏磷酸钠后吸水率提高，耐污染性能显著下降，故已改用木质素磺酸钙代替。木质素磺酸钙具有减水作用，同时具有分散作用，能使水泥水化时生成的 $Ca(OH)_2$ 均匀分散，减轻析出于表面的倾向，在常温施工时能有效地克服颜色不匀现象。木质素磺酸钙的掺量为水泥质量的0.25%左右。

5. 甲基硅树脂防水剂

装饰抹灰工程常用的甲基硅树脂防水剂主要有甲基硅醇钠防水剂、聚甲基乙氧基硅氧烷防水剂等，其技术性质和作用、配制方法、贮存方式见表2－4。

**表2－4　有机硅防水剂的性质、配制及存放**

| 有机硅防水剂 | 技术性质和作用 | 配制方法及施工要点 | 贮存方式 |
|---|---|---|---|
| 甲基硅醇钠建筑防水剂 | 为无色透明水溶液，由甲基三氯硅钠经过水解交错制成，固体含量30%，质量密度1.23，pH值13。喷刷在外墙饰面上具有防水、防污染、防风化等效果，能提高饰面的耐久性 | 1. 使用时要用水稀释（质量比1∶9，体积比1∶11），使其含固量为3%，稀释后应在1～2天内用完，存放过长防水效果下降<br>2. 喷刷均可，以见湿不流淌为度。3%浓度溶液用量以400g/m² 为妥，用量过多表面会有白色粉末，影响饰面色泽均匀<br>3. 喷刷后24h内不能遇雨，如遇雨，应做增水试验，以水挂面，饰面不见湿为合格，否则应再喷刷一遍<br>4. 配制使用时，要注意勿使触及皮肤、衣物 | 应密闭存放，防止阳光直接照射，长期暴露空气中会使防水效果下降 |
| 聚甲基乙氧基硅氧烷防水剂 | 为黄色透明液体，有特殊香味，易燃，酸性较强时，遇水易分解。稀溶液能渗透到建筑材料内部，干燥后表面不留漆膜痕迹，使建筑材料具有透气、防水、防污染、防风化的效果 | 1. 5%盐酸水溶液：将1份工业盐酸加6份水中，搅拌均匀待用<br>2. NaOH－CaHsOH－$H_2O$溶液：取1份聚甲基乙氧基硅氧烷，加入0.5份工业酒精稀释，在充分搅拌下加入0.1～0.12份5%的盐酸水溶液，此时溶液产生放热反应至完全透明，静置0.5h取一滴溶液滴在干净的玻璃板上，如能在10min内固化，透明、不粘，即表示反应良好。再放置1～2h，然后加入3～4份乙醇和丁醇稀释，在搅拌下滴入NaOH－CaHsOH－$H_2O$溶液中和到pH值为7～7.5即可使用<br>3. 被涂物表面必须清洁，干燥，湿透，24h内防止雨水洗刷<br>4. 随配随用，不得存放过夜 | 放在密闭的非铁容器中贮存，并须按规范84130号规定运输 |

## 2.3 施工质量控制

装饰抹灰多数是在面层中，用不同种类的材料、工艺及不同的操作方法，来达到装饰的效果。

这里主要介绍面层的质量控制。装饰抹灰的效果，主要决定于选料配料（要加强原材料的检验）、配合比、色彩、抹灰操作、表面加工、成品养护、保护等。如水刷石面层，就要先挑选水泥，尤其是水泥的强度等级、有效期以及颜色等。而且在同一个楼栋号上，应尽可能用同一批的水泥。选好的水泥要妥善保管，严防受潮，防止降低标号，而影响水刷石的质量。石子的挑选（粒径、颜色等），配合比的确定，施工过程中操作技术的发挥，施工缝的留设，缝格的留置以及用水冲洗适度等，都影响到观感质量。当前主要存在的质量通病是：粘结不牢、空鼓、裂缝、接槎明显，颜色不一致，缝格横不平、竖不直，石粒不均，尤其边角处少石子，阴阳角不顺直，管道周围楞角处等细部不细等，都影响到水刷石的质量。克服空鼓裂缝等粘结不牢的通病，要认真清理基层，基层要干净，不得有尘土污垢，表面要平整粗糙，有一定的强度，并要事先洒水湿润，抹灰时抹压要适度，冲刷要适时适度等。石粒不均要从配合比适宜、灰浆搅拌均匀上采取措施。颜色不一致要从采用同批水泥、石子，一次备料，严格配合比等采取措施，一个部位（或一个格内）的活要一次完成，施工缝留在缝格处、或转角处，对于细部处理及操作技术的发挥，要在提高操作人员技术和工艺素质上下功夫，还要勤检查，多检查。

推行“质量管理卡”进行质量管理。以“质量管理卡”控制工程质量，详见表2-5。

**表2-5 装饰抹灰工程质量管理卡**

| 管理点 | 管理内容及质量标准 | 技术实施对策 | | | 检查次数 | | | | | 责任者 |
|---|---|---|---|---|---|---|---|---|---|---|
| | | 测定方法 | 测定时间 | 对策 | 1 | 2 | 3 | 4 | 5 | |
| 抹灰层之间 | 粘结牢固，无空鼓、裂缝 | 观察、小锤轻击 | 抹后一层之前检查前一层 | 基体、基底清理干净，提前12~24h洒水湿润 | | | | | | 操作者 |
| 砂浆配制 | 配合比正确 | 称量 | 配料过程中 | 应用管理（控制）图进行控制，对照配合比单检查计量及时修理 | | | | | | 操作者 |
| 孔洞、槽盒 | 边缘整齐、方正、护角抹水泥，管道后表面平整 | 观察、方尺和楔形塞尺测量 | 抹底层、面层之后 | | | | | | | 操作者 |
| 门窗框与墙体间缝隙填抹 | 框固定牢固，缝隙填抹正确 | 手推、拉，观察 | 抹门窗套灰之前 | 木、铁框用水泥砂浆或混合砂浆；寒冷地区按设计加保温材料；铝框用矿棉及胶填嵌或按设计 | | | | | | 工长 |
| 分格条(缝)滴水线槽（室外） | 宽、深均匀，平直整齐 | 尺量、观察 | 抹灰前检查米厘条 | 及时扶直，整平 | | | | | | 操作者 |
| 水刷石、水磨石面层 | 石粒分布均匀、平整，无掉粒、无刺手感，色泽一致，无接槎痕迹；表面平整光滑，石粘显露均匀，无砂眼、磨纹及漏磨处，分格条位置正确，全部露出 | 观察、手摸 | 成活之后检查 | 采用同批水泥、同批石子，一次备好；灰浆搅拌均匀，接槎留在分格条(缝)处，每个格一次完成；抹平压实；冲洗(磨)要适时适度 | | | | | | 工长<br>操作者 |
| 干粘石面层 | 石粒粘牢固，分布均匀，表面平整，色泽一致，不显接槎，无露浆，无漏粘处 | 手摸、观察 | 成活之后及时检查 | 采用同批水泥、同批石子，一次备好；灰浆搅拌均匀，接槎留在分格条(缝)处，每个格一次完成，石渣粘均匀，抹压密实；及时修理 | | | | | | 工长<br>操作者 |
| 斩假石、假面砖面层 | 剁纹均匀顺直，深度一致，色泽一致，无漏剁处，留边一致，楞角无损坏；表面平整，沟纹清晰，整齐、色泽均匀，无掉角、脱皮、起砂 | 尺量、观察 | 成活之后及时检查 | 采用同批材料，一次备好；抹灰前弹好线；剁之前弹好留边线等，剁的时间要适时，不能过早，及时修理 | | | | | | 工长<br>操作者 |

（续）

| 管理点 | 管理内容及质量标准 | 技术实施对策 | | | 检查次数 | | | | | 责任者 |
|---|---|---|---|---|---|---|---|---|---|---|
| | | 测定方法 | 测定时间 | 对策 | 1 | 2 | 3 | 4 | 5 | |
| 拉条灰、拉毛灰、洒毛灰面层 | 拉条顺直清晰，深浅一致，光滑洁净，间隔均匀，不显接槎，上下端灰口齐平；花纹、斑点分布均匀、颜色一致，不显接槎 | 观察 | 成活之后及时检查 | 采用同批材料，一次备好；模具配齐，花纹要预先做好样板；及时修理 | | | | | | 工长<br>操作者 |
| 喷砂、喷涂、滚涂、弹涂、面层 | 表面平整，砂粒粘结牢固，均匀、密实、颜色一致；花纹、色点大小均匀，颜色一致，不显接槎，无漏涂、透底及流坠 | 手摸、观察 | 成活之后及时检查 | 采用同批材料，一次备好；操作前先做样板；及时修理 | | | | | | 工长<br>操作者 |
| 仿石、彩色抹灰 | 表面密实，线条、纹理清晰，颜色协调不显接槎 | 观察 | 成活之后及时检查 | 采用同批材料，一次备好；操作前先做样板；留槎留在缝格处，及时修理 | | | | | | 工长<br>操作者 |

## 2.4 施工安全控制

为了预防和杜绝事故的发生，在施工过程中，对于脚手架的架设、材料的水平垂直运输、机电设备、施工现场、冬期施工以及工人的操作纪律等诸方面，制定可靠的安全防护技术措施，提出明确的管理要求，以此保证施工安全地进行。

1. 脚手架

• 施工前，先检查脚手架是否架设牢固，有无腐朽和探头板，有无绑扎松扣的地方，凡不安全之处，应及时修理，经检验合格后，方能进行施工。

• 距地3m以上的作业面的外侧，必须绑两道牢固的防护栏，并设18cm高的挡脚板或拴防护网。进行屋檐和突出部位抹灰，利用挑出脚手架时，必须设置1m高的防护栏杆。

• 层高在3m以上抹灰，脚手架必须由架子工搭设。

• 在多层脚手架上，尽量避免在同一垂直线上工作，如需立体交叉同时作业，应有防护措施，下层的操作人员必须戴好安全帽。

• 进行墙面抹灰时，立杆两侧脚手板铺设宽度均不得少于2块(40cm以上)。

• 在高凳上搭脚手板时，高凳要放稳，高凳间距不大于2m。脚手板不少于2块，不得留探头板。移动高凳时，上面不得站人。一块脚手板上不得有2人同时作业，防止重量超载发生事故。

• 采用梯子。梯子不得垫高使用。梯子档间距以30cm为宜，不得缺档。单面梯子与地面夹角以60°~70°为宜。

• 从事无法搭设安全防护措施作业时，在3m以上部位，施工人员应带安全帽并拴好安全带，安全带必须拴在牢固的部位。

• 脚手板严禁搭设在门窗上、暖气片上、水暖管道等部位。

• 无论进行任何作业，一律禁止搭设飞跳板。

2. 材料运输

• 垂直运输时，采用的高车架、吊篮、桥式架、外用电梯等，必须安装牢固，经检验合格。使用中经常检查护身栏杆及联络信号，必须保证安全。

• 室内外水平运输的道路应平坦，清除障碍物，不得碰撞成品。

• 超过4m高的建筑，必须搭设上下马道，严禁施工人员爬梯子或乘坐起重吊篮。

• 手推车前后车距，平地不得少于3m，下坡不得少于10m。

3. 机电设备

• 施工现场夜间照明电线及灯具，其高度不应低于施工目标2.5m。

• 夜间或在阴暗房间操作应有足够照明。使用行灯电压不得超过36V。在潮湿场所，行灯电压不得超过12V。

• 施工现场架设的低压线路，不得用裸导线；所架设的高压线，应距建筑物水平距离10m以外，垂直距离地面7m以上；跨越交通要道时，必须加安全防护装置。

• 在电线附近工作，禁止触动一切电线，衣服、工具等不得挂在电线上，防止触电。

• 需要拆移电线时，必须由专业(电工)人员处理。

• 机械应由专人负责。电动机接地必须安全可靠，非机电人员不得动用机电设备。

4. 施工现场

●施工现场，在洞、坑、沟、升降井、漏斗、楼梯未安装栏杆之前等危险处，要设置盖板、围栏、安全网等，严防坠落跌伤。

●淋灰池的四周应设置护身栏，夜间设置照明警示灯。

●清除建筑物内渣土垃圾时，应搭设垃圾道，或集中在指定地点，集中清运。不得从门窗口往外乱扔杂物，以免伤人。

●抹灰之前，将操作周围环境清理干净，便于操作，保证安全；抹灰后，及时清理落地灰，过筛再用。要做到活完场地清。

5. 冬期施工

●有毒的外加剂、胶黏剂等，在包装上必须有明显标志，必须指派专人管理，建立发放手续，严防误入口内。

●室内作业使用火源时，应保持通风良好，防止煤气中毒，在火源周围有消防设施，防止火灾发生。

●室外脚手架上有雪、霜、冰等，必须清扫干净后，方可上人操作。

●春暖解冻时，注意检查外架子，防止沉陷。

6. 安全纪律

●高空作业，衣着要灵便，禁止穿硬底鞋、拖鞋在架子上操作。进入施工现场，必须戴安全帽。

●操作之前先检查工具，易脱头、折把的工具，经修理后再用。

●架子上存放的材料，应分散，不得集中，木制杠尺应平放在脚手板上，所有工具均应搁置稳当，防止掉落伤人。

●在搅拌砂浆或抹灰操作过程中，尤其是顶棚抹灰，要防止灰浆溅入眼内。

●操作时，精神要集中，不得嬉笑打闹，防止意外事故发生。

●操作人员必须遵守操作规程，听从安全员指挥，消除隐患，杜绝事故发生。

## 2.5　质量检验评定标准

### 2.5.1　主控项目

主控项目内容及验收要求见表 2－6。

### 2.5.2　一般项目

一般项目内容及验收要求见表 2－7

**表 2－6　主控项目内容及验收要求**

| 项次 | 项目内容 | 规范编号 | 质量要求 | 检查方法 |
|---|---|---|---|---|
| 1 | 基层表面 | 第 4.3.2 条 | 抹灰前基层表面的尘土、污垢、油渍等应清除干净，并应洒水润湿 | 检查施工记录 |
| 2 | 材料品种和性能 | 第 4.3.3 条 | 装饰抹灰工程所用材料的品种和性能应符合设计要求。水泥的凝结时间和安定性复验应合格。砂浆的配合比应符合设计要求 | 检查产品合格证书、进场验收记录、复验报告和施工记录 |
| 3 | 操作要求 | 第 4.3.4 条 | 抹灰工程应分层进行。当抹灰总厚度大于或等于 35mm 时，应采取加强措施。不同材料基体交接处表面的抹灰，应采取防止开裂的加强措施，当采用加强网时，加强网与各基体的搭接宽度不应小于 100mm | 检查隐蔽工程验收记录和施工记录 |
| 4 | 层粘结及面层质量 | 第 4.3.5 条 | 各抹灰层之间及抹灰层与基层之间必须粘结牢固，抹灰层应无脱层、空鼓和裂缝 | 观察；用小锤轻击检查；检查施工记录 |

**表 2－7　一般项目内容及验收要求**

| 项次 | 项目内容 | 规范编号 | 质量要求 | 检查方法 |
|---|---|---|---|---|
| 1 | 表面质量 | 第 4.3.6 条 | 水刷石表面应石粒清晰、分布均匀，紧密平整、色泽一致，应无掉粒和接槎痕迹。斩假石表面剁纹应均匀顺直、深浅一致，应无漏剁处；阳角处应横剁并留出宽窄一致的不剁边条，楞角应无损坏。干粘石表面应色泽一致、不露浆、不漏粘，石粒应粘结牢固、分布均匀，阳角处应无明显黑边。假面砖表面应平整、沟纹清晰、留缝整齐、色泽一致，应无掉角、脱皮、起砂等缺陷 | 观察；手摸检查 |
| 2 | 分格条（缝） | 第 4.3.7 条 | 装饰抹灰的分格条（缝）的设置应符合设计要求，宽度和深度应均匀，表面应平整光滑，楞角应整齐 | 观察 |
| 3 | 滴水线（槽） | 第 4.3.8 条 | 有排水要求的部位应做滴水线（槽），滴水线（槽）应整齐顺直，滴水线应内高外低，滴水槽的宽度和深度均不应小于 10mm | 观察；尺量检查 |

### 2.5.3 装饰抹灰工程的允许偏差及检验方法

装饰抹灰工程的允许偏差及检验方法见表2-8。

### 2.5.4 质量验收文件

质量验收文件应包括以下内容：

- 抹灰工程的施工图、设计说明书及其他设计文件；
- 材料的产品合格证书、性能检测报告、进场验收记录和复验报告；
- 隐蔽工程验收记录；
- 施工记录。

### 2.5.5 质量验收记录表

1. 质量验收记录表内容见表2-9。

**表2-8 装饰抹灰工程的允许偏差和检验方法**

| 项次 | 项目 | 允许偏差/mm | | | | 检验方法 |
|---|---|---|---|---|---|---|
| | | 水刷石 | 斩假石 | 干粘石 | 假面砖 | |
| 1 | 立面垂直度 | 5 | 4 | 5 | 5 | 用2m垂直检测尺检查 |
| 2 | 表面平整度 | 3 | 3 | 5 | 4 | 用2m靠尺和塞尺检查 |
| 3 | 阳角方正 | 3 | 3 | 4 | 4 | 用直角检测尺检查 |
| 4 | 分格条（缝）直线度 | 3 | 3 | 3 | 3 | 拉5m线，不足5m拉通线，用钢直尺检查 |
| 5 | 墙裙、勒脚上口直线度 | 3 | 3 | — | — | 拉5m线，不足5m拉通线，用钢直尺检查 |

**表2-9 装饰抹灰工程检验批质量验收记录表（GB50210—2001）**

| 单位（子单位）工程名称 | | | | | |
|---|---|---|---|---|---|
| 分部（子分部）工程名称 | | | 验收部位 | | |
| 施工单位 | | | 项目经理 | | |
| 分包单位 | | | 分包项目经理 | | |
| 施工执行标准名称及编号 | | | | | |
| 施工质量验收规范的规定 | | | 施工单位检查评定记录 | | 监理（建设）单位验收记录 |
| 主控项目 | 1 | 基层表面 | 第4.3.2条 | | |
| 主控项目 | 2 | 材料品种和性能 | 第4.3.3条 | | |
| 主控项目 | 3 | 操作要求 | 第4.3.4条 | | |
| 主控项目 | 4 | 层粘结及面层质量 | 第4.3.5条 | | |
| 一般项目 | 1 | 表面质量 | 第4.3.6条 | | |
| 一般项目 | 2 | 分格条（缝） | 第4.3.7条 | | |
| 一般项目 | 3 | 滴水线 | 第4.3.8条 | | |
| 一般项目 | 4 | 允许偏差 | 第4.3.9条 | | |
| 施工单位检查评定结果 | | | 专业工长（施工员） | | 施工班组长 |
| | | | 项目专业质量检查员： 年 月 日 | | |
| 监理（建设）单位验收结论 | | | 专业监理工程师<br>（建设单位项目专业技术负责人）： 年 月 日 | | |

2. 填表说明。

主控项目 质量要求包括以下内容：

● 抹灰前基层表面的尘土、污垢、油渍等应清除干净，并应洒水润湿。

● 装饰抹灰工程所用材料的品种和性能应符合设计要求。水泥的凝结时间和安定性复验应合格。砂浆的配合比应符合设计要求。

● 抹灰工程应分层进行。当抹灰总厚度大于或等于45mm时，应采取加强措施。不同材料基体交接处表面的抹灰，应采取防止开裂的加强措施，当采用加强网时，加强网与各基体的搭接宽度不应小于100mm。

● 各抹灰层之间及抹灰基体之间必须粘接牢固，抹灰层应无脱层、空鼓和裂缝。

检查方法包括以下内容：

● 检查主控项目1项时，查施工记录；

● 检查2项时，查产品合格证书、进场验收记录、复验报告和施工记录；

● 检查3项时，查隐蔽工程验收记录和施工记录；

● 检查4项时，记录观察和用小锤轻击检查，并检查施工记录。

一般项目 质量要求包括以下内容：

第一，装饰抹灰工程的表面质量应符合下列规定：

● 水刷石表面应石粒清晰、分布均匀、紧密平整、色泽一致，无掉粒和接槎痕迹。

● 斩假石表面剁纹均匀顺直、深浅一致，无漏剁处；阳角处应横剁并留出宽窄一致的不剁边条，楞角无损坏。

● 干粘石表面应色泽一致、不露浆、不漏粘，石粒应粘结牢固、分布均匀，阳角处无明显黑边。

● 假面砖表面应平整、沟纹清晰、留缝平齐、色泽一致，应无掉角、脱皮、起砂等缺陷。

第二，装饰抹灰分格条（缝）的设置符合设计要求，宽度和深度均匀，表面平整光滑，楞角整齐。

第三，有排水要求的部位应做滴水线（槽）。滴水线（槽）整齐顺直，滴水槽的宽度和深度均不小于10mm。

第四，装饰抹灰工程质量的允许偏差应符合表2－8规定。

检查方法：一般项目检查1项时，用观察和手摸方法检查；

● 检查2项时，采取观察检查；

● 检查3项时，通过观察和尺量检查；

● 检查4项时，按表2－8规定检查。

## 【本章小结】

装饰抹灰工程的管理主要从施工环境、材料质量、施工质量、施工安全等方面来控制。管理的重点在施工环境、施工安全等方面。施工质量的检验有详细的评定标准。

## 【思考题】

1. 装饰抹灰的工作条件是什么？
2. 装饰抹灰施工安全的主要注意事项是什么？
3. 装饰抹灰质量检验评定中的主控项目有哪些？验收要求是什么？

## 【推荐阅读书目】

1. 建筑装饰装修工程施工与质量验收实用手册．孙科炎主编．北京：中国建材工业出版社，2004.

2. 装饰工程项目管理规范实施手册．张维君主编．北京：中国建筑工业出版社，1999.

3. 室内装饰材料．向仕龙，张秋梅，张求慧编著．北京：中国林业出版社，2003.

## 【相关链接】

1. 中国室内装饰协会．http：//www. cida. net. cn/home. php
2. 设计在线．http：//www. dolcn. com

# 第3章 门窗工程管理

【本章难点与重点】 门窗工程的管理主要从施工环境、材料质量、施工质量、施工安全等方面来控制。管理的重点在材料质量、施工质量等方面。质量通病及防治措施是本章的重点内容。

我国使用最普遍的门窗主要是木门窗、钢门窗、铝合金门窗和塑料门窗4类。由于我国幅员辽阔，各地经济发展水平、地理位置和气候条件差别甚大，城乡建筑标准又多有不同，这就决定了建筑门窗的发展依然是多元化、多层次的，既有空实腹钢门窗、铝合金门窗、塑料门窗、钢塑混合型门窗，又有传统的木门窗；既有普通门窗，又有高密封性、高强度、高隔声、防火防盗等特殊门窗及高档豪华门窗。

## 3.1 施工环境控制

应从工序安排、施工管理及成品保护等方面控制，创造良好的操作环境，从而保证工程质量。

1. 施工管理

- 钢门窗、铝合金门窗在正式安装玻璃前，要提前检查是否扭曲变形，并进行修理。
- 当平均气温低于0℃时，不宜使用玻璃油灰，以免受冻脱落。
- 安装玻璃隔断时，隔断上框的顶面应留有适当缝隙，以防止结构变形，损坏玻璃。
- 搬运和安装大块玻璃时，可采用电动或手动吸盘。但是，严禁吸盘吸玻璃有涂膜的一面。

2. 成品保护

目前有不少工程，玻璃在安装过程中或安装后损坏严重，成品保护是突出问题。玻璃安装后，为了避免损坏，应指派专人看管。价格昂贵的玻璃，尽量在工程交验前安装，并采取可靠的防护措施，避免损坏。

## 3.2 材料质量管理

### 3.2.1 木门窗工程材料质量管理

1. 木材

木材的树种　木门窗及细木制品所用木材的树种应按照设计要求的树种选定。

木材的材质等级　木门窗所用木材，按各类建筑的要求分为3个等级，见表3-1。

**表3－1 木门窗及其他细木制品用木材的选材标准**

| 木材缺陷 \ 制品名称 / 等级 | | | 门窗扇的立梃、冒头、中冒头及楼梯扶手 | | | 窗棂、压条、门窗及气窗的线角、通风窗立梃、披水、贴脸板及挂镜线 | | | 门心板及护墙板 | | | 门窗框、窗台板、踢脚板及木楼梯 | | |
|---|---|---|---|---|---|---|---|---|---|---|---|---|---|---|
| | | | Ⅰ | Ⅱ | Ⅲ | Ⅰ | Ⅱ | Ⅲ | Ⅰ | Ⅱ | Ⅲ | Ⅰ | Ⅱ | Ⅲ |
| 活节 | 节径 | 不计个数时应小于(mm) | 10 | 15 | | 5 | | | 10 | 15 | 20 | 10 | 15 | 20 |
| | | 计算个数时不应大于 | 材宽的 | | | 材宽的 | | | (mm) | | | 材宽的 | | |
| | | | 1/4 | 1/3 | | 1/4 | 1/3 | | 20 | 30 | 40 | 1/3 | | 1/2 |
| | 个数 | 任何1延米(即1m)中不应超过 | 2 | 3 | 4 | 0 | 2 | 3 | 2 | 3 | 5 | 3 | 5 | 6 |
| 节心 | | | 允许，包括在活节总数中 | | | 不允许 | | | 允许，包括在活节总数中 | | | | | |
| 髓心 | | | 不露出表面的，允许 | | | 不允许 | | | 不露出表面的，允许 | | | | | |
| 裂缝 | | | 深度及长度不得大于厚度及材长的 | | | 不允许 | | 允许可见裂缝 | 允许可见裂缝 | | | 深度及长度不得大于厚度及材长的 | | |
| | | | 1/6 | 1/5 | 1/4 | | | | | | | 1/5 | 1/4 | 1/3 |
| 斜纹：斜率不大于(%) | | | 6 | 7 | 10 | 4 | 5 | 6 | 15 | 不限 | | 10 | 12 | 15 |
| 油眼 | | | Ⅰ、Ⅱ级非正面允许，Ⅲ级不限 | | | | | | | | | | | |
| 其他 | | | 浪形纹理、圆形纹理、偏心及化学变色允许 | | | | | | | | | | | |

注：Ⅰ级品不允许有虫眼，Ⅱ、Ⅲ级品允许有表层的虫眼。

*木材的含水率规定* 木门窗的木材应采用窑干法干燥的木材，规定木材含水率不应大于12%。当受条件限制，除东北落叶松、云南松、马尾松、桦木等易变形的树种外，可采用气干木材，其制作时的含水率不应大于当地的平衡含水率。

*木材的防腐、防虫处理* 凡采用马尾松、木麻黄、桦木、杨木等易腐朽、虫蛀的树种制作门窗时，整个构件应用防腐、防虫药剂处理。凡门窗及其他细木制口与砖石砌体、混凝土或抹灰层接触处，埋入砌体或混凝土中的木砖均应进行防腐处理。

2. 制作木门窗应用的胶料

制作木门窗所用的胶料，宜采用国产酚醛树脂胶和脲醛树脂胶。按木门窗制作所用木材的等级确定，在潮湿地区，Ⅰ级木材应采用耐水的酚醛树脂胶，Ⅱ、Ⅲ级木材可采用半耐水的脲醛树脂胶。

### 3.2.2 普通钢门窗工程材料质量管理

*钢门窗材质* 钢材的钢号、化学成分和产品加工质量，均应满足国家现行标准和有关规定。

*钢门窗配件* 凡与钢门窗配套的附件[包括铁脚、拼樘料(拼管、拼铁)及各类螺钉等]，必须有出厂合格证，产品验收合格证，不应将不符合质量要求的附件用于钢门窗安装工程上。

### 3.2.3 铝合金门窗工程材料质量管理

铝合金门窗料的选择应当考虑材料的性能及其他各项技术指标。一般情况下，门窗料的表面色彩常用古铜色氧化膜(深古铜色、浅古铜色)，也有选用银白色氧化膜、金色氧化膜等。氧化膜厚度应根据设计要求选择，并根据使用的地理位置和环境条件有所区别。

如室内与室外相比，室外对氧化膜的要求应厚一些。根据所在的地区，对氧化膜的要求也各不相同。如沿海地区和较干燥的内陆城市相比，沿海由于受海风侵蚀较内陆严重，那么，沿海地区对氧化膜的要求应比内陆厚一些，建筑物的标准和等级不同，对氧化膜厚度的要求往往也不一样。所以，氧化膜厚度的确定，应根据气候条件、使用的地理位置、建筑物的等级等诸多因素综合考虑。既要考虑耐用性，也要注意经济因素。因为氧化膜厚度增加，型材的造价也相应提高。

门、窗料的断面几何尺寸目前已经系列化，但对断面的板壁厚度没有硬性规定。虽然断面是空腹薄壁组合断面，但板壁的厚度对耐用性及工程造价影响较大。如果板壁太薄，尽管是组合断面，但也因板壁太薄而易使门窗表面受损或变形，相应地也影响了门、窗抗风压能力。相反，如果板壁较厚，对耐用性有利，可是每吨型材所加工的铝合金门、窗面积就会减少，投资效益受到一定的影响。所以，门、窗料的板壁厚度应合理，过厚、过薄都是不妥的。一般建筑所用的窗料板壁厚度不宜小于1.6mm，门的断面板壁厚度不宜小于2mm。

各种配件应按设计要求合理选用。

门的地弹簧应为不锈钢面或铜面，使用前进行前后左右、开闭速度的调整。液压部分不漏油，暗插为锌合金压铸件，表面镀铬或覆膜。门锁应为双面可开启的锁，门的推手可因设计要求不同而有所差异。除了满足推、拉使用要求外，其装饰效果占有较大比重。所以，弹簧门的推手常用铝合金、不锈钢等材料制成。而门推手造型差异较大，有方的，有圆的。

推拉窗的拉锁色彩可按设计要求选定，其规格应与窗的规格配套选用，常用锌合金压铸制品，表面镀铬或覆膜。也可用铝合金拉锁，表面氧化，滑轮常用尼龙轮，滑轮是通过滑轮架固定在窗上，滑轮架为镀锌钢制品。

平开窗的窗铰应为不锈钢制品，钢片厚度不宜小于1.5mm，并且有松、紧调节装置。滑块一般为铜制品，执手为锌合金压铸制品，表面镀铬或覆膜。也可用铝合金制品，表面作氧化处理。

### 3.2.4　塑料门窗工程材料质量管理

1. 塑料窗用异型材

*窗框异型材*　窗框异型材通常应满足如下一些要求：要有适当的断面形式，以使它能便于通过固定件固定在墙上；要有安装玻璃和装设密封条的沟槽，以便构成固定窗；要能与窗扇配合组成活动窗；此外，还需考虑有安装铰链等五金件的断面。

目前国内生产的窗框异型材主要是L型。L型的一臂用于安装固定铁，另一臂用于安装密封条和玻璃，或用于与窗扇异型相连。

*窗扇异型材*　对于窗扇异型材的功能要求，主要有两个方面。即：可以用玻璃压条、玻璃背等固定玻璃异型材干法安装玻璃；断面上有适当形状的沟槽嵌固安装铰链。

*辅助异型材*　塑料窗用辅助异型材主要包括玻璃压条和各种密封条。此外，也包括只在某种类型窗中所使用的特殊辅助部件，如在凹入式窗扇上所常用的泄水异型材等。

玻璃压条，泛指各种类型的固定玻璃的异型材料，一般也用RPVC制成。密封条是为保证塑料窗的气密、水密、隔音等性能而使用的，通常包括扇间密封条、玻璃密封条和框扇间隙密封条等。目前国内的塑料窗密封材料大多以软质PVC加入增塑剂及橡胶等改性剂制成，但该种产品用于室内尚可，用于户外窗时则耐老化性能欠佳。有条件时，应尽可能选用耐老化的橡胶型密封条。

*金属增强型材*　由于PVC的刚性不及钢和木质材料，对于大面积的窗或风压较大的高层建筑的塑料窗，为保证窗的刚度而需加大其异型材的断面和壁厚，但一般并不采用此法，而是在异型材内插入金属（钢或铝合金）型材增强的方法。

2. 塑料门用异型材

*门框异型材*　门框异型材主要包括两个组成部分，即主门框异型材和门盖板异型材。主门框异型材断面上向外伸出部分的作用是遮盖门边。

*门扇异型材*　门扇异型材主要包括两个组成部分，即门心板异型材和门窗边框异型材。门心板异型材又可分为大门心板异型材和小门心板异型材两种，以适应拼装各种不同尺寸的门板。在门心板的两侧，均带有企口槽，以便将门心板相互牢固地连接起来。

门扇边框异型材也可分为两种，一种称为门边框，通常被用于门扇两侧及上部的包边；另外一种，习惯上称为门底框，这是一种U型的异型材，通常被用于门扇底部的包边，以便形成平的底面。这两种门扇边框异型材虽都用RPVC制作，但对型材单位长度的质量要求不一样，一般，门底框异型材的单位长度质量要大一些，以适应承载的要求。

*增强型材*　为了能牢固地安装铰链、门锁、把手等各种配套五金件和增加门扇的刚度，通常在门扇上门心板的两端均需插入增强型材，用于增强的型材，可以是金属型材，也可以是硬PVC型材。

## 3.3　施工质量控制

### 3.3.1　木门窗工程施工质量控制

1. 质量控制要点

质量控制要点包括以下7条：

- 建立健全岗位责任制，充分调动操作人员的工作积极性，减少不规范操作。
- 按设计要求配料，木材的树种、材质等级、含水率和防腐、防虫、防火处理均符合设计要求和规范的规定。
- 选用先进、适用的木工机械，并保证木工能正确使用和保养。
- 检查其制作工艺是否合理，材料、半成品、成品的检验方法是否正确。
- 严格控制配料、截料、刨料、画线、凿眼、开榫、裁口、整理线角、拼装工序的质量，不合格者不得进入下道工序。
- 加强制作现场的技术管理、质量管理，搞好用电安全、防火安全、文明施工。
- 按规范标准进行质量检查。

2. 成品保护措施

装饰木门窗成品保护分成品、半成品保护和安装后成品保护。

*成品、半成品保护*

第一，门窗贮存的保护措施有4条：

- 门窗及门窗五金从生产厂运到工地，应选择洁净、无污染源的车船或工具运输；产品应有包装，装卸应安全可靠。
- 存放门窗的库房应通风、干燥，无热源或腐蚀性介质侵袭。
- 库房场地应平整，地面上垫枕木，枕木顶面离地不少于200mm。

●门窗框扇应按型号、规格分类编号，捆扎后竖放，两端支撑牢固。型号、规格挂牌标明。五金配件应分类装箱，配套存放。

第二，门窗防护的措施有2条：

●门窗出厂验收时，应检查产品防锈红丹有无漏涂、薄刷现象，不合质量要求者应补刷。

●卫生间、厕所的木门窗框应作防水处理，将框下部一定高度在热稀沥青中浸渍。

第三，搬运、吊装的保护措施有2条：

●门窗框扇搬运、吊装，应采用托架承托或集装箱。

●搁置在托架上的门窗应垫实平稳，绑扎牢固，谨防碰损边楞。

第四，现场堆放的保护措施有2条：

●需在现场组合拼装的门窗，应逐件检查，按图拼装，随拼随装，切忌随地乱抛。

●等待安装的木窗，应及时覆盖，不得日晒雨淋。

**安装后成品保护**

第一，在防污染方面的保护措施有11条：

●门窗应采用预留洞口方式。门窗框安装应安排在地面、墙面湿作业完成之后。

●无保护胶带的门窗框，抹门窗套水泥砂浆时，门窗框上应贴纸或用塑料薄膜遮盖保护，以防框子被水泥浆污染。亦可采取先粉刷门窗套后安装门窗框等措施。

●窗框四周嵌防水密封胶时，操作应仔细，油膏不得污染门窗框。

●外墙面涂刷和室内顶棚、墙面喷涂时，应用塑料薄膜封严门窗。

●内墙面裱糊作业，胶黏剂切勿涂刷到门窗上。

●室内建筑垃圾，应从垃圾通道或装入盛灰容器内向下转运，不得从门窗口向下倾倒。

●楼地面和楼梯间水磨石，应采用“细水浓浆”工法，再用胶皮刮把浓浆集中堆存，稍干燥后向下运转。忌用“深水浓浆”工法。浆液不得从楼梯间向下扫，以防浆液污染门窗。

●不得在室内拌和水泥砂浆，以防水泥灰沾污门窗。

●管道式试压泄漏，室内地坪清洗，其污水不得从窗口倾倒。

●不得在门窗上涂写。

●冬期施工期间，不得在室内燃烧木材取暖，以防浓烟熏黑门窗；亦不得在室内生炉火做饭，以防煤烟污染门窗。

第二，预防撞击，防止划痕的保护措施有6条：

●门窗框铁脚与预埋铁件焊接，不得在门窗上打火烧伤门窗框。

●利用门窗洞作料具进出口时，门窗边框、窗下框和中竖框均应用木板钉保护框，以防碰伤框边。

●搭、拆、转运脚手杆和跳板，其材料不得在门窗框扇上拖拽。安装管线及设备，防止物料撞坏门窗。

●不得在门窗框扇上拉挂安全网，内外脚手杆不得搁支在门窗框扇上。严禁在窗扇上站人。

●门窗扇安装后，随即安装五金配件，关窗锁门，以防风吹损坏门窗。如门扇未装锁，则应用木楔塞紧以防开启，并有专人管理。

●不得在门窗上锤击、钉钉子或刻划。清洁门窗，不得用刀刮或硬物打磨。

3. 施工质量通病防治

木门窗工程常见质量通病、产生原因及其预防措施见表3－2。

**表3－2　木门窗工程常见质量通病、原因分析及防治措施**

| 项次 | 质量通病 | 原因分析 | 防治措施 |
|---|---|---|---|
| 1 | 门窗框翘曲 | 其原因是立梃不垂直，2根立梃向相反的两个方向倾斜，即2根立梃不在同一个垂直平面内 | 1. 安装时要注意垂直度吊线，按规程操作，门框安装完以后，用水泥砂浆将其筑牢，以加强门框刚度<br>2. 注意成品保护，避免框因车撞、物碰而位移 |
| 2 | 门窗框安装不牢 | 由于木砖埋的数量少或将木砖碰动，也有钉子少所致 | 1. 砌半砖隔墙时，应用带木砖的混凝土块，每块木砖上须用2个钉子，上下错开钉牢，木砖间距一般以50～60mm为宜，门窗洞口每边缝隙不应超过20mm，否则应加垫木<br>2. 门窗框与洞口之间的缝隙超过30mm时，应灌豆石混凝土；不足30mm的应塞灰，要分层进行 |
| 3 | 门窗框与门窗洞的缝隙过大或过小 | 安装时两边分得不匀，高低不准 | 1. 一般门窗框上皮应低于门窗过梁下皮10～15mm，窗框下皮应比窗台砖层上皮高50mm，若门窗洞口高度稍大或稍小时，应将门窗框标高上下调整，以保证过梁抹灰厚度及外窗台泛水坡度<br>2. 门窗框的两边立缝应在立框时用木楔临时固定调整均匀后，再用钉子钉在木砖上 |

（续）

| 项次 | 质量通病 | 原因分析 | 防治措施 |
| --- | --- | --- | --- |
| 4 | 结合件不规范 | 合页不平，螺钉松动，螺帽斜露，缺少螺钉，合页槽深浅不一，螺钉操作时钉入太长，倾斜拧入 | 1. 合页槽应里外平卧，安装螺钉时严禁一次钉入，钉入深度不得超过螺钉长度的 1/3，拧入深度不得小于 2/3，拧时不得倾斜<br>2. 应注意数量，不得遗漏，遇有木节或钉子时，应在木节上打眼或将原有钉子送入框内，然后重新塞进木塞，再拧螺钉 |
| 5 | 上下层的门窗不顺直 | 洞口预留不准，立口时上下没有吊线所致 | 结构施工时注意洞口位置，立口时应统一弹上口的中线，根据立线安装门窗框 |
| 6 | 门框与抹灰面不平 | 立口前没有标筋造成 | 安装门框前必须做好抹灰标筋，根据标筋找正吊直 |

### 3.3.2　普通钢门窗工程施工质量控制

1. 质量控制要点

质量控制要点包括以下 6 条：

• 安装前应按设计要求核对钢门窗的规格、型号、形式及开启方向、开启形式等，均应符合设计要求。

• 安装前检查钢门窗质量，发现有变形、损坏的，应先校正、整形，然后安装。

• 钢门窗安装的位置、开启方向等必须符合设计要求，安装时应根据主体工程的标高控制线、墙中心线、上下层窗口垂直控制线确定和校正钢门窗的标高、位置。进行室内外抹灰前，应按灰饼再校正一次门窗，以确保钢门窗与外墙面的进出尺寸一致。

• 钢门窗安装必须按设计要求将钢门窗的铁脚、拼樘料等铁件牢固地埋入混凝土及砖墙内，并应做好隐蔽记录。

• 钢门窗框与墙体间缝用 1：（2.5～3）水泥砂浆四周填嵌密实，防止周围渗水，不得采用石灰砂浆或混合砂浆填嵌，拼樘料（拼管、拼铁）与钢门窗框的拼合处，应满填油灰，以防止拼缝处渗水。

• 钢门窗附件安装前，应检查钢门窗扇质量，对附件安装有影响的应先校正，然后再安装附件。附件安装必须齐全、位置正确，安装牢固、启闭灵活。

钢门窗附件安装，必须在墙面、顶棚等抹灰完成后，并在安装玻璃之前进行，以避免附件的污染、损坏。

2. 质量通病防治

普通钢门窗安装工程的质量通病及其防治措施见表 3－3。

### 3.3.3　铝合金门窗工程施工质量控制

1. 质量控制要点

质量控制要点包括以下 8 条：

• 安装前应逐樘检查、核对其规格、型号、形式、表面颜色等，必须符合设计要求。

• 对在搬运和堆放过程造成的质量问题，应经处理合格后，方可安装。

**表 3－3　普通钢门窗安装工程质量通病及防治措施**

| 项次 | 质量通病 | 防治措施 |
| --- | --- | --- |
| 1 | 门窗框不方正，翘曲 | 1. 运到现场的门窗框应实测对角线的长度，不应超过规范规定的允许偏差<br>2. 门窗框的平整度实测必须合格<br>凡不合格的门窗应及时修整，合格后方可使用。否则，应退货 |
| 2 | 门窗框扇变形 | 1. 门窗扇应放在托架上运输、起吊，不得将抬杠穿入框内抬运<br>2. 不得在门窗上搭设脚手板或悬挂重物<br>3. 在施工中利用门窗洞作材料运输出入口时，应在门窗框边铺钉保护板，以防碰伤撞坏 |
| 3 | 密封条缺口或粘结不牢 | 1. 装在门窗框扇上的密封条，下料要比基本尺寸长 10～20mm，安装时应压实，避免由于密封条收缩引起缺口或局部不密封<br>2. 门窗涂料干燥后方可安装密封条 |
| 4 | 五金螺钉拧进深度不够 | 门窗五金安装前应用丝锥将螺钉孔重新钻一下，把塞入孔内的涂料顶出后再拧入螺钉 |
| 5 | 开关不灵 | 1. 固定门窗铁脚的预留孔，应清扫干净，先浇水湿透，门窗装入洞口按安装线摆正，横平竖直，找平、吊线合格后，用木楔固定框子。伸入孔内的铁脚，必须用 1：2 水泥砂浆填满嵌实，浇水养护，待水泥砂浆凝固后方可取出木楔进行二次塞缝。水泥砂浆未凝固前，不得在钢门窗上进行其他作业<br>2. 中竖框与预埋件焊结或嵌固在预留孔中，应用水平尺找平，线锤吊正，严防中竖框向扇方向偏斜，造成框扇摩擦或相卡 |

●安装的位置、开启方向及标高应符合设计要求。在安装前，对标高、预留窗洞口的基准线要进行复核，以确保安装位置的正确。

●铝合金门窗与墙体等主体结构连接固定的方法应符合设计要求。框与墙体等的固定，一般采用不锈钢或经防腐处理的铁件连接，严禁用电焊直接与框焊接。框安装后，必须在抹灰或装饰工作前，对安装的牢固程度，预埋件的数量、位置、埋设连接方法和防腐处理等进行检查，并做好隐蔽记录。

●附件安装应待抹灰工作完成后进行，以避免污染、损坏门窗。

●框与墙体间缝填嵌的材料应符合设计要求，并应填嵌饱满密实，表面应平整、光滑、无裂缝。如设计未明确规定时，宜在外表面留5~8mm深槽口填嵌嵌缝油膏，以避免框边收缩而产生缝隙导致渗水。嵌缝油膏的表面应平整、光滑。

●铝合金门窗的安装可以在墙体饰面装饰前进行，但要注意铝合金型材表面的保护，除了靠墙面以外，一般都贴有保护性胶纸。窗扇的安装则要在其他工程完工之后进行，安装时要考虑窗贴脸、滴水坡板与窗框的连接，这些附件都应在室内、室外装饰面层施工前或同时做上。

●铝合金门窗安装后要平整、方正，在安装的过程中应使用吊线或角尺检测，尤其是在填塞门窗口缝之前，应重点检查门窗框的各向垂直度，待各口缝的塞灰具有一定的强度之后再拔去木楔和固定物。对于污染铝合金表面的灰浆与污物要及时擦去。

2. 质量通病防治

铝合金门窗工程质量通病及其防治措施见表3-4。

### 3.3.4 塑料门窗工程施工质量控制

1. 质量控制要点

质量控制要点包括以下3条：

●塑料门窗及其附件必须符合设计要求和有关标准的规定。

●塑料门窗安装的位置、开启方向，必须符合设计要求。

●塑料门窗安装必须牢固，预埋连接件的数量、位置、埋设连接方法必须符合设计要求。

2. 质量通病防治

塑料门窗安装工程质量通病防治见表3-5。

**表3-4 铝合金门窗工程质量通病及防治措施**

| 项次 | 质量通病 | 防治措施 |
|---|---|---|
| 1 | 带形组合扇之间产生裂缝 | 横向及竖向带形窗、门之间组合杆件必须同相邻门窗套插、搭接，形成曲面组合，其搭接量应大于8mm，并用密封胶密封，防止门窗因受冷热和建筑物变化而产生裂缝 |
| 2 | 遇砖砌墙体时，用射钉固定门窗框铁角 | 当门窗洞口为砖砌墙体时，应用钻孔或凿洞方法固定铁脚，射钉固定不牢靠 |
| 3 | 渗水 | 一般是在铝合金窗的下槛部分渗水或外墙面推拉窗槽口内积水，从而导致渗水。遇到这种情况时，应采取两个方面的措施：第一，下框外框和轨道根应钻排水孔；横竖框相交丝缝注硅酮胶封严；第二，窗下框与洞口间隙的大小，应根据不同饰面材料留设。一般间隙不少于50mm，使窗台能放流水坡，切忌密封胶掩埋框边，避免槽口积水无法外流 |
| 4 | 施工时未留填密封胶的槽口 | 这种情况主要发生在外窗外门框的粉刷施工过程中。门窗套粉刷时，应在门窗框内外框边嵌条留5~8mm深的槽口，槽口内用密封胶嵌填密封，胶体表面应压平、光洁 |
| 5 | 水泥砂浆嵌缝 | 在固定门窗外框时，往往会发生窗框周围水泥砂浆嵌缝的错误。一般而言，门窗外框四周应为弹性连接，至少应填充20mm厚的保温软质材料，同时避免门窗框四周形成冷热交换区。另外，粉刷门窗套时，门窗内外框边应留槽口用密封胶填平、压实。严禁水泥砂浆直接同门窗框接触，以防腐蚀 |

**表3-5 塑料门窗安装工程质量通病防治**

| 项次 | 质量通病 | 防治措施 |
|---|---|---|
| 1 | 联结螺钉直接锤入门窗框内 | 门窗为中空多腔型材，应用手电钻先引孔，然后旋进全丝自攻螺钉。严禁锤击打入 |
| 2 | 表面沾污 | 1. 安装前先做内外粉刷<br>2. 粉刷窗台板和窗套时，应在门窗框粘纸条保护<br>3. 刷浆时，用塑料薄膜遮盖门窗或取下门窗扇，编号单独保管 |
| 3 | 五金配件损坏 | 门窗配件安装后，应专人锁门管理，以防损坏 |

（续）

| 项次 | 质量通病 | 防治措施 |
| --- | --- | --- |
| 4 | 运输、存放损坏 | 1. 每 5 樘门窗，用软质材料捆扎在一起，运输中轻抬轻放，不得碰撞<br>2. 库房地面上用方枕木垫平，门窗应竖直靠放<br>3. 远离热源存放 |
| 5 | 门窗框松动 | 1. 先在门窗外框上按设计规定位置钻孔，用全丝自攻螺钉把镀锌连接件紧固<br>2. 用电锤在门窗洞口的墙体上打孔，装入尼龙胀管，门窗安装后，用木螺钉将镀锌连接件固定在胀管内<br>3. 单砖或轻质墙砌筑时，应砌入混凝土砖，使镀锌连接件与混凝土砖能连接牢固 |
| 6 | 门窗周框间隙未填软质料 | 1. 门窗框与墙体应为弹性连接，其间隙应填入泡沫塑料或矿棉等软质材料<br>2. 含沥青的材料不得填入，以免 PVC 受影响 |
| 7 | 门窗框安装后变形 | 1. 门窗框与洞口间隙填塞软质料时，不应填得过紧，以免门窗框受挤变形<br>2. 不得在门窗上铺搭脚手板，搁支脚手杆或悬挂物件 |
| 8 | 门窗框周边未嵌密封胶 | 门窗框四周内外框边，应用密封胶嵌填严密、均匀 |

### 3.3.5 玻璃安装工程施工质量控制

1. 质量控制要点

质量控制要点包括以下 13 条：

• 玻璃和玻璃砖的品种、规格和颜色应符合设计要求；质量应符合有关材料标准。

• 油灰用熟桐油等天然干性油拌制，用其他材料拌制的油灰，必须经试验合格后，方可使用。

• 油灰应具有塑性，嵌抹时不断裂，不出麻面，油灰在常温下，应在 20 天内硬化。用于钢门窗玻璃的油灰，应具有防锈性。现场拌制油灰的配合比为，碳酸钙粉: 混合油 =100:（13 ~ 14）。其中混合油的配合比为，三线脱蜡油: 熟桐油: 硬脂油: 松香 =63: 30: 2.1:4.9。

• 夹丝玻璃的裁割边缘上宜刷涂防锈涂料。

• 镶嵌用的镶嵌条、定位垫块和隔片、填充材料、密封胶等材料的品种、规格、断面尺寸、颜色、物理及化学性质应符合设计要求。合成橡胶定位垫块和隔片（以氯丁橡胶为宜）的硬度宜分别为肖氏硬度（HS）80 ~ 90 及 45 ~ 55。

• 当上述材料配套使用时，其相互间的材料性质必须相容。当安装中空玻璃或夹层玻璃时，上述材料和中空玻璃的密封胶或玻璃的夹层材料，在材性方面必须相容。

• 安装好的玻璃应平整、牢固，不得有松动现象。

• 油灰与玻璃及裁口应粘贴牢固，四角成八字形，表面不得有裂缝，麻面和皱皮。

• 油灰与玻璃及裁口接触的边缘应齐平，钉子、钢丝卡不得露出油灰表面。

• 木压条接触玻璃处，应与裁口边缘齐平。木压条应互相紧密连接，并与裁口紧贴。

• 密封条与玻璃、玻璃槽口的接触应紧密、平整，并不得露在玻璃槽口外面；用橡胶垫镶嵌玻璃，橡胶垫应与裁口、玻璃及压条紧贴，并不得露在压条外面，密封胶与玻璃、玻璃槽口的边缘应粘结牢固，接缝齐平。

• 墙、隔断及顶棚安装的玻璃砖，不得移位，翘曲和松动，其接缝应均匀、平直、密实。

• 拼接彩色玻璃、压花玻璃的接缝应吻合，颜色、图案应符合设计要求。

2. 质量通病防治

玻璃工程施工中常见的质量通病及防治措施见表 3 – 6。

**表 3 – 6 玻璃安装质量通病及防治措施**

| 项次 | 项目 | 质量通病 | 防治措施 |
| --- | --- | --- | --- |
| 1 | 材料 | 玻璃发霉 | 在玻璃储存期间应有良好的通风条件，防止受潮受淋 |
| 2 | 裁割 | 夹丝玻璃使用时易破损 | 裁割时应防止两块玻璃互相在边缘处挤压造成微小缺口，引起使用时破损 |
| | | 安装尺寸小或过大 | 裁割时严格掌握操作方法，按实物尺寸裁割玻璃 |
| 3 | 安装 | 玻璃安装不平整或松动 | 1. 清除槽口内所有杂物，铺垫底油灰厚薄要均匀一致。底油灰失去作用时，应重新铺垫，然后再安装玻璃。为防止底油灰冻结，可适当掺加一些防冻剂或酒精<br>2. 裁割玻璃尺寸应使上下两边距离槽口不大于 4mm，左右两边距槽口不大于 6mm，但玻璃每边镶入槽口应不少于槽口的 3/4，禁止使用窄小玻璃<br>3. 钉子数量适当，每边不少于一颗，如果边长 40cm，就需钉两颗钉子，两钉间距不得大于 15 ~ 20cm<br>4. 玻璃松动轻者挤入油灰固定，严重者必须拆掉玻璃，重新安装 |

（续）

| 项次 | 项目 | 质量通病 | 防治措施 |
|---|---|---|---|
| 4 | 密封 | 尼龙毛条、橡胶条丢失或长度不到位。橡胶压条选型不妥，造成密封质量不好 | 1. 密封材料的选择，应符合设计要求<br>2. 如果施工中丢失，应及时补上<br>3. 封缝的橡胶条，易在转角部位脱开。橡胶条封缝的窗扇，要在转角部位注上胶，使其牢固粘结 |
| 5 | 嵌油 | 油灰楞角不齐，交角处未成八字式 | 1. 选用无杂质的油灰。冬季油灰应软些，夏季油灰就硬些，刮油灰时油灰刀先从一个角插入油灰中，贴紧槽口边用力均匀向一个方向刮成斜坡形，向反方向理顺光滑，交角处如不准确，用油灰刀反复多次刮成八字形为止<br>2. 将多余的油灰刮除，不足处补油灰修至平整光滑 |
| | | 底油灰不饱满 | 1. 玻璃与槽口紧贴，四周不一致或有支翘处，须将玻璃起下来，将槽口所有杂物清除掉，重抹底油灰。调制的底油灰应稀稠软硬适中<br>2. 铺底油灰要均匀饱满。厚度至少为1mm，但不大于3mm，无间断，无堆集。铺好后再安装玻璃<br>3. 安玻璃时，用双手将玻璃轻按压实。四周的底油灰要挤出槽口。四口按实并保持端正。待挤出的底油灰初凝达到一定强度，才准许平行槽口将多余的底油灰刮匀，裁除平整。有断条不饱满处，可将底油灰塞入凹缝内刮平 |
| | | 内见油灰外见裁口 | 1. 要求操作人员认真按操作规程施工。对需涂刷涂料的油灰，所刮油灰要比槽口小1mm，不涂涂料的油灰可不留余量。四角整齐，油灰紧贴玻璃和槽口，不能有空隙、残缺、翘起等弊病<br>2. 有内见油灰的弊病，可将多余的油灰刮除，使它光滑整齐。对外见裁口的弊病，可增补油灰，再裁刮平滑即可 |
| 6 | 灰 | 油灰流淌 | 1. 商品油灰须先经试验合格方可使用<br>2. 刮抹油灰前，必须将存在槽口内的杂物清除干净<br>3. 掌握适宜的温度刮油灰，当温度较高或刮油灰后有下坠迹象时，应立即停止<br>4. 选用质量好具有可塑性的油灰，自配油灰不得使用非干性油材料配制。油性较多可加粉质填实，拌揉调匀方能使用<br>5. 出现流淌之油灰，必须全部清除干净，重新刮质量好的油灰 |
| | | 油灰露钉或露卡子 | 1. 木门窗应选用12.7～19mm的圆钉，钉钉时，不能损坏玻璃。钉的钉子既要不使钉帽外露，又要使玻璃嵌贴牢固<br>2. 钢门窗卡卡子时，应使卡子槽口卡入玻璃边并固定牢。如卡子露出油灰外，则将卡子长脚剪短再安装<br>3. 将凸出油灰表面的钉子，钉入油灰内，钢卡子外露应起下来，换上新的卡平卡牢<br>4. 损坏的油灰应修理平整光滑 |
| | | 油灰粘结不牢，裂纹或脱落 | 1. 商品油灰应先经试验合格方可使用<br>2. 油灰使用前将杂物清除并揉调均匀<br>3. 选用熟桐油等天然干性油配制的油灰<br>4. 油灰表面粗糙和有麻面时，用较稀的油灰修补<br>5. 油灰有裂纹、断条、脱落，必须将油灰铲除，重抹质量好的油灰 |
| 7 | 钉压条 | 木压条不平整有缝 | 1. 不要使用质硬易劈裂的木压条，其尺寸应符合安装要求，端部锯成45°角的斜面，安装玻璃前先将木压条卡入槽口内，装时再起下来<br>2. 选择合适的钉子，将钉帽锤扁，然后将木压条贴紧玻璃，把四边木压条卡紧后，再用小钉钉牢<br>3. 有缝隙、八字不见角、劈裂等弊病的木压条，必须拆除，换上好的木压条重新钉牢 |
| 8 | 表面清理 | 玻璃不干净或有裂纹 | 1. 玻璃安装后，应用软布或棉丝清洗擦净玻璃表面污染物，达到透明光亮，发现有裂纹的玻璃，必须拆掉更换<br>2. 遇有气泡、水印、楞脊、波浪和裂纹的玻璃不能使用。裁割玻璃尺寸不得过大或过小，应符合施工规范规定<br>3. 玻璃安装时，槽口应清理干净，垫底油灰要铺均匀，将玻璃安装平整用手压实。钉帽紧贴玻璃垂直钉牢 |

## 3.4 施工安全控制

因为玻璃薄而脆，容易破碎伤人，所以在搬运、裁割、安装和高空作业等过程中，要注意安全，保证职工身体健康，防止事故发生。要从以下几个方面采取安全控制措施。

1. 搬运玻璃

搬运玻璃时应戴手套，特别小心，防止伤手伤身。

2. 裁割玻璃

• 裁割玻璃时，应在指定地点进行，随时清理边角废料，并集中堆放。

• 玻璃裁割时，移动玻璃离开台面时，手应抓稳玻璃，防止掉下伤脚。

3. 安装玻璃

• 安装玻璃时，不得穿短裤和凉鞋。

• 安装玻璃时，应将钉子、工具放在工具袋内，不得口含钉子进行操作。

• 安装上下两层窗扇的玻璃，不可相对同时操作，并且还应与其他作业错开。

• 在玻璃未钉牢固之前，不得中途停工，以防掉落；如安装的不合适，不得用刨刀硬撬；安装完毕，窗应挂挺勾或插插销，门应用木楔固定，防止刮风损坏玻璃。

4. 高空作业

• 安装玻璃高空作业时，必须系安全带，必须把安全带拴在牢固的地方；还要穿防滑鞋；带上工具袋；将玻璃放置平稳；垂直下方禁止通行。

• 使用高凳、靠梯时，下脚应绑麻布或垫胶皮，并加拉绳，以防滑溜。不得将梯子靠在门窗扇上。

5. 涂抹油灰

在油灰加工处和施工地点，应事前清理干净。油灰里严防混入碎玻璃等杂物，避免涂抹时伤手。

## 3.5 质量检验评定标准

### 3.5.1 一般规定

第一，做门窗工程时，应对下列材料及其性能指标进行复验：

• 人造木板的甲醛含量。

• 建筑外墙金属窗、塑料窗的抗风压性能、空气渗透性能和雨水渗漏性能。

第二，做门窗工程时，应对下列隐蔽工程项目进行验收：

• 预埋件和铆固件。

• 隐蔽部位的防腐、填嵌处理。

第三，各分项工程的检验批应按下列规定划分：

• 同一品种、类型和规格的木门窗、金属门窗、塑料门窗及门窗玻璃每100樘应划分为一个检验批，不足100樘也应划分一个检验批。

• 同一品种、类型和规格的特种门每50樘应划分为一个检验批，不足50樘也应划分为一个检验批。

第四，检查数量应符合下列规定：

• 木门窗、金属门窗、塑料门窗及门窗玻璃，每个检验批应至少抽查5%，并不得少于3樘，不足3樘时应全数检查；高层建筑的外窗，每个检验批应至少抽查10%，并不得少于6樘，不足6樘时应全数检查。

• 特种门每个检验批应至少抽查50%，并不得少于10樘，不足10樘时应全数检查。

第五，门窗安装前，应对门窗洞口尺寸进行检验。

第六，金属门窗和塑料门窗安装应采用预留洞口的方法施工，不得采用边安装边砌口或先安装后砌口的方法施工。

第七，木门窗与砖石砌体、混凝土或抹灰层接触处应进行防腐处理并应设置防潮层；埋入砌体或混凝土中的木砖应进行防腐处理。

第八，当金属窗或塑料窗组合时，其拼樘料的尺寸、规格、壁厚应符合设计要求。

第九，建筑外门窗的安装必须牢固。在砌体上安装门窗严禁用射钉固定。

第十，特种门安装除应符合设计要求和本规范规定外，还应符合有关专业标准和主管部门的规定。

### 3.5.2 木门窗制作与安装工程施工质量验收

1. 主控项目

木门窗制作与安装工程施工质量主控项目内容及验收要求见表3-7。

2. 一般项目

木门窗制作与安装工程施工质量一般项目内容及验收要求见表3-8。

3. 木门窗制作与安装的允许偏差和检验方法

• 木门窗制作允许偏差与检验方法见表3-9。

• 木门窗安装的留缝限值、允许偏差和检验方法见表3-10。

**表 3-7 主控项目内容及验收要求**

| 项次 | 项目内容 | 规范编号 | 质 量 要 求 | 检 查 方 法 |
|---|---|---|---|---|
| 1 | 材料质量 | 第 5.2.2 条 | 木门窗的品种、材质等级、规格、尺寸、框扇的线型及人造木板的甲醛含量应符合设计要求。设计未规定材质等级时，所用木材的质量应符合《建筑装饰装修工程质量验收规范》（GB50210—2001）附录 A 规定 | 观察；检查材料进场验收记录和复验报告 |
| 2 | 木材含水率 | 第 5.2.3 条 | 木门窗制作应采用烘干的木材，含水率应符合《建筑木门、木窗》（JG/T122—2000）的规定 | 检查材料进场验收记录 |
| 3 | 防火、防腐、防虫 | 第 5.2.4 条 | 木门窗的防火、防腐、防虫处理应符合设计要求 | 观察；检查材料进场验收记录 |
| 4 | 木节与虫眼 | 第 5.2.5 条 | 木门窗的结合处和安装配件处不得有木节或已填补的木节。木门窗如有允许限值以内的死节及直径较大的虫眼时，应用同一材质的木塞加胶填补。对于清漆制品，木塞的木纹和色泽应与制品一致 | 观察 |
| 5 | 榫槽连接 | 第 5.2.6 条 | 门窗框和厚度大于 50mm 的门窗扇应用双榫连接。榫槽应采用胶料严密嵌合，并应用胶楔加紧 | 观察；手扳检查 |
| 6 | 胶合板门、纤维板门、压模的质量 | 第 5.2.7 条 | 胶合板门、纤维板门和模压门不得脱胶。胶合板不得刨透表层单板，不得有戗槎。制作胶合板门、纤维板门时，边框和横楞应在同一平面上，面层、边框及横楞应加压胶结。横楞和上下冒头应各钻两个以上的透气孔，透气也应通畅 | 观察 |
| 7 | 木门窗的品种、规格、安装方向位置 | 第 5.2.8 条 | 木门窗的品种、类型、规格、开启方向、安装位置及连接方式应符合设计要求 | 观察；尺量检查；检查成品门的产品合格证书 |
| 8 | 木门窗安装牢固性 | 第 5.2.9 条 | 木门窗框的安装必须牢固。预埋木砖的防腐处理、木门窗固定点数量、位置及固定方法应符合设计要求 | 观察；手扳检查；检查隐蔽工程验收记录和施工记录 |
| 9 | 木门窗扇安装 | 第 5.2.10 条 | 木门窗扇必须安装牢固，并应开关灵活，关闭严密，无倒翘 | 观察；开启和关闭检查；手扳检查 |
| 10 | 门窗配件安装 | 第 5.2.11 条 | 木门窗配件的型号、规格、数量应符合设计要求，安装应牢固，位置应正确，功能应满足使用要求 | 观察；开启和关闭检查；手扳检查 |

①参见《建筑装饰装修工程质量验收规范》（GB50210—2001）的相关内容

**表 3-8 一般项目内容及验收要求**

| 项次 | 项目内容 | 规范编号 | 质 量 要 求 | 检 查 方 法 |
|---|---|---|---|---|
| 1 | 表面质量 | 第 5.2.12 条 | 木门窗表面应洁净，不得有刨痕、锤印 | 观察 |
| 2 | 割角拼缝 | 第 5.2.13 条 | 木门窗的割解、拼缝应严密平整。门窗框、扇裁口应顺直，刨面应平整 | 观察 |
| 3 | 槽孔质量 | 第 5.2.14 条 | 木门窗上的槽、孔应边缘整齐，无毛刺 | 观察 |
| 4 | 缝隙嵌填材料 | 第 5.2.15 条 | 木门窗与墙体间缝隙的填嵌材料应符合设计要求，填嵌应饱满。寒冷地区外门窗（或门窗框）与砌体间的空隙应填充保温材料 | 轻敲门窗框检查；检查隐蔽工程验收记录和施工记录 |
| 5 | 批水、盖口条等细部 | 第 5.2.16 条 | 木门窗批水、盖口条、压缝条、密封条的安装应顺直，与门窗结合应牢固、严密 | 观察；手扳检查 |

**表3-9 木门窗制作的允许偏差和检验方法**

| 项次 | 项目 | 构件名称 | 允许偏差/mm | | 检验方法 |
|---|---|---|---|---|---|
| | | | 普通 | 高级 | |
| 1 | 翘曲 | 框 | 3 | 2 | 将框、扇平放在检查平台上，用塞尺检查 |
| | | 扇 | 2 | 2 | |
| 2 | 对角线长度差 | 框、扇 | 3 | 2 | 用钢直尺检查，框量裁口里角，扇量外角 |
| 3 | 表面平整度 | 扇 | 2 | 2 | 用1m靠尺和塞尺检查 |
| 4 | 高度、宽度 | 框 | 0；-2 | 0；-1 | 用钢直尺检查，框量裁口里角，扇量外角 |
| | | 扇 | +2；0 | +1；0 | |
| 5 | 裁口、线条结合处高低差 | 框、扇 | 1 | 0.5 | 用钢直尺和塞尺检查 |
| 6 | 相邻棂子两端间距 | 扇 | 2 | 1 | 用钢直尺检查 |

**表3-10 木门窗安装的留缝限值、允许偏差和检验方法**

| 项次 | 项目 | | 留缝限值/mm | | 允许偏差/mm | | 检验方法 |
|---|---|---|---|---|---|---|---|
| | | | 普通 | 高级 | 普通 | 高级 | |
| 1 | 门窗槽口对角线长度差 | | — | — | 3 | 2 | 用钢直尺检查 |
| 2 | 门窗框的正、侧面垂直度 | | — | — | 2 | 1 | 用1m垂直检测尺检查 |
| 3 | 框与扇、扇与扇接缝高低差 | | — | — | 2 | 1 | 用钢直尺和塞尺检查 |
| 4 | 门窗扇对口缝 | | 1~2.5 | 1.5~2 | — | — | 用塞尺检查 |
| 5 | 工业厂房双扇大门对口缝 | | 2~5 | — | — | — | |
| 6 | 门窗扇与上框间留缝 | | 1~2 | 1~1.5 | — | — | |
| 7 | 门窗扇与侧框间留缝 | | 1~2.5 | 1~1.5 | — | — | |
| 8 | 窗扇与下框间留缝 | | 2~3 | 2~2.5 | — | — | |
| 9 | 门扇与下框间留缝 | | 3~5 | 3~4 | — | — | |
| 10 | 双层门窗内外框间距 | | — | — | 4 | 3 | 用钢直尺检查 |
| 11 | 无下框时门扇与地面间留缝 | 外门 | 4~7 | 5~6 | — | — | 用塞尺检查 |
| | | 内门 | 5~8 | 6~7 | — | — | |
| | | 卫生间门 | 8~12 | 8~10 | — | — | |
| | | 厂房大门 | 10~20 | — | — | — | |

4. 质量验收文件

质量验收文件包括以下内容：

- 门窗工程的施工图、设计说明及其他设计文件。
- 材料的产品合格证书、性能检测报告、进场验收记录和复验报告。
- 隐蔽工程验收记录。
- 施工记录。

5. 质量验收记录表

记录表内容 木门窗制作工程检验批质量验收内容见表3-11及表3-12。

**表3-11 木门窗制作工程检验批质量验收记录表［GB 50210—2001（Ⅰ）］**

<table>
<tr><td colspan="4">单位（子单位）工程名称</td><td colspan="5"></td></tr>
<tr><td colspan="4">分部（子分部）工程名称</td><td colspan="3"></td><td>验收部位</td><td></td></tr>
<tr><td colspan="2">施工单位</td><td colspan="5"></td><td>项目经理</td><td></td></tr>
<tr><td colspan="2">分包单位</td><td colspan="5"></td><td>分包项目经理</td><td></td></tr>
<tr><td colspan="4">施工执行标准名称及编号</td><td colspan="5"></td></tr>
<tr><td colspan="7">施工质量验收规范的规定</td><td>施工单位检查评定记录</td><td>监理（建设）单位验收记录</td></tr>
<tr><td rowspan="6">主控项目</td><td>1</td><td colspan="3">材料质量</td><td colspan="2">第5.2.2条</td><td></td><td rowspan="6"></td></tr>
<tr><td>2</td><td colspan="3">木材含水率</td><td colspan="2">第5.2.3条</td><td></td></tr>
<tr><td>3</td><td colspan="3">防火、防腐、防虫</td><td colspan="2">第5.2.4条</td><td></td></tr>
<tr><td>4</td><td colspan="3">木节及虫眼</td><td colspan="2">第5.2.5条</td><td></td></tr>
<tr><td>5</td><td colspan="3">榫槽连接</td><td colspan="2">第5.2.6条</td><td></td></tr>
<tr><td>6</td><td colspan="3">胶合板门、纤维板门、压模的质量</td><td colspan="2">第5.2.7条</td><td></td></tr>
<tr><td rowspan="17">一般项目</td><td>1</td><td colspan="3">木门窗表面质量</td><td colspan="2">第5.2.12条</td><td></td><td rowspan="3"></td></tr>
<tr><td>2</td><td colspan="3">木门窗割角拼缝</td><td colspan="2">第5.2.13条</td><td></td></tr>
<tr><td>3</td><td colspan="3">木门窗槽孔质量</td><td colspan="2">第5.2.14条</td><td></td></tr>
<tr><td rowspan="14">4</td><td rowspan="14">制作允许偏差/mm</td><td rowspan="4">翘曲</td><td rowspan="2">框</td><td>普通</td><td>4</td><td colspan="2"></td></tr>
<tr><td>高级</td><td>2</td><td colspan="2"></td></tr>
<tr><td rowspan="2">扇</td><td>普通</td><td>2</td><td colspan="2"></td></tr>
<tr><td>高级</td><td>2</td><td colspan="2"></td></tr>
<tr><td rowspan="2">对角线长度差</td><td rowspan="2">框、扇</td><td>普通</td><td>4</td><td colspan="2"></td></tr>
<tr><td>高级</td><td>2</td><td colspan="2"></td></tr>
<tr><td rowspan="2">表面平整度</td><td rowspan="2">扇</td><td>普通</td><td>2</td><td colspan="2"></td></tr>
<tr><td>高级</td><td>2</td><td colspan="2"></td></tr>
<tr><td rowspan="4">高度、宽度</td><td rowspan="2">框</td><td>普通</td><td>0；-2</td><td colspan="2"></td></tr>
<tr><td>高级</td><td>0；-1</td><td colspan="2"></td></tr>
<tr><td rowspan="2">扇</td><td>普通</td><td>+2；0</td><td colspan="2"></td></tr>
<tr><td>高级</td><td>+1；0</td><td colspan="2"></td></tr>
<tr><td rowspan="2">裁口、线条结合处高低差</td><td rowspan="2">框、扇</td><td>普通</td><td>1</td><td colspan="2"></td></tr>
<tr><td>高级</td><td>0.5</td><td colspan="2"></td></tr>
<tr><td rowspan="2">相邻棂子两端间距</td><td rowspan="2">扇</td><td>普通</td><td>2</td><td colspan="2"></td></tr>
<tr><td>高级</td><td>1</td><td colspan="2"></td></tr>
<tr><td colspan="4" rowspan="2">施工单位检查评定结果</td><td colspan="2">专业工长（施工员）</td><td></td><td>施工班组长</td><td></td></tr>
<tr><td colspan="5">项目专业质量检查员：　　　　年　月　日</td></tr>
<tr><td colspan="4">监理（建设）单位验收结论</td><td colspan="5">专业监理工程师：<br>（建设单位项目专业技术负责人）：　　　　年　月　日</td></tr>
</table>

**表3-12 木门窗安装工程检验批质量验收记录表［GB 50210—2001（Ⅱ）］**

| | | | | | |
|---|---|---|---|---|---|
| 单位（子单位）工程名称 | | | | | |
| 分部（子分部）工程名称 | | | | 验收部位 | |
| 施工单位 | | | | 项目经理 | |
| 分包单位 | | | | 分包项目经理 | |
| 施工执行标准名称及编号 | | | | | |
| 施工质量验收规范的规定 | | | | 施工单位检查评定记录 | 监理（建设）单位验收记录 |
| 主控项目 | 1 | 木门窗品种、规格、安装方向位置 | 第5.2.8条 | | |
| | 2 | 木门窗安装牢固 | 第5.2.9条 | | |
| | 3 | 木门窗扇安装 | 第5.2.10条 | | |
| | 4 | 门窗配件安装 | 第5.2.11条 | | |
| 一般项目 | 1 | 缝隙嵌填材料 | 第5.2.15条 | | |
| | 2 | 批水、盖口条等细部 | 第5.2.16条 | | |
| | 3 | 安装留缝隙值及允许偏差 | 第5.2.18条 | | |
| 施工单位检查评定结果 | | | 专业工长（施工员） | | 施工班组长 |
| | | | 项目专业质量检查员：　　年　月　日 | | |
| 监理（建设）单位验收结论 | | | 专业监理工程师：<br>（建设单位项目专业技术负责人）：　　年　月　日 | | |

表3-11［GB50210—2001（Ⅰ）］填表说明

第一，主控项目。

质量要求包括以下内容：

●木门窗的木材品种、材质等级、规格、尺寸、框扇的线型及人造木板的甲醛含量应符合设计要求。设计未规定材质等级时，所用木材的质量应符合《建筑装饰装修工程质量验收规范》（GB 50210—2001）附录A的规定。

●木门窗应采用烘干的木材，含水率应符合《建筑木门、木窗》（JG/T 122）的规定。

●木门窗的防火、防腐、防虫处理应符合设计要求。

●木门窗的结合处和安装配件处不得有木节或已填补的木节。木门窗如有允许限值以内的死节及直径较大的虫眼时，应用同一材质的木塞加胶填补。对于清漆制品，木塞的木纹和色泽应与制品一致。

●门窗框和厚度大于50mm的门窗扇应用双榫连接。榫槽应采用胶料严密嵌合，并应用胶楔加紧。

●胶合板门、纤维板门和模压门不得脱胶。胶合板不得刨透表层单板，不得有戗槎。制作胶合板门、纤维板门时，边框和横楞应在同一平面上，面层、边框及横楞应加压胶结。横楞和上、下冒头应各钻两个以上的透气孔，透气孔应通畅。

检查方法包括以下内容：主控项目1项观察检查，并检查材料进场验收记录和复验报告；2～3项检查材料进场验收记录；4、6项观察检查；5项观察，手扳检查。

第二，一般项目。

质量要求包括以下内容：

●木门窗表面应洁净，不得有刨痕、锤印。

●木门窗的割角、拼缝应严密平整。门窗框、扇裁口应顺直，刨面应平整。

●木门窗上的槽、孔应边缘整齐，无毛刺。

检查方法：一般项目1～3项观察检查。

表3-12［GB50210—2001（Ⅱ）］填表说明

第一，主控项目。

质量要求包括以下内容：

●木门窗的品种、类型、规格、开启方向、安装位置及连接方式应符合设计要求。

●木门窗框的安装必须牢固。预埋木砖的防腐处理、木门窗框固定点的数量、位置及固定方法应符合设计要求。

●木门窗扇必须安装牢固，并应开关灵活，关闭严密，无倒翘。

●木门窗配件的型号、规格、数量应符合设计要求，安装应牢固，位置应正确，功能应满足使用要求。

检验方法包括以下内容：主控项目1项观察，尺量检查，检查成品门的产品合格证书；2项观察、手扳检查，检查隐蔽工程验收记录和施工记录；3～4项观察、开启和关闭检查，手扳检查。

第二，一般项目。

质量要求包括以下内容：

●木门窗与墙体间缝隙的填嵌材料应符合设计要求，填嵌应饱满，寒冷地区外门窗（或门窗框）与砌体间的空隙应填充保温材料。

●木门窗批水、盖口条、压缝条、密封条的安装应顺直，与门窗结合应牢固、严密。

●木门窗制作的允许偏差和检验方法应符合表3－10的规定。

检查方法：一般项目1项轻敲门窗框检查、检查隐蔽工程验收记录和施工记录；2项观察、手扳检查；3项尺量检查。

### 3.5.3 金属门窗安装工程施工质量验收

1. 主控项目

主控项目内容及验收要求见表3－13。

2. 一般项目

一般项目内容及验收要求见表3－14。

3. 金属门窗安装允许偏差及检验方法

（1）钢门窗。钢门窗安装的留缝限值、允许偏差和检验方法见表3－15。

（2）铝合金门窗。铝合金门窗安装的允许偏差和检验方法见表3－16。

4. 质量验收文件

质量验收文件包括以下内容：

●门窗工程的施工图、设计说明书及其他设计文件。

●材料的产品合格证书、性能检测报告、进场验收记录和复验报告。

●隐蔽工程验收记录。

●施工记录。

5. 质量验收记录表

记录表内容　金属门窗安装工程检验批质量验收内容见表3－17和表3－18。

**表3－13 主控项目内容及验收要求**

| 项次 | 项目内容 | 规范编号 | 质量要求 | 检查方法 |
|---|---|---|---|---|
| 1 | 门窗质量 | 第5.3.2条 | 金属门窗的品种、类型、规格、尺寸、性能、开启方向、安装位置、连接方式及铝合金门窗的型材壁厚应符合设计要求。金属门窗的防腐处理及填嵌、密封处理应符合设计要求 | 观察；尺量检查；检查产品合格证书、性能检测报告、进场验收记录和复验报告；检查隐蔽工程验收记录 |
| 2 | 框和副框安装，预埋件 | 第5.3.3条 | 金属门窗框和副框的安装必须牢固。预埋件的数量、位置、埋设方式、与框的连接方式必须符合设计要求 | 手扳检查；检查隐蔽工程验收记录 |
| 3 | 门窗扇安装 | 第5.3.4条 | 金属门窗扇必须安装牢固，并应开关灵活、关闭严密，无倒翘。推拉门窗扇必须有防脱落措施 | 观察；开启和关闭检查；手扳检查 |
| 4 | 配件质量及安装 | 第5.3.5条 | 金属门窗配件的型号、规格、数量应符合设计要求，安装应牢固，位置应正确，功能应满足使用要求 | 观察；开启和关闭检查；手扳检查 |

**表3－14 一般项目内容及验收要求**

| 项次 | 项目内容 | 规范编号 | 质量要求 | 检查方法 |
|---|---|---|---|---|
| 1 | 门窗表面质量 | 第5.3.6条 | 金属门窗表面应洁净、平整、光滑、色泽一致，无锈蚀。大面应无划痕、碰伤。漆蜡或保护层应连续 | 观察 |
| 2 | 铝合金门窗推拉门窗扇开关应力 | 第5.3.7条 | 铝合金门窗推拉门窗扇开关力应不大于100N | 用弹簧秤检查 |
| 3 | 框与墙体间缝隙 | 第5.3.8条 | 金属门窗框与墙体之间的缝隙应填嵌饱满，并采用密封胶密封。密封胶表面应光滑、顺直，无裂纹 | 观察；轻敲门窗框检查；检查隐蔽工程验收记录 |
| 4 | 扇密封胶条或毛毡密封条 | 第5.3.9条 | 金属门窗扇的橡胶密封条或毛毡密封条应安装完好，不得脱槽 | 观察；开启和关闭检查 |
| 5 | 排水孔 | 第5.3.10条 | 有排水孔的金属门窗，排水孔应畅通，位置和数量应符合设计要求 | 观察 |

**表 3－15　钢门窗安装的留缝限值、允许偏差和检验方法**

| 项次 | 项　　目 | | 留缝限值/mm | 允许偏差/mm | 检 验 方 法 |
|---|---|---|---|---|---|
| 1 | 门窗槽口宽度、高度 | ≤1500mm | — | 2.5 | 用钢直尺检查 |
| | | ＞1500mm | — | 3.5 | |
| 2 | 门窗槽口对角线长度差 | ≤2000mm | — | 5 | 用钢直尺检查 |
| | | ＞2000mm | — | 6 | |
| 3 | 门窗框的正、侧面垂直度 | | — | 3 | 用 1m 垂直检测尺检查 |
| 4 | 门窗横框的水平度 | | — | 3 | 用 1m 水平尺和塞尺检查 |
| 5 | 门窗横框标高 | | — | 5 | 用钢直尺检查 |
| 6 | 门窗竖向偏离中心 | | — | 4 | 用钢直尺检查 |
| 7 | 双层门窗内外框间距 | | — | 5 | 用钢直尺检查 |
| 8 | 门窗框、扇配合间隙 | | ≤2 | — | 用塞尺检查 |
| 9 | 无下框时门扇与地面间留缝 | | 4～8 | — | 用塞尺检查 |

**表 3－16　铝合金门窗安装的允许偏差和检验方法**

| 项次 | 项　　目 | | 允许偏差/mm | 检 验 方 法 |
|---|---|---|---|---|
| 1 | 门窗槽口宽度、高度 | ≤1500mm | 1.5 | 用钢直尺检查 |
| | | ＞1500mm | 2 | |
| 2 | 门窗槽口对角线长度差 | ≤2000mm | 3 | 用钢直尺检查 |
| | | ＞2000mm | 4 | |
| 3 | 门窗框的正、侧面垂直度 | | 2.5 | 用垂直检测尺检查 |
| 4 | 门窗横框的水平度 | | 2 | 用 1m 水平尺和塞尺检查 |
| 5 | 门窗横框标高 | | 5 | 用钢直尺检查 |
| 6 | 门窗竖向偏离中心 | | 5 | 用钢直尺检查 |
| 7 | 双层门窗内外框间距 | | 4 | 用钢直尺检查 |
| 8 | 推拉门窗扇与框搭接量 | | 1.5 | 用钢直尺检查 |

**表 3－17　金属门窗安装工程检验批质量验收记录表**［（钢门窗）GB 50210—2001（Ⅰ）］

| | | | | | |
|---|---|---|---|---|---|
| 单位（子单位）工程名称 | | | | | |
| 分部（子分部）工程名称 | | | | 验收部位 | |
| 施工单位 | | | | 项目经理 | |
| 分包单位 | | | | 分包项目经理 | |
| 施工执行标准名称及编号 | | | | | |
| 施工质量验收规范的规定 | | | | 施工单位检查评定记录 | 监理（建设）单位验收记录 |
| 主控项目 | 1 | 门窗质量 | 第 5.3.2 条 | | |
| | 2 | 框和副框安装，预埋件 | 第 5.3.3 条 | | |
| | 3 | 门窗扇安装 | 第 5.3.4 条 | | |
| | 4 | 配件质量及安装 | 第 5.3.5 条 | | |

（续）

| | | | | | |
|---|---|---|---|---|---|
| 一般项目 | 1 | 表面质量 | 第5.3.6条 | | |
| | 2 | 框与墙体间缝隙 | 第5.3.8条 | | |
| | 3 | 扇密封胶条或毛毡密封条 | 第5.3.9条 | | |
| | 4 | 排水孔 | 第5.3.10条 | | |
| | 5 | 留缝隙值和允许偏差 | 第5.3.11条 | | |
| 施工单位检查评定结果 | | | 专业工长（施工员） | | 施工班组长 |
| | | | 项目专业质量检查员： 年 月 日 | | |
| 监理（建设）单位验收结论 | | | 专业监理工程师<br>（建设单位项目专业技术负责人）： 年 月 日 | | |

**表3-18 金属门窗安装工程检验批质量验收记录表**［（铝合金门窗）GB50210—2001（Ⅱ）］

| | | | | | |
|---|---|---|---|---|---|
| 单位（子单位）工程名称 | | | | | |
| 分部（子分部）工程名称 | | | | 验收部位 | |
| 施工单位 | | | | 项目经理 | |
| 分包单位 | | | | 分包项目经理 | |
| 施工执行标准名称及编号 | | | | | |
| 施工质量验收规范的规定 | | | | 施工单位检查评定记录 | 监理（建设）单位验收记录 |
| 主控项目 | 1 | 门窗质量 | 第5.3.2条 | | |
| | 2 | 框和副框安装，预埋件 | 第5.3.3条 | | |
| | 3 | 门窗扇安装 | 第5.3.4条 | | |
| | 4 | 配件质量及安装 | 第5.3.5条 | | |
| 一般项目 | 1 | 表面质量 | 第5.3.6条 | | |
| | 2 | 推拉扇开关应力 | 第5.3.7条 | | |
| | 3 | 框与墙体间缝隙 | 第5.3.8条 | | |
| | 4 | 扇密封胶条或毛毡密封条 | 第5.3.9条 | | |
| | 5 | 排水孔 | 第5.3.10条 | | |
| | 6 | 安装允许偏差 | 第5.3.12条 | | |
| 施工单位检查评定结果 | | | 专业工长（施工员） | | 施工班组长 |
| | | | 项目专业质量检查员： 年 月 日 | | |
| 监理（建设）单位验收结论 | | | 专业监理工程师<br>（建设单位项目专业技术负责人）： 年 月 日 | | |

表3-17［GB50210—2001（Ⅰ）］填表说明

第一，主控项目。

质量要求包括以下内容：

- 金属门窗的品种、类型、规格、尺寸、性能、开启方向、安装位置、连接方式及铝合金门窗的型材壁厚应符合设计要求。金属门窗的防腐处理及填嵌、密封处理应符合设计要求。
- 金属门窗框和副框的安装必须牢固。预埋件的数量、位置、埋设方式、与框的连接方式必须符合设计要求。

• 金属门窗扇必须安装牢固，并应开关灵活、关闭严密，无倒翘。推拉门窗扇必须有防脱落措施。

• 金属门窗配件的型号、规格、数量应符合设计要求，安装应牢固，位置应正确，功能应满足使用要求。

检查方法包括以下内容：主控项目1项观察、尺量检查，检查产品合格证书、性能检测报告、进场验收记录和复验报告。并检查隐蔽工程验收记录；2项手扳检查和检查隐蔽工程验收记录；3~4项观察、开启和关闭检查，手扳检查。

第二，一般项目。

质量要求包括以下内容：

• 金属门窗表面应洁净、平整、光滑、色泽一致、无锈蚀。大面应无划痕、碰伤。漆膜或保护层应连续。

• 金属门窗框与墙体之间的缝隙应填嵌饱满，并采用密封胶密封。密封胶表面应光滑、顺直，无裂纹。

• 金属门窗的橡胶密封条或毛毡密封条应安装完好，不得脱槽。

• 有排水孔的金属门窗，排水孔应畅通，位置和数量应符合设计要求。

• 钢门窗安装的留缝限值、允许偏差符合表3-15的规定。

检查方法：一般项目1、4项观察检查；2项观察和敲框检查；3项观察和开、闭检查；5项用钢直尺按要求检查。

表3-18［GB50210—2001（Ⅱ）］填表说明

第一，主控项目。

质量要求包括以下内容：

• 金属门窗的品种、类型、规格、尺寸、性能、开启方向、安装位置、连接方式及铝合金门窗的型材壁厚应符合设计要求。金属门窗的防腐处理及填嵌、密封处理应符合设计要求。

• 金属门窗框和副框的安装必须牢固。预埋件的数量、位置、埋设方式、与框的连接方式必须符合设计要求。

• 金属门窗扇必须安装牢固，并应开关灵活、关闭严密，无倒翘。推拉门窗扇必须有防脱落措施。

• 金属门窗配件的型号、规格、数量应符合设计要求，安装应牢固，位置应正确，功能应满足使用要求。

检查方法包括以下内容：主控项目1项观察和尺量检查，检查产品合格证书、性能检测报告、进场验收记录和复验报告；2项手扳检查；3~4项观察、开闭和手扳检查。

第二，一般项目。

质量要求包括以下内容：

• 金属门窗表面应洁净、平整、光滑、色泽一致，无锈蚀。大面应无划痕、碰伤。漆膜或保护层应连续。

• 铝合金门窗推拉门窗扇开关力应不大于100N。

• 金属门窗框与墙之间的缝隙应填嵌饱满，并采用密封胶密封。密封胶表面应光滑、顺直，无裂纹。

• 金属门窗框的橡胶密封条或毛毡密封条应安装完好，不得脱槽。

• 有排水孔的金属门窗，排水孔应畅通，位置和数量应符合设计要求。

• 铝合金窗安装的允许偏差符合表3-18规定。

检查方法：一般项目1、5项观察检查；2项用弹簧秤检查；3项观察、敲框检查；4项观察、开门检查；6项按要求用钢直尺检查。

### 3.5.4 塑料门窗安装工程施工质量验收

1. 主控项目

主控项目内容及验收要求见表3-19。

2. 一般项目

一般项目内容及验收要求见表3-20。

3. 塑料门窗安装的允许偏差及检验方法

塑料门窗安装的允许偏差和检验方法见表3-21。

**表3-19 主控项目内容及验收要求**

| 项次 | 项目内容 | 规范编号 | 质量要求 | 检查方法 |
|---|---|---|---|---|
| 1 | 门窗质量 | 第5.4.2条 | 塑料门窗的品种、类型、规格、尺寸、开启方向、安装位置、连接方式及填嵌密封处理应符合设计要求，内衬增强型钢的壁厚及设置应符合国家现行产品标准的质量要求 | 观察；尺量检查；检查产品合格证书、性能检测报告、进场验收记录和复验报告；检查隐蔽工程验收记录 |
| 2 | 框、扇安装 | 第5.4.3条 | 塑料门窗框、副框和扇的安装必须牢固。固定片或膨胀螺栓的数量与位置应正确，连接方式应符合设计要求。固定点应距窗角、中横框、中竖框150~200mm，固定点间距应不大于600mm | 观察；手扳检查；检查隐蔽工程验收记录 |

（续）

| 项次 | 项目内容 | 规范编号 | 质 量 要 求 | 检 查 方 法 |
|---|---|---|---|---|
| 3 | 拼樘料与框连接 | 第5.4.4条 | 塑料门窗拼樘料内衬增强型钢的规格、壁厚必须符合设计要求，型钢应与型材内腔紧密吻合，其两端必须与洞口固定牢固。窗框必须与拼樘连接紧密，固定点间距不应大于600mm | 观察；手扳检查；尺量检查；检查进场验收记录 |
| 4 | 门窗扇安装 | 第5.4.5条 | 塑料门窗扇应开关灵活、关闭严密、无倒翘。推拉门窗扇必须有防脱落措施 | 观察；开启和关闭检查；手扳检查 |
| 5 | 配件质量及安装 | 第5.4.6条 | 塑料门窗配件的型号、规格、数量应符合设计要求，安装应牢固，位置应正确，功能应满足使用要求 | 观察；手扳检查；尺量检查 |
| 6 | 框与墙体缝隙填嵌 | 第5.4.7条 | 塑料门窗框与墙体间缝隙应采用闭孔弹性材料填嵌饱满，表面应采用密封胶密封。密封胶应粘结牢固，表面应光滑、顺直，无裂纹 | 观察；检查隐蔽工程验收记录 |

**表3-20 一般项目内容及验收要求**

| 项次 | 项目内容 | 规范编号 | 质 量 要 求 | 检 查 方 法 |
|---|---|---|---|---|
| 1 | 门窗表面质量 | 第5.4.8条 | 塑料门窗表面应洁净、平整、光滑，大面应无划痕、碰伤 | 观察 |
| 2 | 密封条及旋转门窗间隙 | 第5.4.9条 | 塑料门窗扇的密封条不得脱槽。旋转窗间隙应基本均匀 | 观察 |
| 3 | 门窗扇开关力 | 第5.4.10条 | 塑料门窗扇开关力应符合下列规定<br>1. 平开门窗扇平铰链的开关力不应大于80N；滑撑铰链的开力不应大于80N，关不应小于30N<br>2. 推拉门窗扇的开关力不应大于100N | 观察；用弹簧秤检查 |
| 4 | 玻璃密封条、玻璃槽口 | 第5.4.11条 | 玻璃密封条与玻璃槽口的接缝应平整，不得卷边、脱槽 | 观察 |
| 5 | 排水孔 | 第5.4.12条 | 排水孔应畅通，位置和数量应符合设计要求 | 观察 |

**表3-21 塑料门窗安装的允许偏差和检验方法**

| 项次 | 项 目 | | 允许偏差/mm | 检 验 方 法 |
|---|---|---|---|---|
| 1 | 门窗槽口宽度、高度 | ≤1500mm | 2 | 用钢直尺检查 |
| | | >1500mm | 3 | |
| 2 | 门窗槽口对角线长度差 | ≤2000mm | 3 | 用钢直尺检查 |
| | | >2000mm | 5 | |
| 3 | 门窗框的正、侧面垂直度 | | 3 | 用1m垂直检测尺检查 |
| 4 | 门窗横框的水平度 | | 3 | 用1m水平尺和塞尺检查 |
| 5 | 门窗横框标高 | | 5 | 用钢直尺检查 |
| 6 | 门窗竖向偏离中心 | | 5 | 用钢直尺检查 |
| 7 | 双层门窗内外框间距 | | 4 | 用钢直尺检查 |
| 8 | 同樘平开门窗相邻扇高度差 | | 2 | 用钢直尺检查 |
| 9 | 平开门窗铰链部位配合间隙 | | +2；-1 | 用塞尺检查 |
| 10 | 推拉门窗扇与框搭接量 | | +1.5；-2.5 | 用钢直尺检查 |
| 11 | 推拉门窗扇与竖框平行度 | | 2 | 用1m水平尺和塞尺检查 |

4. 质量验收文件

质量验收文件包括以下内容：

- 门窗工程的施工图、设计说明书及其他设计文件。
- 材料的产品合格证书、性能检测报告、进场验收记录和复验报告。
- 隐蔽工程验收记录。
- 施工记录。

5. 质量验收记录表

*记录表内容* 塑料门窗安装工程检验批质量验收内容见表3－22。

**表3－22 塑料门窗安装工程检验批质量验收记录表**（GB 50210—2001）

| | | | | | |
|---|---|---|---|---|---|
| 单位（子单位）工程名称 | | | | | |
| 分部（子分部）工程名称 | | | | 验收部位 | |
| 施工单位 | | | | 项目经理 | |
| 分包单位 | | | | 分包项目经理 | |
| 施工执行标准名称及编号 | | | | | |
| 施工质量验收规范的规定 | | | | 施工单位检查评定记录 | 监理（建设）单位验收记录 |
| 主控项目 | 1 | 门窗质量 | 第5.4.2条 | | |
| | 2 | 框、扇安装 | 第5.4.3条 | | |
| | 3 | 拼樘料与框连接 | 第5.4.4条 | | |
| | 4 | 门窗扇安装 | 第5.4.5条 | | |
| | 5 | 配件质量及安装 | 第5.4.6条 | | |
| | 6 | 框与墙体缝隙填嵌 | 第5.4.7条 | | |
| 一般项目 | 1 | 表面质量 | 第5.4.8条 | | |
| | 2 | 密封条及旋转门窗间隙 | 第5.4.9条 | | |
| | 3 | 门窗扇开关力 | 第5.4.10条 | | |
| | 4 | 玻璃密封条、玻璃槽口 | 第5.4.11条 | | |
| | 5 | 排水孔 | 第5.4.12条 | | |
| | 6 | 安装允许偏差 | 第5.4.13条 | | |
| 施工单位检查评定结果 | 专业工长（施工员） | | | 施工班组长 | |
| | 项目专业质量检查员： | | | | 年 月 日 |
| 监理（建设）单位验收结论 | 专业监理工程师：<br>（建设单位项目专业技术负责人）： | | | | 年 月 日 |

*填表说明*

第一，主控项目。

质量要求包括以下内容：

- 塑料门窗的品种、类型、规格、尺寸、开启方向、安装位置、连接方式及填嵌密封处理应符合设计要求。内衬增强型钢的壁厚及设置应符合国家现行产品标准的质量要求。
- 塑料门窗框、副框和扇的安装必须牢固。固定片或膨胀螺栓的数量与位置应正确，连接方式应符合设计要求。固定点应距窗角、中横框、中竖框150～200mm，固定点间距应不大于600mm。
- 塑料门窗拼樘料内衬增强型钢的规格、壁厚必须符合设计要求，型钢应与型材内腔紧密吻合，其两端必须与洞口固定牢固。窗框必须与拼樘料连接紧密，固定点间距应不大于600mm。
- 塑料门窗扇应开关灵活、关闭严密，无倒翘。推拉门窗扇必须有防脱落措施。
- 塑料门窗配件的型号、规格、数量应符合设计要求，安装应牢固，位置应正确，功能应满足使用要求。
- 塑料门窗框与墙体间缝隙应采用闭孔弹性材料填嵌饱满，表面应采用密封胶密封。密封胶应粘结牢固，表面应光滑顺直、无裂纹。

检查方法包括以下内容：主控项目1项观察和尺

量检查，检查产品合格证书、性能检测报告、进场验收记录和复验报告，检查隐蔽工程验收记录；2 项观察、手扳检查，检查隐蔽工程验收记录；3 项观察、手扳检查、尺量检查，检查进场验收记录；4 项观察、开启和关闭检查、手扳检查；5 项观察、手扳、尺量检查；6 项观察、检查隐蔽工程验收记录。

第二，一般项目。

质量要求包括以下内容：

- 塑料门窗表面应洁净、平整、光滑，大面应无划痕、碰伤。
- 塑料门窗扇的密封条不得脱槽。旋转窗间隙应基本均匀。
- 塑料门窗扇的开关力应符合下列两项规定：一是平开门窗扇平铰链的开关力应不大于 80N；滑撑铰链的开关力应小于 80N，大于 30N；二是推拉门窗扇的开关力应小于 100N。
- 玻璃密封条与玻璃及玻璃槽口的接缝应平整，不得卷边、脱槽。
- 排水孔应畅通，位置和数量应符合设计要求。
- 塑料门窗安装的允许偏差和检验方法应符合表 3－21 的规定。

检查方法：一般项目 1、2、4、5 项观察检查；3 项观察、用弹簧秤检查；6 项按要求用钢直尺检查。

### 3.5.5 门窗玻璃安装工程施工质量验收

1. 主控项目

主控项目内容及验收要求见表 3－23。

2. 一般项目

一般项目内容及验收要求见表 3－24。

3. 质量验收文件

质量验收文件包括以下内容：

- 门窗工程的施工图、设计说明及其他设计文件。
- 材料的产品合格证书、性能检测报告、进场验收记录和复验报告。
- 隐蔽工程验收记录。
- 施工记录。

4. 质量验收记录表

记录表内容 门窗玻璃安装工程检验批质量验收记录内容见表 3－25。

**表 3－23 主控项目内容及验收要求**

| 项次 | 项目内容 | 规范编号 | 质量要求 | 检查方法 |
|---|---|---|---|---|
| 1 | 玻璃质量 | 第 5.6.2 条 | 玻璃的品种、规格、尺寸、色彩、图案和涂膜朝向应符合设计要求。单块玻璃大于 1.54$m^2$ 时应使用安全玻璃 | 观察；检查产品合格证书、性能检测报告和进场验收记录 |
| 2 | 玻璃裁割与安装质量 | 第 5.6.3 条 | 门窗玻璃裁割尺寸应正确。安装后的玻璃应牢固，不得有裂纹、损伤和松动 | 观察；轻敲检查 |
| 3 | 安装方法 | 第 5.6.4 条 | 玻璃的安装方法应符合设计要求。固定玻璃的钉子或钢丝卡的数量、规格应保证玻璃安装牢固 | 观察；检查施工记录 |
| 4 | 木压条 | 第 5.6.5 条 | 镶钉木压条接触玻璃处，应与裁口边缘平齐。木压条应互相紧密连接，并与裁口边缘紧贴，割角应整齐 | 观察 |
| 5 | 密封条 | 第 5.6.6 条 | 密封条与玻璃、玻璃槽口的接触应紧密、平整。密封胶与玻璃、玻璃槽口的边缘应粘贴牢固，接缝平齐 | 观察 |
| 6 | 带密封条的玻璃压条 | 第 5.6.7 条 | 带密封条的玻璃压条，其密封条必须与玻璃全部贴紧，压条与型材之间应无明显缝隙，压条接缝应小于 0.5mm | 观察；尺量检查 |

**表 3－24 一般项目内容及验收要求**

| 项次 | 项目内容 | 规范编号 | 质量要求 | 检查方法 |
|---|---|---|---|---|
| 1 | 玻璃表面 | 第 5.6.8 条 | 玻璃表面洁净，不得有泥子、密封胶、涂料等污渍。中空玻璃内外表面均应洁净，玻璃中空层内不得有灰尘和水蒸气 | 观察 |
| 2 | 玻璃与型材及层面朝向 | 第 5.6.9 条 | 门窗玻璃不应直接接触型材。单面镀膜玻璃的镀膜层及磨砂玻璃的磨砂面应朝向室内。中空玻璃的单面镀膜玻璃应在最外层，镀膜层应朝向室内 | 观察 |
| 3 | 泥子 | 第 5.6.10 条 | 泥子应填抹饱满、粘结牢固；泥子边缘裁口应平齐；固定玻璃的卡子不应显露在泥子表面 | 观察 |

**表3-25　门窗玻璃安装工程检验批质量验收记录表（GB 50210—2001）**

| | | | | | |
|---|---|---|---|---|---|
| 单位（子单位）工程名称 | | | | | |
| 分部（子分部）工程名称 | | | | 验收部位 | |
| 施工单位 | | | | 项目经理 | |
| 分包单位 | | | | 分包项目经理 | |
| 施工执行标准名称及编号 | | | | | |
| 施工质量验收规范的规定 | | | | 施工单位检查评定记录 | 监理（建设）单位验收记录 |
| 主控项目 | 1 | 玻璃质量 | 第5.6.2条 | | |
| | 2 | 玻璃裁割与安装质量 | 第5.6.3条 | | |
| | 3 | 安装方法<br>钉子或钢丝卡 | 第5.6.4条 | | |
| | 4 | 木压条 | 第5.6.5条 | | |
| | 5 | 密封条 | 第5.6.6条 | | |
| | 6 | 带密封条的玻璃压条 | 第5.6.7条 | | |
| 一般项目 | 1 | 玻璃表面 | 第5.6.8条 | | |
| | 2 | 玻璃与型材<br>镀膜层及磨砂层 | 第5.6.9条 | | |
| | 3 | 泥子 | 第5.6.10条 | | |
| 施工单位检查评定结果 | | | 专业工长（施工员） | | 施工班组长 |
| | | | 项目专业质量检查员：　　　　年　月　日 | | |
| 监理（建设）单位验收结论 | | | 专业监理工程师：<br>（建设单位项目专业技术负责人）：　　　　年　月　日 | | |

填表说明

第一，主控项目。

质量要求包括以下内容：

• 玻璃的品种、规格、尺寸、色彩、图案和涂膜朝向应符合设计要求。单块玻璃大于1.5$m^2$时应使用安全玻璃。

• 门窗玻璃裁割尺寸应正确。安装后的玻璃应牢固，不得有裂纹、损伤和松动。

• 玻璃的安装方法应符合设计要求。固定玻璃的钉子或钢丝卡的数量、规格应保证玻璃安装牢固。

• 镶钉木压条接触玻璃处，应与裁口边缘齐平。木压条应互相紧密连接，并与裁口边缘紧贴，割角应整齐。

• 密封条与玻璃、玻璃槽口的接触应紧密、平整。密封胶与玻璃、玻璃槽口的边缘应粘结牢固、接缝平齐。

• 带密封条的玻璃压条，其密封条必须与玻璃全部贴紧，压条与型材之间应无明显缝隙，压条接缝应不大于0.5mm。

检查方法包括以下内容：

主控项目1项观察，检查产品合格证书、性能检测报告和进场验收记录；2项观察、轻敲检查；3项观察、检查施工记录；4~5项观察检查；6项观察、尺量检查。

第二，一般项目。

质量要求包括以下内容：

• 玻璃表面应洁净、不得有泥子、密封胶、涂料等污渍。中空玻璃内外表面均应洁净，玻璃中空层内不得有灰尘和水蒸气。

• 门窗玻璃不应直接接触型材。单面镀膜玻璃的镀膜层及磨砂玻璃的磨砂面应朝向室内。中空玻璃的单面镀膜玻璃应在最外层，镀膜层应朝向室内。

● 泥子应填抹饱满、粘结牢固；泥子边缘与裁口应平齐。固定玻璃的卡子不应显露在泥子表面。

检查方法：一般项目 1 ~ 3 项观察检查。

## 【本章小结】

门窗工程的管理主要从施工环境、材料质量、施工质量、施工安全等方面来控制。管理的重点在材料质量、施工质量等方面。质量通病及防治措施是重点内容。施工质量的检验有详细的评定标准。

## 【思考题】

1. 按使用材料的不同，门窗可划分为哪些类型？
2. 木门窗工程中常见的质量通病有哪些？
3. 铝合金门窗工程中常见的质量通病有哪些？
4. 塑料门窗工程中常见的质量通病有哪些？

## 【推荐阅读书目】

1. 建筑装饰装修工程施工与质量验收实用手册．孙科炎主编．北京：中国建材工业出版社，2004.

2. 装饰工程项目管理规范实施手册．张维君主编．北京：中国建筑工业出版社，1999.

3. 室内装饰材料．向仕龙，张秋梅，张求慧编著．北京：中国林业出版社，2003.

## 【相关链接】

1. 中国室内装饰协会．http：//www. cida. net. cn/home. php
2. 设计在线．http：//www. dolcn. com

# 第4章 顶棚工程管理

【本章难点与重点】 顶棚工程的管理主要从施工环境、材料质量、施工质量、施工安全等方面来控制。管理的重点在施工环境、材料质量、施工安全等方面。质量通病及防治措施是本章的重点内容。

吊顶是现代建筑装饰的重要组成部分。随着人们对建筑造型多样化的要求，吊顶的形状越来越复杂，吊顶在选用材料、造型方面追求多样化。如为了满足防火、防腐通风等需求，顶棚往往采用特殊的造型和材料；顶棚要与室内采光、灯饰紧密配合，以增强室内装饰的效果和气氛。因此，吊顶工程已逐步成为较独立的工程体系。在设计与施工中必须考虑用途、功能、强度与周围环境的协调等；在选材上也应考虑与室内环境的整体配合，使色彩、造型融为一体。

吊顶工程依吊顶的结构造型分为平面顶棚、多面顶棚、圆形顶棚、拱形及通花格栅等。按采用的龙骨材料分为轻钢龙骨吊顶、铝合金龙骨吊顶、木龙骨吊顶、球形网架及各种金属吊顶。吊顶板面材料通常采用各种装饰石膏板、钙塑板、岩棉板、木夹板、各种金属装饰板等。吊顶饰面多采用油漆、涂料、裱糊壁纸及织物。特殊用途有的采用彩色玻璃、夹丝玻璃等。

## 4.1 施工环境控制

顶棚工程应从施工准备及施工管理等方面进行控制，创造能保证工程质量的操作环境。

1. 施工准备

施工开始前，应作好以下准备工作：

- 顶棚施工前，顶棚上部的空调、消防、照明、音响及供水等设备和管线应安装就位并基本调试完毕，分专业按规定已经验收合格。
- 从顶棚经墙体或柱体布设下来的各种控制系统的线路均已安置就绪，施工材料和脚手架等已备齐。
- 顶棚空间及顶棚基层已经清理并检查确认无误。
- 顶棚罩面板应在龙骨架安装完毕，经检验合格后进行施工。

2. 施工管理

在施工中要注意以下3点：

- 龙骨及罩面板的品种、规格及固定方法等应按设计要求选择及施工。
- 湿度较大及腐蚀性强的房间，不得使用未经防水处理及耐腐蚀处理的骨架及罩面板。
- 罩面板安装前，应按分块尺寸弹线。

3. 作样板间

应先作样板间，经设计、甲方等有关人员确认合格后，并办理了确认手续，再大面积施工。

## 4.2 材料质量控制

总体上说，吊顶所用材料包括各种龙骨、木材、板材、金属配件等。一般而言，罩面板及钢木骨架安装工程所用材料的品种规格应符合设计要求，材料进场后应验收，对材料质量发生怀疑时应抽样检验，合格后方可使用。该工程所用木材、板材、金属构件配件的质量在施工操作前应进行控制。

1. 木材质量控制

木材在吊顶工程中是一种被广泛使用的材料，选用木材的树种、材质等级、含水率以及防腐、防虫、防火处理必须符合设计要求和《木结构工程施工质量验收规范》（GB 50206—2002）的有关规定。

采用马尾松、木麻黄、桦木、杨木等易腐朽、易虫蛀的树种木材，整个构件应用防腐、防虫药剂处理。

所用木材必须提前干燥处理，保证现场用料干燥。木材含水率的测定方法有两种，即重量法和电测法。

2. 板材质量控制

各类板材质量应符合现行国家标准和行业标准的规定，主要规定有3点：

- 胶合板、纤维板，不得脱胶、变色和腐朽。
- 钙塑板、塑料板，应表面平整、边缘整齐、无翘曲。施工前，应按规格、颜色选配分类。
- 纸面石膏板，板面应平整，正面无皱纹，反面无明显皱纹。板面无污痕、划痕等缺陷。板的侧边应平直，无缺楞掉角和亏料跑浆现象。纸基与石膏芯以及纸面接口必须粘结牢固。
- 石膏板、龙骨的外观尺寸应符合表4－1的要求。

**表4－1 石膏板、龙骨外观尺寸**

| 名 称 | 允许偏差/mm | | | |
|---|---|---|---|---|
| | 长 度 | 宽 度 | 厚 度 | 高 度 |
| 石膏板（一级品） | 0～5 | 0～5 | ±0.5 | — |
| 石膏板（二级品） | 0～－6 | 0～－6 | ±1 | — |
| 龙 骨 | ±5 | －1 | — | ±1 |

石膏板和龙骨的运输：场外运输时，宜采用集装箱或汽车散装，防止板和龙骨弯曲折裂。运输时应用绳索捆紧绑牢，但要防止绳索磨损板和龙骨。雨雪天气运输时，必须覆盖严密，防止受潮；场内水平运输时，宜用平板车或专用运输车。垂直运输时，宜采用平板车外加挡板。人工搬运时，应将板立放侧运，不得平抬，要轻拿轻放，防止碰撞。

3. 金属构件和配件质量控制

金属构件和配件应符合以下现行国家标准和行业标准。

- 金属构件、配件和材质、规格以及防腐性能必须符合设计要求。
- 选用成品、半成品，出厂时应配套供应，并附有产品合格证。花篮螺钉、自攻螺钉和各种压缝条等，其品种、规格、质量应符合设计要求。

4. 其他材料质量控制

（1）胶黏剂的使用应注意以下2点：

- 胶黏剂应按罩面板的品种配套选用，现场配制胶黏剂，其配合比应由试验确定。
- 纸面石膏板所用的黏结剂、泥子和接缝带应有产品制造日期、使用说明和材质合格证明。

（2）需要做防锈和防腐的部件有：

- 安装罩面板的钉子、木螺钉应镀锌。罩面板和钢木骨架的连接体、铆固件应做防锈处理。
- 接触砖石、混凝土的木主梁、搁栅和预埋的木砖，应经防腐处理。

## 4.3 施工质量控制

顶棚工程施工开始后，要对施工过程进行严格的质量控制，严防顶棚工程中的各分项工程的质量通病发生。具体的质量通病及防治措施要依据顶棚工程用料的不同而有所选择。

1. 吊顶龙骨质量通病及防治

吊顶龙骨质量通病及防治措施见表4－2。

2. 轻质板吊顶质量通病及防治

轻质板吊顶质量通病及防治措施见表4－3。

3. 石膏板吊顶质量通病及防治

石膏板吊顶质量通病及防治措施见表4－4。

4. 金属板吊顶质量通病及防治

金属板吊顶质量通病及防治措施见表4－5。

**表4-2 吊顶龙骨质量通病及防治措施**

| 项次 | 内 容 | 质量通病 | 原因分析 | 防治措施 |
|---|---|---|---|---|
| 1 | 轻钢龙骨、铝合金龙骨纵横方向线条不平直 | 1. 吊顶龙骨安装后，主龙骨、次龙骨在纵横方向不顺直，有扭曲、歪斜现象<br>2. 龙骨高低位置不均，使得下表面拱度不均匀、不平整，甚至成波浪线<br>3. 吊顶完工后，经过短期使用产生凹凸变形 | 1. 主龙骨、次龙骨受扭折，虽经修整，仍不平直<br>2. 龙骨吊点位置不正确，吊点间距偏大，拉牵力不均匀<br>3. 未拉通线全面调整主龙骨、次龙骨的高低位置<br>4. 测吊顶的水平线误差超大，中间平线起拱度不符合规定<br>5. 龙骨安装后，局部施工荷载过大，导致龙骨局部弯曲变形<br>6. 吊顶不牢，吊杆变形不均匀，产生局部下沉<br>(1)吊点与建筑主体固定不牢，如膨胀螺栓埋入深度不够，产生松动或脱落；射钉松动，虚焊脱落等<br>(2)吊挂连接不牢，产生松脱<br>(3)吊杆强度不够，或施工中在吊杆上施加过大荷载，使吊杆产生拉伸现象 | 1. 凡是受扭折的主龙骨、次龙骨一律不宜采用<br>2. 按设计要求弹线，确定龙骨吊点位置，主龙骨端部或接长部位增设吊点，吊点间距不宜大于1.2m。吊杆距主龙骨站部距离不得大于300mm，当大于300mm时，应增加吊杆。当吊杆长度大于5m时，应设置反支撑。当吊杆与设备相遇时，应调整并增设吊杆<br>3. 四周墙面或柱面上，按吊顶高度要求弹出标高线，弹线清楚，位置正确，可采用水柱法弹水平线<br>4. 将龙骨与吊杆(或镀锌铁丝)固定后，按标高线调整大龙骨标高，调整时一定要拉通线，大房间可根据设计要求起拱，拱度一般为1/200。逐条调整龙骨的高低位置和线平直。调整方法可用方木按主龙骨间距钉圆钉，再将长方木条横放在主龙骨上，并用铁钉卡住主龙骨，使其按规定位置定位，临时固定。方木两端要顶到墙上或梁边，再按十字和对角线，拧动吊杆螺栓，升降调平<br>5. 对于不上人的吊顶，龙骨安装时，挂面不应挂放施工安装器具；对于大型上人吊顶，龙骨安装后，应为机电安装等人员铺设通道板，避免龙骨承受过大的不均匀荷载而产生不均匀变形 |
| 2 | 吊顶造型不对称，罩面板布局不合理 | 吊顶罩面板安装后，罩面板布局不合理，造型不对称 | 1. 未在房间四周拉十字中心线<br>2. 未按设计要求布置主龙骨和次龙骨<br>3. 铺安罩面板流向不正确 | 1. 按吊顶设计标高，在房间四周的水平线位置拉十字中心线<br>2. 严格按设计要求布置主龙骨和次龙骨<br>3. 中间部分先铺整块罩面板，余量应平均分配在四周最外边一块，或不被人注意的次要部位 |
| 3 | 木吊顶龙骨拱度不匀 | 1. 吊顶龙骨装钉后，其下表面的拱度不均匀、不平整，甚至成波浪形<br>2. 吊顶龙骨周边或四角不平<br>3. 吊顶完工后，经过短期使用产生凹凸变形 | 1. 木吊顶龙骨的材质不好，变形大、不顺直、有硬弯，施工中又难以调直；木材含水率较大，在施工中或交工后产生收缩翘曲变形<br>2. 不按规程施工，施工中吊顶龙骨四周墙面上不弹平线或平线不准，中间不按平线起拱，造成拱度不匀<br>3. 吊杆或吊筋的间距过大，吊顶龙骨的拱度不易调匀。同时，受力后易产生挠度，造成凹凸不平<br>4. 吊顶龙骨接头装钉不平或接出硬弯，直接影响吊顶的平整<br>5. 受力节点结合不严密、不牢固，受力后产生位移变形。常见的有：<br>(1)装钉吊杆、吊顶龙骨接头时，因材质不良或钉径过大，节点端头被钉劈裂，松动不牢而产生位移<br>(2)吊杆与吊顶龙骨未用半燕尾榫相连接，极易造成节点不牢或使用不耐久的弊病<br>(3)钢筋混凝土板下吊顶，吊筋螺母处未加垫板，龙骨上的吊筋孔径又较大，受力后螺母吃入木料内，造成吊顶局部下沉；或因吊筋长度过短不能用螺母固定，导致加大吊筋间距，受力后变形也加大<br>(4)钢筋混凝土板下吊顶，用射钉铆固龙骨时，射钉未射牢固或间距过大，受荷后射钉松脱或龙骨下挠 | 1. 吊顶应选用比较干燥的松木、杉木等软质木材，并防止受潮和烈日暴晒；不宜采用桦木、色木和柞木等硬质木材<br>2. 吊顶龙骨装钉前，应按设计标高在四周墙壁上弹平线；装钉时四周以平线为准，中间按平线起拱，起拱高度应为房间短向跨度的1/200，纵横拱度均应吊匀<br>3. 龙骨及吊顶龙骨的间距、断面尺寸应符合设计要求；木料应顺直，如有硬弯，应在硬弯处锯断，调直后再用双面夹板连接牢固；木料在两吊点间如稍有弯度，弯度应向上<br>4. 各受力节点必须装钉严密、牢固，符合质量要求。可采取以下措施：<br>(1)吊杆和接头夹板必须选用优质软件制作，钉子的长度、直径、间距要适宜，既能满足强度要求，装钉时又不能劈裂<br>(2)吊杆应刻半燕尾榫，交叉地钉固在吊顶龙骨的两侧，以提高其稳定性；吊杆与龙骨必须钉牢，钉长宜为吊木厚的2~2.5倍，吊杆端头应高出龙骨上皮40mm，以防装钉时劈裂<br>(3)如有吊筋固定龙骨，其吊筋位置和长度必须埋设准确，吊筋螺母处必须设置垫板。如木料有弯，与垫板接触不严，可利用撑木、木楔靠严，以防吊顶变形。必要时应在上、下两面均设置垫板，用双螺母紧固<br>(4)吊顶龙骨接头的下表面必须装钉顺直、平整，其接头要错开使用，以加强整体性；对于板条抹灰吊顶，其板条接头必须分段错槎钉在吊顶龙骨上，每段错槎宽度不宜超过500mm，以加强吊顶龙骨的整体刚度<br>(5)在墙体砌筋时，应按吊顶标高沿墙牢固地预埋木砖，间距1m，以固定墙周边的吊顶龙骨，或在墙上留洞，把吊顶龙骨固定在墙内<br>(6)用射钉铆固时，射钉必须牢固，间距不宜大于400mm<br>5. 吊顶内应设置通风窗，使木骨架处于干燥环境中；室内抹灰时，应将吊顶人孔封严，待墙面干后，再将人孔打开通风，使吊顶保持干燥环境 |

**表4-3 轻质板吊顶质量通病及防治措施**

| 项次 | 内 容 | 质 量 通 病 | 原 因 分 析 | 防 治 措 施 |
|---|---|---|---|---|
| 1 | 轻质板块吊顶面层变形 | 轻质板块吊顶装钉后，部分纤维板或胶合板逐渐产生凹凸变形 | 1. 纤维板或胶合板在使用中吸收空气中的水分，特别是纤维板，因它不是均质材料，各部分吸湿程度不同，易产生凹凸变形<br>2. 装钉板块时，板块接头未留空隙，吸湿膨胀后，没有伸胀余地，会使变形程度更为严重<br>3. 对于较大板块，装钉时未能使板块与吊顶龙骨全部贴紧，就从四角或从四周向中心排钉装钉，板块内产生应力，致使板块凹凸变形<br>4. 吊顶龙骨分格过大，板块易产生挠度变形 | 1. 为保证吊顶质量，应选用优质板材。胶合板宜选用5层以上的椴木胶合板，纤维板宜选用硬质纤维板<br>2. 为防止板块凹凸变形，装钉前应采取如下措施：<br>(1)为使纤维板的含水率与大气中的相对含水率相平衡或接近，减少纤维板吸湿而引起的凹凸变形，对纤维板宜进行浸水湿处理。具体做法是：将纤维板放在水池中浸泡15～20min，一般硬质纤维板用冷水；掺有树脂胶的纤维板要在45℃左右的热水中取出后毛面向上，堆放在一起，约24h打开垛，使整个板面处在室温10℃以上的大气中，与大气湿度平衡，一般放置5－7天后就可使用<br>(2)经过浸水湿处理的纤维板，四边易产生毛口。所以，用于装钉纤维板明拼缝吊顶或钻孔纤维板吊顶，宜将加工后的小板块两面均涂刷一遍猪血来代替浸水，约经24h干燥后再涂刷一遍油漆，干后在室内平放成垛保管待用<br>(3)胶合板不得用水浸和受潮，装钉前应两面均涂刷一遍油漆，以提高抗吸湿变形的能力<br>3. 轻质板块宜用不齿锯截成小块后装钉。装钉时必须由中间向两端排钉，以避免板块内产生应力而凹凸变形。板块接头拼缝留3～6mm的间隙，以适应板块膨胀变形要求<br>4. 用纤维板、胶合板吊顶时，其吊顶龙骨的分格间距不宜超过450mm。否则中间应加25mm×40mm的小龙骨，以防板块下挠<br>5. 合理安排施工工序，当室内湿度较大时，宜先装钉吊顶木骨架，然后进行室内抹灰，待抹灰干燥后再装钉吊顶面层。但施工时应注意周边的吊顶龙骨应离开墙面20～30mm(即抹灰厚度)，以便在墙面抹灰后装钉板块及压条(抹灰时应注意墙面平整，以防压条与墙面接触不严) |
| 2 | 拼缝装钉不直，分格不均匀、不方正 | 在轻质板块吊顶中，同一直线上的分格木压条或板块明拼缝，其边楞不在一条直线上，有错牙、弯曲等现象；纵横木压条或板块明拼缝分格不均匀、不方正 | 1. 吊顶龙骨安装时，拉线找直和规方控制不严；吊顶龙骨间距分得不均匀；龙骨间距与板块尺寸不符等<br>2. 未按先弹线后按线装钉板块或木压条的顺序操作<br>3. 明拼缝板块吊顶时，板块截得不方、不直或尺寸不准 | 1. 装钉吊顶龙骨时，必须保证位置准确，纵横顺直，分格方正。其做法是：吊顶前，按吊顶龙骨标高在四周墙面上弹线找平，然后在平线上按计算出的板块拼缝间距或压条分格间距，准确地分出吊顶龙骨的位置。确定四周边吊顶龙骨位置时，应扣除墙面抹灰厚度，以防分格不均；装钉吊顶龙骨时，按所分位置拉线找直、归方、固定，应注意起拱和平整问题<br>2. 板材应按分格尺寸截成板块。板块尺寸按吊顶龙骨间距尺寸减去明拼缝宽度(8～10mm)。板块要截得方正、准确，不得损坏楞角，四周要修去毛边，使板边挺直、光滑<br>3. 板块装钉前，在每条纵横吊顶龙骨上按所分位置拉线弹出拼缝中心线，必要时应弹出拼缝边线，然后按墨线装钉板块；装钉时，若发现超线，应用刨修整，以确保缝口齐直、均匀<br>4. 木压条应选用软质软材制作，其加工规格必须一致，外购应严把质量关，表面要刨得平整光滑；装钉压条时，要先在板块上拉线弹出压条分格墨线，然后沿墨线装钉压条。压条的接头缝应严密 |

（续）

| 项次 | 内　容 | 质 量 通 病 | 原 因 分 析 | 防 治 措 施 |
|---|---|---|---|---|
| 3 | 吊顶与设备衔接不妥 | 1. 灯盘、灯槽、空调风口篦子等设备在吊顶上的孔洞位置不正确；或者在吊顶面不平，衔接吻合不好<br>2. 自动喷淋头和烟感器等设备安装时与吊顶表面衔接吻合不好、不严密。自动喷淋必须通过吊顶平面与自动喷淋系统的水管相接。在安装中出现水管伸出吊顶面；水管预留过短，自动喷淋头不能在吊顶面与水管连接，如果强行拧上，造成吊顶局部凹进；喷淋头边上有遮挡物等现象 | 1. 设备工种与装饰工种配合欠妥，导致施工安装后衔接不好<br>2. 确定施工方案时，施工顺序不合理 | 1. 设备工种与装饰工种应相互配合，采取合理的施工顺序<br>2. 如果孔洞较大，其孔洞位置应先由设备工种确定准确，吊顶在其部位断开。也可先安装设备，然后再吊顶封口。回风口等较大孔洞，一般均先将回风篦子固定，这样做既保证位置准确，也易收口<br>3. 对于小面积孔洞，宜在顶部开洞，这样不仅便于吊顶施工同时也能保证孔洞位置准确。如吊顶的嵌入式灯口，一般采用此法。开洞时先拉通长中心线，准确确定位置后，再用往复锯开洞<br>4. 自动喷淋系统的水管预留长度应准确，在拉吊顶标高线时应检查消防设备安装尺寸<br>5. 大开洞处的吊杆、龙骨应特殊处理，洞周围要加固 |

**表 4－4　石膏板吊顶质量通病及防治措施**

| 项次 | 内　容 | 质 量 通 病 | 原 因 分 析 | 防 治 措 施 |
|---|---|---|---|---|
| 1 | 拼板处不平整 | 石膏板安装后，在拼板接缝处有不平整、错台现象 | 1. 操作不认真，主、次龙骨未调平<br>2. 选用材料不配套，或板材加工不符合标准<br>3. 固定螺钉的排钉装钉顺序不正确，多点同时固定，引起板面不平，接缝不严 | 1. 安装主龙骨后，拉通线检查其是否正确、平整，然后边安装板边调平，满足板面平整度要求<br>2. 应使用专用机具和选用配套材料，加工板材尺寸应保证符合标准，减少原始误差和装配误差，以保证拼板处平整<br>3. 按设计挂放石膏板，固定螺钉从板的一个角或中线开始依次进行，以免多点同时固定引起板面不平，接缝不严 |
| 2 | 罩面板大面积不平整，挠度明显 | 罩面板下挠变形，吊顶面大面积不平整 | 1. 粘接安装法施工的罩面板由于固定不牢，局部脱胶，产生下挠变形<br>2. 吊杆安装时由于未弹线，导致吊杆间距偏大，或吊杆间距忽大忽小等，吊杆构造不符合要求<br>3. 龙骨与墙面间距偏大，致使吊顶在使用一段时间后，挠度变为明显<br>4. 次龙骨间距偏大，导致挠度过大<br>5. 采用螺钉固定时，螺钉与石膏板边的距离大小不均匀<br>6. 次龙骨铺设方向不是与板长边垂直，而是顺着罩面板长边铺设，不利于螺钉排列 | 1. 安装吊杆时，应按规定在楼板底面弹吊杆的位置线，按罩面板规格尺寸确定吊杆间距<br>2. 龙骨与墙面之间的间距应小于 100mm。如选用大块板材，间距以不大于 500mm 为宜<br>3. 在使用纸面石膏板时，自攻螺钉与板边的距离不得小于 10mm，也不宜大于 16mm，板中间螺钉的间距宜取 150～170mm<br>4. 铺设大块板材时，应使板的长边垂直于次龙骨方向，以利于螺钉排列<br>5. 粘接法安装罩面板时，胶黏剂应涂刷均匀，不得漏涂，粘接应牢固 |
| 3 | 吸音板吊顶的孔距排列不均 | 1. 板块拼装后，孔距不等<br>2. 孔眼横、竖、斜看不成直线，有弯曲、错位等现象 | 1. 没有预先按设计要求制作标准板块样板；或虽有标准样板，但因板块及孔位的加工精度不高，偏差较大，致使孔距排列不均<br>2. 装钉板块时，板块拼缝不直，分格不均匀、不方正，造成孔距排列不均 | 1. 为确保孔距排列规整，板块应装匣钻孔。即将吸音板按计划尺寸分成板块，板边应刨直、刨光，装入铁匣内，每次放 12～15 块，用 5mm 厚钢板做成样板，放在被钻板块上面，用夹具螺栓拧紧。钻孔时，钻头必须垂直于板面。第一匣板块钻孔后，应在吊顶龙骨上试拼，无误后再继续钻孔<br>2. 装钉板块时，如因板块拼缝不直，分格不均匀、不方正，致使孔距排列不均。其预防措施可参见“拼缝装钉不直，分格不均匀、不方正”的预防措施<br>3. 检查板块是否方正 |

**表 4－5　金属板吊顶质量通病及防治措施**

| 项次 | 内　容 | 质 量 通 病 | 原 因 分 析 | 防 治 措 施 |
|---|---|---|---|---|
| 1 | 吊顶不平 | 吊顶安装后，明显不平，甚至产生波浪形状 | 1. 水平标高线控制不好，误差过大<br>2. 安装金属板条时，龙骨未调平就进行安装，使板条受力不均匀而产生波浪形状<br>3. 在龙骨上直接悬吊重物而发生局部变形。这种现象多发生在龙骨兼卡具这种吊顶形式<br>4. 吊杆不牢，引起局部下沉。如吊杆本身固定不妥，松动或脱落；或吊杆不直，受力后拉直变长<br>5. 板条自身变形，未经矫正即安装，产生吊顶不平 | 1. 对于吊顶四周的标高线，应准确地弹到墙上，其误差不能大于 ±5mm。跨度较大时，应在中间适当位置加设标高控制点。在一个断面内应拉通线控制，线要拉直，不能下沉<br>2. 安装板条前，应先将龙骨调直调平，这是施工中既合理又重要的一道工序<br>3. 安装较重的设备，不能直接悬吊在吊杆上，应另设吊杆，直接与结构固定<br>4. 如果采用膨胀螺栓固定吊杆，应做好隐检工作，如膨胀螺栓埋入深度、间距等，关键部位不要做膨胀螺栓的抗拔试验<br>5. 安装前要先检查板条平、直情况，发现不符合标准者，应进行调整 |
| 2 | 接缝明显 | 1. 接缝处接口露白槎<br>2. 接缝不平，接缝处产生错台 | 1. 板条切割时，切割角度控制不好<br>2. 切口部位未经修整 | 1. 做好下料工作。板条切割时，控制好切割的角度<br>2. 切口部位应用锉刀将其修平，将毛边及不平处修整好<br>3. 用相同色彩的胶黏剂(如硅胶)对接口部位进行修补，使接缝密合，并对切口白边进行遮掩 |

## 4.4　施工安全控制

顶棚工程施工安全着重从机电设备、脚手架、防火和安全纪律等方面进行控制。

1. 机电设备

机电设备使用安全控制是顶棚工程施工安全控制工作中的重点，应从以下方面开展工作：

● 木工机械基座必须稳固，机械的转动和危险部位必须安装防护罩，特别对机械的刀盘部分要严格检查，刀盘的螺钉必须旋紧，以防刀片飞出伤人。

● 木工机械必须加强管理，专人负责。操作人员必须熟悉机械性能，熟悉操作技术，不得随便动用。

用完机械应切断电源，并将电源箱关门上锁。

● 操作人员工作时，要扎紧袖口，理好衣角，扣好衣扣，但不许戴手套。

● 机械运转中，如有不正常声音或发生其他故障时，应切断电源，停车检查修理。

● 使用电钻时应戴橡胶手套，不用时及时切断电源。

● 凡是移动设备和手持电动工具，电闸箱应安装可靠的漏电保护装置。

2. 脚手架

脚手架搭架是否牢固，直接影响到施工人员的人身安全，必须做好以下工作：

● 施工前，先检查脚手架、脚手板是否牢固安全，确认安全后，方可进行施工。

● 使用高凳、靠梯时，下脚应绑麻布或垫胶皮，并加拉绳防滑。脚手板不得搭在最高一档，板两端搭接长度不少于 20cm，板上不得站两人同时操作。

● 高空作业，如无防护设施，必须系安全带，并将安全带拴在牢固部位。

3. 防火

防火是顶棚工程施工安全控制工作中的重中之重，必须牢固树立防火意识，明确防火责任，并认真做好以下工作：

● 操作地点的刨花、碎木料等易燃品应及时清理，并集中存放在安全地点，做到活完场地清。

● 施工现场严禁吸烟和用火，并有可靠的消防设施。

● 顶棚内如有暗灯，灯位四周应加防火材料，防止高温烘烤起火。

4. 安全纪律

全体施工人员必须做到以下几点：

● 在顶棚吊杆尚未钉牢前，不允许蹬在搁栅(龙)骨上操作。如果在梯子上钉吊杆时，应有专人扶梯。

● 在完工后的顶棚内，需要维修设备时，必须在搁栅(龙骨)上铺设操作马道。如用木板铺设，板宽 70～80cm，板厚不小于 20mm。

● 操作现场，凡是带钉子木料落地，要将钉子起掉或者把钉子打弯，随时将废料清理集中，防止钉子扎脚。

● 施工员(或工长)结合工程具体情况，向操作人员作安全交底，操作人员必须认真领会交底要求，严格按照安全操作规程施工。

## 4.5　质量检验评定标准

### 4.5.1　一般规定

第一，做吊顶工程时，应对人造木板的甲醛含量进行复验。

第二，做吊顶工程时，应事先对下列隐蔽工程项目进行验收：

- 吊顶内管道、设备的安装及水管试压。
- 木龙骨防火、防腐处理。
- 预埋件或拉结筋。
- 吊杆安装。
- 龙骨安装。
- 填充材料的设备。

第三，各分项工程的检验批应按下列规定划分：

同一品种的吊顶工程每 50 间(大面积房间和走廊按吊顶面积 $30m^2$ 为一间)划分为一个检验批；不足 50 间也划分为一个检验批。

第四，检查数量应符合下列规定：

每个检验批应至少抽查 10%，并不得少于 3 间；不足 3 间时应全数检查。

第五，安装龙骨前，应按设计要求对房间净高、洞口标高和吊顶内管道、设备及其支架的标高进行交接检验。

第六，吊顶工程的木吊杆、木龙骨和木饰面板必须进行防火处理，并应符合有关设计防火规范的规定。

第七，吊顶工程中的预埋件、钢筋吊杆和型钢吊杆应进行防治处理。

第八，安装饰面板前应完成吊顶内管道和设备的调试及验收。

第九，吊杆距主龙骨端部距离不得大于 300mm，当大于 300mm 时，应增加吊杆。当吊杆长度大于 1500mm 时，应设置反支撑。当吊杆与设备相遇时，应调整并增设吊杆。

第十，重型灯具、电扇及其他重型设备严禁安装在吊顶工程的龙骨上。

### 4.5.2　暗龙骨吊顶工程施工质量验收

1. 主控项目

主控项目内容及验收要求见表 4－6。

2. 一般项目

一般项目内容及验收要求见表 4－7。

3. 暗龙骨吊顶工程安装的允许偏差及检验方法

暗龙骨吊顶工程安装的允许偏差和检验方法见表 4－8。

**表 4－6　主控项目内容及验收要求**

| 项次 | 项目内容 | 规范编号 | 质 量 要 求 | 检 查 方 法 |
|---|---|---|---|---|
| 1 | 标高、尺寸、起拱、造型 | 第 6.2.2 条 | 吊顶标高、尺寸、起拱和造型符合设计的要求 | 观察；尺量检查 |
| 2 | 饰面材料 | 第 6.2.3 条 | 饰面材料的材质、品种、规格、图案和颜色应符合设计要求 | 观察；检查产品合格证书、性能检测报告、进场验收记录和复验报告 |
| 3 | 吊杆、龙骨、饰面材料安装 | 第 6.2.4 条 | 暗龙骨吊顶工程的吊杆、龙骨和饰面材料的安装必须牢固 | 观察；手扳检查；检查隐蔽工程验收记录和施工记录 |
| 4 | 吊杆、龙骨材质 | 第 6.2.5 条 | 吊杆、龙骨的材质、规格、安装间距及连接方式应符合设计要求。金属吊杆、龙骨应经过表面防腐处理；木吊杆、龙骨应进行防腐、防火处理 | 观察；尺量检查；检查产品合格证书、性能检测报告、进场验收记录和隐蔽工程验收记录 |
| 5 | 石膏板接缝 | 第 6.2.6 条 | 石膏板的接缝应按其施工工艺标准进行板缝防裂处理。安装双层石膏板时，面层板与基层板的接缝应错开，并不得在同一根龙骨上接缝 | 观察 |

**表 4－7　一般项目内容及验收要求**

| 项次 | 项目内容 | 规范编号 | 质 量 要 求 | 检 查 方 法 |
|---|---|---|---|---|
| 1 | 材料表面质量 | 第 6.2.7 条 | 饰面材料表面应洁净、色泽一致，不得有翘曲、裂缝及缺损。压条应平直、宽窄一致 | 观察；尺量检查 |
| 2 | 灯具等设备 | 第 6.2.8 条 | 饰面板上的灯具、烟感器、喷淋头、风口篦子等设备的位置应合理、美观、与饰面板的交接应吻合、严密 | 观察 |
| 3 | 龙骨、吊杆及接缝 | 第 6.2.9 条 | 金属吊杆、龙骨的接缝应均匀一致，角缝应吻合，表面应平整，无翘曲、锤印。木质吊杆、龙骨应顺直，无劈裂、变形 | 检查隐蔽工程验收记录和施工记录 |
| 4 | 填充材料 | 第 6.2.10 条 | 吊顶内填充吸声材料的品种和铺设厚度应符合设计要求，并应有防散落措施 | 检查隐蔽工程验收记录和施工记录 |

**表 4-8　暗龙骨吊顶工程安装的允许偏差和检验方法**

| 项次 | 项　目 | 允许偏差/mm | | | | 检验方法 |
|---|---|---|---|---|---|---|
| | | 纸面石膏板 | 金属板 | 矿棉板 | 木板、塑料板、格栅 | |
| 1 | 表面平整度 | 3 | 2 | 2 | 2 | 用2m靠尺和塞尺检查 |
| 2 | 接缝直线度 | 3 | 1.5 | 3 | 3 | 拉5m线，不足5m拉通线，用钢直尺检查 |
| 3 | 接缝高低差 | 1 | 1 | 1.5 | 1 | 用钢直尺和塞尺检查 |

4. 质量验收文件

质量验收文件应包括以下内容：

- 吊顶工程的施工图、设计说明书及其他设计文件。
- 材料的产品合格证书、性能检测报告、进场验收记录和复验报告。
- 隐蔽工程验收记录。
- 施工记录。

5. 质量验收记录表

记录表内容　暗龙骨吊顶工程检验批质量验收记录表内容见表 4-9。

**表 4-9　暗龙骨吊顶工程检验批质量验收记录表**（GB 50210—2001）

| 单位（子单位）工程名称 | | | | | |
|---|---|---|---|---|---|
| 分部（子分部）工程名称 | | | | 验收部位 | |
| 施工单位 | | | | 项目经理 | |
| 分包单位 | | | | 分包项目经理 | |
| 施工执行标准名称及编号 | | | | | |
| 施工质量验收规范的规定 | | | | 施工单位检查评定记录 | 监理（建设）单位验收记录 |
| 主控项目 | 1 | 标高、尺寸、起拱、造型 | 第6.2.2条 | | |
| | 2 | 饰面材料 | 第6.2.3条 | | |
| | 3 | 吊杆、龙骨、饰面材料安装 | 第6.2.4条 | | |
| | 4 | 吊杆、龙骨材质 | 第6.2.5条 | | |
| | 5 | 石膏板接缝 | 第6.2.6条 | | |
| 一般项目 | 1 | 材料表面质量 | 第6.2.7条 | | |
| | 2 | 灯具等设备 | 第6.2.8条 | | |
| | 3 | 龙骨、吊杆接缝 | 第6.2.9条 | | |
| | 4 | 填充材料 | 第6.2.10条 | | |
| | 5 | 允许偏差 | 第6.2.11条 | | |
| 施工单位检查评定结果 | | 专业工长（施工员） | | 施工班组长 | |
| | | 项目专业质量检查员：　　　年　月　日 | | | |
| 监理（建设）单位验收结论 | | 专业监理工程师<br>（建设单位项目专业技术负责人）：　　　年　月　日 | | | |

填表说明

第一，主控项目。

质量要求包括以下内容：

- 吊顶标高、尺寸、起拱和造型应符合设计要求。
- 饰面材料的材质、品种、规格、图案和颜色应符合设计要求。
- 暗龙骨吊顶工程的吊杆、龙骨和饰面材料的安装必须牢固。
- 吊杆、龙骨的材质、规格、安装间距及连接方式应符合设计要求。金属吊杆、龙骨应经过表面防腐处理；木吊杆、龙骨应进行防腐、防火处理。
- 石膏板的接缝应按其施工工艺标准进行板缝防裂处理。安装双层石膏板时，面层板与基层板的接缝应错开，并不得在同一根龙骨上接缝。

检查方法包括以下内容：主控项目1项观察、尺量检查；2项观察、检查产品合格证书、性能检测报告、进场验收记录和复验报告；3项观察、手扳检查，检查隐蔽工程验收记录和施工记录；4项观察、尺量检查，检查产品合格证书、性能检测报告、进场验收记录和隐蔽工程验收记录；5项观察检查。

第二，一般项目。

质量要求包括以下内容：

- 饰面材料表面应洁净、色泽一致，不得有翘曲、裂缝及缺损。压条应平直、宽窄一致。
- 饰面板上的灯具、烟感器、喷淋头、风口篦子等设备的位置应合理、美观，与饰面板的交接应吻合、严密。
- 金属吊杆、龙骨的接缝应均匀一致，角缝应吻合，表面应平整，无翘曲、无锤印。木质吊杆、龙骨应顺直、无劈裂、无变形。
- 吊顶内填充吸声材料的品种和铺设厚度应符合设计要求，并应有防散落措施。
- 暗龙骨吊顶工程安装的允许偏差和检验方法应符合表4－8的规定。

检查方法：一般项目1项观察、尺量检查；2项观察检查；3～4项检查隐蔽工程验收记录和施工记录；5项按规定用钢直尺或塞尺检查。

### 4.5.3　明龙骨吊顶工程施工质量验收

1. 主控项目

主控项目内容及验收要求见表4－10。

2. 一般项目

一般项目内容及验收要求见表4－11。

3. 明龙骨吊顶工程安装的允许偏差和检验方法

明龙骨吊顶工程安装的允许偏差和检验方法见表4－12。

4. 质量验收文件

质量验收文件应包括以下内容：

- 吊顶工程的施工图、设计说明书及其他文件。
- 材料的产品合格证书、性能检测报告、进场验收记录和复验报告。
- 隐蔽工程验收记录。
- 施工记录。

5. 质量验收记录表

记录表内容　明龙骨吊顶工程检验批质量验收记录表内容见表4－13。

**表4－10　主控项目内容及验收要求**

| 项次 | 项目内容 | 规范编号 | 质量要求 | 检查方法 |
|---|---|---|---|---|
| 1 | 吊顶标高起拱及造型 | 第6.3.2条 | 吊顶标高、尺寸、起拱和造型应符合设计要求 | 观察；尺量检查 |
| 2 | 饰面材料 | 第6.3.3条 | 饰面材料的材质、品种规格、图案和颜色应符合设计要求。当饰面材料为玻璃板时，应使用安全玻璃或采取可靠的安全措施 | 观察；检查产品合格证书、性能检测报告和进场验收记录 |
| 3 | 饰面材料安装 | 第6.3.4条 | 饰面材料的安装应稳固严密；饰面材料与龙骨的搭接宽度应大于龙骨受力面宽度的2/3 | 观察；手扳检查；尺量检查 |
| 4 | 吊杆和龙骨材质 | 第6.3.5条 | 吊杆和龙骨的材质、规格、安装间距及连接方式应符合设计要求。金属吊杆、龙骨应进行表面防腐处理；木龙骨应进行防腐、防火处理 | 观察；尺量检查；检查产品合格证书、进场验收记录和隐蔽工程验收记录 |
| 5 | 吊顶、龙骨安装 | 第6.3.6条 | 明龙骨吊顶工程的吊杆和龙骨安装必须牢固 | 手扳检查；检查隐蔽工程验收记录和施工记录 |

**表4-11 一般项目内容及验收要求**

| 项次 | 项目内容 | 规范编号 | 质 量 要 求 | 检 查 方 法 |
|---|---|---|---|---|
| 1 | 饰面材料表面质量 | 第6.3.7条 | 饰面材料表面应洁净、色泽一致，不得有翘曲、裂缝及缺损。饰面板与明龙骨的搭接应平整、吻合，压条应平直、宽窄一致 | 观察；尺量检查 |
| 2 | 灯具等设备 | 第6.3.8条 | 饰面板上的灯具、烟感器、喷淋头、风口篦子等设备的位置应合理、美观，与饰面板的交接应吻合、严密 | 观察 |
| 3 | 龙骨接缝 | 第6.3.9条 | 金属龙骨的接缝应平整、吻合、颜色一致，不得有划伤、擦伤等表面缺陷。木质龙骨应平整、顺直，无劈裂 | 观察 |
| 4 | 填充材料 | 第6.3.10条 | 吊顶内填充吸声材料的品种和铺设厚度应符合设计要求，并应有防散落措施 | 检查隐蔽工程验收记录和施工记录 |

**表4-12 明龙骨吊顶工程安装的允许偏差和检验方法**

| 项次 | 项　　目 | 允许偏差/mm | | | | 检 验 方 法 |
|---|---|---|---|---|---|---|
| | | 纸面石膏板 | 金属板 | 矿棉板 | 塑料板、玻璃板 | |
| 1 | 表面平整度 | 3 | 2 | 3 | 2 | 用2m靠尺和塞尺检查 |
| 2 | 接缝直线度 | 3 | 2 | 3 | 3 | 拉5m线，不足5m拉通线，用钢直尺检查 |
| 3 | 接缝高低差 | 1 | 1 | 2 | 1 | 用钢直尺和塞尺检查 |

**表4-13 明龙骨吊顶工程检验批质量验收记录表**（GB 50210—2001）

<table>
<tr><td colspan="3">单位（子单位）工程名称</td><td colspan="4"></td></tr>
<tr><td colspan="3">分部（子分部）工程名称</td><td></td><td>验收部位</td><td colspan="2"></td></tr>
<tr><td colspan="3">施工单位</td><td></td><td>项目经理</td><td colspan="2"></td></tr>
<tr><td colspan="3">分包单位</td><td></td><td>分包项目经理</td><td colspan="2"></td></tr>
<tr><td colspan="3">施工执行标准名称及编号</td><td colspan="4"></td></tr>
<tr><td colspan="4">施工质量验收规范的规定</td><td colspan="2">施工单位检查评定记录</td><td>监理（建设）单位验收记录</td></tr>
<tr><td rowspan="5">主控项目</td><td>1</td><td>吊顶标高起拱及造型</td><td>第6.3.2条</td><td colspan="2"></td><td rowspan="5"></td></tr>
<tr><td>2</td><td>饰面材料</td><td>第6.3.3条</td><td colspan="2"></td></tr>
<tr><td>3</td><td>饰面材料安装</td><td>第6.3.4条</td><td colspan="2"></td></tr>
<tr><td>4</td><td>吊杆、龙骨材质</td><td>第6.3.5条</td><td colspan="2"></td></tr>
<tr><td>5</td><td>吊杆、龙骨安装</td><td>第6.3.6条</td><td colspan="2"></td></tr>
<tr><td rowspan="5">一般项目</td><td>1</td><td>饰面材料表面质量</td><td>第6.3.7条</td><td colspan="2"></td><td rowspan="5"></td></tr>
<tr><td>2</td><td>灯具等设备</td><td>第6.3.8条</td><td colspan="2"></td></tr>
<tr><td>3</td><td>龙骨接缝</td><td>第6.3.9条</td><td colspan="2"></td></tr>
<tr><td>4</td><td>填充材料</td><td>第6.3.10条</td><td colspan="2"></td></tr>
<tr><td>5</td><td>允许偏差</td><td>第6.3.11条</td><td colspan="2"></td></tr>
<tr><td colspan="3" rowspan="2">施工单位检查评定结果</td><td>专业工长（施工员）</td><td></td><td>施工班组长</td><td></td></tr>
<tr><td colspan="4">项目专业质量检查员：　　　　年　　月　　日</td></tr>
<tr><td colspan="3">监理（建设）单位验收结论</td><td colspan="4">专业监理工程师<br>（建设单位项目专业技术负责人）：　　　　年　　月　　日</td></tr>
</table>

填表说明

第一，主控项目。

质量要求包括以下内容：

•吊顶标高、尺寸、起拱和造型应符合设计要求。

•饰面材料的材质、品种、规格、图案和颜色应符合设计要求，当饰面材料为玻璃板时，应使用安全玻璃或采取可靠的安全措施。

•饰面材料的安装应稳固严密。饰面材料与龙骨的搭接宽度应大于龙骨受力面宽度的2/3。

•吊杆和龙骨的材质、规格、安装间距及连接方式应符合设计要求。金属吊杆、龙骨应经过表面防腐处理；木龙骨应进行防腐、防火处理。

•明龙骨吊顶工程的吊杆和龙骨安装必须牢固。

检查方法包括以下内容：主控项目1项观察、尺量检查；2项观察、检查产品合格证书、性能检测报告和进场验收记录；3项手扳观察和尺量检查；4项观察、尺量检查，检查产品合格证书、进场验收记录和隐蔽工程验收记录；5项手扳检查、检查隐蔽工程验收记录和施工记录。

第二，一般项目。

质量要求包括以下内容：

•饰面材料表面应洁净、色泽一致，不得有翘曲、裂缝及缺损。饰面板与明龙骨的搭接应平整、吻合，压条应平直、宽窄一致。

•饰面板上的灯具、烟感器、喷淋头、风口篦子等设备的位置应合理、美观，与饰面板的交接应吻合、严密。

•金属龙骨的接缝应平整、吻合、颜色一致，不得有划伤、擦伤等表面缺陷。木质龙骨应平整、顺直、无劈裂。

•吊顶内填充吸声材料的品种和铺设厚度应符合设计要求，并应有防散落措施。

•明龙骨吊顶工程安装的允许偏差和检验方法应符合表4－12的规定。

检查方法：一般项目1项观察、尺量检查；2～3项观察检查；4项检查隐蔽工程验收记录和施工记录；5项按规定用钢直尺或塞尺检查。

## 【本章小结】

顶棚工程的管理主要从施工环境、材料质量、施工质量、施工安全等方面来控制。管理的重点在施工环境、材料质量、施工安全等方面。质量通病及防治措施是重点内容。施工质量的检验有详细的评定标准。

## 【思考题】

1. 按采用的龙骨材料来划分，顶棚有哪些类型？
2. 吊顶龙骨的质量通病及防治措施有哪些？
3. 顶棚工程的施工安排有哪些要求？

## 【推荐阅读书目】

1. 建筑装饰装修工程施工与质量验收实用手册．孙科炎主编．北京：中国建材工业出版社，2004.

2. 装饰工程项目管理规范实施手册．张维君主编．北京：中国建筑工业出版社，1999.

3. 室内装饰材料．向仕龙，张秋梅，张求慧编著．北京：中国林业出版社，2003.

## 【相关链接】

1. 中国室内装饰协会．http：//www. cida. net. cn/home. php

2. 设计在线．http：//www. dolcn. com

# 第5章

# 轻质隔墙工程管理

**【本章难点与重点】** 轻质隔墙工程的管理主要从施工环境、材料质量、施工质量、施工安全等方面来控制。管理的重点在材料质量、施工质量、施工安全等方面。质量通病及防治措施是本章的重点内容。

对建筑物内部空间作进一步划分，是室内装饰工程的一项重要内容。室内空间布局不仅在使用方面具有功能意义，同时对人们的视觉与心理起到不容低估的影响。随着建筑功能的复杂化，室内空间之间的关系也日益复杂，有的需要隔音、隔视线；有的只需要隔视线而不需要隔音；有的既不要求隔视线也不要求隔音，而只需要在感觉上形成一定的层次和序列。随着轻质、高强度的新型建筑材料的大量推广应用，新的绝缘技术、粘结技术、铆合技术和装饰施工工艺的实践与普及，使室内轻质隔墙与隔断的发展进入了一个崭新阶段。轻质隔墙与隔断的最大优点是自重小、墙身薄，可以提高平面利用系数，增加使用面积，拆装方便，并有利于建材生产工业化。

## 5.1 施工环境控制

轻质隔墙工程应从施工安排及施工管理等方面，创造能保证工程质量的操作环境。

1. 施工安排

轻质隔墙工程施工应在满足下列条件下进行。

- 轻质隔墙工程施工应在地面工程施工完成后进行，轻质隔墙工程与顶棚工程宜同时进行。
- 轻质隔墙工程的饰面材料应在隔墙骨架安装完，并经检验合格后方可进行施工。
- 轻质隔墙工程中的保温、隔音材料应在骨架安装完毕，并经检验合格后进行填充，应采用干燥、不燃烧和不腐朽的材料。

2. 施工管理

施工开始后，应从下述方面加强管理。

- 骨架及饰面材料的种类、规格及固定方法应按设计要求选择及施工。
- 湿度较大及腐蚀较强的房间，不得使用未经防水处理及耐腐蚀处理的骨架及饰面材料。
- 轻质隔墙中的各种管线及电器插座，应严格按设计要求施工，并经检验合格后方可进行后续工序的施工。
- 饰面材料安装前，应按分块尺寸弹线，保证饰面材料的接合位置位于骨架之上。

3. 做样板

轻质隔墙的材料、图案、颜色等要符合设计要求，以达到理想的装饰效果。为此，应预先做出样板，经建设、设计、施工、监理四方共同鉴定合格后方可大面积施工。

## 5.2 材料质量控制

### 5.2.1 隔断材料质量控制

隔断材料主要包括罩面材料和龙骨材料。

1. 罩面材料

*纸面石膏板* 纸面石膏板具有质轻、高强、抗震、防火、隔声、收缩率小、加工性能好等特点，同时又可以用钉子、螺栓和以石膏为基材的黏结剂或其他胶黏剂粘结。纸面石膏板由于板纸的增强作用，故具有较高的抗弯强度。

纸面石膏板分为：普通纸面石膏板、防火石膏板和防水石膏板。

规格及性能要求见表5－1。

*纤维石膏板* 纤维石膏板是以建筑石膏为主要原料，加入适量的有机或无机纤维为增强材料，经打浆、铺浆、脱水、成形、烘干而制成的一种无面纸纤维石膏薄板。

石膏纤维板具有质轻、高强、耐火、隔声、韧性高等性能，并可进行锯、钉、刨、粘加工，减少湿作业，施工方便。

规格及性能要求见表5－2。

*石膏板复合墙板* 用两层纸面石膏板或纤维石膏板和一定断面的石膏龙骨或木龙骨轻钢龙骨经粘结、干燥而成的轻质复合板材。

具有质量轻、强度高、防火、隔声、隔热等性能，并可进行锯、钻、粘、钉加工，施工简便。

石膏板复合墙板按面板分为：纸面石膏板复合板、无纸面石膏板复合板。按隔声性能分为：空心复合板、填芯复合板。按用途分为：一般复合板、固定门框用复合板。

规格及性能要求见表5－3。

**表5－1 纸面石膏板的规格及性能要求**

| 规格尺寸/mm 长×宽×厚 | | | 技术性能 | |
|---|---|---|---|---|
| | | | 项目 | 指标 |
| 2400 | 900 | 9 | 密度/(kg/m³) | 750～900 |
| 2600 | 1200 | 12 | 单位面积质量/(kg/m²) | |
| 2800 | | 15 | 9mm 板 | ≤9 |
| 3000 | | | 12mm 板 | ≤12 |
| 3500 | | | 15mm 板 | ≤15 |
| 4000 | | | 断裂荷载/N | |
| | | | 纵向弯曲 | |
| | | | 9mm 板 | >360 |
| | | | 12mm 板 | >500 |
| | | | 15mm 板 | >650 |
| | | | 横向弯曲 | |
| | | | 9mm 板 | >140 |
| | | | 12mm 板 | >180 |
| | | | 15mm 板 | >220 |
| | | | 含水率/% | <2 |
| | | | 隔声系数/dB(墙板) | 35～50 |
| | | | 导热系数/[W/(m·K)] | 0.194～0.29 |
| | | | 耐火极限/min | |
| | | | 普通石膏板 | 5～10 |
| | | | 防火石膏板 | >20 |
| | | | 耐水性(浸止吸水率)/% | 30以上 |

**表5－2 纤维石膏板的规格及性能要求**

| 规格尺寸/mm 长×宽×厚 | 技术性能 | |
|---|---|---|
| | 项目 | 指标 |
| 2700～3000 | 密度/(kg/m³) | 960～1230 |
| 800～1000 | 单位面积质量/(kg/m²) | 8.5～15.4 |
| 6～12 | 抗弯强度/MPa(板厚10、12mm) | |
| | 纵向 | 3.5 |
| | 横向 | 4.5 |
| | 抗折强度/MPa(板厚12mm) | |
| | 纵向 | 3.6～4.0 |
| | 横向 | 3.2～3.8 |
| | 导热系数/[W/(m·K)] | 0.177～0.324 |
| | 耐火极限/min | 13～17 |
| | 软化系数 | 0.24～0.6 |
| | 含水率/% | 2 |

**表5－3 石膏板复合墙板的规格及性能要求**

| 品种 | 规格尺寸/mm 长×宽×厚 | 技术性能 | |
|---|---|---|---|
| | | 项目 | 指标 |
| 纸面石膏复合板 | 1500～3000 900 50～200<br>910<br>1200 | 单位面积质量/(kg/m²)<br>破坏荷载/N<br>抗弯荷载/N<br>隔声系数/dB | 25～30<br>6000<br>3310<br>32～36 |
| 无纸面石膏板复合板 | 3000 80～900 74～120 | 单位面积质量/(kg/m²)<br>破坏荷载/N<br>抗弯荷载/N<br>隔声系数/dB(板厚1200mm)<br>空心板<br>填心板 | 26～31<br>5200<br>2200～2900<br><br>36～39<br>46 |

2. 龙骨材料

*木龙骨材料* 木龙骨由上槛、下槛、立筋和横筋组成。通常木龙骨上下槛和立筋断面约为 50mm × 70mm，立筋间距为 400 ~ 600mm，横筋间距约为 1200mm。

*石膏龙骨材料* 以浇注石膏，适当配以纤维筋或用纸面石膏板复合、粘结、切割而成的石膏板隔墙骨架材料。

石膏龙骨具有质量轻、强度高、刚度大和可锯、可接长、加工性能好、安装方便等特点。

石膏龙骨按原料、工艺分为：纸面石膏板龙骨、浇注石膏加筋龙骨。按照外形分为：矩形龙骨、工字形龙骨。

3. 其他配套材料

*轻隔断墙接缝带* 轻隔断墙接缝带，目前有接缝纸带(又名穿孔纸带)和玻璃纤维接缝带两类。主要用于纸面石膏板、纤维石膏板、水泥石棉板等轻隔墙板材间的接缝部位，起连接和增强板缝作用。可避免板缝开裂，改善隔声性能和装饰效果。

接缝纸带：以未漂硫酸盐木浆为原料，采取长纤维游离打浆，低打浆度，掺加补强剂和双网抄造工艺，并经打孔而成的轻隔墙接缝材料。

它具有厚度薄、横向抗张强度高、湿变形小、挺度适中、透气性好等特性，并易于粘结操作。

规格和技术性能要求见表 5－4。

玻璃纤维接缝带：以玻璃纤维带为基材，经表面处理而成的轻隔墙接缝材料。

它具有横向抗张强度高、化学稳定性好、吸湿性小、尺寸稳定、不燃烧等特性，并易于粘结操作。

规格和技术性能要求见表 5－5。

*嵌缝泥子和配件* 纸面石膏板嵌缝泥子是以石膏粉为基料，掺加一定比例的有关添加剂配制而成的。它具有较高抗剥离强度，并有一定的抗压及抗折强度，无毒，不燃，和易性好，在潮湿条件下不发霉腐败，初凝、终凝时间适合施工操作。

按形态分，有胶液(KF80－1)和粉料(KF80－2)两种。KF80－1 是嵌缝泥子拌和用的添加剂胶液，和石膏粉拌和后使用；KF80－2 是石膏粉和添加剂拌和好的粉料，使用时和水拌和。为的是提高接缝处的保温性，避免出现“冷桥”，也有在石膏中掺和珍珠岩配制。

适用于纸面石膏板隔墙、纸面石膏板复面板接缝部位的嵌缝。

规格和技术性能要求见表 5－6。

**表 5－4 接缝纸带规格和技术性能要求**

| 一般规格/mm | | 技术性能 | | |
|---|---|---|---|---|
| 宽度 | 厚度 | 项目 | | 指标 |
| 50 | 0.2 | 横向抗张强度/(N/15mm) | | >80 |
| | | 纵向挺宽/N | | <7 |
| 外观为浅褐色，表面有微细绒毛及不规则分布针孔。每盘卷纸长 150m | | 湿变形/% | 纵向 | >90 |
| | | | 横向 | <2.5 |
| | | 与嵌缝材料粘结面积/% | | >90 |
| | | 与嵌缝材料粘结边缘裂缝/% | | <10 |
| | | 与嵌缝材料粘结剥离强度/(N/50mm) | | 10 ~ 30 |

**表 5－5 玻璃纤维接缝带规格和技术性能要求**

| 一般规格/mm | | 技术性能 | | |
|---|---|---|---|---|
| 宽度 | 厚度 | 项目 | | 指标 |
| 50 | 0.2 | 密度/(目/25.4mm) | | 10 ~ 14 |
| | | 横向抗张强度/(N/15mm) | | >80 |
| | | 湿变形/% | 纵向 | <0.4 |
| | | | 横向 | <1.2 |
| | | 与嵌缝材料粘结面积/% | | 100 |
| | | 与嵌缝材料粘结边缘裂缝/% | | 无 |
| | | 与嵌缝材料粘结剥离强度/(N/50mm) | | >30 |
| | | 与嵌缝材料粘附力/N | | >10 |

表 5-6　嵌缝泥子(KF80)技术性能要求

| 技术性能 | | 指　标 |
|---|---|---|
| 抗折强度/MPa | | >3 |
| 抗压强度/MPa | | >5 |
| 抗剥强度/(N/50mm) | | >20 |
| 凝结时间/min | 初凝 | >30 |
| | 终凝 | <70 |
| 筛余率/% | 1.25mm | 0 |
| | 0.20mm | <2 |
| 腐败试验(在29~35℃及相对湿度85%~95%的条件下) | | 经10h试验不腐败 |
| 裂纹试验(在风速1.8~2.3m/s，温度21~29℃，相对湿度45%~55%的条件下) | | 经16h试验无任何裂纹 |
| 纸带与嵌缝泥子的粘结面积(%) | | 90~100 |
| 嵌缝泥子与纸带粘合体边缘上的裂缝(在温度24~32℃，相对湿度26%~28%，风速1.8~2.3m/s的条件下经过1h) | | 无 |

### 5.2.2　骨架隔墙材料质量控制

作为分户隔断，在装饰工程中多采用75型轻钢龙骨石膏板隔断、木龙骨夹板隔断、铝合金或不锈钢玻璃隔断及金属板隔断等。

1. 轻钢龙骨隔墙材料

轻钢龙骨(隔墙龙骨)是以冷轧钢板(带)、镀锌钢板(带)或彩色喷塑钢板(带)做原料，采用冷弯工艺生产的薄壁型钢，经多道轧辊连续轧制成型的一种金属骨架。

隔墙龙骨有自重轻、强度高、防腐性好等优点，可作为轻质隔墙的骨架材料，主要与纸面石膏板及其制品配套使用，也可以与其他板材，如GRC板、FT板、埃特板等材料配套使用。

技术性能及参数见表5-7。

表 5-7　技术性能及参数

| 项　目 | 技术指标 | 备　注 |
|---|---|---|
| 双面镀锌量 | 120 g/m² | 国标规定≥80 g/m² |
| 长度误差 | +10，-5mm | 国标规定+30，-10 |
| 弯曲内角半径 | 1.25~2.25/mm | GB/T 11981—2001 |
| 角度偏差 | ±1° | 国标规定±1°30′ |
| 平直度 | 侧面0.5mm/m<br>底面1.0mm/m | 国标规定1.0mm/m<br>国标规定2.0mm/m |

轻钢龙骨的品种、规格、性能应符合设计要求，有隔声、隔热、阻燃、防潮等特殊要求的工程，材料应有相应性能等级的检测报告。

2. 木骨架隔墙材料

木骨架隔墙采用木龙骨作为骨架，胶合板、石膏板、纤维板等作为罩面板。木龙骨隔墙可以减轻建筑物自身重量，具有保温、隔热、隔声的性能。

木骨架隔墙所用木材的树种、材质等级、含水率以及防腐、防虫、防火处理，必须符合设计要求和《建筑装饰装修工程质量验收规范》(GB 50210—2001)规定。接触砖、石、混凝土的木龙骨和预埋木砖，应经防腐处理，所用铁件必须镀锌。如果选用市售成品木龙骨材料时，应要求提供产品合格证。木龙骨的品种、规格、性能和含水率应符合设计要求。有隔声、隔热、阻燃、防潮等特殊要求的工程，木龙骨及罩面板材料应有相应性能等级的检测报告。

3. 玻璃隔墙材料

玻璃常用于门窗工程，内外墙面装饰工程、隔墙工程等，是应用较为广泛的一种建筑装饰材料。玻璃具有透光、隔声、保温、绝缘等特点，玻璃最大的缺点是脆性大，抗拉强度低，急热急冷时易破裂。要求玻璃的品种、规格、性能、图案和颜色应符合设计要求。玻璃板隔墙应使用安全玻璃。玻璃的表面应色泽一致，平整洁净，清晰美观。

*玻璃砖*　玻璃砖有空心和实心两种。实心玻璃砖是采用机械方法压制而成的；空心玻璃砖是采用箱式模具压制而成的，两块玻璃经加热熔接成整体空心砖，其形状为方形扁体空心的玻璃体，表面或内部有凹凸花纹。

玻璃砖要求楞角整齐，规格相同，表面无裂痕、无磕碰、无翘曲。

*粘结材料*　常用的有环氧树脂加固化剂和稀释剂配成的环氧胶黏剂。而玻璃砖一般宜选用425白色硅酸盐水泥，某些场合也有选用其他透明胶黏剂的。

*其他材料*　用于玻璃材料做隔墙施工的其他配套材料主要有：

- 橡皮条。一般有商品供应，可按设计要求的品种、规格进行选用。

● 木压条。一般工地加工，按设计要求自行制作。

● 细集料。主要用于玻璃砖砌筑，宜选择筛余的白色砑砂。粒径为 0.1 ~ 1.0mm，不得含泥及其他杂质。

● 掺和料。用于玻璃砖，用石灰膏或石膏粉及少量胶黏剂。

● 小圆钉。玻璃砖用的墙体水平钢筋、玻璃丝毡或聚苯乙烯、槽钢等。

## 5.3　施工质量控制

1. 木龙骨木板材隔墙工程质量通病及防治

木龙骨木板材隔墙工程质量通病及防治措施见表 5－8。

2. 轻钢龙骨石膏板隔墙工程质量通病及防治

轻钢龙骨石膏板隔墙工程质量通病及防治措施见表 5－9。

**表 5－8　木龙骨木板材隔墙工程质量通病及防治措施**

| 项次 | 内　容 | 质 量 通 病 | 原 因 分 析 | 防 治 措 施 |
|---|---|---|---|---|
| 1 | 隔墙与结构或骨架固定不牢 | 门框活动脱开，隔墙松动倾斜，严重者影响使用 | 1. 上下槛和主体结构固定不牢靠，立筋横撑没有与上下槛形成整体<br>2. 龙骨料尺寸过小或材质太差<br>3. 安装时，先安装了竖向龙骨，并将上下槛断开<br>4. 门口处下槛被断开，两侧立筋的断面尺寸未加大，门窗框上部未加钉人字撑 | 1. 上下槛要与主体结构连接牢固。两端为砖墙，上下槛插入砖墙内应不少于 12cm，伸入部分应做防腐处理；两端若为混凝土墙柱，应预留木砖，并应加强上下槛和顶板、底板的连接，可采取预留铅丝、螺栓或后打胀管螺栓等方法，使隔墙与结构紧密连接，形成整体<br>2. 选材要严格，凡有腐朽、劈裂、扭曲、多节疤等疵病的木材不得使用。用料尺寸应不小于 40mm × 70mm<br>3. 龙骨固定顺序应先下槛，后上槛，再立筋，最后钉水平横撑。立筋间距一般在 40 ~ 60cm 之间，要求垂直，两端顶紧上下槛，用钉斜向钉牢。靠墙立筋与预留木砖的空隙应用木垫垫实并钉牢，以加强隔墙的整体性<br>4. 遇有门口时，因下槛在门口处被断开，其两侧应用通天立筋，下脚卧入楼板内嵌实，并应加大其断面尺寸至 80mm × 70mm（或 2 根并用）。门窗框上部宜加人字撑 |
| 2 | 墙面粗糙，接头不平、不严 | 龙骨装钉板的一面未刨光找平，板材厚薄不一或受潮后松软变形，边楞翘起造成表面凹凸不平 | 1. 龙骨料含水率过大，干燥后易变形。室内抹灰时龙骨受潮变形或被撞击后未经修理就钉面板<br>2. 工序颠倒，先钉面板后室内抹灰，使面板受潮，出现边楞翘起、脱层等毛病<br>3. 选面板时没有考虑防潮防水，表面粗糙又未加工，板材薄厚不一，没有采取补救措施<br>4. 钉板顺序不当，先上后下，压力小，拼接不严或组装不规范，造成表面不平<br>5. 铁冲子过粗，钉眼太大，面板钉子过稀，造成表面凹凸不平 | 1. 选料要严格。龙骨料一般应用红白松，含水率不大于 15%，并应作好防腐处理。板材应根据使用部位选择相应的面板，纤维板需做润湿处理，表面过粗时，应用细刨子净一遍<br>2. 所有龙骨钉板的一面均应刨光，龙骨应严格按线组装，尺寸一致，找方找直，交接处要平整<br>3. 工序要合理，先钉龙骨后进行室内抹灰，最后钉板材。钉板材前，应认真检查，如龙骨变形或被撞动，应修理后再钉面板<br>4. 面板薄厚不均时，应以厚板为准，薄的背面垫起，但必须垫实、垫平、垫牢，面板正面应刮直（朝外为正面，靠龙骨面为反面）<br>5. 面板应从下面角上逐块钉设，并以竖向装钉为好，板与板的接头宜作成坡楞，如为留缝做法时，面板应从中间向两边由下而上铺钉，接头缝隙以 5 ~ 8mm 为宜，板材分块大小按设计要求，拼缝应位于立筋或横撑上<br>6. 铁冲子应磨成扁头，与钉帽一般大小，钉帽要预先砸扁（钉纤维板时钉帽不必砸扁），顺木纹钉入面板内 1mm 左右，钉子长度应为面板厚度的 3 倍。钉子间距：纤维板为 100mm，其他板材为 150mm，钉木丝板时钉帽下应加镀锌垫圈 |

（续）

| 项次 | 内　容 | 质 量 通 病 | 原 因 分 析 | 防 治 措 施 |
|---|---|---|---|---|
| 3 | 细部做法不规范 | 与墙、顶交接处不直不顺，门框与面板不交圈，接头不严不直，踢脚板出墙不一致，接缝翘起 | 主要是细部做法交待不清 | 1. 熟悉图纸，多与设计人员商量，妥善处理每一个细部构造<br>2. 为防止潮气由边部浸入墙内引起边沿翘起，应在板材四周接缝处加钉盖口条，将缝盖严，根据板材不同，也可采用四周留缝的做法，缝宽一般以10mm左右为宜<br>3. 门口处构造应根据墙厚而定，墙厚等于门框厚度时，可加贴脸；小于门框厚度时，应加压条<br>4. 分格时，注意接头位置，应避开视线敏感范围<br>5. 胶接时，用胶不能太稠太多，涂刷要均匀，接缝时用力挤出余胶，否则易产生黑纹<br>6. 踢脚板如为水泥砂浆，下边应砌二层砖，砖上固定下槛；上口抹平，面板直接压到踢脚板上口；如为木踢脚板，应在钉面板后再安装踢脚板 |

**表5-9　轻钢龙骨石膏板隔墙工程质量通病及防治措施**

| 项次 | 内　容 | 质 量 通 病 | 原 因 分 析 | 防 治 措 施 |
|---|---|---|---|---|
| 1 | 隔墙板与墙体、顶板、地面连接处有裂缝 | 隔墙板与结构主体的墙（柱）、顶板、地面连接处出现裂缝 | 1. 轻钢龙骨有的出现变形，有的通贯横撑龙骨，支撑卡装得不够，致使整片隔墙骨架没有足够的刚度和强度，受外力碰撞而出现裂缝<br>2. 隔墙与侧面墙体及顶板相接处，没有粘结50mm宽玻璃纤维带，只用接缝泥子找平 | 1. 根据设计放出隔墙位置线，并延长到主体结构侧面墙体及顶板上<br>2. 将边框龙骨即沿地龙骨、沿顶龙骨、沿墙（柱）龙骨与主体结构固定，固定前先铺垫一层橡胶条或沥青泡沫塑料条。边框龙骨与墙、顶、地固定做法。边框龙骨与主体结构连接采用射钉或电钻打眼安膨胀螺栓。间距：水平方向不大于80cm，垂直方向不大于1m<br>3. 根据设置要求，在沿顶、沿地龙骨上分档画线，按分档位置安装竖龙骨，竖龙骨上端、下端插入沿顶和沿地龙骨的凹槽内，翼缘朝向拟安装罩面板的方向。调整垂直，定位后用铆钉或射钉固定<br>4. 竖龙骨与沿地龙骨的固定。安装门窗洞口的加强龙骨后，再安装通贯横撑龙骨和支撑卡。通贯横撑龙骨必须与竖向龙骨的冲孔保持在同一水平上，并卡紧牢固，不得松动，这样可将竖向龙骨撑牢，使整片隔墙骨架有足够的刚度和强度<br>5. 石膏板的安装。两侧面的石膏板应错缝排列，石膏板与龙骨采用十字头自攻螺钉固定，螺钉长度一层石膏板用25mm，两层石膏板用35mm<br>6. 与墙体、顶板接缝处粘结50mm宽玻璃纤维带再分层刮泥子，以避免出现裂缝<br>7. 隔墙下端的石膏板不应直接与地面接触，应留有10～15mm的缝隙，用密封膏嵌严，要严格按照施工工艺进行操作，才能确保隔墙的施工质量 |

## 5.4　施工安全控制

轻质隔墙工程的施工安全着重从机电设备、脚手架、防火和安全纪律等方面来进行控制。

1. 机电设备的管理

机电设备的使用与管理必须做到以下几点：

- 木工机械基座必须稳固，机械的转动和危险部位必须安装防护罩，特别对机械的刀盘部分要严格检查，刀盘的螺钉必须旋紧，以防刀片飞出伤人。
- 木工机械必须加强管理，专人负责。操作人员必须熟悉机械性能，熟悉操作技术，不得随便动用。使用完毕后，应切断电源。
- 操作人员工作时，要扎紧袖口，理好衣角，扣好衣扣，但不许戴手套。
- 机械运转中，如有不正常声音或发生其他故障时，应切断电源，停车检查修理。
- 使用电钻时应戴胶手套，不用时及时切断电源。

● 凡是移动设备和手持电动工具时，电闸箱应安装可靠的漏电保护装置。

2. 脚手架的管理

脚手架的架设必须注意以下几点：

● 工作前，先检查脚手架、脚手板是否牢固安全，确认安全后，方可进行工作。

● 使用高凳、靠梯时，下脚应绑麻布或垫胶皮，并加拉绳防滑。脚手板不得搭在最高一档，板两端搭接长度不少于20cm，板上不得站两人同时操作。

● 高空作业时，如无防护设施，必须系安全带，并将安全带拴在牢固部位。

3. 防火管理

为严防火灾发生，施工时，要做好以下工作：

● 在操作地点，刨花、碎木料等易燃材料应及时清理，并集中存放在安全地方。做到活完场地清。

● 施工现场严禁吸烟和用火，并有可靠的消防设施。

4. 安全纪律管理

全体施工人员必须做到：

● 在操作现场，凡是带钉子木料落地，要将钉子起掉或者把钉子打弯，随时将废料清理集中，特别注意防止钉子扎脚。

● 施工员（或工长）结合工程具体情况，向操作人员作安全交底，操作人员必须认真领会交底要求，严格按照安全操作规程施工。

## 5.5　质量检验评定标准

### 5.5.1　一般规定

第一，做轻质隔墙工程时，应对人造木板的甲醛含量进行复验。

第二，轻质隔墙工程时，应事先对下列隐蔽工程项目进行验收：

● 骨架隔墙中设备管线的安装及水管试压。

● 木龙骨防火、防腐处理。

● 预埋件或拉结筋。

● 龙骨安装。

● 填充材料的设置。

第三，各分项工程的检验批应按下列规定划分：

同一品种的轻质隔墙工程每50间（大面积房间和走廊按轻质隔墙的墙面30m$^2$为一间）应划分为一个检验批，不足50间也应划分为一个检验批。

第四，轻质隔墙与顶棚和其他墙体的交接处应采取防开裂措施。

第五，民用建筑轻质隔墙工程的隔声性能应符合现行国家标准《民用建筑隔声设计规范》（GBJ 118—1988）的规定。

### 5.5.2　板材隔墙工程施工质量验收

板材隔墙工程的检查数量应符合下列规定：

每个检验批应至少抽查10%，并不得少于3间；不足3间时应全数检查。

1. 主控项目

主控项目内容及验收要求见表5－10。

2. 一般项目

一般项目内容及验收要求见表5－11。

3. 板材隔墙安装的允许偏差和检验方法

板材隔墙安装的允许偏差和检验方法见表5－12。

4. 质量验收文件

质量验收文件应包括以下内容：

● 轻质隔墙工程的施工图、设计说明书及其他设计文件。

● 材料的产品合格证书、性能检测报告、进场验收记录和复验报告。

● 隐蔽工程验收记录。

● 施工记录。

5. 质量验收记录表

记录表内容　板材隔墙工程检验批质量验收记录表内容见表5－13。

**表5－10　主控项目内容及验收要求**

| 项次 | 项目内容 | 规范编号 | 质量要求 | 检查方法 |
|---|---|---|---|---|
| 1 | 板材质量 | 第7.2.3条 | 隔墙板材的品种、规格、性能、颜色应符合设计要求。有隔声、隔热、阻燃、防潮等特殊要求的工程，板材应有相应性能等级的检测报告 | 观察；检查产品合格证书、进场验收记录和性能检测报告 |
| 2 | 预埋件、连接件 | 第7.2.4条 | 安装隔墙板材所需预埋件、连接件的位置、数量及连接方法应符合设计要求 | 观察；尺量检查；检查隐蔽工程验收记录 |
| 3 | 安装质量 | 第7.2.5条 | 隔墙板材的安装必须牢固。现制钢丝网水泥隔墙与周边墙体的连接方法应符合设计要求，并应连接牢固 | 观察；手扳检查 |
| 4 | 接缝材料、方法 | 第7.2.6条 | 隔墙板材所用接缝材料的品种及接缝方法应符合设计要求 | 观察；检查产品合格证书和施工记录 |

**表 5－11　一般项目内容及验收要求**

| 项次 | 项目内容 | 规范编号 | 质 量 要 求 | 检 查 方 法 |
|---|---|---|---|---|
| 1 | 安装位置 | 第 7.2.7 条 | 隔墙板材安装应垂直、平整、位置正确，板材不应有裂缝或缺损 | 观察；尺量检查 |
| 2 | 表面质量 | 第 7.2.8 条 | 板材隔墙表面应平整光滑、色泽一致、洁净；接缝应均匀、顺直 | 观察；手摸检查 |
| 3 | 孔洞、槽、盒 | 第 7.2.9 条 | 隔墙上的孔洞、槽、盒应位置正确、套割方正、边缘整齐 | 观察 |

**表 5－12　板材隔墙安装的允许偏差和检验方法**

| 项次 | 项目 | 允许偏差/mm | | | | 检验方法 |
|---|---|---|---|---|---|---|
| | | 复合轻质墙板 | | 石膏空心板 | 钢丝网水泥板 | |
| | | 金属夹心板 | 其他复合板 | | | |
| 1 | 立面垂直度 | 2 | 3 | 3 | 3 | 用 2m 垂直检测尺检查 |
| 2 | 表面平整度 | 2 | 3 | 3 | 3 | 用 2m 靠尺和塞尺检查 |
| 3 | 阴阳角方正 | 3 | 3 | 3 | 4 | 用直角检测尺检查 |
| 4 | 接缝高低差 | 1 | 2 | 2 | 3 | 用钢直尺和塞尺检查 |

**表 5－13　板材隔墙工程检验批质量验收记录表（GB 50210—2001）**

| | | | | | |
|---|---|---|---|---|---|
| 单位（子单位）工程名称 | | | | | |
| 分部（子分部）工程名称 | | | 验收部位 | | |
| 施工单位 | | | 项目经理 | | |
| 分包单位 | | | 分包项目经理 | | |
| 施工执行标准名称及编号 | | | | | |
| 施工质量验收规范的规定 | | | 施工单位检查评定记录 | | 监理（建设）单位验收记录 |
| 主控项目 | 1 | 板材质量 | 第 7.2.3 条 | | |
| | 2 | 预埋件、连接件 | 第 7.2.4 条 | | |
| | 3 | 安装质量 | 第 7.2.5 条 | | |
| | 4 | 接缝材料、方法 | 第 7.2.6 条 | | |
| 一般项目 | 1 | 安装位置 | 第 7.2.7 条 | | |
| | 2 | 表面质量 | 第 7.2.8 条 | | |
| | 3 | 孔洞、槽、盒 | 第 7.2.9 条 | | |
| | 4 | 允许偏差 | 第 7.2.10 条 | | |
| 施工单位检查评定结果 | | 专业工长（施工员） | | 施工班组长 | |
| | | 项目专业质量检查员：　　年　月　日 | | | |
| 监理（建设）单位验收结论 | | 专业监理工程师<br>（建设单位项目专业技术负责人）：　　年　月　日 | | | |

填表说明

第一，主控项目。

质量要求包括以下内容：

●隔墙板材的品种、规格、性能、颜色应符合设计要求。有隔声、隔热、阻燃、防潮等特殊要求的工程，板材应有相应性能等级的检测报告。

●安装隔墙板材所需的预埋件、连接件的位置、数量及连接方法应符合设计要求。

●隔墙板材安装必须牢固。现制钢丝网水泥隔墙与周边墙体的连接方法应符合设计要求，并应连接牢固。

●隔墙板材所用接缝材料的品种及接缝方法应符合设计要求。

检查方法包括以下内容：主控项目1项观察、检查产品合格证书、进场验收记录和性能检测报告；2项观察、尺量检查、检查隐蔽工程验收记录；3项观察、手扳检查；4项观察、检查产品合格证书和施工记录。

第二，一般项目。

质量要求包括以下内容：

●隔墙板材安装应垂直、平整、位置正确、板材不应有裂缝或缺损。

●板材隔墙表面应平整光滑、色泽一致、洁净，接缝应均匀、顺直。

●隔墙上的孔洞、槽、盒应位置正确、套割方正、边缘整齐。

●板材隔墙安装的允许偏差和检验方法应符合表5－13的规定。

检查方法：一般项目1项观察和尺量检查；2项观察与手摸检查；3项观察检查；4项按要求用钢直尺或塞尺检查。

### 5.5.3 骨架隔墙工程施工质量验收

骨架隔墙工程的检查数量应符合下列规定：

每个检验批应至少抽查10%，并不得少于3间；不足3间时应全数检查。

1. 主控项目

主控项目内容及验收要求见表5－14。

2. 一般项目

一般项目内容及验收要求见表5－15。

3. 骨架隔墙安装的允许偏差和检验方法

骨架隔墙安装的允许偏差和检验方法见表5－16。

**表5－14 主控项目内容及验收要求**

| 项次 | 项目内容 | 规范编号 | 质量要求 | 检查方法 |
|---|---|---|---|---|
| 1 | 材料质量 | 第7.3.3条 | 骨架隔墙所用龙骨、配件、墙面板、填充材料及嵌缝材料的品种、规格、性能和木材的含水率应符合设计要求。有隔声、隔热、阻燃、防潮等特殊要求的工程，材料应有相应性能等级的检测报告 | 观察；检查产品合格证书、进场验收记录、性能检测报告和复验报告 |
| 2 | 龙骨连接 | 第7.3.4条 | 骨架隔墙工程边框龙骨必须与基体结构连接牢固，并应平整、垂直、位置正确 | 手扳检查；尺量检查；检查隐蔽工程验收记录 |
| 3 | 龙骨间距及构造连接 | 第7.3.5条 | 骨架隔墙中龙骨间距的构造连接方法应符合设计要求。骨架内设备管线的安装、门窗洞口等部位加强龙骨应安装牢固、位置正确，填充材料的设备应符合设计要求 | 检查隐蔽工程验收记录 |
| 4 | 防火、防腐 | 第7.3.6条 | 木龙骨及木墙面板的防火和防腐处理必须符合设计要求 | 检查隐蔽工程验收记录 |
| 5 | 墙面板安装 | 第7.3.7条 | 骨架隔墙的墙面板应安装牢固，无脱层、翘曲、折裂及缺损 | 观察；手扳检查 |
| 6 | 墙面板接缝材料及方法 | 第7.3.8条 | 墙面板所用接缝材料的接缝方法应符合设计要求 | 观察 |

**表5－15 一般项目内容及验收要求**

| 项次 | 项目内容 | 规范编号 | 质量要求 | 检查方法 |
|---|---|---|---|---|
| 1 | 表面质量 | 第7.3.9条 | 骨架隔墙表面应平整光滑、色泽一致、洁净、无裂缝，接缝应均匀、顺直 | 观察；手摸检查 |
| 2 | 孔洞、槽、盒 | 第7.3.10条 | 骨架隔墙上的孔洞、槽、盒应位置正确、套割方正、边缘整齐 | 观察 |
| 3 | 填充材料 | 第7.3.11条 | 骨架隔墙内的填充材料应干燥，填充应密实、均匀、无下坠 | 轻敲检查；检查隐蔽工程验收记录 |

4. 质量验收文件

质量验收文件包括以下内容：

• 轻质隔墙工程的施工图、设计说明书及其他设计文件。

• 材料的产品合格证书、性能检测报告、进场验收记录和复验报告。

• 隐蔽工程验收记录。

• 施工记录。

5. 质量验收记录表

记录表内容 骨架隔墙工程检验批质量验收记录表内容见表5－17。

**表5－16 骨架隔墙安装的允许偏差和检验方法**

| 项次 | 项　目 | 允许偏差/mm | | 检　验　方　法 |
|---|---|---|---|---|
| | | 纸面石膏板 | 人造木板、水泥纤维板 | |
| 1 | 立面垂直度 | 3 | 4 | 用2m垂直检测尺检查 |
| 2 | 表面平整度 | 3 | 3 | 用2m靠尺和塞尺检查 |
| 3 | 阴阳角方正 | 3 | 3 | 用直角检测尺检查 |
| 4 | 接缝直线度 | — | 3 | 拉5m线，不足5m拉通线，用钢直尺检查 |
| 5 | 压条直线度 | — | 3 | 拉5m线，不足5m拉通线，用钢直尺检查 |
| 6 | 接缝高低差 | 1 | 1 | 用钢直尺和塞尺检查 |

**表5－17 骨架隔墙工程检验批质量验收记录表（GB50210—2001）**

| 单位（子单位）工程名称 | | | | | |
|---|---|---|---|---|---|
| 分部（子分部）工程名称 | | | | 验收部位 | |
| 施工单位 | | | | 项目经理 | |
| 分包单位 | | | | 分包项目经理 | |
| 施工执行标准名称及编号 | | | | | |
| 施工质量验收规范的规定 | | | | 施工单位检查评定记录 | 监理（建设）单位验收记录 |
| 主控项目 | 1 | 材料质量 | 第7.3.3条 | | |
| | 2 | 龙骨连接 | 第7.3.4条 | | |
| | 3 | 龙骨间距及构造连接 | 第7.3.5条 | | |
| | 4 | 防火、防腐 | 第7.3.6条 | | |
| | 5 | 墙面板安装 | 第7.3.7条 | | |
| | 6 | 墙面板接缝材料及方法 | 第7.3.8条 | | |
| 一般项目 | 1 | 表面质量 | 第7.3.9条 | | |
| | 2 | 孔洞、槽、盒 | 第7.3.10条 | | |
| | 3 | 填充材料 | 第7.3.11条 | | |
| | 4 | 允许偏差 | 第7.3.12条 | | |
| 施工单位检查评定结果 | 专业工长（施工员） | | | 施工班组长 | |
| | 项目专业质量检查员：　　年　月　日 | | | | |
| 监理（建设）单位验收结论 | 专业监理工程师<br>（建设单位项目专业技术负责人）：　　年　月　日 | | | | |

填表说明

第一，主控项目。

质量要求包括以下内容：

● 骨架隔墙所用龙骨、配件、墙面板、填充材料及嵌缝材料的品种、规格、性能和木材的含水率应符合设计要求。有隔声、隔热、阻燃、防潮等特殊要求的工程，材料应有相应性能等级的检测报告。

● 骨架隔墙工程边框龙骨必须与基体结构连接牢固，并应平整、垂直、位置正确。

● 骨架隔墙中龙骨间距和构造连接方法应符合设计要求。骨架内设备管线的安装、门窗洞口等部位加强龙骨应安装牢固、位置正确，填充材料的设置应符合设计要求。

● 木龙骨及木墙面板的防火和防腐处理必须符合设计要求。

● 骨架隔墙的墙面板应安装牢固，无脱层、翘曲、折裂及缺损。

● 墙面板所用接缝材料的接缝方法应符合设计要求。

检查方法包括以下内容：主控项目 1 项观察、检查产品合格证书、进场验收记录、性能检测报告和复验报告；2 项手扳检查、尺量检查和检查隐蔽工程验收记录；3 ~ 4 项检查隐蔽工程验收记录；5 项观察和手扳检查；6 项观察检查。

第二，一般项目。

质量要求包括以下内容：

● 骨架隔墙表面应平整光滑、色泽一致、洁净、无裂缝，接缝应均匀、顺直。

● 骨架隔墙上的孔洞、槽、盒应位置正确、套割方正、边缘整齐。

● 骨架隔墙内的填充材料应干燥，填充应密实、均匀、无下坠。

● 骨架隔墙安装的允许偏差和检验方法应符合表 5 – 17 的规定。

检查方法包括以下内容：一般项目 1 项观察和手摸检查；2 项观察检查；3 项轻敲检查和检查隐蔽工程验收记录；4 项按要求用钢直尺或塞尺检查。

### 5.5.4 玻璃隔墙工程施工质量验收

玻璃隔墙工程的检查数量应符合下列规定：

每个检验批应至少抽查 20%，并不得少于 6 间；不足 6 间时应全数检查。

1. 主控项目

主控项目内容及验收要求见表 5 – 18。

2. 一般项目

一般项目内容及验收要求见表 5 – 19。

3. 玻璃隔墙安装的允许偏差和检验方法

玻璃隔墙安装的允许偏差和检验方法见表 5 – 20。

**表 5 – 18 主控项目内容及验收要求**

| 项次 | 项目内容 | 规范编号 | 质量要求 | 检查方法 |
|---|---|---|---|---|
| 1 | 材料质量 | 第 7.5.3 条 | 玻璃隔墙工程所用材料的品种、规格、性能、图案和颜色应符合设计要求。玻璃板隔墙应使用安全玻璃 | 观察；检查产品合格证书、进场验收记录和性能检测报告 |
| 2 | 砌筑或安装 | 第 7.5.4 条 | 玻璃砖隔墙的砌筑或玻璃板隔墙的安装方法应符合设计要求 | 观察 |
| 3 | 砖隔墙拉结筋 | 第 7.5.5 条 | 玻璃砖隔墙砌筑中埋设的拉结筋必须与基体结构连接牢固，并应位置正确 | 尺量检查；手扳检查；检查隐蔽工程验收记录 |
| 4 | 板隔墙安装 | 第 7.5.6 条 | 玻璃板隔墙的安装必须牢固。玻璃板隔墙胶垫的安装应正确 | 观察；手扳检查；检查施工记录 |

**表 5 – 19 一般项目内容及验收要求**

| 项次 | 项目内容 | 规范编号 | 质量要求 | 检查方法 |
|---|---|---|---|---|
| 1 | 表面质量 | 第 7.5.7 条 | 玻璃隔墙表面应色泽一致、平整洁净、清晰美观 | 观察 |
| 2 | 接缝 | 第 7.5.8 条 | 玻璃隔墙接缝应横平竖直，玻璃应无裂痕、缺损和划痕 | 观察 |
| 3 | 嵌缝及勾缝 | 第 7.5.9 条 | 玻璃板隔墙嵌缝及玻璃板隔墙勾缝应密实平整、均匀顺直、深浅一致 | 观察 |

4. 质量验收文件

质量验收文件应包括以下内容：

●轻质隔墙工程的施工图、设计说明书及其他设计文件。

●材料的产品合格证书、性能检测报告、进场验收记录和复验报告。

●隐蔽工程验收记录。

●施工记录。

5. 质量验收记录表

记录表内容　玻璃隔墙工程检验批质量验收记录表内容见表5－21。

**表5－20　玻璃隔墙安装的允许偏差和检验方法**

| 项次 | 项　目 | 允许偏差/mm | | 检　验　方　法 |
|---|---|---|---|---|
| | | 纸面石膏板 | 人造木板、水泥纤维板 | |
| 1 | 立面垂直度 | 3 | 2 | 用2m垂直检测尺检查 |
| 2 | 表面平整度 | 3 | — | 用2m靠尺和塞尺检查 |
| 3 | 阴阳角方正 | — | 2 | 用直角检测尺检查 |
| 4 | 接缝直线度 | — | 2 | 拉5m线，不足5m拉通线，用钢直尺检查 |
| 5 | 接缝高低差 | 3 | 2 | 用钢直尺和塞尺检查 |
| 6 | 接缝宽度 | — | 1 | 用钢直尺检查 |

**表5－21　玻璃隔墙工程检验批质量验收记录表**（GB 50210—2001）

<table>
<tr><td colspan="3">单位（子单位）工程名称</td><td colspan="4"></td></tr>
<tr><td colspan="3">分部（子分部）工程名称</td><td colspan="2"></td><td>验收部位</td><td></td></tr>
<tr><td colspan="2">施工单位</td><td colspan="3"></td><td>项目经理</td><td></td></tr>
<tr><td colspan="2">分包单位</td><td colspan="3"></td><td>分包项目经理</td><td></td></tr>
<tr><td colspan="3">施工执行标准名称及编号</td><td colspan="4"></td></tr>
<tr><td colspan="4">施工质量验收规范的规定</td><td colspan="2">施工单位检查评定记录</td><td>监理（建设）单位验收记录</td></tr>
<tr><td rowspan="4">主控项目</td><td>1</td><td>材料质量</td><td>第7.5.3条</td><td colspan="2"></td><td rowspan="4"></td></tr>
<tr><td>2</td><td>砌筑或安装</td><td>第7.5.4条</td><td colspan="2"></td></tr>
<tr><td>3</td><td>砖隔墙拉结筋</td><td>第7.5.5条</td><td colspan="2"></td></tr>
<tr><td>4</td><td>板隔墙安装</td><td>第7.5.6条</td><td colspan="2"></td></tr>
<tr><td rowspan="4">一般项目</td><td>1</td><td>表面质量</td><td>第7.5.7条</td><td colspan="2"></td><td rowspan="4"></td></tr>
<tr><td>2</td><td>接缝</td><td>第7.5.8条</td><td colspan="2"></td></tr>
<tr><td>3</td><td>嵌缝及勾缝</td><td>第7.5.9条</td><td colspan="2"></td></tr>
<tr><td>4</td><td>允许偏差</td><td>第7.5.10条</td><td colspan="2"></td></tr>
<tr><td colspan="3" rowspan="2">施工单位检查评定结果</td><td>专业工长（施工员）</td><td></td><td>施工班组长</td><td></td></tr>
<tr><td colspan="4">项目专业质量检查员：　　　　年　月　日</td></tr>
<tr><td colspan="3">监理（建设）单位验收结论</td><td colspan="4">专业监理工程师<br>（建设单位项目专业技术负责人）：　　　　年　月　日</td></tr>
</table>

填表说明

第一，主控项目。

质量要求包括以下内容：

● 玻璃隔墙工程所用材料的品种、规格、性能、图案和颜色应符合设计要求。玻璃板隔墙应使用安全玻璃。

● 玻璃砖隔墙的砌筑或玻璃板隔墙的安装方法应符合设计要求。

● 玻璃砖隔墙砌筑中埋设的拉结筋必须与基体结构连接牢固，并应位置正确。

● 玻璃板隔墙的安装必须牢固。玻璃板隔墙胶垫的安装应正确。

检查方法包括以下内容：主控项目 1 项观察、检查产品合格证书、进场验收记录和性能检测报告；2 项观察检查；3 项手扳和尺量检查，并检查隐蔽工程验收记录；4 项观察和手扳检查，并检查施工记录。

第二，一般项目。

质量要求包括以下内容：

● 玻璃隔墙表面应色泽一致、平整洁净、清晰美观。

● 玻璃隔墙接缝应横平竖直，玻璃应无裂痕、缺损和划痕。

● 玻璃板隔墙嵌缝及玻璃砖墙勾缝应密实平整、均匀顺直、深浅一致。

● 玻璃隔墙安装的允许偏差和检验方法应符合表 5－20 的规定。

检查方法包括以下内容：

一般项目 1～3 项观察检查；4 项按要求用钢直尺或塞尺检查。

**【本章小结】**

轻质隔墙工程的管理主要从施工环境、材料质量、施工质量、施工安全等方面来控制。管理的重点在材料质量、施工质量、施工安全等方面。质量通病及防治措施是本章的重点内容。施工质量的检验有详细的评定标准。

**【思考题】**

1. 轻质隔墙工程中使用的主要材料有哪些？
2. 轻质隔墙工程的质量通病及防治措施是什么？
3. 轻质隔墙工程施工安全的主要注意事项有哪些？

**【推荐阅读书目】**

1. 建筑装饰装修工程施工与质量验收实用手册．孙科炎主编．北京：中国建材工业出版社，2004.

2. 装饰工程项目管理规范实施手册．张维君主编．北京：中国建筑工业出版社，1999.

3. 室内装饰材料．向仕龙，张秋梅，张求慧编著．北京：中国林业出版社，2003.

**【相关链接】**

1. 中国室内装饰协会．http：//www. cida. net. cn/home. php
2. 设计在线．http：//www. dolcn. com

# 第6章 饰面工程管理

【本章难点与重点】 饰面工程的管理主要从施工环境、材料质量、施工质量、施工安全等方面来控制。管理的重点在施工环境、材料质量、施工质量等方面。质量通病及防治措施是本章的重点内容。

饰面工程指在建筑内外墙、柱面镶贴或安装天然大理石、花岗石饰面板、人造大理石、水磨石板、各种陶瓷质饰面砖、玻璃锦砖、各种金属装饰板等材料的装饰装修工程。

## 6.1 施工环境控制

饰面工程的施工环境控制主要从对建筑物的基层要求，对室外、室内的不同情况提出具体措施等方面来进行控制。

1. 建筑物的基层要求

建筑物的饰面工程对建筑物基层有以下条件要求：

- 镶贴饰面板（砖）的基体，应具有足够的稳定性和刚度，表面的平整度和垂直度，应符合相应质量检验评定标准的规定。
- 饰面板应安装在粗糙的基体或基层上；饰面砖应镶贴在平整粗糙的基层上。对光滑的基体或基层表面，镶贴前应做技术和工艺处理；残留的砂浆、尘土和油渍等应清理干净。
- 阳台栏杆预留孔洞及排水管等应处理完毕，门窗框要固定牢固，并用1∶3水泥砂浆将缝隙堵塞严实。铝合金门窗框边缝所用嵌塞材料应符合设计要求，且应塞堵密实并事先粘好保护膜。

2. 室外饰面板（砖）要求

对用于建筑物表面装饰用的室外饰面板砖必须满足下列技术工艺要求：

- 暑期施工，应防止暴晒。
- 门窗框安装位置要正确牢固，并考虑饰面板（砖）的足够余量。
- 将墙面的脚手眼堵好，外架子的排木不得顶墙，立杆距墙不小于200mm。
- 装配式墙板上镶贴饰面砖，宜在预制阶段完成。装配式挑檐、托座等下部与墙或柱相连接处，镶贴饰面板（砖），应留有适量缝隙。镶贴变形缝处的饰面板（砖），其留缝宽度，应符合设计要求。

3. 室内饰面板（砖）要求

用于建筑物室内装饰的饰面板（砖）必须满足下列要求：

- 建筑结构经验收合格，水电、通风等设备设施的安装已提前完成，并填补好孔洞。
- 安装好门窗框，位置准确，安装牢固，并留有镶贴饰面板（砖）的足够空隙余量。

4. 饰面板（砖）选择与存放

对进场的饰面板（砖）的尺寸、颜色进行挑选，并分类存放备用，必要时进行试拼编号。

5. 做样板间

大面积的饰面工程，应先放出施工大样，并做样板墙或样板间，经建设、设计、施工、监理四方共同鉴定合格后，方可大面积施工。

6. 完工后的保护

饰面工程完工后应采取保护措施，防止损坏。

## 6.2　材料质量控制

饰面工程所用的装饰材料品种繁多，为了介绍方便，在此将饰面工程中常用材料按其形状的不同分为饰面板和饰面砖两大类型，并分别加以介绍。

### 6.2.1　饰面板质量控制

1. 天然花岗石板材

类型与品种　花岗石主要由石英、长石和少量云母等矿物组成，因矿物成分的不同而形成不同色泽和颗粒结晶的花岗石。

板材质量要求　同一批花岗石板材的色调花纹应基本调和，板材的物理性能及正面外观质量要求应符合表6－1的规定。按板材的规格尺寸、平面度、角度允许偏差等项指标，花岗石面板分为优等品、一等品和合格品三个等级，详见表6－2。

2. 天然大理石板材

平板允许公差见表6－3。

**表6－1　天然花岗石板材物理性能及外观质量要求**（JC 205—1992）

| 类别 | 名　　称 | 规 定 内 容 | 优等品 | 一等品 | 合格品 |
|---|---|---|---|---|---|
| 物理性能 | 镜面光泽度 | 正面应具有镜面光泽，能清晰地反映出景物 | 光泽度值应不低于75光泽单位或按供需双方协议样板执行 | | |
| | 表观密度不小于/g/cm$^3$ | | 2.50 | | |
| 物理性能 | 吸水率不大于/% | | 1.0 | | |
| | 干燥抗压强度不小于/MPa | | 60.0 | | |
| | 抗弯强度不小于/MPa | | 8.0 | | |
| 正面外观缺陷 | 缺楞 | 每块（个）板材周边每米长度内，缺楞长度不超过10mm（长度小于5mm不计） | 不允许 | 1 | 2 |
| | 缺角 | 每块（个）板材缺角面积不超过5mm×2mm（面积小于2mm×2mm不计） | | | |
| | 裂纹 | 每块（条）板材裂纹长度不超过两端顺延至板边总长度的1/10（长度小于20mm的不计） | | | |
| | 色斑 | 每块（个）板材色斑面积不超过20mm×30mm（面积小于15mm×15mm不计） | | | |
| | 色线 | 每块（条）板材色线长度不超过两端顺延至板边总长度的1/10（长度小于40mm的不计） | | 2 | 3 |
| | 坑窝 | 粗面板材的正面出现坑窝 | | 不明显 | 出现，但不影响使用 |

**表6－2　普通型花岗石板材规格尺寸、平面度、角度允许偏差以及等级分类表**

| 类别 | 分　　类 | | 细面和镜面板材 | | | 粗面板材 | | |
|---|---|---|---|---|---|---|---|---|
| | 等　　级 | | 优等品 | 一等品 | 合格品 | 优等品 | 一等品 | 合格品 |
| 规格尺寸/mm | 长度、宽度 | | 0<br>−1.0 | 0<br>−1.5 | | 0<br>−1.0 | 0<br>−2.0 | 0<br>−3.0 |
| | 板材厚度范围 | ≤15 | ±0.5 | ±1.0 | +1.0<br>−2.0 | — | — | — |
| | | >15 | ±1.0 | ±2.0 | +2.0<br>−3.0 | +1.0<br>−2.0 | +2.0<br>−3.0 | +2.0<br>−4.0 |
| 平面度极限公差/mm | 板材长度范围 | ≤400 | 0.20 | 0.40 | 0.60 | 0.80 | 1.00 | 1.20 |
| | | 400～1000 | 0.50 | 0.70 | 0.90 | 1.50 | 2.00 | 2.20 |
| | | ≥1000 | 0.80 | 1.00 | 1.20 | 2.00 | 2.50 | 2.80 |
| 角度极限公差/mm | 板材宽度范围 | ≤400 | 0.40 | 0.60 | 0.80 | 0.60 | 0.80 | 1.00 |
| | | >400 | | | 1.00 | | 1.00 | 1.20 |

**表 6-3　平板允许公差表**

| 产品名称 | 一级品允许公差/mm | | | 二级品允许公差/mm | | |
|---|---|---|---|---|---|---|
| | 长 | 宽 | 厚 | 长 | 宽 | 厚 |
| 单面磨光板材 | 0<br>-1 | 0<br>-1 | +1<br>-2 | 0<br>-1.5 | 0<br>1.5 | +2<br>-3 |
| 双面磨光板材 | ±1 | ±1 | ±1 | +1<br>-2 | +1<br>-2 | +1<br>-2 |

单面磨光，同一块板材厚度公差不得超过 2mm；双面磨光板材不得超过 1mm。双面磨光板材拼接处的宽、厚相差不得大于 1mm。异型板与雕刻板的规格公差，要根据设计要求来定。

平度允许偏差见表 6-4。

角度允许偏差见表 6-5。

**表 6-4　平度允许偏差表**

| 平板长度范围/mm | 最大偏差值/mm | |
|---|---|---|
| | 一级品 | 二级品 |
| <400 | 0.3 | 0.5 |
| ≥400 | 0.6 | 0.8 |
| ≥800 | 0.8 | 1.0 |
| ≥1000 | 1.0 | 1.2 |

**表 6-5　大理石平板角度允许偏差表**

| 平板长度范围/mm | 最大偏差值/° | |
|---|---|---|
| | 一级品 | 二级品 |
| <400<br>≥400 | 0.4<br>0.6 | 0.6<br>0.8 |

侧面不磨光的拼缝板材，正面与侧面的夹角不得大于 90°。

*磨光板材的光泽度*　主要品种的光泽度见表 6-6。未列入表 6-6 的品种的光泽度，按设计要求选定标准样板。

*外观质量要求*　大理石饰面板表面不得有隐伤、风化等缺陷；表面应平整，边缘整齐，楞角不得损坏。一块板材中不允许的楞角缺陷范围见表 6-7。

板材安装后被遮盖部位的楞角缺陷，不得超过被遮部位的 1/2。两个磨光面相邻的楞角，不允许有缺陷。板材磨光面不得带有直径超过 2mm 的砂眼。板材磨光面不允许有明显划痕。

磨光板材表面允许有不贯穿厚度的裂缝　贴面产品，贯穿厚度的裂纹长度，一级品不得超过其顺延方向长度的 20%，且距板边 60mm 范围内不得有大致平行于板边的贯穿裂纹；二级品贯穿裂纹长度不得超过其顺延方向长度的 30%。

**表 6-6　磨光板材光泽度表**（单位：光泽度）

| 板材代号 | 板材名称 | 光泽度指标(不低于) | |
|---|---|---|---|
| | | 一级品 | 二级品 |
| 101 | 汉白玉 | 90 | 80 |
| 102 | 艾叶青 | 80 | 70 |
| 104 078 | 墨玉桂林黑（晶黑） | | |
| 234 075 | 大连黑　残雪 | 95 | 85 |
| 105 | 紫豆瓣 | 95 | 85 |
| 108-1 | 晚霞 | 95 | 85 |
| 110 | 螺丝转 | 85 | 75 |
| 112 | 芝麻白 | 90 | 80 |
| 117 061 310-1 311 413 | 雪花 | 85 | 75 |
| 058　059 | 奶油 | 95 | 85 |
| 076 | 纹脂奶油 | 70 | 85 |
| 056　322 | 杭灰　齐灰 | 95 | 85 |
| 063 | 秋香 | 95 | 85 |
| 064 | 橘香 | 95 | 85 |
| 052 | 咖啡 | 65 | 85 |
| 320　312 | 莱阳绿 海阳绿 | 80 | 70 |
| 217　217-1　217-2 | 丹东绿 | 55 | 45 |
| 219 | 铁岭红 | 65 | 55 |
| 055 218 | 红皖罗 东北红 | 85 | 75 |
| 405 | 灵红 | 100 | 90 |
| 022 | 雪浪 | 90 | 80 |
| 023 | 秋景 | 80 | 70 |
| 028 | 雪野 | 90 | 80 |
| 031 | 粉荷 | 90 | 80 |
| 073 401 402 403 | 云花 | 95 | 85 |

**表 6-7　大理石板楞角缺陷范围**

| 缺陷部位 | 不允许的缺陷范围/mm | |
|---|---|---|
| | 一级品 | 二级品 |
| 正面楞 | 缺陷部位的长×宽<br>>2×6 之积 | 缺陷部位的长×宽<br>>3×3 之积 |
| 正面角 | 缺陷部位的长×宽<br>>2×2 之积 | 缺陷部位的长×宽<br>>3×3 之积 |
| 底面楞角 | 缺陷部位的长×宽<br>>40×10 之积<br>深度>板材厚度的 1/4 | 缺陷部位的长×宽<br>>40×15 之积<br>深度>板材厚度的 1/4 |

粘接与修补　天然大理石板材允许粘接和修补，粘接和修补后正面不得有明显痕迹，颜色应与正面花色接近。

色调与花纹　定型产品以 $50\sim100m^2$ 为一批，应达到色调与花纹基本调和，不得与标准样板的颜色和特征有明显差异。非定型配套工程产品，每一部位色调深浅应逐渐过渡，花纹特征基本调和，不得有突然变化。不宜采用易褪色的材料包装。

3. 人造石饰面板

有机人造石饰面板　有机人造石饰面板又称聚酯型人造大理石，是以不饱和聚酯树脂为胶结料，以大理石及白云石粉为填充料，加入颜料，配以适量硅砂、陶瓷和玻璃粉等细集料以及硬化剂、稳定剂等成型助剂制作而成的石质装饰板材。具有质轻、强度高、耐化学侵蚀等优点，宜用于室内饰面。其产品规格及主要性能见表6－8。

**表6－8　聚酯型人造大理石装饰板的主要性能及规格**

| 项　　目 | 性　能　指　标 | 常用规格/mm |
|---|---|---|
| 表观密度/($g/cm^3$) | 2.0～2.4 | 300×300×(5～9)<br>300×400×(8～15)<br>300×500×(10～15)<br>300×600×(10～15)<br>500×1000×(10～15)<br>1200×1500×20 |
| 抗压强度/MPa | 70～150 | |
| 抗弯强度/MPa | 18～35 | |
| 弹性模量/MPa | $(1.5-3.5)\times10^4$ | |
| 表面光泽度 | 70～80 | |

无机人造石饰面板　按胶结料的不同，分为铝酸盐水泥类和氯氧镁水泥类两种。前者以铝酸盐水泥为胶结料，加入硅粉和方解石粉、颜料以及减水剂、早强剂等制成浆料，以平板玻璃为底模制作成人造大理石饰面板。后者是以轻烧氧化镁和氯化镁为主要胶结料，以玻璃纤维为增强材料，采用轧压工艺制作而成的薄型人造石饰面板。两种板材相比以后者为优，具有质轻高强、不燃、易二次加工等特点，为防火隔热多功能装饰板材，其主要性能及规格见表6－9。

**表6－9　氯氧镁人造石装饰板主要性能及规格**

| 项　　目 | 性 能 指 标 | 主 要 规 格 /mm |
|---|---|---|
| 表观密度/($g/cm^3$) | <1.5 | 2000×1000×3<br>2000×1000×4<br>2000×1000×5 |
| 抗弯强度/MPa | >15 | |
| 抗压强度/MPa | >10 | |
| 抗冲击强度/($kJ/m^2$) | >5 | |

注：花色多样，主要分单色和套印花饰两类，常用花色以仿切片胶合板木纹为主，宜用于室内墙面及吊顶罩面。

复合人造石饰面板　又称浮印大理石饰面板，是采用浮印工艺（中国矿业大学发明专利）以水泥无机人造石板或玻璃陶瓷及石膏制品等为基材复合制成的仿大理石装饰板材。其主要性能及规格见表6－10。

塑铝板　塑铝板是采用进口高纯度铝片和PE聚乙烯树脂，经高温高压而成的复合建筑装饰材料。

塑铝板耐冲击性强，耐火、防水、隔声等。其主要特性见表6－11和表6－12。

**表6－10　浮印大理石饰面板主要性能及规格**

| 项　　目 | 性 能 指 标 | 规 格 尺 寸 /mm |
|---|---|---|
| 抗弯强度/(MPa) | 20.5 | 按基材规格而定，最大可达1200×800 |
| 抗冲击强度/($kJ/m^2$) | 5.7 | |
| 磨损度/($g/cm^2$) | 0.0273 | |
| 吸水率/(%) | 2.07 | |
| 热稳定性 | 良好 | |

**表6－11　塑铝板主要特性**

| 项　　目 | 试 验 方 法 | 结　果 |
|---|---|---|
| 耐冲击性 | φ1/2in×300g×10cm | 无异状 |
| 耐蚀性 | 盐水喷雾35℃、48h | 无异状 |
| 耐酸性 | 5%硫酸浸渍24h | 无异状 |
| 湿润试验 | 50℃温、湿浸渍240h | 无异状 |
| 耐沸水性 | 100℃沸水浸渍8h | 无异状 |
| 耐碱性 | 5%水酸化钠浸渍24h | 无异状 |
| 耐挥发油性 | 石油轻油精9号甲苯1号24h | 无异状 |

注：本表数据由日本神奈县工业试验所测试

**表6－12　聚酯烤漆特性**

| 项　　目 | 试 验 方 法 | 结　果 |
|---|---|---|
| 硬度 | 铅笔硬度 | 3H |
| 密着试验 | 格目试验 | 100/100 |
| 光泽度 | 60℃折射计 | 30～80 |
| 耐冲击性 | φ1/2in×500g×50cm | 合格 |
| 耐溶剂性 | MEK50次来回 | 合格 |
| 耐酸性 | 5%硫酸浸渍240h | 合格 |
| 耐碱性 | 5%氢氧化钠浸渍240h | 合格 |
| 耐沸水性 | 92℃以上沸水浸渍2h | 合格 |
| 耐湿性 | 100%相对湿度、50℃、500h | 合格 |
| 盐雾试验 | 35℃盐水喷雾500h | 合格 |

预制水磨石饰面板　预制水磨石板是以水泥和彩色石屑拌和，经成型、养护、研磨、抛光等工艺制成。它具有强度高、坚固耐用、美观、施工简便等特点。由于水磨石板已实现了机械化、工厂化、系列化

生产，所以产品质量和产量都有了保证。水磨石板较天然大理石有更多的选择性且物美价廉，是建筑上广泛应用的装饰材料。预制水磨石饰面板要求表面平整，光滑洁净，石粒密实均匀，几何尺寸准确，楞角方正。

### 6.2.2　饰面砖质量控制

1. 釉面砖

釉面砖又称之为瓷砖、瓷片，是一种薄型精陶制品，多用于建筑内墙面装饰，釉面砖的种类和特点见表6－13。

**表6－13　釉面砖的种类和特色**

| 种　类 | | 特　点 |
|---|---|---|
| 白色釉面砖 | | 色纯白、釉面光亮，镶于墙面，清洁大方 |
| 彩色釉面砖 | 有光彩釉面砖 | 釉面光亮晶莹，色彩丰富雅致 |
| | 无光 | 釉面半无光，不显眼，色泽一致，色调柔和 |
| 装饰釉面砖 | 花釉砖 | 系在同一砖上，施以多种彩釉，经高温烧成。色釉互相渗透，花纹千姿百态，有良好装饰效果 |
| | 结晶釉砖 | 晶花辉映，纹理多姿 |
| | 斑纹釉砖 | 斑纹釉面、丰富多彩 |
| | 大理石釉砖 | 具有天然大理石花纹，颜色丰富，美观大方 |
| 图案砖 | 白地图案砖 | 系在白色釉面砖上装饰各种彩色图案，经高温烧成。纹样清晰，色彩明朗，清洁优美 |
| | 色地图案砖 | 系在有光或无光彩色釉面砖上，装饰各种图案，经高温烧成。产生浮雕、缎光、绒毛、彩漆等效果。做内墙饰面，别具风格 |
| 瓷砖画及色釉陶瓷字 | 瓷砖画 | 以各种釉面砖拼成各种瓷砖画，或根据已有画稿烧制釉面砖拼装成各种瓷砖画，清洁优美 |
| | 色釉陶瓷字 | 以各种彩釉、瓷土烧制而成，色彩丰富，光亮美观，永不褪色 |

釉面砖要求规格尺寸一致，表面光洁，色泽一致，边缘整齐，无缺釉、脱釉，凸凹扭曲，暗痕，裂纹等缺陷，吸水率不得大于18%。

2. 外墙面砖

外墙面砖的质地密实，具有耐水、抗冻、耐磨的特点。

外墙面砖的种类规格见表6－14。

**表6－14　外墙面砖的种类规格**

| 名　称 | 一般规格/mm | 说　明 |
|---|---|---|
| 表面无釉外墙面砖（又称墙面砖） | 200×100×12<br>150×75×12 | 有白、浅黄、深黄、红、绿等颜色 |
| 表面有釉外墙面砖（又称彩釉砖） | 75×75×8<br>108×108×8 | 有粉红、蓝、绿、金砂釉、黄白等颜色 |
| 线砖 | 100×100×150<br>100×100×10 | 表面有突起线纹，有釉并有黄绿等颜色 |
| 外墙立体面砖（又称立体彩釉砖） | 100×100×10 | 表面有釉，做成各种立体图案 |

外墙面砖要求颜色均匀，规格尺寸一致，整齐方正。无凸凹不平、裂纹夹心、缺釉和缺楞掉角等缺陷。

3. 陶瓷锦砖

陶瓷锦砖又称“陶瓷马赛克”、“纸皮砖”，是以优质瓷土烧制的片状小瓷砖拼成各种图案贴在纸上的饰面材料。它的质地坚硬，经久耐用，色泽多样，耐酸、耐碱、耐火、耐磨、不渗水，抗压力强，吸水率小，在±20℃温度下无开裂现象。随着现代建筑的发展，陶瓷锦砖的应用越来越广，已被广泛用于地面和内、外墙饰面。

陶瓷锦砖的尺寸允许公差及技术要求见表6－15。

陶瓷锦砖要求规格、色泽一致，无受潮变色现象。拼贴在纸板上的图案应符合设计要求，并且纸板完整，影粒齐全，间距均匀，禁止散装散放，防止受潮。

**表6－15　陶瓷锦砖尺寸允许公差及技术要求**

| 项　目 | | 规格 | 允许公差/mm | | 主要技术要求 |
|---|---|---|---|---|---|
| | | | 一级品 | 二级品 | |
| 单块锦砖 | 边长 | <25.0<br>>25.0 | ±0.5<br>±1.0 | ±0.5<br>±0.2 | ①吸水率不大于2%<br>②脱纸时间不大于40min |
| | 厚度 | 4.0<br>4.5 | ±0.2 | ±0.2 | |
| | 线路联长 | 2.0<br>305.5 | ±0.5<br>±2.5<br>−0.5 | ±1.0<br>±3.5<br>−1.0 | |

## 6.3 施工质量控制

1. 瓷砖墙面施工质量通病及防治

瓷砖墙面施工质量通病及防治措施见表6-16。

2. 外墙面砖施工质量通病及防治

外墙面砖施工质量通病及防治措施见表6-17。

3. 外墙锦砖施工质量通病及防治

外墙锦砖施工质量通病及防治措施见表6-18。

4. 花岗石板、大理石板、水磨石板、人造石板施工质量通病及防治措施

花岗石板、大理石板、水磨石板、人造石板施工质量通病及防治措施见表6-19。

5. 金属饰面板施工质量通病及防治

金属饰面板施工质量通病及防治措施见表6-20。

**表6-16 瓷砖墙面施工质量通病及防治措施**

| 项次 | 质量通病 | 原因分析 | 防治措施 |
|---|---|---|---|
| 1 | 瓷砖空鼓、脱落 | 1. 基层表面光滑，铺贴前基层没有湿水或湿水不透，水分被基层吸掉影响粘结力<br>2. 基层偏差大，铺贴时抹灰一次过厚，干缩过大<br>3. 瓷砖未用水浸透，或铺贴前瓷砖未阴干<br>4. 砂浆配合比不当，砂浆过干或过稀，粘贴不密实<br>5. 粘贴灰浆初凝后，拨动瓷砖<br>6. 门窗框边封堵不严，开启引起木砖松动，产生瓷砖空鼓<br>7. 使用质量不合格的瓷砖，瓷砖破裂自落 | 1. 基层凿毛，铺贴前墙面应浇水充分湿润，水应渗入基层8～10mm，混凝土墙面应提前两天浇水，基层刷素水泥浆或胶黏剂、界面剂<br>2. 基层凸出部位剔平，凹处用1:3水泥砂浆补平，脚手眼、管线穿墙处用砂浆填严。不同材料墙面接头处，应先铺钉金属网，并绷紧牢固，金属网与各基体的搭接宽度不小于10mm，然后用水泥砂浆抹平，再铺贴瓷砖<br>3. 瓷砖使用前浸泡时间不小于2h，使用前需阴干，不见表面水时方可粘贴<br>4. 砂浆应具有良好的和易性与稠度，操作中，用力要均，嵌缝应密实<br>5. 瓷砖铺贴应随时纠偏，粘贴砂浆初凝后严禁拨动瓷砖<br>6. 门窗边应用水泥砂浆封严<br>7. 严把瓷砖、水泥、砂子等原材料质量关，杜绝不合格材料在施工中使用 |
| 2 | 瓷砖接缝不平直，不均匀，墙面凸凹不平 | 1. 找平层垂直度，平整度超出允许偏差规定的要求<br>2. 瓷砖薄厚、尺寸相差较大，使用变形了的瓷砖<br>3. 瓷砖预选砖、预排砖不认真，排砖未弹线，操作不跟线<br>4. 瓷砖镶贴未及时调缝和检查 | 1. 找平层垂直度，平整度超出允许偏差限值未经处理的，不得镶贴瓷砖<br>2. 瓷砖应选砖，按规格、颜色分类码放，变形、裂纹砖严禁使用<br>3. 镶贴前应先行找规矩，并认真预排砖、弹线，选用技术熟练的工人进行操作<br>4. 瓷砖铺贴应立即拨缝，调直拍实，使瓷砖接缝平直 |
| 3 | 瓷砖裂缝、变色或表面污染 | 1. 瓷砖材质松脆、吸水率大，抗拉、抗折性差<br>2. 瓷砖在运输、操作中有暗伤，成品保护不好<br>3. 瓷砖材质疏松，施工前浸泡了不洁净的水变色<br>4. 粘贴后被灰尘污染变色 | 1. 选材时应挑选材质密实，吸水率不大于10%的好砖，冰冻严重的地区吸水率应不大于8%<br>2. 操作中将有暗伤的瓷砖剔出，铺贴时不得用力敲击砖面，防止暗伤<br>3. 泡砖须用清洁水<br>4. 选用材质密实的砖，污染灰尘可被雨水冲掉 |

**表6-17 外墙面砖施工质量通病及防治措施**

| 项次 | 质量通病 | 原因分析 | 防治措施 |
|---|---|---|---|
| 1 | 外墙面砖空鼓、脱落 | 1. 饰面砖自重大，找平层与基层有较大剪应力，粘结层与找平层间也有剪应力，基层面不平整，找平层过厚使各层粘结不良<br>2. 加气混凝土基面未做处理，不同结构的接合处未做处理<br>3. 砂浆配合比不准，稠度控制不好，砂子含泥量过大，在同一施工面上采用几种不同的配合比砂浆，因而产生不同的干缩<br>4. 因冬季气温低，砂浆受冻，解冻后容易发生脱落<br>5. 砖背砂浆不饱满，面砖勾缝不严，雨水渗入受冻膨胀引起脱落 | 1. 找平层与基层应作严格处理，光面凿毛，凸面剔平，尘土油渍清洗干净，找平层抹灰时湿水，再分层抹灰，提高各层的粘结力<br>2. 加气块不得泡水，抹灰前湿水后满刷水泥浆一道，采用1:1:4水泥石灰砂浆找底层，厚4～5mm，中层用1:0.3:3水泥石灰砂浆抹8～10mm厚，结合层采用聚缩砂浆。不同结构结合部铺钉金属网绷紧钉牢，金属网与基层搭接宽度不少于100mm，再做找平层<br>3. 砂浆中，水泥必须合格，砂过筛，宜用中砂，含泥量不大于3%，砂浆配合比计量配料，搅拌均匀。在同一墙面不换配合比，或在砂浆中掺入水泥质量5%的107胶，改善砂浆的和易性，提高粘结度<br>4. 在贴面砖操作时应保持正温，尽量不在冬期施工<br>5. 面砖泡水后必须阴干，背面刮满砂浆，采用挤浆法铺贴，认真勾缝分次成活，勾凹缝，凹入砖内3mm，形成嵌固效果 |

（续）

| 项次 | 质量通病 | 原因分析 | 防治措施 |
|---|---|---|---|
| 1 | 外墙面砖分格缝不匀、墙面不平整 | 1. 面砖几何尺寸不一致<br>2. 找平层表面不平整，做找平层未认真检查<br>3. 未排砖、弹线和挂线<br>4. 未及时调缝和检查 | 1. 面砖使用前应选砖，分类存放，凡外形歪斜、缺楞掉角、翘裂和颜色不均匀应剔出，用套板分出大、中、小三类，分别用于不同部位<br>2. 做找平层时，必须用靠尺检查垂直、平整度，其数值应在允许偏差范围内<br>3. 排砖模数，要求横缝与碹脸、窗台平，竖向与阳角、窗口平，并用整砖，墙面弹线，大墙面应先铺平，窗框、窗台、腰线应分缝准确，在找平层上从上至下作水平与垂直控制线<br>4. 操作时应保证面砖上口平直，贴完一批砖后，垂直缝应以底子灰弹线和所挂立线为准，在粘贴灰浆初凝前调缝，贴后立即清洗干净，靠尺检查 |
| 2 | 外墙面砖污染 | 1. 面砖半成品保管不善，成品保护不好<br>2. 施工操作后未及时清理面层砂浆 | 1. 不得用草绳或有色纸包装面砖，在运输途中与保管中，切忌面砖淋雨受潮<br>2. 贴面砖开始后，不得在脚手架上和室外倒污水、垃圾，操作完成后对于已凝固的脏物可用棉丝蘸盐酸加20%水刷洗，然后用净水冲净 |

**表6－18 外墙锦砖施工质量通病及防治措施**

| 项次 | 质量通病 | 原因分析 | 防治措施 |
|---|---|---|---|
| 1 | 外墙锦砖墙面不平整，分格缝不均匀、不平直 | 1. 找平层不平<br>2. 镶贴时，未拍平也没有用靠尺检查找平<br>3. 锦砖规格不一致，镶贴前未弹线或弹线不认真<br>4. 未及时调缝和检查 | 1. 做找平层时，必须先在基体上拉垂直和水平通线贴灰饼、冲筋。找平层垂直度、平整度不合格，不得镶贴锦砖<br>2. 锦砖揭纸后必须用拍板拍平，并用靠尺找平<br>3. 锦砖进场后应进行挑选分级。镶贴时应在找平层上从顶到底弹分块分格垂直线，横向弹水平分块分格线，依线铺贴<br>4. 揭纸后立即用刀调缝，并认真检查 |
| 2 | 外墙锦砖墙面空鼓、脱落 | 1. 基层不粗糙未浇水湿透<br>2. 抹结合层后没有及时贴锦砖，贴锦砖后未认真找平<br>3. 调缝时结合层砂浆已初凝<br>4. 冬季气温低，砂浆受冻，第二年春天化冻后陶瓷锦砖背面比较光滑容易发生脱落 | 1. 基层空鼓防治参见瓷砖空鼓预防措施中的1、2两条<br>2. 刷水泥素浆后紧跟着做粘结层，随抹随贴锦砖。结合层砂浆不宜过厚，一次铺开面积不宜过大<br>3. 用聚缩砂浆可改变和易性和保水性，增加初凝时间，但调缝仍需在1h内完成<br>4. 镶贴陶瓷锦砖操作时应保持正温，室外陶瓷锦砖不宜冬季施工 |
| 3 | 外墙锦砖墙面污染 | 主要是勾缝后砂浆没有及时擦净或由于其他工种和工序造成墙面污染 | 施工完成后应彻底擦拭，必要时应用稀盐酸酸洗，然后用水冲净 |

**表6－19 花岗石板、大理石板、水磨石板、人造石板施工质量通病及防治措施**

| 项次 | 质量通病 | 原因分析 | 防治措施 |
|---|---|---|---|
| 1 | 接缝不平、板面纹理不顺、色泽差异大 | 1. 饰面板翘曲不平，角度不方正<br>2. 安装时，钢丝绑扎不牢或无固定措施，灌浆时走移<br>3. 未及时用靠尺检查调平<br>4. 花岗石、大理石板等未试拼、编号，水磨石板、人造石板未选配颜色 | 1. 安装前应先将有缺楞掉角翘曲板剔出，板块石材作套方检查<br>2. 钢丝应绑扎牢固，依施工程序做石膏水泥饼或夹具固定灌浆<br>3. 每道工序，用靠尺检查调整，使表面平整<br>4. 天然块材必须试拼，使板与板间纹理结晶通顺，颜色协调并编号备用 |
| 2 | 板材开裂 | 1. 板材有色纹、暗缝、隐伤等缺陷，以及凿洞、开槽受外力后，由于应力集中引起开裂<br>2. 结构产生沉降或地基不均匀沉陷<br>3. 灌浆不严侵蚀气体和湿空气透入板缝，使挂网锈蚀造成外推塌落 | 1. 板材选料时应剔除色纹、暗缝、隐伤等缺陷，加工孔洞、开槽应过细操作<br>2. 铺贴块料前，应待结构沉降稳定后进行。在顶部、底部安装块料时应留一定缝隙，以防结构压缩变形，导致破坏开裂<br>3. 块材接缝缝隙≤0.5～1mm，灌浆应饱满，嵌缝应严实，避免腐蚀性气体渗入锈蚀挂网损坏板面 |
| 3 | 空鼓、脱落 | 1. 结合砂浆不饱满<br>2. 安装饰面板时灌浆不严实 | 1. 结合层水泥砂浆应满抹满刮、厚薄均匀<br>2. 灌浆应分层，插捣必须仔细，接合部位应留50mm下灌，使上下密合 |

（续）

| 项次 | 质量通病 | 原因分析 | 防治措施 |
|---|---|---|---|
| 4 | 墙面碰损、污染 | 1. 运输中搬运不当<br>2. 包装和施工中受污染<br>3. 贴面后未加保护 | 1. 石材较脆，搬运和堆放过程中必须直立搬运，避免一角着地，楞角受损，大尺寸块材应平运<br>2. 浅色石材不宜用草绳捆扎，避免板面被湿绳色素污染，施工中板面应用塑料膜遮盖，如沾上砂浆，应立即抹掉<br>3. 贴面完成后，所有阳角部位，用2m高的木板保护 |

**表6－20　金属饰面板施工质量通病及防治措施**

| 项次 | 质量通病 | 原因分析 | 防治措施 |
|---|---|---|---|
| 1 | 纸面石膏板墙体板面开裂、鼓胀 | 安装时纵、横碰头缝未拉开 | 安装时纵、横碰头缝应拉开5～8mm，嵌泥子填平 |
| 2 | 抽芯铝铆钉间距过大 | 抽芯铝铆钉未按规范控制间距 | 抽芯铝铆钉中间应垫橡胶垫圈，间距控制在100～150mm范围内 |
| 3 | 板材透缝、压槎渗漏 | 拼缝未按规范要求施工，压槎不符合风向要求 | 1. 板缝必须采取搭接，其搭接宽度应符合设计要求，严禁对缝相接<br>2. 压槎必须按主导风向安装，严禁逆向安装 |

## 6.4　施工安全控制

为了预防和杜绝施工安全事故的发生，对于脚手架和材料的水平与垂直运输，机电设备和施工现场，冬季施工以及工人的操作纪律等诸多方面的安全问题，提出可靠的技术措施加以解决，并提出明确的安全管理要求，从而保证施工的安全进行。

1. 脚手架

脚手架搭设必须做好下面几项工作：

• 施工前，先检查脚手架是否架设牢固，有无腐朽和探头板，有无绑扎松扣的地方，凡不符合安全之处，应及时修理，经检验合格后，方能进行工作。

• 距地3m以上的作业面的外侧，必须绑两道牢固的防护栏，并设180mm高的挡脚板或拴防护网。利用挑出脚手架时，必须设置1m高的防护栏杆。

• 层高在3.6m以上的饰面工程，脚手架必须由架子工搭设。

• 在多层脚手架上，尽量避免在同一垂直线上工作；如需立体交叉同时作业时，应有防护措施，下层的操作人员必须戴好安全帽。

• 在高凳上搭脚手板时，高凳要放稳，高凳间距不大于2m。脚手板不少于2块，不得留探头板。移动高凳时，上面不得站人。一块脚手板上不得有两人同时作业，防止重量超载发生事故。

• 采用梯子。梯子不得垫高使用。梯子档间距以300mm为宜，不得缺档。单面梯子与地面夹角以60°～70°为宜。

• 从事无法搭设安全防护措施作业时，在3m高以上部位，施工人员应带安全帽并拴好安全带，安全带必须拴在牢固的部位。

• 脚手板严禁搭设在气窗上、暖气片上、水暖管道等部位。

• 无论进行任何作业，一律禁止搭设飞跳板。

2. 材料运输

运输各种工程材料时，应注意以下问题：

• 垂直运输采用的高车架、吊篮、桥式架、外用电梯等，必须安装牢固，经检验合格。使用中经常检查护身栏杆及联络信号，必须保证安全。

• 室内外水平运输的道路应平坦，清除障碍物，不得碰撞成品。

• 超过4m高的建筑，必须搭设上下马道，严禁施工人员爬梯子或乘起重吊篮。

• 手推车前后车距，平地不得少于2m，下坡不得少于10m。

3. 机电设备

施工中使用的机电设备，应注意以下问题：

• 施工现场夜间照明电线及灯具，其高度不应低于2.5m。

• 夜间或在阴暗房间操作应有足够照明。使用行灯电压不得超过36V。在潮湿场所，行灯电压不得超过12V。

• 施工现场架设的低压线路，不得用裸导线；所架设的高压线，应距建筑物水平距离10m以外，垂直距离地面7m以上；跨越交通要道时，必须加安全防护装置。

• 在电线附近工作，禁止触动一切电线，衣服、工具等不得挂在电线上，防止触电。需要拆移电线时，必须由专业（电工）人员处理。

• 机械应由专人负责。电动机接地必须安全可靠，非机电人员，不得动用机电设备。

4. 施工现场

要使施工现场安全可靠，必须做到以下两点：

在洞、坑、沟、升降井、楼梯未安装栏杆之前等危险处，要设置盖板、围栏、安全网、警示标志等，严防坠落跌伤。

清除垃圾时，应倒放在指定地点，集中清运。

5. 冬季施工

冬季施工时，要注意做到以下几点：

● 有毒的外加剂、胶黏剂等，在包装上必须有明显标志，必须指派专人管理，建立发放手续，严防误入口内。

● 室内作业使用火源时，应保持通风良好，防止煤气中毒，在火源周围有消防设施，防止火灾发生。

● 室外脚手架上有雪、霜、冰等，必须清扫干净后，方可上人操作。

● 春暖解冻时，注意检查外架子，防止沉陷。

6. 安全纪律

全体施工人员都必须做到以下几点：

● 高空作业，衣着要灵便，禁止穿硬底鞋、拖鞋在架子上操作。进入施工现场，必须戴安全帽。

● 操作之前先检查工具，易脱头、折把的工具，经修理后再用。

● 架子上存放的材料，应分散，不得集中，木制杠尺应平放在脚手板上，所有工具均应搁置稳当，防止掉落伤人。

● 操作时，精神要集中，不得嬉笑打闹，防止意外事故发生。

● 操作人员必须遵守操作规程，听从安全员指挥，清除隐患，杜绝事故发生。

## 6.5 质量检验评定标准

### 6.5.1 一般规定

第一，进行饰面工程时，应对下列材料及其性能指标进行复验：

● 室内用花岗石的放射性。

● 粘贴用水泥的凝结时间、安定性和抗压强度。

● 外墙陶瓷面砖的吸水率。

● 寒冷地区外墙陶瓷面砖的抗冻性。

第二，进行饰面工程时，应对下列隐蔽工程项目进行验收：

● 预埋件(或后置埋件)。

● 连接节点。

● 防水层。

第三，各分项工程的检验批应按下列规定划分：

● 相同材料、工艺和施工条件的室内饰面板(砖)工程每50间(大面积房间和走廊按施工面积$30m^2$为一间)划分为一个检验批，不足50间也应划分为一个检验批。

● 相同材料、工艺和施工条件的室外饰面板(砖)工程每500～$1000m^2$应划分为一个检验批，不足$500m^2$也应划分为一个检验批。

第四，检查数量应符合下列规定：

● 室内每个检验批应至少抽查10%，并不得少于3间；不足3间时应全数检查。

● 室外每个检验批每$100m^2$应至少抽查一处，每处不得小于$10m^2$。

第五，外墙饰面砖粘贴前和施工过程中，均应在相同基层上做样板件，并对样板件的饰面砖粘结强度进行检验，其检验方法和结果判定应符合《建筑工程饰面砖粘结强度检验标准(JGJ110—1997)的规定。

第六，饰面板(砖)工程的抗震缝、伸缩缝、沉降缝等部位的处理应保证缝的使用功能和饰面的完整性。

### 6.5.2 饰面板安装工程施工质量验收

本题所述内容适用于内墙饰面板安装工程和高度不大于24m，抗震设防烈度不大于7°的外墙饰面板安装工程的质量验收。

1. 主控项目

主控项目内容及验收要求见表6－21。

2. 一般项目

一般项目内容及验收要求见表6－22。

3. 饰面板安装的允许偏差和检验方法

饰面板安装的允许偏差和检验方法见表6－23。

**表6－21 主控项目内容及验收要求**

| 项次 | 项目内容 | 规范编号 | 质量要求 | 检查方法 |
|---|---|---|---|---|
| 1 | 材料质量 | 第8.2.2条 | 饰面板的品种、规格、颜色和性能应符合设计要求，木龙骨、木饰面板和塑料饰面板的燃烧性能等级应符合设计要求 | 观察；检查产品合格证书、进场验收记录和性能检测报告 |
| 2 | 饰面板孔、槽 | 第8.2.3条 | 饰面板孔、槽的数量、位置和尺寸应符合设计要求 | 检查进场验收记录和施工记录 |
| 3 | 饰面板安装 | 第8.2.4条 | 饰面板安装工程的预埋件(或后置埋件)、连接件的数量、规格、位置、连接方法和防腐处理必须符合设计要求。后置埋件的现场拉拔强度必须符合设计要求。饰面板安装必须牢固 | 手扳检查；检查进场验收记录、现场拉拔检测报告、隐蔽工程验收记录和施工记录 |

**表 6－22 一般项目内容及验收要求**

| 项次 | 项目内容 | 规范编号 | 质 量 要 求 | 检 查 方 法 |
|---|---|---|---|---|
| 1 | 饰面板表面质量 | 第 8.2.5 条 | 饰面板表面应平整、洁净、色泽一致，无裂痕和缺损。石材表面应无泛碱等污染 | 观察 |
| 2 | 饰面板嵌缝 | 第 8.2.6 条 | 饰面板嵌缝应密实、平直，宽度和深度应符合设计要求，嵌填材料色泽应一致 | 观察；尺量检查 |
| 3 | 湿作业施工 | 第 8.2.7 条 | 采用湿作业法施工的饰面板工程，石材应进行防碱背涂处理。饰面板与基体之间的灌注材料应饱满、密实 | 用小锤轻击检查；检查施工记录 |
| 4 | 饰面板孔洞套割 | 第 8.2.8 条 | 饰面板上的孔洞应套割吻合，边缘应整齐 | 观察 |

**表 6－23 饰面板安装的允许偏差和检验方法**

| 项次 | 项目 | 允许偏差/mm | | | | | | | 检验方法 |
|---|---|---|---|---|---|---|---|---|---|
| | | 石材 | | | 瓷板 | 木材 | 塑料 | 金属 | |
| | | 光面 | 剁斧石 | 蘑菇石 | | | | | |
| 1 | 立面垂直度 | 2 | 3 | 3 | 2 | 1.5 | 2 | 2 | 用 2m 垂直检测尺检查 |
| 2 | 表面平整度 | 2 | 3 | – | 1.5 | 1 | 3 | 3 | 用 2m 靠尺和塞尺检查 |
| 3 | 阴阳角方正 | 2 | 4 | 4 | 2 | 1.5 | 3 | 3 | 用直角检测尺检查 |
| 4 | 接缝直线度 | 2 | 4 | 4 | 2 | 1 | 1 | 1 | 拉 5m 线，不足 5m 拉通线，用钢直尺检查 |
| 5 | 墙裙、勒脚上口直线度 | 2 | 3 | 3 | 2 | 2 | 2 | 2 | 拉 5m 线，不足 5m 拉通线，用钢直尺检查 |
| 6 | 接缝高低差 | 0.5 | 3 | – | 0.5 | 0.5 | 1 | 1 | 用钢直尺和塞尺检查 |
| 7 | 接缝宽度 | 1 | 2 | 2 | 1 | 1 | 1 | 1 | 用钢直尺检查 |

4. 质量验收文件

质量验收文件包括以下内容：

● 饰面板（砖）工程的施工图、设计说明书及其他设计文件。

● 材料的产品合格证书、性能检测报告、进场验收记录和复验报告。

● 后置埋件的现场拉拔检测报告。

● 外墙饰面砖样板件的粘结强度检测报告。

● 隐蔽工程验收记录。

● 施工记录。

5. 质量验收记录表

*记录表内容* 饰面板安装工程检验批质量验收记录表见表 6－24。

**表 6－24 饰面板安装工程检验批质量验收记录表（GB 50210—2001）**

<table>
<tr><td colspan="3">单位（子单位）工程名称</td><td colspan="3"></td></tr>
<tr><td colspan="3">分部（子分部）工程名称</td><td colspan="1"></td><td>验收部位</td><td></td></tr>
<tr><td colspan="2">施工单位</td><td colspan="2"></td><td>项目经理</td><td></td></tr>
<tr><td colspan="2">分包单位</td><td colspan="2"></td><td>分包项目经理</td><td></td></tr>
<tr><td colspan="3">施工执行标准名称及编号</td><td colspan="3"></td></tr>
<tr><td colspan="4">施工质量验收规范的规定</td><td>施工单位检查评定记录</td><td>监理（建设）单位验收记录</td></tr>
<tr><td rowspan="3">主控项目</td><td>1</td><td>材料质量</td><td>第 8.2.2 条</td><td></td><td rowspan="3"></td></tr>
<tr><td>2</td><td>饰面板孔、槽</td><td>第 8.2.3 条</td><td></td></tr>
<tr><td>3</td><td>饰面板安装</td><td>第 8.2.4 条</td><td></td></tr>
</table>

（续）

| | | | | | |
|---|---|---|---|---|---|
| 一般项目 | 1 | 饰面板表面质量 | 第8.2.5条 | | |
| | 2 | 饰面板嵌缝 | 第8.2.6条 | | |
| | 3 | 湿作业施工 | 第8.2.7条 | | |
| | 4 | 饰面板孔洞套割 | 第8.2.8条 | | |
| | 5 | 允许偏差 | 第8.2.9条 | | |
| 施工单位检查评定结果 | | 专业工长(施工员) | | 施工班组长 | |
| | | 项目专业质量检查员：　年　月　日 | | | |
| 监理(建设)单位验收结论 | | 专业监理工程师<br>(建设单位项目专业技术负责人)：　年　月　日 | | | |

填表说明

第一，主控项目。

质量要求包括以下内容：

• 饰面板的品种、规格、颜色和性能应符合设计要求，木龙骨、木饰面板和塑料饰面板的燃烧性能等级应符合设计要求。

• 饰面板孔、槽的数量、位置和尺寸应符合设计要求。

• 饰面板安装工程的预埋件(或后置埋件)、连接件的数量、规格、位置、连接方法和防腐处理必须符合设计要求。后置埋件的现场拉拔强度必须符合设计要求。饰面板安装必须牢固。

检查方法包括以下内容：主控项目1项观察，检查产品合格证书、进场验收记录和性能检测报告；2项检查进场验收记录和施工记录；3项手扳检查，检查进场验收记录、现场拉拔检测报告、隐蔽工程验收记录和施工记录。

第二，一般项目。

质量要求包括以下内容：

• 饰面板表面应平整、洁净、色泽一致，无裂痕和缺损，石材表面无泛碱等污染。

• 饰面板嵌缝应密实、平直，宽度和深度应符合设计要求，嵌填材料色泽应一致。

• 采用湿作业法施工的饰面板工程，石材应进行防碱背涂处理。饰面板与基体之间的灌注材料应饱满、密实。

• 饰面板上的孔洞应套割吻合，边缘应整齐。

• 饰面板安装的允许偏差和检验方法应符合表6－23的规定。

检查方法包括以下内容：一般项目1、4项观察检查；2项观察、尽量检查；3项用小锤轻击检查，并检查施工记录；5项按要求用钢直尺检查。

### 6.5.3　饰面砖粘贴工程施工质量验收

本题所述内容适用于内墙饰面砖粘贴工程和高度不大于100m，抗震设防裂度不大于8°，采用满粘法施工的外墙饰面砖粘贴工程的质量验收。

1. 主控项目

主控项目内容及验收要求见表6－25。

2. 一般项目

一般项目内容及验收要求见表6－26。

3. 饰面砖粘贴的允许偏差和检验方法

饰面砖粘贴的允许偏差和检验方法见表6－27。

4. 质量验收文件

质量验收文件包括以下内容：

• 饰面板(砖)工程的施工图、设计说明及其他设计文件。

• 材料的产品合格证书、性能检测报告、进场验收记录和复验报告。

• 后置埋件的现场拉拔检测报告。

• 外墙饰面砖样板件的粘结强度检测报告。

• 隐蔽工程验收记录。

• 施工记录。

5. 质量验收记录表

记录表内容　饰面砖粘贴工程检验批质量验收记录表见表6－28。

**表 6－25 主控项目内容及验收要求**

| 项次 | 项目内容 | 规范编号 | 质 量 要 求 | 检 查 方 法 |
|---|---|---|---|---|
| 1 | 饰面砖质量 | 第 8.3.2 条 | 饰面砖的品种、规格、图案、颜色和性能应符合设计要求 | 观察；检查产品合格证书、进场验收记录、性能检测报告和复验报告 |
| 2 | 饰面砖粘贴材料 | 第 8.3.3 条 | 饰面砖粘贴工程的找平、防水、粘结和勾缝材料及施工方法应符合设计要求及国家现行产品标准和工程技术标准的规定 | 检查产品合格证书、复验报告和隐蔽工程验收记录 |
| 3 | 饰面砖粘贴 | 第 8.3.4 条 | 饰面砖粘贴必须牢固 | 检查样板件粘结强度检测报告和施工记录 |
| 4 | 满粘法施工 | 第 8.3.5 条 | 满粘法施工的饰面砖工程应无空鼓、裂缝 | 观察；用小锤轻击检查 |

**表 6－26 一般项目内容及验收要求**

| 项次 | 项目内容 | 规范编号 | 质 量 要 求 | 检 查 方 法 |
|---|---|---|---|---|
| 1 | 饰面砖表面质量 | 第 8.3.6 条 | 饰面砖表面应平整、洁净、色泽一致，无裂缝和缺损 | |
| 2 | 阴阳角及非套砖 | 第 8.3.7 条 | 阴阳角处搭接方式、非整砖使用部位应符合设计要求 | 观察 |
| 3 | 墙面突出物周围 | 第 8.3.8 条 | 墙面突出物周围的饰面砖应整砖套割吻合，边缘应整齐。墙裙、贴脸突出墙面的厚度应一致 | 观察；尺量检查 |
| 4 | 饰面砖接缝、填嵌、宽深 | 第 8.3.9 条 | 饰面砖接缝应平直、光滑，填嵌应连续、密实；宽度和深度应符合设计要求 | 观察；尺量检查 |
| 5 | 滴水线 | 第 8.3.10 条 | 有排水要求的部位应做滴水线(槽)。滴水线(槽)应顺直，流水坡向应正确，坡度应符合设计要求 | 观察；用水平尺检查 |

**表 6－27 饰面砖粘贴的允许偏差和检验方法**

| 项次 | 项 目 | 允许偏差/mm | | 检 验 方 法 |
|---|---|---|---|---|
| | | 外墙面砖 | 内墙面砖 | |
| 1 | 立面垂直度 | 3 | 2 | 用 2m 垂直检测尺检查 |
| 2 | 表面平整度 | 4 | 3 | 用 2m 靠尺和塞尺检查 |
| 3 | 阴阳角方正 | 3 | 3 | 用直角检测尺检查 |
| 4 | 接缝直线度 | 3 | 2 | 拉 5m 线，不足 5m 拉通线，用钢直尺检查 |
| 5 | 接缝高低差 | 1 | 0.5 | 用钢直尺和塞尺检查 |
| 6 | 接缝宽度 | 1 | 1 | 用钢直尺检查 |

**表 6－28 饰面砖粘贴工程检验批质量验收记录表（GB50210—2001）**

<table>
<tr><td colspan="3">单位(子单位)工程名称</td><td colspan="3"></td></tr>
<tr><td colspan="3">分部(子分部)工程名称</td><td colspan="2"></td><td>验收部位</td><td></td></tr>
<tr><td colspan="2">施工单位</td><td colspan="3"></td><td>项目经理</td><td></td></tr>
<tr><td colspan="2">分包单位</td><td colspan="3"></td><td>分包项目经理</td><td></td></tr>
<tr><td colspan="3">施工执行标准名称及编号</td><td colspan="4"></td></tr>
<tr><td colspan="4">施工质量验收规范的规定</td><td>施工单位检查评定记录</td><td colspan="2">监理(建设)单位验收记录</td></tr>
<tr><td rowspan="4">主控项目</td><td>1</td><td>饰面砖质量</td><td>第 8.3.2 条</td><td></td><td rowspan="4" colspan="2"></td></tr>
<tr><td>2</td><td>饰面砖粘贴材料</td><td>第 8.3.3 条</td><td></td></tr>
<tr><td>3</td><td>饰面砖粘贴</td><td>第 8.3.4 条</td><td></td></tr>
<tr><td>4</td><td>满粘法施工</td><td>第 8.3.5 条</td><td></td></tr>
</table>

（续）

<table>
<tr><td rowspan="6">一般项目</td><td>1</td><td>饰面砖表面质量</td><td>第 8.3.6 条</td><td colspan="2"></td><td rowspan="6"></td></tr>
<tr><td>2</td><td>阴阳角及非套砖</td><td>第 8.3.7 条</td><td colspan="2"></td></tr>
<tr><td>3</td><td>墙面突出物周围</td><td>第 8.3.8 条</td><td colspan="2"></td></tr>
<tr><td>4</td><td>饰面砖接缝、填嵌、宽深</td><td>第 8.3.9 条</td><td colspan="2"></td></tr>
<tr><td>5</td><td>滴水线</td><td>第 8.3.10 条</td><td colspan="2"></td></tr>
<tr><td>6</td><td>允许偏差</td><td>第 8.3.11 条</td><td colspan="2"></td></tr>
<tr><td colspan="3" rowspan="2">施工单位检查评定结果</td><td>专业工长（施工员）</td><td></td><td>施工班组长</td><td></td></tr>
<tr><td colspan="4">项目专业质量检查员：　　　　年　　月　　日</td></tr>
<tr><td colspan="3">监理（建设）单位验收结论</td><td colspan="4">专业监理工程师<br>（建设单位项目专业技术负责人）：　　　　年　　月　　日</td></tr>
</table>

填表说明

第一，主控项目。

质量要求包括以下内容：

• 饰面砖的品种、规格、颜色和性能应符合设计要求。

• 饰面砖粘贴工程的找平、防水、粘结和勾缝材料及施工方法应符合设计要求及国家现行产品标准和工程技术标准的规定。

• 饰面砖粘贴必须牢固。

• 满粘法施工的饰面砖工程应无空鼓、裂缝。

检查方法包括以下内容：主控项目 1 项观察，检查产品合格证书、进场验收记录、性能检测报告和复验报告；2 项检查产品合格证书、复验报告和隐蔽工程验收记录；3 项检查样板件粘结强度检测报告和施工记录；4 项观察，用小锤轻击检查。

第二，一般项目。

质量要求包括以下内容：

• 饰面板表面应平整、洁净、色泽一致，无裂痕和缺损。

• 阴阳角处搭接方式、非整砖使用部位应符合设计要求。

• 墙面突出周围的饰面砖应整砖套割吻合，边缘应整齐。墙裙、贴脸突出墙面的厚度应一致。

• 饰面砖接缝应平直、光滑，填嵌应连接、密实；宽度和深度应符合设计要求。

• 有排水要求的部位应做滴水线（槽）。滴水线（槽）应顺直，流水坡向应正确，坡度应符合设计要求。

• 饰面砖粘贴的允许偏差和检验方法应符合表 6－27的规定。

检查方法包括以下内容：一般项目 1～2 项观察检查；3～4 项观察、尺量检查；5 项观察和用水平尺检查；6 项按要求用钢直尺和塞尺检查。

## 【本章小结】

饰面工程的管理主要从施工环境、材料质量、施工质量、施工安全等方面来控制。管理的重点在施工环境、材料质量、施工质量控制等方面。质量通病及防治措施是本章重点内容。施工质量检验有详细的评定标准。

## 【思考题】

1. 饰面工程对基层（体）的要求是什么？
2. 瓷砖墙面施工质量通病及防治措施有哪些？
3. 石材施工质量通病及防治措施有哪些？

## 【推荐阅读书目】

1. 建筑装饰装修工程施工与质量验收实用手册．孙科炎主编．北京：中国建材工业出版社，2004.

2. 装饰工程项目管理规范实施手册．张维君主编．北京：中国建筑工业出版社，1999.

3. 室内装饰材料．向仕龙，张秋梅，张求慧编著．北京：中国林业出版社，2003.

## 【相关链接】

1. 中国室内装饰协会．http：//www. cida. net. cn/home. php

2. 设计在线．http：//www. dolcn. com

# 第7章 幕墙工程管理

【本章难点与重点】 幕墙工程的管理主要从施工环境、材料质量、施工质量、施工安全等方面来控制。管理的重点在材料质量控制、施工质量控制、施工安全控制等方面。质量通病及防治措施是本章的重点内容。

幕墙是建筑物外围护墙的一种新形式。幕墙的特点是装饰效果好、质量轻、安装速度快，是外墙轻型化、装配化较理想的型式，因此在现代大型和高层建筑上得到广泛地应用。

常见的幕墙有玻璃幕墙、金属幕墙、石材幕墙等。

## 7.1 施工环境控制

幕墙工程的施工环境控制主要从施工准备工序安排等方面来进行控制。

1. 玻璃幕墙施工环境控制

玻璃幕墙施工环境应从以下几个方面加以控制：

• 安装玻璃幕墙的钢结构、钢筋混凝土结构及砖混结构的主体工程，应符合有关结构施工及验收规范的要求。

• 安装玻璃幕墙的构件及零配件的材料品种、规格、色泽和性能，应符合设计要求。

• 玻璃幕墙的安装施工应单独编制施工组织设计方案。

• 构件搬运和吊装时不得碰撞和损坏。

• 构件应按品种和规格堆放在特种架子或垫木上，在室外堆放时，应采取保护措施。

• 构件安装前均应进行检验与校正，构件应平直、规方，不得有变形和刮痕；不合格的构件不得使用。

• 玻璃幕墙与主体结构连接的预埋件应牢固，位置准确，预埋件的标高偏差不应大于10mm，埋件位置与设计位置的偏差不应大于20mm。

2. 金属幕墙施工环境控制

金属幕墙施工环境应从以下几个方面加以控制：

• 详细核查施工图样和现场实测尺寸，认真与结构图样及其他专业图样进行核对，及时发现不相符情况，尽早采取有效措施修正。

• 安装施工前搭设脚手架或安装吊篮，并将金属板及配件等材料运至各施工面层上。

• 所有不同金属面上应涂上保护层或加上绝缘垫片，以防止金属的电解腐蚀。

• 现场施工技术人员与幕墙设计人员必须互相沟通，研究好设计图样，以保证定位放线工作的准确无误。

3. 石材幕墙施工环境控制

石材幕墙施工环境应控制好以下几个方面：

• 将石材饰面板按编号分类，检查尺寸是否准确和有无破损、缺楞、掉角。

• 按施工要求分层次将石材饰面板运至施工面附近，并注意摆放稳固可靠，摆放时下面要垫木方。

●安装石材时，宜先完成窗洞口等处四周的石材镶贴，以免安装发生困难。

●安装到每一楼层标高时，要注意调整垂直误差，不积累误差。

●搬运石材时，要有安全防护措施。

●施工完毕后，除去石材表面的胶带纸等杂物，用清水和清洁剂擦洗干净石材表面，按要求进行打蜡和涂刷保护剂。

## 7.2 材料质量控制

### 7.2.1 玻璃幕墙材料质量控制

玻璃幕墙材料有很多种，应根据不同材料采用不同的质量控制方法。

1. 幕墙骨架

玻璃幕墙的骨架型材，如采用方钢管、角钢、槽钢、涂色镀锌钢板以及不锈钢、青铜等金属型材，必须符合设计要求选用合格产品，并应与铝合金框材相配合。

铝合金框架体系多是经特殊挤压成型的幕墙骨架型材，按其竖梃截面高度，主要尺寸系列有100mm、120mm、140mm、150mm、160mm、180mm、210mm等数种，截面宽度一般为50～70mm，壁厚2～5mm，表7－1为其常用尺寸系列及应用范围，选用时需根据幕墙骨架受力情况由设计决定，按不同系列配套使用。

这些不同系列的幕墙骨架材料，应符合国家标准《铝合金建筑型材》(GB5237—2004)规定的高精度级和《铝及铝合金阳极氧化－阳极氧化膜的总规范》(GB /T8013—1987)及其配套引用标准的规定。幕墙的门窗，应符合《铝合金门》(GB /T8478—2003)、《铝合金窗》(GB /T8479—2003)、《地弹簧》(QB /T3885—1999)、《铝合金窗不锈钢滑撑》(QB /T3888—1999)、《铝合金窗把手》(QB /T3890—1999)等现行标准的规定。

2. 预埋件、紧固件和连接件

幕墙的预埋件及各种连接件和螺栓等，多采用Q235碳素结构钢制作的角码、锚筋、锚板、型钢及钢板加工件，其材质应符合《碳素结构钢》(GB/T 700—1988)、《优质碳素结构钢》(GB /T699—1999)、《碳素结构钢和低合金结构钢热轧薄钢板及钢带》(GB/T912—1989)、《碳素结构钢和低合金结构钢热轧厚钢板和钢带》(GB/T 3274—1988)等国家标准的有关规定，使用时必须经过镀锌防锈处理。对其中的不锈钢材料，应符合《不锈钢冷轧钢板》(GB/T 3280—1992)、《不锈钢冷加工钢棒》(GB/T 4226—1984)、《冷顶锻不锈钢丝》(GB/T 4232—1933)等现行标准的规定。

3. 幕墙玻璃

应采用安全玻璃（夹层玻璃、夹丝玻璃和钢化玻

**表7－1 国产玻璃幕墙铝合金框材常用尺寸系列**

| 名称 | 竖框断面尺寸 $h \times b$/mm × mm | 主要特点 | 应用范围 |
|---|---|---|---|
| 简易通用型幕墙 | 采用铝合金门窗框料断面 | 简易、经济，框格通用性强 | 幕墙高度不大的建筑部位 |
| MQ100（100系列） | 100×50（限于单层玻璃） | 构造简单、安装容易、连接支点可采用固定连接 | 楼层高≤3m，框格宽度≤1.2m，应用于强度2kN/m$^2$的50m以下建筑 |
| MQ120（120系列） | 120×50 | 结构构造基本同于100系列，具有严密的“断汽桥”，不结露、不挂霜、节能，框格外加扣盖后可增强装饰美感 | 同100系列 |
| MQ140（140系列） | 140×50 | 制作及安装简易，维修方便 | 楼层高≤3.6m，框格宽度≤1.2m，应用于强度2.4kN/m$^2$的80m以下建筑 |
| MQ150（150系列） | 150×(50～65) | 结构精巧、功能完善，可根据建筑造型设计为圆形、齿形或梯形平面 | 楼层高≤3.9m，框格宽度≤1.5m，应用于强度3.6kN/m$^2$的120m以下建筑 |
| MQ150A（150A系列） | 150×(50～65) | 在MQ150基础上予以改进，强度提高近1/4，可在楼内镶装玻璃 | 同150系列 |
| MQ150B（150B系列） | 150×(50～65) | 幕墙各开启窗在关闭情况下难以分辨，故有隐形窗幕墙之称，增强了玻璃幕墙的美观 | 同150系列 |
| MQ210（210系列） | 210×(50～70) | 属于重型较高标准的全隔势幕墙，性能和构造类似于120系列 | 楼层高≤3m，框格宽度≤1.5m，适用于强度≤25kN/m$^2$的100m以上建筑或作大分格结构的玻璃幕墙 |

注：1. 本表中120～210系列幕墙玻璃可采用单层或中空玻璃。

2. 根据使用需要，幕墙上可开设各种(上悬、中悬、下悬、平开、推拉等)通风换气窗。

璃），否则必须采用相应的安全措施。幕墙使用热反射镀膜玻璃时，应选用真空磁控阴极溅射镀膜玻璃（是将浮法玻璃板在真空磁控阴极溅射装置中形成金属氧化膜镀层，可根据功能要求生产不同透光率和反射率的单层或多层复合镀膜产品）；对于弧形玻璃幕墙，可考虑采用以热喷镀法生产的幕墙镀膜玻璃（在玻璃温度为600℃左右时将镀膜材料喷射到玻璃表面，镀膜材料受热分解为金属氧化膜而与玻璃牢固结合）。在安装使用时应严格检查玻璃表面质量及其几何尺寸，玻璃的尺寸偏差、外观质量和性能等指标，应符合现行的国家标准的规定。

表7－2为国产幕墙用玻璃产品的品种、规格及其技术性能举例。

4. 定位垫块、填充材料、嵌缝橡胶条及密封胶材料

定位垫块、填充材料、嵌缝橡胶条及密封胶等材料的品种、规格、截面尺寸、物理化学性质等，均应符合设计要求。所用橡胶制品宜采用合成的三元乙丙橡胶、氯丁橡胶、丁腈橡胶及天然橡胶，密封胶条应是挤出成型的产品；橡胶垫块应是压模成型。密封胶条应符合GB/T5576—1999、GB/T531—1999、GB/T5574—1994、GB/T3672.1—2002等国家标准的有关规定。聚硫密封胶和硅酮耐候密封胶在国家标准颁布

**表7－2　国产部分幕墙玻璃的品种、规格和技术性能**

<table>
<tr><th colspan="2">品　　种</th><th>规　　格/mm</th><th>技术性能</th></tr>
<tr><td rowspan="3">中空玻璃<br>玻璃原片品种：<br>无色浮法玻璃<br>彩色玻璃<br>防阳光玻璃<br>热反射玻璃<br>压花玻璃<br>夹丝玻璃<br>夹层玻璃<br>钢化玻璃<br>（深圳光华中空玻璃联合企业公司）</td><td>灰色</td><td>玻璃原片厚度：4<br>空气间隔宽度：6、9、12</td><td rowspan="3">1. 光学性能：可见光透过率范围：10%～80%<br>光反射率范围：25%～80%<br>总透过率范围：25%～50%<br>2. 绝热性能：优良，比普通单层窗每平方米每年可节约燃料油40～50L<br>3. 隔声性能：一般使噪声下降30～44dB，对交通噪声可下降31～38dB<br>4. 露点：－40℃结露</td></tr>
<tr><td>茶色<br>蓝色<br>灰色<br>紫色<br>金色<br>银色</td><td>1700×1700<br>1800×1800<br>2100×2100<br>1300×2600<br>1400×2600<br>1600×3000<br>玻璃原片厚度：5<br>空气间隔宽度：6、9、12</td></tr>
<tr><td>无色<br>茶色<br>蓝色<br>灰色<br>紫色<br>金色<br>银色</td><td>2000×2000<br>2100×2100<br>2400×2400<br>1400×3000<br>1700×3000<br>2000×3000<br>玻璃原片厚度：6<br>空气间隔宽度：6、9、12</td></tr>
<tr><td>厚12～54mm中空玻璃<br>（上海耀华玻璃厂）</td><td>蓝色、茶色</td><td>中空间隔宽度：6、9、12、16<br>规格范围：400×200～3000×2000</td><td>传热系数：W/(m²·K)<br>总厚：14mm　3.26<br>20mm　2.27<br>36mm　1.86<br>隔声性能(dB)：<br>音量损失：<br>总厚：12mm　28.86<br>18mm　29.56</td></tr>
<tr><td>平、曲面钢化玻璃<br>（淬火钢化）<br>（上海耀华玻璃厂）</td><td></td><td>厚度：5～8<br>最大规格：<br>平面1300×1000<br>曲面200×800</td><td>1. 抗冲击强度：227g±2g重的钢球，从2m（或2.5m）高处落在厚5mm（或6mm）玻璃上，玻璃不碎<br>2. 耐温急变性：正向（从低到高）在－40～327.5℃范围内，负向（从高到低）在200～10℃范围内，温度急变时，玻璃不碎</td></tr>
<tr><td>平、曲面钢化玻璃<br>（化学钢化）<br>（沈阳玻璃厂）</td><td></td><td>厚度5、6<br>规格：<br>普通型150×100～1300×750<br>异型150×100～1200×650<br>特异型150×100～1200×600<br>最大1800×1000</td><td>1. 抗冲击强度：重227g的钢球，自距玻璃表面2m高处落下，5mm厚玻璃不碎<br>2. 均匀内应力：当5mm厚玻璃破碎时，每块重小于3.8g的碎片，在50mm×50mm面积内超过40片</td></tr>
</table>

前，暂执行企业标准。这些材料的配套使用以及与框架、玻璃接触时，相互间的性质必须相容。

5. 玻璃幕墙的胶粘料

明框幕墙的中空玻璃密封胶，可采用聚硫密封胶和丁基密封泥子。隐框及半隐框幕墙的中空玻璃所用的密封材料，必须采用结构硅酮密封胶及丁基密封泥子。结构硅酮密封胶必须有生产厂家出具的粘结性、相容性的试验合格报告，要求必须与相粘结和接触的材料相容，与玻璃、铝合金型材（包括它们的镀膜）的附着力及耐久性均有可靠保证。

### 7.2.2　金属幕墙材料质量控制

金属幕墙材料常用的有铝合金板和钢板及不锈钢板，其质量控制方法包括以下方面。

1. 铝合金板

幕墙工程中常用的铝合金板，从表面处理方法上可分为：阳极氧化膜、氟碳树脂喷涂、烤漆处理等；从几何尺寸上分为：条形板、方形板及异形板；从常用的色彩分为：银白色、古铜色、暖灰色、金色等；从板材构造特征上分为：单层铝板、复合铝板、蜂窝铝板等数种。为了提高板材刚度，其面板可以压成各种形式的波形。对于大面积的单层铝板由于刚度不足，往往在其背面加筋增强。

铝合金板的主要规格及性能见表7－3。

2. 钢板及不锈钢板

常用于金属板幕墙的钢板材一般为：彩色涂层钢板和不锈钢板，其规格性能见表7－4。

**表7－3　常用铝合金板规格及性能**

| 板材类型 | 构造特点及性能 | 常用规格 | 技术指标 |
|---|---|---|---|
| 单层铝板 | 表面采用阳极氧化膜或氟碳树脂喷涂。多为纯铝板或铝合金板。为隔声保温，常在其后面加矿棉、岩棉或其他发泡材料 | 厚度3～4mm | 1. 弹性模量E：$0.7\times10^5$MPa<br>2. 抗弯强度：84.2MPa<br>3. 抗剪强度：48.9MPa<br>4. 线膨胀系数：$2.3\times10^{-5}$/℃ |
| 复合铝板 | 内外两层0.5mm厚铝板中间夹2～5 mm PVC或其他化学材料，表面滚涂氟碳树脂，喷涂罩面涂料。其颜色均匀，表面平整，加工制作方便 | 厚度3～6mm | 1. 弹性模量E：$0.7\times10^5$MPa<br>2. 抗弯强度：≥15 MPa<br>3. 抗剪强度：≥9MPa<br>4. 延伸率：≥10%<br>5. 线膨胀系数$24\times10^{-5}$～$28\times10^{-5}$/℃ |
| 蜂窝板 | 两块厚0.8～1.2mm及1.2～1.8mm铝板夹在不同材料制成的蜂窝状芯材两面制成，芯材有铝箔芯材、混合纸芯材等。表面涂树脂类金属聚合物着色涂料，强度较高，保温、隔声性能较好 | 总厚度：10～25mm 蜂窝形状有：波形、正六角形、扁六角形、长方形、十字形等 | 1. 弹性模量E：$4\times10^4$MPa<br>2. 抗弯强度：10MPa<br>3. 抗剪强度：1.5 MPa<br>4. 线膨胀系数：$22\times10^{-5}$～$23.5\times10^{-5}$/℃ |

**表7－4　钢板、不锈钢板规格及性能**

| 板材类型 | 构造特点及性能 | 常用规格 | 技术指标 |
|---|---|---|---|
| 彩色涂层钢板 | 在原板钢板上覆以0.2～0.4mm软质或半硬质聚氯乙烯塑料薄膜或其他树脂，耐侵蚀，易加工 | 厚度0.35～2.0mm | 1. 弹性模量E：$2.10\times10^5$MPa<br>2. 线膨胀系数：$1.2\times10^{-5}$/℃ |
| 不锈钢板 | 具有优异耐蚀性；优越的成型性；不仅光亮夺目，还经久耐用 | 厚度0.75～3.0mm | 1. 弹性模量E：$2.10\times10^5$MPa<br>2. 抗弯强度：≥180MPa<br>3. 抗剪强度：≥100MPa<br>4. 线膨胀系数$1.2\times10^{-5}$～$1.8\times10^{-5}$/℃ |

### 7.2.3　石材幕墙材料质量控制

石材幕墙材料比较多，应从以下几个方面加强质量控制。

1. 石材

石材饰面板多采用天然花岗岩，常用板材厚度为25～30mm。由于天然石材的物理力学性能较离散，还存在许多微细裂纹，即使在同一矿脉中开采出的石材，其强度和颜色也可能有很大差异。因为石板幕墙暴露在室外，一般面积较大，高度较高，长期受到各种自然气候因素的作用。所以一定要选择质地密实、孔隙率小、含氧化铁矿成分少的品种，还应到矿产地考察，所选品种的矿体要大，以便板材质量和色泽有可靠保障。当荒料加工成大板后，还要进一步对材质斑纹颜色作严格挑选分类，才能最后加工成饰面板。

花岗石是一种脆性材料，但在一定外力作用下也会发生变形，所以加工后的大板和成品板的堆放倾斜度不能小于82°，要对称码放在型钢支架两侧，每一侧码放的板块数量不宜太多，一般20mm厚的板材最多码放8~10块。花岗石尽管结构很密实，但其晶体间仍然存在肉眼无法察觉到的空隙，所以仍存在有吸收水分和被油污的可能，因此，对重要工程项目，有必要对花岗石饰面板进行化学表面处理。

部分花岗石物理力学性能和主要化学成分见表7-5~表7-6。

**表7-5 部分花岗石主要物理力学性能**

| 序号 | 花岗石品种名称 | 岩石名称 | 颜色 | 物理力学性能 | | | | |
|---|---|---|---|---|---|---|---|---|
| | | | | 表观密度/(g/cm³) | 抗压强度/MPa | 抗折强度/MPa | 肖氏硬度 | 磨损量/cm³ |
| 1 | 白虎涧151 | 黑云母花岗岩 | 浅粉色有黑白点 | 2.58 | 137.3 | 9.2 | 86.5 | 2.62 |
| 2 | 花岗石304 | 花岗岩 | 浅灰色有条纹状花纹 | 2.67 | 202.1 | 15.7 | 90.0 | 8.02 |
| 3 | 花岗石306 | 花岗岩 | 红灰色 | 2.61 | 212.4 | 18.4 | 99.7 | 2.36 |
| 4 | 花岗石359 | 花岗岩 | 灰白色 | 2.67 | 140.2 | 14.4 | 94.6 | 7.41 |
| 5 | 花岗石431 | 花岗岩 | 粉红色 | 2.58 | 119.2 | 8.9 | 89.5 | 6.38 |
| 6 | 笔山石601 | 花岗岩 | 浅灰色 | 2.73 | 180.4 | 21.6 | 97.3 | 12.18 |
| 7 | 日中石602 | 花岗岩 | 灰白色 | 2.62 | 171.3 | 17.1 | 97.8 | 4.80 |
| 8 | 蜂白石603 | 黑云母花岗岩 | 灰色 | 2.62 | 195.6 | 23.3 | 103.3 | 7.83 |
| 9 | 厦门白石605 | 花岗岩 | 灰白色 | 2.61 | 169.8 | 17.1 | 91.2 | 0.31 |
| 10 | 砻石606 | 黑云母花岗岩 | 浅红色 | 2.61 | 214.2 | 21.5 | 94.1 | 2.93 |
| 11 | 石山红607 | 黑云母花岗岩 | 暗红色 | 2.68 | 167.0 | 19.2 | 101.5 | 6.57 |
| 12 | 大黑白点614 | 闪长花岗岩 | 灰白色 | 2.62 | 103.6 | 16.2 | 87.4 | 7.53 |

**表7-6 部分花岗石主要化学成分**

| 序号 | 花岗石品种名称 | 主要化学成分 | | | | | 产地 |
|---|---|---|---|---|---|---|---|
| | | $SiO_2$ | $Al_2O_3$ | CaO | MgO | $Fe_2O_3$ | |
| 1 | 白虎涧151 | 72.44 | 13.99 | 0.43 | 1.14 | 0.52 | 北京昌平 |
| 2 | 花岗石304 | 70.54 | 14.34 | 1.53 | 1.14 | 0.88 | 山东日照 |
| 3 | 花岗石306 | 71.88 | 13.46 | 0.58 | 0.87 | 1.57 | 山东崂山 |
| 4 | 花岗石359 | 66.42 | 17.24 | 2.73 | 1.16 | 0.16 | 山东牟平 |
| 5 | 花岗石431 | 75.62 | 12.92 | 0.50 | 0.53 | 0.30 | 广东汕头 |
| 6 | 日中石602 | 72.62 | 14.05 | 0.20 | 1.20 | 0.37 | 福建惠安 |
| 7 | 峰白石603 | 70.25 | 15.01 | 1.63 | 1.63 | 0.89 | 福建惠安 |
| 8 | 厦门白石605 | 74.60 | 12.75 | | 1.49 | 0.34 | 福建厦门 |
| 9 | 砻石606 | 76.22 | 12.43 | 0.10 | 0.90 | 0.06 | 福建南安 |
| 10 | 石山红607 | 73.68 | 13.23 | 1.05 | 0.58 | 1.34 | 福建惠安 |
| 11 | 大黑白点614 | 67.86 | 15.96 | 0.93 | 3.15 | 0.90 | 福建同安 |

2. 金属骨架

石板幕墙同玻璃一样处于建筑物的外表面，经常受到自然环境下各种不利因素的影响，如日晒、雨淋、风沙等的侵蚀。而且石板幕墙造价较高，一般用于重要和高级建筑的外表装饰。所以同样要求石板幕墙的材料要有足够的耐候性和耐久性。具备防风雨、防日晒、防盗、防撞击、保温隔热等功能。所用金属材料应以铝合金为主，个别工程为避免电化腐蚀，局部骨架也有采用不锈钢骨架，但目前较多项目均采用碳素结构钢。采用碳素结构钢应进行热浸镀锌防腐蚀处理，并在设计中避免用现场焊接连接，以保证石板幕墙的耐久性。许多工程都采用简单刷防锈漆处理，应该讲这种刷防锈漆的处理方法是很不适宜的。

在选用铝合金型材时，建议参照我国现行规范《玻璃幕墙工程技术规范》JBJ 102 执行，应符合现行国家标准 GB5237—2004《铝合金建筑型材》和国家标准 GB/T8013—1987《铝及铝合金阳极氧化 阳极氧化膜的总规范》的规定，氧化膜厚度不应低于 GB/T 8013—1987 中规定的 AA15 级。铝合金型材的化学成分应符合现行国家标准 GB/T 3190—1996《变形铝及铝合金化学成分》的规定。

在选用碳素钢型材时，应按照我国现行规范《钢结构设计规范》GB 50017—2003 要求执行，其质量应符合现行标准《普通碳素结构钢技术条件》或《低合金结构钢技术条件》的规定。手工焊接采用的焊条，应符合现行标准《碳钢焊条》或《低合金钢焊条》的规定，选择的焊条型号应与主体金属强度相适应。普通螺栓可采用现行标准《普通碳素结构钢技术条件》中规定的 Q235 钢制成。应该强调的是所有碳素钢构件应采用热镀锌防腐蚀处理，连接节点宜采用热镀锌钢螺栓或不锈钢螺栓，对现场不得不采用的少量手工焊接部位，应补刷富锌防锈漆。

如果使用锚栓做连接件时，幕墙立柱与主体钢筋混凝土结构宜通过预埋件连接，预埋件应在主体结构混凝土施工时埋入。现在许多工程往往是总体设计深度不够，在土建施工时没有埋入预埋件，此时如采用锚栓连接，锚栓应通过现场拉拔等试验决定其承载力。我国锚栓产品规格种类比较齐全，质量也有保证，如喜利得(HILT1)T 和慧鱼(fischer)两家公司产品，可根据不同墙体、不同锚固厚度、锚栓的不同位置和间距、不同的安装方法等，可提供近 1000 种不同类型和尺寸的锚栓。

3. 金属挂件

金属挂件按材料分主要有不锈钢类和铝合金类两类。不锈钢挂件主要用于无骨架体系和碳素钢骨架体系中。常用不锈钢牌号是 ZGICr18Ni9、ZGOCr18Ni9，主要用机械冲压法加工。铝合金挂件主要用于石板幕墙和玻璃幕墙共同使用时，金属骨架也为铝合金型材，铝合金牌号为 6061、LD6063，多采用工厂热挤压成型生产。

应该指出的是不同类金属不宜同时使用，以免发生电化腐蚀。如无法避免时，应采用非金属垫片隔离。

## 7.3 施工质量控制

1. 玻璃幕墙施工质量控制

玻璃幕墙质量控制应抓住以下几点：

• 安装玻璃幕墙的钢结构、钢筋混凝土结构及砖混结构的主体工程，应符合有关结构施工及验收规范的要求。

• 安装玻璃幕墙的构件及零附件的材料品种、规格、色泽和性能，应符合设计要求。

• 玻璃幕墙的安装施工应单独编制施工组织设计方案。

• 放线工作应根据土建单位提供的中心线及标高点进行。玻璃幕墙的设计一般是以建筑物的轴线为依据的。

• 骨架本身的处理。钢骨架涂刷防锈漆，遍数符合设计要求，铝合金骨架要注意骨架氧化膜的保护，在与混凝土直接接触部位，应对氧化膜进行防腐处理。

• 安装幕墙玻璃时，正确选用封缝材料。

• 幕墙玻璃安装完毕，要注意保护，防止碰撞。特别要注意电焊的火花，如果在玻璃附近电焊，务必将玻璃加以遮盖保护。

2. 金属幕墙施工质量控制

金属幕墙施工质量应从以下方面加以控制：

• 金属板幕墙的竖框与混凝土结构宜通过预埋件连接、预埋件应在主体结构混凝土施工时埋入。

• 如果没有条件采取预埋件时，应采取其他可靠的连接措施，并应通过试验决定其承载力。

• 当主体为实心砖墙时，不允许采用膨胀螺栓来固定后置埋件，必须用钢筋穿透墙体，做成夹墙板的形式，钢筋与钢板的焊接，要符合国家焊接施工规范。当主体为轻质墙体时，不能采用膨胀螺栓固定后置埋件，也不能简单的采用夹墙板形式，要根据实际情况，采取其他加固措施。

• 放线是金属板幕墙施工中技术难度较大的一项工作。放线前，现场施工技术员必须与设计员互相沟通，研究好设计图样。

• 安装骨架前，首先清理预埋铁件，逐个检查预埋铁件的位置。

• 竖框的安装是金属幕墙安装施工的关键工序之

一。竖框与连接件要用螺栓连接，螺栓采用不锈钢件。

• 在竖框的安装过程中，应随时检查竖框的中心线。如有偏差，应立即纠正。竖框安装的标高偏差不应大于3mm；轴线前后偏差不应大于2mm，左右偏差不应大于3mm；相邻两根竖框安装的标高偏差不应大于3mm；同层竖框的最大标高偏差不应大于5mm；相邻两根竖框的距离偏差不应大于2mm。

• 安装金属板时，注胶前要用清洁剂清洁干净金属板及骨架材料的表面，清洁后的材料须在一小时内密封，否则重新清洗。

• 清洁中所使用的清洁剂应对金属板等材料无任何腐蚀作用。

3. 石材幕墙施工质量控制

石材幕墙施工时，应从以下方面进行施工质量控制：

• 严格控制石材板质量，材质和加工尺寸都必须合格。

• 仔细检查每块石材板有没有裂纹，防止石材在运输和施工时发生断裂。

• 测量放线要十分精确，各专业施工要组织统一放线，统一测量，避免各专业施工因测量和放线误差发生施工矛盾。

• 预埋件的设计和埋设要合理，位置要准确。

• 根据现场放线数据绘制施工放样图，落实实际施工和加工尺寸。

• 安装和调整石材板位置时，可用垫片适当调整缝宽，所用垫片必须与挂件是同质材料。

• 固定金属挂片的螺栓要加弹簧垫圈，或调平调直拧紧螺栓后，在螺帽上抹少许石材胶固定。

## 7.4 施工安全控制

为了预防和杜绝事故的发生，对于脚手架、机电设备、施工现场以及工人的操作纪律等诸多方面，提出可靠的技术防范措施和明确的管理要求，防止事故的发生。具体安全控制措施包括如下几个方面：

• 禁止在外脚手架上攀爬，必须经由通道上下。

• 进入现场必须佩戴安全帽，高空作业必须系好安全带，携带好工具袋，严禁高空坠物，严禁穿拖鞋、凉鞋进入工地。

• 幕墙施工现场下方禁止人员通行和施工。

• 现场电焊施工时，在焊接下方应设置接火斗，防止电火花溅落引起火灾或烧伤其他建筑成品。

• 电源箱必须安装漏电保护装置，手持电动工具，操作人员应戴绝缘手套。

• 在6级以上大风、大雾、雷雨、下雪天气严禁高空作业。

• 所有施工机具在施工前必须进行严格检查，如手持吸盘必须检查吸附质量和持续吸附时间试验，电动工具需作绝缘电压试验。

• 幕墙安装与上部结构施工交叉作业时，结构施工层下方应架设防护网；在离地面3m高处，应搭设挑出6m的水平安全网。

• 施工前，项目经理、技术负责人要对工长和安全员进行技术交底，工长和安全员要对全体施工人员进行技术交底和安全教育。每道工序都要做好施工记录和质量自检。

## 7.5 质量检验评定标准

此标准适用于玻璃幕墙、金属幕墙、石材幕墙等分项工程的质量验收。

### 7.5.1 一般规定

第一，幕墙工程应对下列材料及其性能指标进行复验：

• 铝塑复合板的剥离强度。

• 石材的弯曲强度；寒冷地区石材的耐冻融性；室内用花岗石的放射性。

• 玻璃幕墙用结构胶的肖氏硬度、标准条件拉伸粘结强度、相容性试验；石材用结构胶的粘结强度；石材用密封胶的污染性。

第二，幕墙工程应对下列隐蔽工程项目进行验收：

• 预埋件(或后置埋件)。

• 构件的连接节点。

• 变形缝及墙面转角处的构造节点。

• 幕墙防雷装置。

• 幕墙防火构造。

第三，各分项工程的检验批应按下列规定划分：

• 相同设计、材料、工艺和施工条件的幕墙工程每500~1000$m^2$应划分为一个检验批，不足500$m^2$也应划分为一个检验批。

• 同一单位工程的不连续的幕墙工程应单独划分检验批。

• 对于异型或有特殊要求的幕墙，检验批的划分应根据幕墙的结构、工艺特点及幕墙工程规模，由监理单位(或建设单位)和施工单位协商确定。

第四，检查数量应符合下列规定：

• 每个检验批每100$m^2$应至少抽查一处，每处不得小于10$m^2$。

• 对于异型或有特殊要求的幕墙工程，应根据幕墙的结构和工艺特点，由监理单位(或建设单位)和施工单位协商确定。

第五，幕墙及其连接件应具有足够的承载力、刚度和相对于主体结构的位移能力。幕墙构架立柱的连接金属角码与其他连接件应采用螺栓连接，并应有防松动措施。

第六，隐框、半隐框幕墙所采用的结构粘结材料必须是中性硅酮结构密封胶，其性能必须符合国家标准GB16776—1997《建筑用硅酮结构密封胶》的规定；硅酮结构密封胶必须在有效期内使用。

第七，立柱和横梁等主要受力构件，其截面受力部分的壁厚应经计算确定，且铝合金型材壁厚不应小于3.0mm，钢型材壁厚不应小于3.5mm。

第八，隐框、半隐框幕墙构件中板材与金属框之间硅酮结构密封胶的粘结宽度，应分别计算风荷载标准值和板材自重标准值作用下硅酮结构密封胶的粘结宽度，并取其较大值，且不得小于7.0mm。

第九，硅酮结构密封胶应打注饱满，并应在温度15～30℃、相对湿度50%以上、洁净的室内进行；不得在现场墙上打注。

第十，幕墙的防火除应符合现行国家标准《建筑设计防火规范》(GBJ 16—1987)和《高层民用建筑设计防火规范》(GB 50045—1995)的有关规定外，还应符合下列规定：

- 应根据防火材料的耐火极限决定防火层的厚度和宽度，并应在楼板处形成防火带。
- 防火层采取隔离措施。防火层的衬板应采用经防腐处理且厚度不小于1.5mm的钢板，不得采用铝板。
- 防火层的密封材料应采用防火密封胶。
- 防火层与玻璃不应直接接触，一块玻璃不应跨两个防火分区。

第十一，主体结构与幕墙连接的各种预埋件，其数量、规格、位置和防腐处理必须符合设计要求。

第十二，幕墙的金属框架与主体结构预埋件的连接、立柱与横梁的连接及幕墙面板的安装必须符合设计要求，安装必须牢固。

第十三，单元幕墙连接处和吊挂处的铝合金型材的壁厚应通过计算确定，并不得小于5.0mm。

第十四，幕墙的金属框架与主体结构应通过预埋件连接，预埋件应在主体结构混凝土施工时埋入，预埋件的位置应准确。当没有条件采用预埋件连接时，应采用其他可靠的连接措施，并应通过试验确定其承载力。

第十五，立柱应采用螺栓与角码连接，螺栓直径应经过计算，并不应小于10mm。不同金属材料接触时应采用绝缘垫片分隔。

第十六，幕墙的抗震缝、伸缩缝、沉降缝等部位的处理应保证缝的使用功能和饰面的完整性。

第十七，幕墙工程的设计应满足维护和清洁的要求。

### 7.5.2　玻璃幕墙工程施工质量验收

此验收要求适用于建筑高度不高于150m、抗震设防烈度不大于8度的隐框玻璃幕墙、半隐框玻璃幕墙、明框玻璃幕墙、全玻璃幕墙及点支撑玻璃幕墙工程的质量验收。

1. 主控项目

主控项目内容及验收要求见表7－7。

**表7－7　主控项目内容及验收要求**

| 项次 | 项目内容 | 规范编号 | 质量要求 | 检查方法 |
|---|---|---|---|---|
| 1 | 各种材料、构件、组件 | 第9.2.2条 | 玻璃幕墙工程所使用的各种材料、构件和组件的质量，应符合设计要求及国家现行产品标准和工程技术规范的规定 | 检查材料、构件、组件的产品合格证书，进场验收记录、性能检测报告和材料的复验报告 |
| 2 | 造型和立面分格 | 第9.2.3条 | 玻璃幕墙的造型和立面分格应符合设计要求 | 观察；尺量检查 |
| 3 | 玻璃 | 第9.2.4条 | 玻璃幕墙使用的玻璃应符合下列规定：<br>1. 幕墙应使用安全玻璃，玻璃的品种、规格、颜色、光学性能及安装方向应符合设计要求<br>2. 幕墙玻璃的厚度不应小于6.0mm。全玻璃幕墙肋玻璃的厚度不应小于12mm<br>3. 幕墙的中空玻璃应采用双道密封。明框幕墙的中空玻璃应采用聚硫密封胶与丁基密封胶；隐框和半隐框幕墙的中空玻璃应采用硅酮结构密封胶及丁基密封胶；镀膜面应在中空玻璃的第2或第3面上<br>4. 幕墙的夹层玻璃应采用聚乙烯醇缩丁醛(PVB)胶片干法加工合成的夹层玻璃。点支承玻璃幕墙夹层玻璃的夹层胶片(PVB)厚度不应小于0.76mm<br>5. 钢化玻璃表面不得有损伤；8.0mm以下的钢化玻璃应进行引爆处理<br>6. 所有幕墙玻璃均应进行边缘处理 | 观察；尺量检查；检查施工记录 |

（续）

| 项次 | 项目内容 | 规范编号 | 质　量　要　求 | 检　查　方　法 |
|---|---|---|---|---|
| 4 | 与主体结构连接件 | 第9.2.5条 | 玻璃幕墙与主体结构连接的各种预埋件、连接件、紧固件必须安装牢固，其数量、规格、位置、连接方法和防腐处理应符合设计要求 | 观察；检查隐蔽工程验收记录和施工记录 |
| 5 | 连接紧件螺栓 | 第9.2.6条 | 各种连接件、紧固件的螺栓应有防松动措施；焊接连接应符合设计要求和焊接规范的规定 | 观察；检查隐蔽工程验收记录和施工记录 |
| 6 | 玻璃下端托条 | 第9.2.7条 | 隐框或半隐框玻璃幕墙，每块玻璃下端应设置两个铝合金或不锈钢托条，其长度不应小于100m，厚度不应小于2mm，托条外端应低于玻璃外表面2mm | 观察；检查施工记录 |
| 7 | 明框幕墙玻璃安装 | 第9.2.8条 | 明框玻璃幕墙的玻璃安装应符合下列规定：<br>1. 玻璃槽口与玻璃的配合尺寸应符合设计要求和技术标准的规定<br>2. 玻璃与构件不得直接接触，玻璃四周与构件凹槽底部应保持一定的空隙，每块玻璃下部应至少放置两块宽度与槽口宽度相同、长度不小于100mm的弹性定位垫块；玻璃两边嵌入量及空隙应符合设计要求<br>3. 玻璃四周橡胶条的材质、型号应符合设计要求，镶嵌应平整，橡胶条长度应比边框内槽长1.5%～2.0%，橡胶条在转角处应斜面断开，并应用粘结剂粘结牢固后嵌入槽内 | 观察；检查施工记录 |
| 8 | 超过4m高全玻璃幕墙安装 | 第9.2.9条 | 高度超过4m的全玻璃幕墙应吊挂在主体结构上，吊夹具应符合设计要求。玻璃与玻璃、玻璃与玻璃肋之间的缝隙，应采用硅酮结构密封胶填嵌严密 | 观察；检查隐蔽工程验收记录和施工记录 |
| 9 | 点支撑幕墙安装 | 第9.2.10条 | 点支撑玻璃幕墙应采用带万向头的活动不锈钢爪，其钢爪间的中心距离应大于250mm | 观察；尺量检查 |
| 10 | 细部 | 第9.2.11条 | 玻璃幕墙四周、玻璃幕墙内表面与主体结构之间的连接节点、各种变形缝、墙角的连接节点应符合设计要求和技术标准的规定 | 观察；检查隐蔽工程验收记录和施工记录 |
| 11 | 幕墙防水 | 第9.2.12条 | 玻璃幕墙应无渗漏 | 在易渗漏部位进行淋水检查 |
| 12 | 结构胶密封胶打注 | 第9.2.13条 | 玻璃幕墙结构胶和密封胶的打注应饱满、密实、连续、均匀、无气泡，宽度和厚度应符合设计要求和技术标准的规定 | 观察；尺量检查；检查施工记录 |
| 13 | 幕墙开启窗 | 第9.2.14条 | 玻璃幕墙开启窗的配件应齐全，安装应牢固，安装位置和开启方向、角度应正确；开启应灵活，关闭应严密 | 观察；手扳检查；开启和关闭检查 |
| 14 | 防雷装置 | 第9.2.15条 | 玻璃幕墙的防雷装置必须与主体结构的防雷装置可靠连接 | 观察；检查隐蔽工程验收记录和施工记录 |

2. 一般项目

一般项目内容及验收要求见表7－8。

3. 玻璃幕墙安装的允许偏差和检验方法

● 明框玻璃幕墙安装的允许偏差和检验方法见表7－9。

● 隐框、半隐框玻璃幕墙安装的允许偏差和检验方法应符合表7－10的规定。

**表7－8　一般项目内容及验收要求**

| 项次 | 项目内容 | 规范编号 | 质　量　要　求 | 检　查　方　法 |
|---|---|---|---|---|
| 1 | 表面质量 | 第9.2.16条 | 玻璃幕墙表面应平整、洁净；整幅玻璃的色泽应均匀一致；不得有污染和镀膜损坏 | 观察 |
| 2 | 玻璃表面质量 | 第9.2.17条 | 每平方米玻璃的表面质量和检验方法应符合下表的规定<br>每平方米玻璃的表面质量和检验方法<br>项次 / 项目 / 质量要求 / 检验方法<br>1 / 明显划伤和长度>100mm的轻微划伤 / 不允许 / 观察<br>2 / 长度≤100mm的轻微划伤 / ≤8条 / 用钢直尺检查<br>3 / 擦伤总面积 / ≤500mm² / 用钢直尺检查 | 观察；尺量检查 |

（续）

<table>
<tr><th>项次</th><th>项目内容</th><th>规范编号</th><th>质 量 要 求</th><th>检 查 方 法</th></tr>
<tr><td>3</td><td>铝合金型材表面质量</td><td>第 9.2.18 条</td><td>一个分格铝合金型材的表面质量和检验方法应符合下表的规定<br>一个分格铝合金型材的表面质量和检验方法<table><tr><th>项次</th><th>项　目</th><th>质量要求</th><th>检验方法</th></tr><tr><td>1</td><td>明显划伤和长度 >100mm 的轻微划伤</td><td>不允许</td><td>观察</td></tr><tr><td>2</td><td>长度≤100mm 的轻微划伤</td><td>≤2 条</td><td>用钢直尺检查</td></tr><tr><td>3</td><td>擦伤总面积</td><td>≤500mm²</td><td>用钢直尺检查</td></tr></table></td><td>观察；尺量检查</td></tr>
<tr><td>4</td><td>明框外露框或压条</td><td>第 9.2.19 条</td><td>明框玻璃幕墙的外露框或压条应横平竖直，颜色、规格应符合设计要求，压条安装应牢固。单元玻璃幕墙的单元拼缝或隐框玻璃幕墙的分格玻璃拼缝应横平竖直，均匀一致</td><td>观察；手扳检查；检查进场验收记录</td></tr>
<tr><td>5</td><td>密封胶缝</td><td>第 9.2.20 条</td><td>玻璃幕墙的密封胶缝应横平竖直、深浅一致、宽窄均匀、光滑顺直</td><td>观察；手扳检查</td></tr>
<tr><td>6</td><td>防火保温材料</td><td>第 9.2.21 条</td><td>防火、保温材料填充应饱满、均匀，表面应密实、平整</td><td>检查隐蔽工程验收记录</td></tr>
<tr><td>7</td><td>隐蔽节点</td><td>第 9.2.22 条</td><td>玻璃幕墙隐蔽节点的遮封装修应牢固，整齐、美观</td><td>观察；手扳检查</td></tr>
</table>

**表 7－9　明框玻璃幕墙安装的允许偏差和检验方法**

| 项　次 | 项　　目 | | 允许偏差/mm | 检 验 方 法 |
|---|---|---|---|---|
| 1 | 幕墙垂直度 | 幕墙高度≤30m | 10 | 用经纬仪检查 |
| | | 30m＜幕墙高度≤60m | 15 | |
| | | 60m＜幕墙高度≤90m | 20 | |
| | | 幕墙高度＞90m | 25 | |
| 2 | 幕墙水平度 | 幕墙幅宽≤35m | 5 | 用水平仪检查 |
| | | 幕墙幅宽＞35m | 7 | |
| 3 | 构件直线度 | | 2 | 用 2m 靠尺和塞尺检查 |
| 4 | 构件水平度 | 构件长度≤2m | 2 | 用水平仪检查 |
| | | 构件长度＞2m | 3 | |
| 5 | 相邻构件错位 | | 1 | 用钢直尺检查 |
| 6 | 分格框对角线长度差 | 对角线长度≤2m | 3 | 用钢直尺检查 |
| | | 对角线长度＞2m | 4 | |

**表 7－10　隐框、半隐框玻璃幕墙安装的允许偏差和检验方法**

| 项　次 | 项　　目 | | 允 许 偏 差 /mm | 检 验 方 法 |
|---|---|---|---|---|
| 1 | 幕墙垂直度 | 幕墙高度≤30m | 10 | 用经纬仪检查 |
| | | 30m＜幕墙高度≤60m | 15 | |
| | | 60m＜幕墙高度≤90m | 20 | |
| | | 幕墙高度＞90m | 25 | |
| 2 | 幕墙水平度 | 层高≤3m | 3 | 用水平仪检查 |
| | | 层高＞3m | 5 | |
| 3 | 幕墙表面平整度 | | 2 | 用 2m 靠尺和塞尺检查 |
| 4 | 板材立面垂直度 | | 2 | 用垂直检测尺检查 |
| 5 | 板材上沿水平度 | | 2 | 用 1m 水平尺和钢直尺检查 |
| 6 | 相邻板材板角错位 | | 1 | 用钢直尺检查 |
| 7 | 阳角方正 | | 2 | 用直角检测尺检查 |
| 8 | 接缝直线度 | | 3 | 拉 5m 线，不足 5m 拉通线，用钢直尺检查 |
| 9 | 接缝高低差 | | 1 | 用钢直尺和塞尺检查 |
| 10 | 接缝宽度 | | 1 | 用钢直尺检查 |

4. 质量验收文件

质量验收文件主要包括以下文件：

● 幕墙工程的施工图、结构计算书、设计说明书及其他设计文件。

● 建筑设计单位对幕墙工程设计的确认文件。

● 幕墙工程所用各种材料、五金配件、构件及组件的产品合格证书、性能检测报告、进场验收记录和复验报告。

● 幕墙工程所用硅酮结构胶的认定证书和抽查合格证书；进口硅酮结构胶的商检证；国家指定检测机构出具的硅酮结构胶相容性和剥离粘结性试验报告；石材用密封胶的耐污染性试验报告。

● 后置埋件的现场拉拔强度检测报告。

● 幕墙的抗风压性能、空气渗透性能、雨水渗漏性能及平面变形性能检测报告。

● 打胶、养护环境的温度、湿度记录；双组分硅酮结构胶的混匀性试验记录及拉断试验记录。

● 防雷装置测试记录。

● 隐蔽工程验收记录。

● 幕墙构件和组件的加工制作记录；幕墙安装施工记录。

5. 质量验收记录表

主控项目记录表内容　玻璃幕墙工程主控项目检验批质量验收记录表见表 7－11。

**表 7－11　玻璃幕墙工程检验批质量验收记录表**(主控项目)

[GB 50210—2001(Ⅰ)]

| | | | | | |
|---|---|---|---|---|---|
| 单位(子单位)工程名称 | | | | | |
| 分部(子分部)工程名称 | | | 验收部位 | | |
| 施工单位 | | | 项目经理 | | |
| 分包单位 | | | 分包项目经理 | | |
| 施工执行标准名称及编号 | | | | | |
| 施工质量验收规范的规定 | | | | 施工单位检查评定记录 | 监理(建设)单位验收记录 |
| 主控项目 | 1 | 各种材料、构件、组件 | 第 9.2.2 条 | | |
| | 2 | 造型和立面分格 | 第 9.2.3 条 | | |
| | 3 | 玻璃 | 第 9.2.4 条 | | |
| | 4 | 与主体结构连接件 | 第 9.2.5 条 | | |
| | 5 | 连接紧件螺栓 | 第 9.2.6 条 | | |
| | 6 | 玻璃下端托条 | 第 9.2.7 条 | | |
| | 7 | 明框幕墙玻璃安装 | 第 9.2.8 条 | | |
| | 8 | 超过 4m 高全玻璃幕墙安装 | 第 9.2.9 条 | | |
| | 9 | 点支承幕墙安装 | 第 9.2.10 条 | | |
| | 10 | 细部 | 第 9.2.11 条 | | |
| | 11 | 幕墙防水 | 第 9.2.12 条 | | |
| | 12 | 结构胶、密封胶打注 | 第 9.2.13 条 | | |
| | 13 | 幕墙开启窗 | 第 9.2.14 条 | | |
| | 14 | 防雷装置 | 第 9.2.15 条 | | |
| 施工单位检查评定结果 | | | 专业工长(施工员) | 施工班组长 | |
| | | | 项目专业质量检查员：　　年　月　日 | | |
| 监理(建设)单位验收结论 | | | 专业监理工程师<br>(建设单位项目专业技术负责人)：　　年　月　日 | | |

表7－11填表说明（主控项目） 质量要求主要包括以下14项内容：

第一，玻璃幕墙工程所使用的各种材料、构件和组件的质量，应符合设计要求及国家现行产品标准和工程技术规范的规定。

第二，玻璃幕墙的造型和立面分格应符合设计要求。

第三，玻璃幕墙使用的玻璃应符合下列规定：

• 幕墙应使用安全玻璃，玻璃的品种、规格、颜色、光学性能及安装方向应符合设计要求。

• 幕墙玻璃的厚度不应小于6.0mm。全玻璃幕墙肋玻璃的厚度不应小于12mm。

• 幕墙的中空玻璃应采用双道密封。明框幕墙的中空玻璃应采用聚硫密封胶及丁基密封胶；隐框和半隐框幕墙的中空玻璃应采用硅酮结构密封胶及丁基密封胶；镀膜面应在中空玻璃的第2或第3面上。

• 幕墙的夹层玻璃应采用聚乙烯醇缩丁醛（PVB）胶片干法加工合成的夹层玻璃。点支撑玻璃幕墙夹层玻璃的夹层胶片（PVB）厚度不应小于0.76mm。

• 钢化玻璃表面不得有损伤；8.0mm以下的钢化玻璃应进行引爆处理。

• 所有幕墙玻璃均应进行边缘处理。

第四，玻璃幕墙与主体结构连接的各种预埋件、连接件、紧固件必须安装牢固，其数量、规格、位置、连接方法和防腐处理应符合设计要求。

第五，各种连接件、紧固件的螺栓应有防松动措施；焊接连接应符合设计要求和焊接规范的规定。

第六，隐框或半隐框玻璃幕墙，每块玻璃下端应设置两个铝合金或不锈钢托条，其长度不应小于100mm，厚度不应小于2mm，托条外端应低于玻璃外表面2mm。

第七，明框玻璃幕墙的玻璃安装应符合下列规定：

• 玻璃槽口与玻璃的配合尺寸应符合设计要求和技术标准的规定。

• 玻璃与构件不得直接接触，玻璃四周与构件凹槽底部保持一定的空隙，每块玻璃下部应至少放置两块宽度与槽口宽度相同、长度不小于100mm的弹性定位垫块；玻璃两边嵌入量及空隙应符合设计要求。

• 玻璃四周橡胶条的材质、型号应符合设计要求，镶嵌应平整，橡胶条长度应比边框内槽长1.5%～2.0%，橡胶条在转角处应斜面断开，并应用粘贴剂粘结牢固后嵌入槽内。

第八，超过4m的全玻璃幕墙应吊挂在主体结构上，吊夹具应符合设计要求，玻璃与玻璃、玻璃与玻璃肋之间的缝隙，应采用硅酮结构密封胶填嵌严密。

第九，点支撑玻璃墙应采用带万向头的活动不锈钢爪，其钢爪间的中心距离应大于250mm。

第十，玻璃幕墙四周、玻璃幕墙内表面与主体结构之间的连接节点、各种变形缝、墙角的连接节点应符合设计要求和技术标准的规定。

第十一，玻璃幕墙应无渗漏。

第十二，玻璃幕墙结构胶和密封胶的打注应饱满、密实、连续、均匀、无气泡，宽度和厚度应符合设计要求和技术标准的规定。

第十三，玻璃幕墙开启窗的配件应齐全，安装应牢固，安装位置和开启方向、角度应正确；开启应灵活，关闭应严密。

第十四，玻璃幕墙的防雷装置必须与主体结构的防雷装置可靠连接。

检查方法包括以下内容：主控项目1项检查材料、构件、组件的产品合格证书、进场验收记录、性能检测报告和材料的复验报告；2、9项观察和尺量检查；3项检查施工记录；4、5、10、14项观察和检查隐蔽工程验收记录和施工记录；6～8项观察和检查施工记录；11项在易渗漏部位进行淋水检查；12项观察和尺量检查；检查施工记录；13项观察和开闭检查。

一般项目记录表内容 玻璃幕墙工程一般项目检验批质量验收记录表见表7－12。

**表7－12 玻璃幕墙工程检验批质量验收记录表（一般项目）**

[GB 50210—2001（Ⅱ）]

<table>
<tr><td colspan="2">单位（子单位）工程名称</td><td colspan="3"></td></tr>
<tr><td colspan="2">分部（子分部）工程名称</td><td></td><td>验收部位</td><td></td></tr>
<tr><td>施工单位</td><td colspan="2"></td><td>项目经理</td><td></td></tr>
<tr><td>分包单位</td><td colspan="2"></td><td>分包项目经理</td><td></td></tr>
<tr><td colspan="2">施工执行标准名称及编号</td><td colspan="3"></td></tr>
<tr><td colspan="3">施工质量验收规范的规定</td><td>施工单位检查评定记录</td><td>监理（建设）单位验收记录</td></tr>
</table>

（续）

| | | | | | | | |
|---|---|---|---|---|---|---|---|
| 一般项目 | 1 | 表面质量 | | | 第9.2.16条 | | |
| | 2 | 玻璃表面质量 | | | 第9.2.17条 | | |
| | 3 | 铝合金型材表面质量 | | | 第9.2.18条 | | |
| | 4 | 明框外露框或压条 | | | 第9.2.19条 | | |
| | 5 | 密封胶缝 | | | 第9.2.20条 | | |
| | 6 | 防火保温材料 | | | 第9.2.21条 | | |
| | 7 | 隐蔽节点 | | | 第9.2.22条 | | |
| | 8 | 明框幕墙安装允许偏差/mm | 幕墙垂直度 | 幕墙高度≤30m | 10 | | |
| | | | | 30m＜幕墙高度 | 15 | | |
| | | | | 60m＜幕墙高度 | 20 | | |
| | | | | 幕墙高度＞90m | 25 | | |
| | | | 幕墙水平 | 幕墙幅宽≤35m | 5 | | |
| | | | | 幕墙幅宽＞35m | 7 | | |
| | | | 构件直线度 | | 2 | | |
| | | | 构件水平 | 构件长度≤2m | 2 | | |
| | | | | 构件长度＞2m | 3 | | |
| | | | 相邻构件错位 | | 1 | | |
| | | | 分格框对角线长 | 对角线长度≤2m | 3 | | |
| | | | | 对角线长度＞2m | 4 | | |
| 施工单位检查评定结果 | | | | 专业工长（施工员） | | 施工班组长 | |
| | | | | 项目专业质量检查员：　　年　月　日 | | | |
| 监理（建设）单位验收结论 | | | | 专业监理工程师<br>（建设单位项目专业技术负责人）：　　年　月　日 | | | |

*表7－12填表说明（一般项目）* 质量要求包括以下内容：

第一，玻璃幕墙表面应平整、洁净；整幅玻璃的色泽应均匀一致；不得有污染和镀膜损坏。

第二，每平方米玻璃的表面质量符合表7－13的规定。

第三，一个分格铝合金型材的表面质量和检验方法应符合表7－14的规定。

**表7－13 每平方米玻璃的表面质量和检验方法**

| 项次 | 项　目 | 质量要求 | 检验方法 |
|---|---|---|---|
| 1 | 明显划伤和长度＞100mm的轻微划伤 | 不允许 | 观察 |
| 2 | 长度≤100mm的轻微划伤 | ≤8条 | 用钢直尺检查 |
| 3 | 擦伤总面积 | ≤500mm² | 用钢直尺检查 |

第四，明框玻璃幕墙的外露框或压条应横平竖直，颜色、规格应符合设计要求，压条安装应牢固。单元玻璃幕墙的单元拼缝或隐框玻璃幕墙的分格玻璃拼缝应横平竖直、均匀一致。

第五，玻璃幕墙的密封胶缝应横平竖直、深浅一致、宽窄均匀、光滑顺直。

第六，防火、保温材料填充应饱满、均匀，表面应密实、平整。

第七，玻璃幕墙隐蔽节点的遮封装修应牢固、整

**表7－14 一个分格铝合金型材的表面质量和检验方法**

| 项次 | 项　目 | 质量要求 | 检验方法 |
|---|---|---|---|
| 1 | 明显划伤和长度＞100mm的轻微划伤 | 不允许 | 观察 |
| 2 | 长度≤100mm的轻微划伤 | ≤2条 | 用钢直尺检查 |
| 3 | 擦伤总面积 | ≤500mm² | 用钢直尺检查 |

齐、美观。

第八，明框玻璃幕墙安装的允许偏差和检验方法应符合表 7－9 的规定；隐框、半隐框玻璃幕墙安装的允许偏差和检验方法应符合表 7－10 的规定。

检查方法包括以下内容：一般项目 1 项观察检查；2～3 项按要求用钢直尺检查；4 项检查进场验收记录；5 项观察和手摸检查；6 项检查隐蔽工程验收记录；7 项观察和手扳检查；8 项用经纬、水准仪、拉线和尺量检查。

### 7.5.3　金属幕墙工程施工质量验收

本验收规定适用于建筑高度不大于 150m 的金属幕墙工程的质量验收。

1. 主控项目

主控项目内容及验收要求见表 7－15。

2. 一般项目

一般项目内容及验收要求见表 7－16。

3. 金属幕墙安装的允许偏差和检验方法

金属幕墙安装的允许偏差和检验方法见表 7－17。

**表 7－15　主控项目内容及验收要求**

| 项次 | 项目内容 | 规范编号 | 质　量　要　求 | 检　查　方　法 |
|---|---|---|---|---|
| 1 | 材料、配件质量 | 第 9.3.2 条 | 金属幕墙工程所使用的各种材料和配件，应符合设计要求及国家现行产品标准和工程技术规范的规定 | 检查产品合格证书、性能检测报告、材料进场验收记录和复验报告 |
| 2 | 造型和立面分格 | 第 9.3.3 条 | 金属幕墙的造型和立面分格应符合设计要求 | 观察；尺量检查 |
| 3 | 金属面板质量 | 第 9.3.4 条 | 金属面板的品种、规格、颜色、光泽及安装方向应符合设计要求 | 观察；检查进场验收记录 |
| 4 | 预埋件、后置件 | 第 9.3.5 条 | 金属幕墙主体结构上的预埋件、后置埋件的数量、位置及后置埋件的拉拔力必须符合设计要求 | 检查拉拔力检测报告和隐蔽工程验收记录 |
| 5 | 立柱与预埋件与横梁连接，面板安装 | 第 9.3.6 条 | 金属幕墙的金属框架立柱与主体结构预埋件的连接、立柱与横梁的连接、金属面板的安装必须符合设计要求，安装必须牢固 | 手扳检查；检查隐蔽工程验收记录 |
| 6 | 防火、保温、防潮材料 | 第 9.3.7 条 | 金属幕墙的防火、保温、防潮材料的设置应符合设计要求，并应密实、均匀、厚度一致 | 检查隐蔽工程验收记录 |
| 7 | 框架及连接件防腐 | 第 9.3.8 条 | 金属框架及连接件的防腐处理应符合设计要求 | 检查隐蔽工程验收记录和施工记录 |
| 8 | 防雷装置 | 第 9.3.9 条 | 金属幕墙的防雷装置必须与主体结构的防雷装置可靠连接 | 检查隐蔽工程验收记录 |
| 9 | 连接节点 | 第 9.3.10 条 | 各种变形缝、墙角的连接节点应符合设计要求和技术标准的规定 | 观察；检查隐蔽工程验收记录 |
| 10 | 板缝注胶 | 第 9.3.11 条 | 金属幕墙的板缝注胶应饱满、密实、连续、均匀、无气泡，宽度和厚度应符合设计要求和技术标准的规定 | 观察；尺量检查；检查施工记录 |
| 11 | 防水 | 第 9.3.12 条 | 金属幕墙应无渗漏 | 在易渗漏部位进行淋水检查 |

**表 7－16　一般项目内容及验收要求**

<table>
<tr><th>项次</th><th>项目内容</th><th>规范编号</th><th>质　量　要　求</th><th>检　查　方　法</th></tr>
<tr><td>1</td><td>金属板表面质量</td><td>第 9.3.13 条</td><td>金属板表面应平整、洁净、色泽一致</td><td>观察</td></tr>
<tr><td>2</td><td>压条</td><td>第 9.3.14 条</td><td>金属幕墙的压条应平直、洁净、接口严密、安装牢固</td><td>观察；手扳检查</td></tr>
<tr><td>3</td><td>密封胶缝</td><td>第 9.3.15 条</td><td>金属幕墙的密封胶缝应横平竖直、深浅一致、宽窄均匀、光滑顺直</td><td>观察</td></tr>
<tr><td>4</td><td>滴水线、流水坡</td><td>第 9.3.16 条</td><td>金属幕墙上的滴水线、流水坡向应正确、顺直</td><td>观察；用水平尺检查</td></tr>
<tr><td>5</td><td>每平方米金属板的表面质量</td><td>第 9.3.17 条</td><td>每平方米金属板的表面质量和检验方法应符合下表的规定<br>每平方米金属板的表面质量和检验方法
<table>
<tr><th>项次</th><th>项　　目</th><th>质量要求</th><th>检验方法</th></tr>
<tr><td>1</td><td>明显划伤和长度＞100mm 的轻微划伤</td><td>不允许</td><td>观察</td></tr>
<tr><td>2</td><td>长度≤100mm 的轻微划伤</td><td>≤8 条</td><td>用钢直尺检查</td></tr>
<tr><td>3</td><td>擦伤总面积</td><td>≤500mm²</td><td>用钢直尺检查</td></tr>
</table></td><td>观察；钢直尺检查</td></tr>
</table>

表 7－17　金属幕墙安装的允许偏差和检验方法

| 项次 | 项　　目 | | 允许偏差/mm | 检验方法 |
|---|---|---|---|---|
| 1 | 幕墙垂直度 | 幕墙高度≤30m | 10 | 用经纬仪检查 |
| | | 30m＜幕墙高度≤60m | 15 | |
| | | 60m＜幕墙高度≤90m | 20 | |
| | | 幕墙高度＞90m | 25 | |
| 2 | 幕墙水平度 | 层高≤3m | 3 | 用水平仪检查 |
| | | 层高＞3m | 5 | |
| 3 | 幕墙表面平整度 | | 2 | 用2m靠尺和塞尺检查 |
| 4 | 板材立面垂直度 | | 3 | 用垂直检测尺检查 |
| 5 | 板材上沿水平度 | | 2 | 用1m水平尺和钢直尺检查 |
| 6 | 相邻板材板角错位 | | 1 | 用钢直尺检查 |
| 7 | 阳角方正 | | 2 | 用直角检测尺检查 |
| 8 | 接缝直线度 | | 3 | 拉5m线，不足5m拉通线，用钢直尺检查 |
| 9 | 接缝高低差 | | 1 | 用钢直尺和塞尺检查 |
| 10 | 接缝宽度 | | 1 | 用钢直尺检查 |

4. 质量验收文件

质量验收文件主要包括以下文件：

● 幕墙工程的施工图、结构计算书、设计说明书及其他设计文件。

● 建筑设计单位对幕墙工程设计的确认文件。

● 幕墙工程所用各种材料、五金配件、构件及组件的产品合格证书、性能检测报告、进场验收记录和复验报告。

● 幕墙工程所用硅酮结构胶的认定证书和抽查合格证明；进口硅酮结构胶的商检证；国家指定检测机构出具的硅酮结构胶相容性和剥离黏结性试验报告；石材用密封胶的耐污染性试验报告。

● 后置件的现场拉拔强度检测报告。

● 幕墙的抗风压性能、空气渗透性能、雨水渗漏性能及平面变形性能检测报告。

● 打胶、养护环境的温度、湿度记录；双组分硅酮结构胶的混匀性试验记录及拉断试验记录。

● 防雷装置测度记录。

● 隐蔽工程验收记录。

● 幕墙构件和组件的加工制作记录；幕墙安装施工记录。

5. 质量验收记录表

主控项目记录表内容　金属幕墙工程主控项目检验批质量验收记录表见表7－18。

表7－18填表说明（主控项目）　质量要求包括以下内容：

第一，金属幕墙工程所使用的各种材料和配件，应符合设计要求及国家现行产品标准和工程技术规范的规定。

第二，金属幕墙的造型和立面分格应符合设计要求。

第三，金属面板的品种、规格、颜色、光泽及安装方向应符合设计要求。

第四，金属幕墙主体结构上的预埋件、后置埋件的数量、位置及后置埋件的拉拔力必须符合设计要求。

第五，金属幕墙的金属框架立柱与主体结构预埋件的连接、立柱与横梁的连接、金属面板的安装必须符合设计要求，安装必须牢固。

第六，金属幕墙的防火、保温、防潮材料的设置应符合设计要求，并应密实、均匀、厚度一致。

第七，金属框架及连接件的防腐处理应符合设计要求。

第八，金属幕墙的防雷装置必须与主体结构的防雷装置可靠连接。

第九，各种变形缝、墙角的连接节点应符合设计要求和技术标准的规定。

第十，金属幕墙的板缝注胶应饱满、密实、连续、均匀、无气泡，宽度和厚度应符合设计要求和技术标准的规定。

第十一，金属幕墙应无渗漏。

检查方法包括以下内容：主控项目1项检查产品合格证书、性能检测报告、材料进场验收记录和复验报告；2项观察和尺量检查；3项观察和检查进场验收记录；4项检查拉拔力检测报告和隐蔽工程验收记录；5项手扳检查和检查隐蔽工程验收记录；6、8项检查隐蔽工程验收记录；7项检查隐蔽工程验收记录和施工记录；9项观察和检查隐蔽工程验收记录；10项观察和尺量检查，并检查施工记录；11项在易渗漏部位进行淋水检查。

一般项目记录表内容　金属幕墙工程一般项目检验批质量验收记录表见表7-19。

**表7-18　金属幕墙工程检验批质量验收记录表**(主控项目)

[GB 50210—2001(1)]

| 单位(子单位)工程名称 | | | | | |
|---|---|---|---|---|---|
| 分部(子分部)工程名称 | | | | 验收部位 | |
| 施工单位 | | | | 项目经理 | |
| 分包单位 | | | | 分包项目经理 | |
| 施工执行标准名称及编号 | | | | | |
| 施工质量验收规范的规定 | | | | 施工单位检查评定记录 | 监理(建设)单位验收记录 |
| 主控项目 | 1 | 材料、配件质量 | 第9.3.2条 | | |
| | 2 | 造型和立面分格 | 第9.3.3条 | | |
| | 3 | 金属面板质量 | 第9.3.4条 | | |
| | 4 | 预埋件、后置件 | 第9.3.5条 | | |
| | 5 | 立柱与预埋件与横梁连接，面板安装 | 第9.3.6条 | | |
| | 6 | 防火、保温、防潮材料 | 第9.3.7条 | | |
| | 7 | 框架及连接件防腐 | 第9.3.8条 | | |
| | 8 | 防雷装置 | 第9.3.9条 | | |
| | 9 | 连接节点 | 第9.3.10条 | | |
| | 10 | 板缝注胶 | 第9.3.11条 | | |
| | 11 | 防水 | 第9.3.12条 | | |
| 施工单位检查评定结果 | 专业工长(施工员) | | | 施工班组长 | |
| | 项目专业质量检查员：　年　月　日 | | | | |
| 监理(建设)单位验收结论 | 专业监理工程师<br>(建设单位项目专业技术负责人)：　年　月　日 | | | | |

表7-19填表说明(一般项目)　质量要求包括以下内容：

第一，金属板表面应平整、洁净、色泽一致。

第二，金属幕墙的压条应平直、洁净、接口严密、安装牢固。

第三，金属幕墙的密封胶缝应横平竖直、深浅一致、宽窄均匀、光滑顺直。

第四，金属幕墙上的滴水线、流水坡向应正确、顺直。

第五，每平方米金属板的表面质量符合表7-16的规定。

第六，金属幕墙安装的允许偏差应符合表7-17的规定。

检查方法包括以下内容：一般项目1、3项观察检查；2项观察和手扳检查；4项观察和水平尺检查；5项按要求用钢直尺检查；6项用水准仪、拉线和尺量检查。

### 7.5.4　石材幕墙工程施工质量验收

本验收规定适用于建筑高度不大于100m、抗震设防烈度不大于8度的石材幕墙工程的质量验收。

1. 主控项目

主控项目内容及验收要求见表7-20。

2. 一般项目

一般项目内容及验收要求见表7-21。

3. 石材幕墙安装的允许偏差和检验方法

石材幕墙安装的允许偏差和检验方法见表7-22。

**表 7－19　金属幕墙工程检验批质量验收记录表（一般项目）**

［GB 50210—2001（Ⅱ）］

| | | | |
|---|---|---|---|
| 单位（子单位）工程名称 | | | |
| 分部（子分部）工程名称 | | 验收部位 | |
| 施工单位 | | 项目经理 | |
| 分包单位 | | 分包项目经理 | |
| 施工执行标准名称及编号 | | | |

| 施工质量验收规范的规定 | | | | 施工单位检查评定记录 | 监理（建设）单位验收记录 |
|---|---|---|---|---|---|
| 一般项目 | 1 | 板表面质量平整、洁净、色泽一致 | 第 9.3.13 条 | | |
| | 2 | 压条平直、洁净、接口严密、安装牢固 | 第 9.3.14 条 | | |
| | 3 | 密封胶缝横平竖直、深浅一致、宽窄均匀、光滑顺直 | 第 9.3.15 条 | | |
| | 4 | 滴水线坡向正确、顺直 | 第 9.3.16 条 | | |
| | 5 | 表面质量 | 第 9.3.17 条 | | |

| 施工质量验收规范的规定 | | | | | | 施工单位检查评定记录 | 监理（建设）单位验收记录 |
|---|---|---|---|---|---|---|---|
| 一般项目 | 6 | 安装允许偏差/mm | 幕墙垂直度 | 幕墙高度≤30m | 10 | | |
| | | | | 30m＜幕墙高度≤60m | 15 | | |
| | | | | 60m＜幕墙高度≤90m | 20 | | |
| | | | | 幕墙高度＞90m | 25 | | |
| | | | 幕墙水平度 | 层高≤3m | 3 | | |
| | | | | 层高＞3m | 5 | | |
| | | | 幕墙表面平整度 | | 2 | | |
| | | | 板材立面垂直度 | | 3 | | |
| | | | 板材上沿水平度 | | 2 | | |
| | | | 相邻板材板角错位 | | 1 | | |
| | | | 阳角方正 | | 2 | | |
| | | | 接缝直线度 | | 3 | | |
| | | | 接缝高低差 | | 1 | | |
| | | | 接缝宽度 | | 1 | | |

| | | | | |
|---|---|---|---|---|
| 施工单位检查评定结果 | 专业工长（施工员） | | 施工班组长 | |
| | 项目专业质量检查员：　　　　年　　月　　日 | | | |
| 监理（建设）单位验收结论 | 专业监理工程师<br>（建设单位项目专业技术负责人）：　　　　年　　月　　日 | | | |

**表7－20　主控项目内容及验收要求**

| 项次 | 项目内容 | 规范编号 | 质量要求 | 检查方法 |
|---|---|---|---|---|
| 1 | 材料质量 | 第9.4.2条 | 石材幕墙工程所用材料的品种、规格、性能和等级，应符合设计要求及国家现行产品标准和工程技术规范的规定。石材的弯曲强度不应小于8.0MPa；吸水率应小于0.8%。石材幕墙的铝合金挂件厚度不应小于4.0mm，不锈钢挂件厚度不应小于3.0mm | 观察；尺量检查；检查产品合格证书、性能检测报告、材料进场验收记录和复验报告 |
| 2 | 造型、分格、颜色、光泽、花纹、图案 | 第9.4.3条 | 石材幕墙的造型、立面分格、颜色、光泽、花纹和图案应符合设计要求 | 观察 |
| 3 | 石材孔、槽 | 第9.4.4条 | 石材孔、槽的数量、深度、位置、尺寸应符合设计要求 | 检查进场验收记录或施工记录 |
| 4 | 预埋件和后置埋件 | 第9.4.5条 | 石材幕墙主体结构上的预埋件和后置埋件的位置、数量及后置埋件的拉拔力必须符合设计要求 | 检查拉拔力检测报告和隐蔽工程验收记录 |
| 5 | 各种构件连接 | 第9.4.6条 | 石材幕墙的金属框架立柱与主体结构预埋件的连接、立柱与横梁的连接、连接件与金属框架的连接、连接件与石材面板的连接必须符合设计要求，安装必须牢固 | 手扳检查；检查隐蔽工程验收记录 |
| 6 | 框架和连接件防腐 | 第9.4.7条 | 金属框架和连接件的防腐处理应符合设计要求 | 检查隐蔽工程验收记录 |
| 7 | 防雷装置 | 第9.4.8条 | 石材幕墙的防雷装置必须与主体结构防雷装置可靠连接 | 观察；检查隐蔽工程验收记录和施工记录 |
| 8 | 防火、保温、防潮材料 | 第9.4.9条 | 石材幕墙的防火、保温、防潮材料的设置应符合设计要求，填充应密实、均匀、厚度一致 | 检查隐蔽工程验收记录 |
| 9 | 结构变形缝墙角连接点 | 第9.4.10条 | 各种结构变形缝、墙角的连接节点应符合设计要求和技术标准的规定 | 检查隐蔽工程验收记录和施工记录 |
| 10 | 表面及板缝处理 | 第9.4.11条 | 石材表面和板缝的处理应符合设计要求 | 观察 |
| 11 | 板缝注胶 | 第9.4.12条 | 石材幕墙的板缝注胶应饱满、密实、连续、均匀、无气泡，板缝宽度和厚度应符合设计要求和技术标准的规定 | 观察；尺量检查；检查施工记录 |
| 12 | 防水 | 第9.4.13条 | 石材幕墙应无渗漏 | 在易漏部位进行淋水检查 |

**表7－21　一般项目内容及验收要求**

| 项次 | 项目内容 | 规范编号 | 质量要求 | 检查方法 |
|---|---|---|---|---|
| 1 | 表面质量 | 第9.4.14条 | 石材幕墙表面应平整、洁净，无污染、缺损和裂痕。颜色和花纹应协调一致，无明显色差，无明显裂痕 | 观察 |
| 2 | 压条 | 第9.4.15条 | 石材幕墙的压条应平直、洁净、接口严密、安装牢固 | 观察；手扳检查 |
| 3 | 细部质量 | 第9.4.16条 | 石材接缝应横平竖直、宽窄均匀；阴阳角石板压向应正确，板边合缝应顺直；凸凹线出墙厚度应一致，上下口应平直；石材面板上洞口、槽边应套割吻合，边缘应整齐 | 观察；尺量检查 |
| 4 | 密封胶缝 | 第9.4.17条 | 石材幕墙的密封胶缝应横平竖直、深浅一致、宽窄均匀、光滑顺直 | 观察 |
| 5 | 滴水线 | 第9.4.18条 | 石材幕墙上的滴水线、流水坡向应正确、顺直 | 观察；用水平尺检查 |
| 6 | 石材表面质量 | 第9.4.19条 | 每平方米石材的表面质量和检验方法应符合下表的规定（见下表） | 观察；钢直尺检查 |

每平方米石材的表面质量和检验方法

| 项次 | 项目 | 质量要求 | 检验方法 |
|---|---|---|---|
| 1 | 裂痕、明显划伤和长度＞100mm的轻微划伤 | 不允许 | 观察 |
| 2 | 长度≤100mm的轻微划伤 | ≤8条 | 用钢直尺检查 |
| 3 | 擦伤总面积 | ≤500mm$^2$ | 用钢直尺检查 |

表7－22　石材幕墙安装的允许偏差和检验方法

| 项次 | 项　　目 | | 允许偏差/mm | | 检验方法 |
|---|---|---|---|---|---|
| | | | 光面 | 麻面 | |
| 1 | 幕墙垂直度 | 幕墙高度≤30m | 10 | | 用经纬仪检查 |
| | | 30m＜幕墙高度≤60m | 15 | | |
| | | 60m＜幕墙高度≤90m | 20 | | |
| | | 幕墙高度＞90m | 25 | | |
| 2 | 幕墙水平度 | | 3 | | 用水平仪检查 |
| 3 | 板材立面垂直度 | | 3 | | 用水平仪检查 |
| 4 | 板材上沿水平度 | | 2 | | 用1m水平尺和钢直尺检查 |
| 5 | 相邻板材板角错位 | | 1 | | 用钢直尺检查 |
| 6 | 幕墙表面平整度 | | 2 | 3 | 用垂直检测尺检查 |
| 7 | 阳角方正 | | 2 | 4 | 用直角检测尺检查 |
| 8 | 接缝直线度 | | 3 | 4 | 拉5m线，不足5m拉通线，用钢直尺检查 |
| 9 | 接缝高低差 | | 1 | － | 用钢直尺和塞尺检查 |
| 10 | 接缝宽度 | | 1 | 2 | 用钢直尺检查 |

4. 质量验收文件

质量验收文件应包括以下文件：

●幕墙工程的施工图、结构计算书、设计说明书及其他设计文件。

●建筑设计单位对幕墙工程设计的确认文件。

●幕墙工程所用各种材料、五金配件、构件及组件的产品合格证书、性能检测报告、进场验收记录和复验报告。

●幕墙工程所用硅酮结构胶的认定证书和抽查合格证明；进口硅酮结构胶的商检证；国家指定检测机构出具的硅酮结构胶相容性和剥离粘结性试验报告；石材用密封胶的耐污染性试验报告。

●后置埋件的现场拉拔强度检测报告。

●幕墙的抗风压性能、空气渗透性能、雨水渗漏性能及平面变形性能检测报告。

●打胶、养护环境的温度、湿度记录；双组分硅酮结构胶的混匀性试验记录及拉断试验记录。

●防雷装置测试记录。

●隐蔽工程验收记录。

●幕墙构件和组件的加工制作记录；幕墙安装施工记录。

5. 质量验收记录表

*项目记录表内容*　石材幕墙工程检验批质量验收记录表见表7－23～表7－24。

*表7－23填表说明（主控项目）*　质量要求包括以下内容：

第一，石材幕墙工程所使用材料的品种、规格、性能和等级，应符合设计要求及国家现行产品标准和工程技术规范的规定。石材的弯曲强度不应小于8.0MPa；吸水率应小于0.8%。石材幕墙的铝合金挂件厚度不应小于4.0mm，不锈钢挂件厚度不应小于3.0mm。

第二，石材幕墙的造型、立面分格、颜色、光泽、花纹图案应符合设计要求。

第三，石材孔、槽的数量、深度、位置、尺寸应符合设计要求。

第四，石材幕墙主体结构上的预埋件和后置埋件的位置、数量及后置埋件的拉拔力必须符合设计要求。

第五，石材幕墙的金属框架立柱与主体结构预埋件的连接、立柱与横梁的连接、连接件与金属框架的连接、连接件与石材面板的连接必须符合设计要求，安装必须牢固。

第六，金属框架及连接件的防腐处理应符合设计要求。

第七，石材幕墙的防雷装置必须与主体结构的防雷装置可靠连接。

第八，石材幕墙的防火、保温、防潮材料的设置应符合设计要求，填充应密实、均匀、厚度一致。

第九，各种结构变形缝、墙角的连接节点应符合设计要求和技术标准的规定。

第十，石材表面和板缝的处理应符合设计要求。

第十一，石材幕墙的板缝注胶应饱满、密实、连续、均匀、无气泡，板缝宽度和厚度应符合设计要求和技术标准的规定。

**表7-23 石材幕墙工程检验批质量验收记录表（主控项目）**

［GB 50210—2001（Ⅰ）］

| | | | | | |
|---|---|---|---|---|---|
| 单位（子单位）工程名称 | | | | | |
| 分部（子分部）工程名称 | | | | 验收部位 | |
| 施工单位 | | | | 项目经理 | |
| 分包单位 | | | | 分包项目经理 | |
| 施工执行标准名称及编号 | | | | | |
| 施工质量验收规范的规定 | | | | 施工单位检查评定记录 | 监理（建设）单位验收记录 |
| 主控项目 | 1 | 材料质量 | 第9.4.2条 | | |
| | 2 | 造型、分格、颜色、光泽、花纹、图案 | 第9.4.3条 | | |
| | 3 | 石材孔、槽 | 第9.4.4条 | | |
| | 4 | 预埋件和后置埋件 | 第9.4.5条 | | |
| | 5 | 各种构件连接 | 第9.4.6条 | | |
| | 6 | 框架和连接件防腐 | 第9.4.7条 | | |
| 施工质量验收规范的规定 | | | | 施工单位检查评定记录 | 监理（建设）单位验收记录 |
| 主控项目 | 7 | 防雷装置 | 第9.4.8条 | | |
| | 8 | 防火、保温、防潮材料 | 第9.4.9条 | | |
| | 9 | 结构变形缝、墙角连接点 | 第9.4.10条 | | |
| | 10 | 表面和板缝处理 | 第9.4.11条 | | |
| | 11 | 板缝注胶 | 第9.4.12条 | | |
| | 12 | 防水 | 第9.4.13条 | | |
| 施工单位检查评定结果 | | | 专业工长（施工员） | | 施工班组长 |
| | | | 项目专业质量检查员： 年 月 日 | | |
| 监理（建设）单位验收结论 | | | 专业监理工程师<br>（建设单位项目专业技术负责人）： 年 月 日 | | |

第十二，石材幕墙应无渗漏。

检查方法包括以下内容：主控项目1项观察和尺量检查，检查产品合格证书、性能检测报告、材料进场验收记录和复验报告；2、10项观察检查；3项检查进场验收记录和施工记录；4项检查拉拔力检测报告和隐蔽工程验收记录；5项手扳检查、检查隐蔽工程验收记录；6、8项检查隐蔽工程验收记录；7项观察和检查隐蔽工程验收记录及施工记录；9项检查隐蔽工程验收记录和施工记录；11项观察和尺量检查，并检查施工记录；12项在易渗漏部位进行淋水检查。

表7-24填表说明（一般项目） 质量要求包括以下内容：

- 石材幕墙表面应平整，洁净，无污染、缺损和裂痕。颜色和花纹应协调一致，无明显色差，无明显修痕。
- 石材幕墙的压条应平直、洁净、接口严密、安装牢固。
- 石材接缝应横平竖直、宽窄均匀；阴阳角石板压向应正确，板边全缝应顺直；凸凹线出墙厚度应一致，上下口应平直；石材面板上洞口、槽边应套割吻合，边缘应整齐。
- 石材幕墙的密封胶缝应横平竖直、深浅一致、宽度均匀、光滑顺直。

• 石材幕墙上的滴水线、流水坡向应正确、顺直。

• 每平方米石材的表面质量符合表7-21的规定。

• 石材幕墙安装的允许偏差应符合表7-22的规定。

检查方法包括以下内容：一般项目1、4项观察检查；2项观察和手扳检查；3项观察和尺量检查；5项观察和用水平尺检查；6项按要求用钢直尺检查；7项用经纬仪、水准仪、拉线和尺量检查。

**表7-24 石材幕墙工程检验批质量验收记录表（一般项目）**

［GB 50210—2001（Ⅱ）］

<table>
<tr><td colspan="3">单位（子单位）工程名称</td><td colspan="6"></td></tr>
<tr><td colspan="3">分部（子分部）工程名称</td><td colspan="4"></td><td>验收部位</td><td></td></tr>
<tr><td colspan="3">施工单位</td><td colspan="4"></td><td>项目经理</td><td></td></tr>
<tr><td colspan="3">分包单位</td><td colspan="4"></td><td>分包项目经理</td><td></td></tr>
<tr><td colspan="3">施工执行标准名称及编号</td><td colspan="6"></td></tr>
<tr><td colspan="7">施工质量验收规范的规定</td><td>施工单位检查评定记录</td><td>监理（建设）单位验收记录</td></tr>
<tr><td rowspan="19">一般项目</td><td>1</td><td colspan="3">表面质量</td><td colspan="2">第9.4.14条</td><td></td><td rowspan="19"></td></tr>
<tr><td>2</td><td colspan="3">压条</td><td colspan="2">第9.4.15条</td><td></td></tr>
<tr><td>3</td><td colspan="3">细部质量</td><td colspan="2">第9.4.16条</td><td></td></tr>
<tr><td>4</td><td colspan="3">密封胶缝</td><td colspan="2">第9.4.17条</td><td></td></tr>
<tr><td>5</td><td colspan="3">滴水线</td><td colspan="2">第9.4.18条</td><td></td></tr>
<tr><td>6</td><td colspan="3">石材表面质量</td><td colspan="2">第9.4.19条</td><td></td></tr>
<tr><td rowspan="13">7</td><td rowspan="13">安装允许偏差/mm</td><td rowspan="4">幕墙垂直度</td><td>幕墙高度≤30m</td><td colspan="2">10</td><td></td></tr>
<tr><td>30m＜幕墙高度≤60m</td><td colspan="2">15</td><td></td></tr>
<tr><td>60m＜幕墙高度≤90m</td><td colspan="2">20</td><td></td></tr>
<tr><td>幕墙高度＞90m</td><td colspan="2">25</td><td></td></tr>
<tr><td colspan="2">幕墙水平度</td><td colspan="2">3</td><td></td></tr>
<tr><td colspan="2">幕墙表面平整度</td><td>光2</td><td>麻3</td><td></td></tr>
<tr><td colspan="2">板材立面垂直度</td><td colspan="2">3</td><td></td></tr>
<tr><td colspan="2">板材上沿水平度</td><td colspan="2">2</td><td></td></tr>
<tr><td colspan="2">相邻板材板角错位</td><td colspan="2">1</td><td></td></tr>
<tr><td colspan="2">阳角方正</td><td>光2</td><td>麻4</td><td></td></tr>
<tr><td colspan="2">接缝直线度</td><td>光3</td><td>麻4</td><td></td></tr>
<tr><td colspan="2">拉缝高低差</td><td>光1</td><td>—</td><td></td></tr>
<tr><td colspan="2">接缝宽度</td><td>光1</td><td>麻2</td><td></td></tr>
<tr><td colspan="4" rowspan="2">施工单位检查评定结果</td><td colspan="2">专业工长（施工员）</td><td></td><td>施工班组长</td><td></td></tr>
<tr><td colspan="5">项目专业质量检查员：　　　年　月　日</td></tr>
<tr><td colspan="4">监理（建设）单位验收结论</td><td colspan="5">专业监理工程师<br>（建设单位项目专业技术负责人）：　　　年　月　日</td></tr>
</table>

【本章小结】

幕墙工程的管理主要从施工环境、材料质量、施工质量、施工安全等方面来控制。管理的重点在材料质量控制、施工质量控制、施工安全控制等方面。质量通病及防治措施是本章重点内容。施工质量的检验有详细的评定标准。

【思考题】

1. 幕墙工程的施工环境控制的具体要求有哪些？
2. 幕墙工程中的玻璃材料的质量要求有哪些？
3. 幕墙工程的施工质量控制的具体要求有哪些？

【推荐阅读书目】

1. 建筑装饰装修工程施工与质量验收实用手册．孙科炎主编．北京：中国建材工业出版社，2004.

2. 装饰工程项目管理规范实施手册．张维君主编．北京：中国建筑工业出版社，1999.

3. 室内装饰材料．向仕龙，张秋梅，张求慧编著．北京：中国林业出版社，2003.

【相关链接】

1. 中国室内装饰协会．http：//www. cida. net. cn/home. php

2. 设计在线．http：//www. dolcn. com

# 第8章 涂饰工程管理

**【本章难点与重点】** 涂饰工程的管理主要从施工环境、材料质量、施工质量、施工安全等方面来控制。管理的重点在施工环境、材料质量、施工质量等方面。质量通病及防治措施是本章重点内容。

建筑涂料是一种重要的饰面材料。涂料在建筑物上主要起装饰和保护作用。建筑涂料的使用与其他饰面材料相比，具有工效高、工期短、自重轻、维修方便等优点。

建筑涂料的品种繁多、功能各异。按所用基料分，有无机类建筑涂料、有机高分子类建筑涂料、有机和无机复合型建筑涂料等；按所用建筑部位分，有内墙、顶棚、外墙、地面建筑涂料等；以涂料本身功能分，有防霉、防潮、防水、耐热、防震、防污染、防电波干扰、防射线、杀菌、芳香等特殊功能的建筑涂料。

## 8.1 施工环境控制

涂饰工程应从工序衔接、基层要求、工序保证等方面进行控制，以便创造良好的施工操作环境，从而保证工程质量。

1. 工序衔接

涂饰工程要适时插入，如工序颠倒，将会影响质量。

2. 对基层的基本要求

- 有缺陷的基层应进行修补，经修补后的基层不平整度及连接部错位，应限制在涂料品种、涂装厚度及表面装饰状态等允许的范围之内。
- 基层表面不应附着灰尘、油脂、锈斑及砂浆和混凝土渗出物等。
- 基层表面的强度与刚性，应比涂饰后的涂层高。如果基层材料为加气混凝土等疏松表面，应预先涂刷固化交联溶剂型封底涂料（通常为合成树脂乳液封闭底漆），以加固基层表面。
- 基层表面修补部位，所用修补砂浆的碱性、含水率及粗糙度等，应与其他部位相同，如有不一致时应加涂封底涂料。
- 基层含水率应根据所用涂料的种类，在允许的范围之内（一般要求在8%以下）。
- 基层 pH 值应根据所用涂料的种类，在允许的范围之内（一般要求在10以下）。
- 在基层上安装的金属件、各种钉件等，应进行防锈处理。
- 在基层上的各种构件、预埋件，以及水暖、电气、空调等管线，均按设计要求安装就位。

3. 对操作环境的基本要求

- 涂饰环境应洁净，通风良好，并注意气候条件的变化，当遇大风、雨、雾、高温、太阳暴晒或寒冷天气，室外不宜涂饰施工。涂膜干燥前，应防止尘土沾污。

● 冬季施工，室内涂饰工程应在采暖条件下进行，室温应保持稳定，不得突然变化，应按涂料说明要求的温度进行施工。

4. 对施工操作的基本要求

● 涂料的工作稠度，必须加以控制。根据涂料性能、气温高低和施工工艺决定稠度。

● 后一遍涂料必须在前一遍涂料干燥后进行。涂饰中，不得随意稀释。

● 做好相邻部位的遮盖和保护，以防沾污。

5. 工序控制

涂饰工程必须按照规定的工序进行操作。偷工减序，其质量难以保证。

6. 做样板

涂饰工程应先做样板或样板间，经甲方、设计人员等有关人员鉴定合格后，并办理确认手续，方可大面积施工。

## 8.2 材料质量控制

涂饰工程所使用材料的品种，应符合设计要求，并应符合现行材料标准规定。材料进场后，应验收，如对质量有怀疑时应检验，合格后方可使用。如使用新材料，应索取产品合格证等资料，按照产品说明书的要求进行操作。

### 8.2.1 常用外墙涂料

1. 乙烯（含丙烯酸酯）树脂类外用乳胶漆

采用醋酸乙烯——丙烯酸酯，醋酸乙烯——顺丁烯二、酸丁酯、苯乙烯——丙烯酸酯等共聚乳液为成膜材料而配制的各类乳胶漆，具有良好的耐候和耐久性及涂装效果。

2. 外用丙烯酸酯类涂料

主要采用有机硅（硅油、硅氧烷水解物等）、硅溶胶等改性添加剂和专用颜料、填料配制而成的耐候外用丙烯酸类涂料。

3. 无机装饰涂料

无机装饰涂料是以无机高分子材料为主要成膜材料加工配制成的新型建筑涂料，其耐热、耐污染和耐候性能均优于一般有机高分子涂料。

### 8.2.2 常用内墙涂料

内墙、顶棚涂料一般要求平整度高，饱满性好，色调柔和新颖，而且内墙涂料还要求耐湿擦和干擦性能好。

常用的内墙涂料按其化学成分分为聚乙烯醇、氯乙烯、苯丙、乙丙、丙烯酸、硅酸盐、复合类和其他类等8类。

### 8.2.3 墙面涂料的选择原则与方法

1. 涂料的选用原则

涂料的选择原则是：好的装饰效果，合理的耐久性和经济性。

装饰效果　如前所述，建筑的装饰效果主要是由质感、线型和色彩这三方面决定，其中线型是由建筑结构及饰面方法所决定，而质感和色彩则是涂料装饰效果优劣的基本要素。所以在选用涂料时，应考虑到所选用的涂料与建筑的协调性及对建筑形体设计的补充效果。

耐久性　耐久性包括两个方面的含义，即对建筑物的保护效果和装饰效果。涂膜的变色、沾污、剥落与装饰效果有直接关系；耐粉化、龟裂、剥落则与保护效果有关。

经济性　经济性与耐久性是辩证统一的。经济性表现在短期经济效果与长期经济效果，有些产品短期效果好，而长期经济效果差，有些产品则反之。因此须综合考虑，权衡其经济性，对不同建筑墙面选择不同的涂料。

2. 涂料的选择方法

按建筑物的装饰部位选择具有不同功能的涂料　外部装饰主要有外墙立面、房檐、窗套等部位，这些部位长年累月处于风吹日晒雨淋之中，所用涂料必须有足够好的耐水性，耐候（耐老化）性、耐沾污性和耐冻融性，才能保证有较好的装饰效果和耐久性。内部装饰主要有内墙立面、顶棚、地面。内墙涂料除对颜色、平整度、丰满度等有一定要求之外，还应有较好的机械稳定性，即有一定的硬度、耐干擦和湿擦性。一般内墙涂料原则上均可作顶棚涂装，但在较大型的公用建筑中，采用添加粗骨料的毛面顶棚涂料则更富有装饰效果。地面涂料除改变水泥地面硬、冷、易起灰等弊病外，还应具有较好的隔音作用。

按不同的建筑结构材料来选择涂料及确定涂装体系　用于建筑结构的材料很多，如混凝土、水泥、石膏、砖、木材、钢铁和塑料等。各种涂料所适应的基层材料是有所不同的，如无机涂料不适用于塑料、钢铁等结构材料上，对这类结构材料一般使用溶剂型或其他有机高分子涂料来装饰；而对混凝土、水泥砂浆等结构材料，必须使用具有较好的耐碱性的涂料，并且应能有效地防止基层材料中的碱分［$CaO$、$Ca(OH)_2$］析出涂膜表面，引起“盐析”现象而影响装饰效果。

按建筑物所处的地理位置和施工季节选择涂料　建筑物所处的地理位置不同，其饰面即经受不同的气候条件。炎热多雨的南方所用的涂料不仅要求有较好的耐水性，而且应有较好的防霉性，否则霉菌繁殖会很快使涂料失去装饰效果。严寒的北方对涂料的耐冻融性有着更高的要求。雨季施工时，应选择干燥迅速并且有较好初期耐水性的涂料。冬季施工则应特别注意涂料的最低成膜温度，选用成膜温度低的涂料。

按建筑标准和造价选择涂料和确定施工工艺　对于高级建筑可以选用高档涂料，并采用三道成活的施工工艺，即底层为封闭层，中间层形成具有较好质感的花纹和凹凸状，面层则使涂膜具有较好的耐水性、耐沾污性和耐候性，从而达到较好的装饰效果和耐久性。一般的建筑可选用中档或低档涂料，采用二或一道成活的施工工艺。

以上几点可供选择建筑涂料作为参考。但涂料对于涂料厂来说是成品，对建筑业来说却是原材料。一种好的涂料仅仅为取得好的装饰效果、合理的耐久性提供了前提。要充分发挥涂料的装饰效果和保护作用，必须在基层表面创造有利的质感、线型、涂层附着条件以及采用合理的施工工艺和施工条件。因此，当涂料选定之后，一定要对该涂料的施工要求和注意事项作全面了解，并按要求规范施工，才能取得预期的效果。

### 8.2.4 涂料的使用要求及配套材料

1. 涂料的使用要求

涂料种类繁多，性能各异。为保证涂层的质量，必须了解涂料的标准、型号、性能及用途，还必须了解涂料在使用上的配套性。涂料的配套要求主要有以下内容。

涂料与基层表面的配套　金属表面，应选用防锈性能较好的底层涂料，以增强防锈涂料的附着力和防锈能力。木料表面，可先用清油或油性清漆打底，为提高涂层的光泽，可用木料封闭涂料打底，以防面层清漆被木料吸收，影响光泽。

各涂料层之间的配套　为加强各涂层之间的结合力，底层涂料、刮泥子、封闭底层涂料、面层涂料均应配套。并应通过试验（做样板），以检验各涂层之间的结合力是否良好而稳定，不咬底，达到预期效果后，方可使用。一般以同类型成分的涂料配套使用比较可靠。

涂料与溶剂、助剂的配套　要选用与所使用的涂料能结合的溶剂、助剂，否则在涂刷过程中会发生某些质量问题。

与施工方法的配套、涂料如采用正确的施工方法，可显著地提高涂层的质量。如施工方法不当，则不会达到预期的装饰效果。因此，必须根据涂料产品的性能和要求，严格按操作工艺规程进行施工。

2. 涂料使用配套材料

泥子　泥子对基体或基层的附着力、机械强度和耐老化性能，成为决定涂层质量的重要因素。涂料的种类繁多，施工方法各异，故所使用的泥子也应各不相同。应根据基层、底料和面涂料的性质配套选用相应的泥子。

为保证涂料工程中泥子的质量，涂料工程常用泥子及润粉配合比（质量比）见表8－1。

打磨砂纸　基体或基层用泥子嵌实填平后，要用砂纸打磨使之平整光滑，然后再涂刷涂料。

常用打磨砂布（包括木砂纸）、水砂纸规格见表8－2及表8－3。

**表8－1　涂料工程常用泥子及润粉配合比（质量比）**

| 混凝土表面、抹灰表面 | | 木料表面 | | | 金属表面 |
|---|---|---|---|---|---|
| 适用于室内的泥子① | 适用于外墙、厨房、厕所、浴室的泥子 | 石膏泥子 | 清漆的润水粉 | 清漆的润油粉 | |
| 聚醋酸乙烯乳液（即白乳胶）1 | 聚醋酸乙烯乳液（即白乳胶）1 | 石膏粉 20<br>熟桐油 7 | 大白粉 14<br>骨胶 1 | 大白粉 24<br>松香水 16 | 石膏粉 20<br>熟桐油 5 |
| 滑石粉或大白粉 5 | 水泥 5 | 水 50 | 土黄或其他颜料 1 | 熟桐油 2 | 油性泥子或醇酸泥子 10 |
| 2%羧甲基纤维素溶液 3.5 | 水 1 | | 水 18 | | 底漆 7<br>水 45 |

①表面刷涂清漆后使用的泥子，同木料表面石膏泥子的配合比。

**表8－2　打磨砂布（包括木砂纸）规格**

| | 中等的 | | | | | | | 细的 | | | |
|---|---|---|---|---|---|---|---|---|---|---|---|
| 号数 | 4 | $3\frac{1}{2}$ | 3 | $2\frac{1}{2}$ | 2 | $1\frac{1}{2}$ | 1 | 0 | 00 | 000 | 0000 |
| 粒度 | 24 | 30 | 36 | 46 | 60 | 80 | 100 | 120 | 150 | 180 | 240 |

**表8－3　水砂纸规格**

| | 中等的 | | | | | | | 细的 | | | |
|---|---|---|---|---|---|---|---|---|---|---|---|
| 号数 | 200 | 220 | 240 | 260 | 280 | 300 | 320 | 340 | 360 | 380 | 400 |

## 8.3　施工质量控制

涂饰工程施工中常见质量通病、原因分析及防治措施见表8-4。

**表8-4　涂饰工程施工中常见质量通病、原因分析及防治措施**

| 项次 | 内容 | 质量通病 | 原因分析 | 防治措施 |
|---|---|---|---|---|
| 1 | 泥子不干硬，卷皮、开裂、塌陷 | 1. 油灰泥子刮涂在物面上，几天后仍柔软，不干硬、不粘结<br>2. 泥子刮到物面上后，会卷起来<br>3. 泥子发生开裂、起泡和脱落<br>4. 涂膜干后，出现泥子塌陷 | 1. 不干结。调配油灰泥子中所用熟石膏粉烧过火<br>2. 卷皮<br>（1）拌和泥子时，水分加得过多<br>（2）被涂物面比较潮湿，刮上去的泥子粘附不牢<br>（3）在底漆太光滑的平面上刮泥子<br>3. 开裂、起泡、脱落<br>（1）木材尚未充分干燥<br>（2）板缝粘接不严密或榫眼安装不当<br>（3）施工时有大风或物面受烈日暴晒<br>（4）泥子填刮得太厚；泥子中填充料过多，相对地胶黏剂太少，泥子干燥缓慢。此外，腻子附着力差，也易造成开裂、起泡和脱落。泥子中石膏和水的用量过多，易发脆，继而开裂。配制硝基泥子时，硝化棉的含量太高，增韧剂用量不适当，泥子干后收缩、开裂<br>4. 塌陷<br>（1）头遍泥子未干就刮二遍泥子。泥子填坑时，一次用量太多，泥子干燥后收缩而引起凹陷<br>（2）调制油性泥子补洞嵌缝时，加水过少施工性不好，使泥子干后出现塌陷 | 1. 不干结<br>不得使用烧过火的石膏粉。为防止使用烧过火的石膏粉而造成油灰泥子报废，可预先采取下列方法鉴别：<br>（1）已烧过火的熟石膏粉在调配泥子过程中一般会散发出葱臭味<br>（2）已使用了烧过火的熟石膏粉调配的泥子有时只有一次吸水膨涨，有时一次也没有，且有不转色现象<br>2. 卷皮<br>（1）在泥子配料中加入适量的熟桐油或清漆，即可防止卷皮，但油分不能加得太多，太多了会使泥子软瘫，没有刚性<br>（2）将物面的潮气或水珠用抹布擦净或烘干<br>（3）应在上泥子之前打磨物面，并涂刷一遍红灰打底漆。<br>3. 开裂、起泡、脱落<br>（1）施工期间，避免大风和烈日暴晒<br>（2）按规定的配合比调配泥子，保证其胶黏性、附着力。泥子必须填刮在涂有底漆的物体表面上，底漆必须充分干燥，每道泥子的厚度不得大于0.5mm，同时往返刮涂次数不能太多<br>（3）因木材未干而引发的裂缝，应将木品放在阳光下晒几天，然后用胶量大的水胶泥子将裂缝填实<br>（4）用凿子将缝边削宽，再用有色泥子将缝隙填实补平。当板眼和榫眼松动时，先用小钉固定，再补泥子<br>4. 塌陷<br>（1）泥子应分多次薄刮，充分干燥，逐步找平<br>（2）对于大洞，先用小刀将该部位的泥子全部挖出，用碎木料（屑）做成相应的形状，蘸胶液将洞补实、补平，擦净余胶，然后再补稀泥子，上颜色、涂漆。对于小洞，用小刀将该部位的漆膜刮除，然后用虫胶漆拌老粉，并加适量的颜料调成泥子，用小刀将小洞填高，待干后砂纸磨平，补色、涂漆 |
| 2 | 底色花斑 | 在光亮透明的漆膜下显露出颜色深浅不一的斑疤。底色花斑，在透明涂饰工艺中较为常见，一般产生于底层处理过程中，是清漆常见的病态之一 | 1. 基体物面上有油污、松脂疤、胶水印等未处理干净<br>2. 在做露木纹的清水活时，没有将白坯上残余的泥子打磨干净；嵌过泥子的面上和未嵌过泥子的面吸收颜色和油分不一样，涂刷后显出斑疤（泥子疤）；打磨工夫不佳，不顺木材纹理随意打磨<br>3. 在白坯面上嵌填的虫胶漆泥子中，虫胶漆过浓，泥子中的颜色深于底色而留有明显填疤；或涂刷时，反复多刷<br>4. 在白坯面上润水粉色，木纹孔隙受到水分影响而膨胀、伸缩，引起底色花斑；在白坯面上涂刷水色，不均匀或揩擦不到均会留有痕迹，砂纸擦痕过深等经上色后也会留痕迹 | 1. 除胶去污迹、白坯脱脂必须认真操作，并保持物面干燥、洁净。木制品涂油前，必须先满批泥子或抹油粉子，决不能局部补嵌<br>2. 砂磨时，必须按各种物面的需求进行打磨，适当使用粗细砂纸及旧砂纸等顺木纹有规则地进行打磨，将残余的泥子打磨干净，并露出木纹<br>3. 虫胶漆的配方须按各种工序的需求配制，尤其是调制泥子的虫胶漆，不宜过浓，颜色须浅于底色。涂刷时，排笔蘸虫胶漆不能过多，涂刷要快而匀，不能重复，尤其是在仿制木纹的水色面上涂刷，更应注意<br>4. 一般在较高级的涂饰工艺中，多数用柞木批刮油性泥子，然后再上色。白坯打磨须仔细，从粗到细。也可在白坯面涂刷10%的酒色以润滑白坯物面后再上色。树脂色浆工艺着色均匀，木材无胀缩变形，适宜选用 |

（续）

| 项次 | 内容 | 质量通病 | 原因分析 | 防治措施 |
|---|---|---|---|---|
| 3 | 色泽不匀 | 色泽不匀在透明涂饰工艺和不透明涂饰工艺以及半透明涂饰工艺中均较为常见，一般产生于上底色、涂色漆以及批刮着色泥子过程中 | 1. 木质不均匀，对着色吸收不一，或着色时揩擦不匀，尤其深色重复涂刷；酒色染色后色彩鲜艳，但容易发生色调浓淡不匀现象；涂过水色后，木面遭湿手触摸；或水洒，留下痕迹；操作不当，如配料不均匀，涂刷不均匀，或出现明显接槎<br>2. 在上色后的物面上批刮着色泥子，由于泥子中所含的水分多、油性少而引起白坯面上填嵌泥子的颜色深于批刮泥子。最忌在着色泥子中任意加入颜料及体质颜料，引起色漆的底漆与面漆不一致 | 1. 刷水色前，可在白木坯上涂刷一遍虫胶清漆，或揩擦过水老粉后再涂刷一次虫胶清漆，以防止木材出现颜色过深及分布不匀的现象。如果局部吸收水色过多，可用干净棉纱揩淡一些。如果水色在物面不能均匀分布，有些部位甚至刷不上，可用沾有水色的排笔或棉纱擦一擦后，再行涂刷，避免在同一部位重复涂刷。涂刷完毕，不能用湿手触摸物面或遭雨水侵入<br>2. 批刮泥子中的水分须少，油性须重，底色、嵌填泥子、批刮泥子中配制的颜色由浅到深，着色泥子须一次配成，不能任意加色或加入体质颜料。在不透明涂饰工艺中涂刷色漆，须底浅面深，逐渐加深，涂刷时刷具须匀称，轻重一致。接槎口可用白布包棉花团，在漆里泡湿拧干后揩拭<br>3. 长期以来，大家具涂饰一般都采用虫胶漆液打底，其缺点是大部分虫胶漆呈紫色或棕黄色，不宜做成浅色或本色漆；虫胶底漆与聚氨酯面漆的附着力差，往往产生漆膜脱落现象；耐热度一般为80℃左右。宜采用树脂色浆新工艺，也可采用XJ－1酸固化氨基底漆代替虫胶底漆，它呈乳白色，适于涂饰淡色或本色木材，刷2道可代替<br>4. 道虫胶漆，并且封闭性好；缺点是低温、高温时，干燥速度较慢。为此，使用时应加入浓度为2%的硫酸作硬化剂，用量为每100g漆里加3～5mL；配套使用的泥子中，应避免使用能与硫酸起化学反应的材料，如大白粉、钛白粉，应使用水性染色泥子。聚氨酯漆施工，宜用稀释的聚氨酯作底漆，或用ABC底漆、YJ－1酸固化氨基底漆 |
| 4 | 慢干和回黏 | 油漆涂刷后，漆膜超过规定的干燥时间仍未干燥，称为慢干。如果漆膜已形成，但仍有黏指现象，称为回黏。慢干和回黏都容易使漆膜表面碰坏或沾污，使施工期延长，严重的还需要返工 | 1. 油漆过稠，涂刷时漆膜太厚，致使漆膜氧化作用仅限于表面，漆膜内部聚合进行缓慢，内层漆膜长时间不能干燥。如厚的亚麻仁油制的漆，涂在阴暗处发黏可长达数年<br>2. 前遍漆未完全干透，又涂刷第二遍漆，造成面漆干燥结膜，而底漆不能固结，使漆膜长时间柔软不干固<br>3. 催干剂使用不适当，品种不符，数量过多或不足。催干剂虽能加速油基漆类的干燥，但是涂层的干燥速度并不与催干剂的用量成正比。当超过一定数量之后，干燥速度反而要下降（表面结膜封闭，里层干得慢），同时还会造成涂膜发黏或起皱等毛病。漆料贮存过久，催干剂被颜料吸收而失效，造成漆膜不干结<br>4. 底漆中含有较多蜡质合使硝基漆出现慢干和发黏，虫胶漆中加有超过10%的松香溶液或乙醇度数不高，也会使硝基漆面出现慢干与发黏<br>5. 在雨雾、潮湿、严寒、阴暗、烈日暴晒等恶劣气候条件下施工，都能影响漆膜的干燥。涂刷天然漆时，周围潮气过小（天气过分干燥），易造成漆膜慢干或回黏 | 1. 选用优良的漆料，不使用贮存时间过长的漆料，对于性能不够了解的漆料，要进行试验或作样板，合格后再使用<br>2. 选用适当的催干剂。常用的催干剂有铅催干剂、钴催干剂与锰催干剂。铅催干剂可促使漆膜的表面和内层同时干燥；钴催干剂催干能力较强，可使漆膜表面迅速干燥；锰催干剂的催干作用介于铅、钴催干剂之间。这几种催干剂一般需配合使用，效果较好。催干剂的加入量要严格控制，不能主要靠催干剂来加快干燥速度，若想加快涂层漆膜的干燥速度，应改变漆料的类型和采用人工干燥的方法。催干剂加入后要充分搅拌，并放置1～2h，才能充分发挥催干效能<br>3. 硝基漆木器应用低毒的苯类稀释剂，并用不变质的漆料作罩光面漆用。虫胶漆的配制须用95%以上的工业酒精（气候不过分潮湿时，尽量不放松香）。在发黏不干的腊克（硝基清漆）面上可用棉球蘸稀腊克进行涂揩数遍，或用虫胶清漆薄薄涂刷2～3次<br>4. 水泥砂浆等潮湿基层不能涂油漆，至少要经过2～3个月的风干时间的基层才允许涂刷油漆，含水率用专门仪器测定。潮湿会影响漆膜正常干燥，尤其物面凝结湿气时，必须擦干，待湿气蒸发后，方可涂漆。具体要求是混凝土和抹灰层的含水率不得大于8%，碱度pH值应在10以下；木材含水率不得大于12%<br>5. 应选择良好的施工环境，不得有酸、碱、盐分或其他化学气体；不在雨雾、潮湿、严寒、阴暗、烈日暴晒等恶劣气候条件下进行施工。一般最适宜的条件是空气相对湿度不超过70%。温度低或冬季可酌加一些催干剂。在室内、地下室施工，要使空气流通，促使漆膜干燥 |

（续）

| 项次 | 内容 | 质量通病 | 原因分析 | 防治措施 |
| --- | --- | --- | --- | --- |
| 5 | 漆膜粗糙、表面起粒 | 油漆涂饰在物体上，漆膜中颗粒较多，表面粗糙，不但影响美观，而且会造成粗粒凸出，部分漆膜提前损坏。各类漆膜都可能出现此类毛病，但油脂漆的漆膜较软、较粗糙，酚醛树脂漆的漆膜较脆，都比较容易产生小颗粒。有光漆由于外表面光滑，毛病最明显；亚光漆次之，无光漆不易发现。在光滑的基层上涂刷高级有光漆，要比在粗糙面上涂刷一般油漆容易发现 | 1. 漆料在调制过程中，研磨不够、用油不足等，都会产生漆膜粗糙；有的漆料调配时细度很好，但涂刷后即现出斑点，如酚醛与醇酸清漆，混色漆中蓝色、绿色及含铁蓝等漆料容易产生粗糙<br>2. 漆料调制搅拌不均匀，或贮存时产生凝胶，油漆变质，过箩（或筛）不细致，将杂质污物混入漆料中；调配漆料时，产生的气泡混在漆内未经散开即施工，尤其在天气寒冷时，气泡更不易散开，漆膜在干燥过程中即产生粗糙<br>3. 误将两种以上不同性质的漆混合，干燥快的漆即刻发生粗糙，有的在涂完后才发现漆膜表面粗糙。用喷过油性漆料的喷枪喷硝基漆料时，溶剂将旧漆皮咬起成渣带入硝基漆料里<br>4. 施工环境不清洁，空气中有灰尘；刮风时将砂粒等飘落于漆料中，或沾在未干的漆膜上<br>5. 涂刷油漆前，物体表面打磨不光滑，灰尘、砂粒未清除干净<br>6. 漆桶、刷子等工具不洁净，油漆表面沾有漆皮或其他杂物；油漆底部有灰砂，又未经过箩（或筛）就使用，都会使漆膜粗糙 | 1. 选用优良的漆料；贮存时间长的、材料性能不明的漆料，应作样板试验后再使用<br>2. 漆料必须调制搅拌均匀，并过箩（或筛）将混入的杂物除净，等待气泡散开后再使用<br>3. 对于两种以上型号、性能不同的漆料，即使颜色相同，也严禁混合使用，只有相同性质的漆料才可混合在一起，喷硝基漆宜用专用喷枪<br>4. 刮风或有灰尘的场所不得进行施工，刚涂刷完的油漆应防止尘土污染<br>5. 基层在涂饰前，凸凹不平部位应刮抹泥子，并打磨光滑，擦去粉尘后再涂刷油漆<br>6. 漆桶边缘不应有旧漆皮，并经常保持洁净。未使用完的油漆，其表面应加些溶剂，或用纸、塑料布遮盖，防止结皮或灰砂等落入<br>7. 选用适宜的气压、喷枪口径及喷枪与物面的距离，熟练掌握喷涂施工方法<br>8. 当发现底漆膜有粗粒时，应先进行处理后，再涂刷面漆 |
| 6 | 漆膜皱纹 | 漆膜干燥后，表面收缩形成许多高低不平的弯曲楞脊痕迹，影响表面光滑和光亮。但专门生产的美术漆，如锤纹漆、皱纹漆等则不属于漆膜的病态 | 1. 漆料中含桐油太多，炼制聚合不佳的清漆，或含有沥青成分的黑磁漆，往往漆膜尚未流平而黏度已经增稠，出现皱纹。夏季高温，醇酸磁漆涂刷稍有不均匀，就起皱<br>2. 两层漆膜干燥速度不同。刷油时刷完后遇高温或太阳暴晒，以及催干剂加得过多，或调和漆中加入过量的锰、钴催干剂，使漆膜内外干燥不均匀，油漆表面提早干燥结膜而内部尚未干燥，就会形成表面皱纹。干性快的油漆和干性慢的油漆掺和使用，干性快的油漆先干，结成漆膜；而干性慢的油漆则慢慢结膜。对于长油度的漆料，如防锈漆、油性调和漆尤为显著<br>3. 在长油度漆膜上，加涂短油度漆膜，也会产生皱纹<br>4. 在漆料中使用挥发快的溶剂，要比挥发慢的溶剂易于产生皱纹<br>5. 底漆过厚，未干透或黏度太大，漆膜表层先干结成膜，隔绝了下层和空气的接触，致外干里不干而形成皱纹<br>6. 油漆涂刷不均匀，造成漆膜厚薄不匀，尤其物面基层不平滑的凹陷部位、边楞、合页部位油漆积聚过多，厚处起皱皮 | 1. 宜用亚麻仁油代替桐油，并控制挥发剂用量。熬炼漆料，聚合度应掌握均匀。为避免夏季施工起皱，醇酸磁漆里可加入 10%～20% 相同颜色的氨基磁漆或清漆，使干燥减缓。要重视漆料的选择，并且不得任意混杂<br>2. 多选用铅或锌的催干剂，少用钴或锰的催干剂。漆料中加入催干剂必须适量<br>3. 高温、日光暴晒及寒冷、风大的天气不宜涂刷油漆<br>4. 避免在长油度漆膜上，加涂短油度油漆，或底漆未完全干透的情况下涂饰面漆<br>5. 对于黏度大的漆料，可以适当加入稀释剂，使漆料易刷。物面基层必须打磨光滑平整。涂刷时，要使漆膜厚度均匀，必须纵横展开涂层，特别在边楞、线角、转角部位要涂刷均匀一致。涂刷黏度较大的漆料又不能稀释时，要选用刷毛短而硬的油刷进行涂饰 |

（续）

| 项次 | 内容 | 质量通病 | 原因分析 | 防治措施 |
|---|---|---|---|---|
| 7 | 橘皮 | 漆膜表面呈现出许多圆状突起，形如橘子皮 | 1. 在喷涂时，漆的黏度过大，压力太高，喷嘴太小，喷枪与物面距离远近不合适，以及施工温度太高或太低，都会使漆膜来不及流平就干燥而形成橘皮<br>2. 漆料处于静止液态的膜层中，由于高挥分溶剂急剧挥发，产生强烈对流电流，这种电流膜层破裂成小穴，未及二度流平已经表面干结，造成粗糙橘皮弊病 | 1. 选用由脱水硝化纤维素和挥发慢的溶剂配合起来的漆料，或采用沸点较高的溶剂（如环己酮）。硝基漆的黏度应该用硝基漆稀释剂（低毒苯）适当对稀。过氯乙烯漆的施工黏度，如采用小口径喷枪，应比硝基漆的施工黏度低得多，一般可按原漆量的30%～60%过氯乙烯漆稀释剂来对稀使用<br>2. 施工现场温度应在20℃左右。喷漆使用压力不宜太高，黏度适中，喷嘴略大一些，喷枪与物面保持适当的距离。刷漆时，黏度也不宜过大，防止产生橘皮 |
| 8 | 漆膜起泡 | 漆膜干透后，表面出现大小不同突起的气泡，用手压感到有一点弹性，气泡是在漆膜与物面基层，或面漆与底漆之间发生的。富有弹性的非渗透性的漆膜被其下面的气体、固体或液体形成的压力鼓起形成各种气泡。气泡内的物质与涂刷面的材料有关，有水、气体、树脂、晶化盐及铁锈等。新气泡软而有弹性，旧气泡硬、脆易于清除。漆膜下的水、树脂和潮气上升到漆刷面形成气泡，与阳光或其他热源产生的热量有关，热量越大越持久，产生气泡的可能性就越大。深色漆料由于反射弱，对热量的吸收多，要比浅色漆料容易产生气泡。起泡部位的附着力为零，气泡外膜很容易成片地脱落 | 1. 耐水性低的漆料用于浸水物体的涂饰，采用的油性泥子未完全干燥或底漆不干就涂面漆，石膏凝胶中的水或底漆膜中残存的溶剂受热蒸发，泥子和底漆中的水分和溶剂气化时为外罩的漆膜所遮挡，逸散不出，而形成气泡。对于面漆结膜较快的漆料，由于膜下封底的溶剂要逸出而产生气泡<br>2. 喷涂时，压缩空气中含有水蒸气，与漆料混在一起；涂刷的漆黏度太大，当漆刷沿着漆料涂刷时，夹带的空气进入涂层，不能跟随溶剂挥发而产生气泡<br>3. 施工环境温度太高，或日光强烈照射使底漆未干透，遇到雨水又涂上面漆；底漆干结时，产生气体将面漆膜顶起。在强烈的日光下涂刷油漆，涂层涂得太厚，表面的油漆经暴晒干燥，热量传入内层油漆后，油漆中的溶剂迅速挥发，造成漆膜起泡<br>4. 底漆涂饰不好，留有小的空气洞，当烘烤时空气膨胀，也会将外层漆膜顶起。油漆品种使用不当，如醇酸磁漆涂于浸水材料表面；漆膜过厚，与表面附着不牢，或层间缺乏附着力。在多孔表面涂漆时，没有将孔眼填实，在油漆干燥过程中，孔眼中的空气受热膨胀后鼓成气泡 | 1. 使用油性泥子，须待泥子干透后，再刷油漆。当基层有潮气或底漆上有水时，必须将水擦净，潮气散干后，再做油漆<br>2. 在潮湿及经常接触水的部位涂饰油漆时，应选用耐水漆料<br>3. 漆料黏度不宜太大，一次涂饰不宜过厚；喷漆使用的压缩空气要过滤，防止潮气侵入漆膜中<br>4. 多孔材料干燥后，其表面应及时涂刷封闭底漆（或树脂色浆）；施工时，避免用带汗的手接触工件；工件漆好后，不放在日光或高温下，并根据漆料的使用环境，合理地选择油漆品种；喷涂或刷涂的油漆不能太厚，如需得到较厚的漆膜，应分多次涂刷<br>5. 木质面上的油漆涂层：<br>（1）未风干或已风干木面涂刷时必须严格控制木材的含水率不大于12%。当现场环境湿度较大、无法降低含水量时，可将其暂时移至其他场所，待含水率达到规定标准，涂刷防潮漆料后再安装。风干的木面在处理或安装后应尽快涂刷优质底漆，底漆应用油刷刷进木材管孔内。木材的边沿及与砖、混凝土接触的表面宜涂刷二遍底漆，以防潮气渗入<br>（2）含树脂的木面应将含有树脂或树节的部位加温，使树脂稠度降低或流出，然后用刮刀刮除，大的树脂节可将其挖除后用好木材修补，也可将其挖低，用红丹、铅白和金胶的混合物修补平整。对含树脂的木面也可经打磨、除尘后，涂刷一层耐刷洗的水浆涂料或乳胶漆。推广树脂色浆工艺，使填孔、着色、封闭一步化<br>（3）硬木用麻布将填孔剂擦进木材的管孔内，除去里边的空气后涂刷底漆<br>6. 新的砖石、混凝土、抹灰面上的油漆涂层：<br>新的砖石、混凝土、抹灰面至少要经2～3个月的风干时间，待内部水分基本干燥后再进行涂刷（具体要求是基体或基层的含水率不大于8%，有专门仪器测量；碱度pH在10以下）。如急需施工可采用15%～20%硫酸锌或氯化锌溶液涂刷混凝土表面数次，待干后扫除析出的粉质和浮粒；或用5%～10%稀盐酸洗刷，再用清水洗净，干燥后再涂装。水泥制品选用漆料要特别注意使用环境，一般使用油基漆，酯胶漆为宜 |

（续）

| 项次 | 内容 | 质量通病 | 原因分析 | 防治措施 |
|---|---|---|---|---|
| 9 | 针孔 | 漆膜上出现圆形小圈，形成周围向中心凹陷，状如针刺的小孔，较大的像麻点，称为针孔。一般是以清漆或颜料含量比较低的磁漆，用喷涂或滚涂法涂装时容易出现；硝基漆、聚氨酯漆施工时，漆膜在涂刷的物面上留下的一滴滴小气泡，经打磨后易破，留下犹似针孔般的小洞。针孔降低了漆膜的密闭性和抗渗透性，影响漆膜的寿命和美观 | 1. 溶剂搭配不当，低沸点挥发性溶剂用量过多；涂漆后在溶剂挥发到初期结膜阶段，由于溶剂的急剧挥发，使漆液来不及补充空档，而形成一系列小穴及针孔；溶剂使用不当或温度过高，如沥青漆用汽油稀释就会产生（部分树脂析出）针孔，经烘烤时则更严重<br>2. 烘干型漆进入烘箱太早或烘烤不均匀，若受高温烘烤更严重<br>3. 施工不够细致，泥子层不光滑，未干透；底层污染；未涂底漆或二道底漆，急于喷面漆；硝基漆比油基漆更容易出现针孔<br>4. 施工环境湿度过高，喷涂设备油水分离器失灵带有水分，喷涂时水分随压缩空气经由喷嘴喷出，也会造成漆膜表面针孔，甚至起水泡。喷嘴距物面距离太远，压缩空气的压力过大，都容易出现针孔<br>5. 硝基漆面出现针孔：<br>（1）配制漆料的稀释剂不佳，含有水分，挥发不均衡<br>（2）涂刷或喷涂操作不佳，厚薄不一致 | 1. 烘干型漆液黏度要适中，涂漆后在室温下静置15min，烘烤时先以低温预热，后按规定控制温度和时间，让溶剂能正常挥发<br>2. 沥青烘漆用松节油稀释，涂漆后静置15min，烘烤时先以低温烘烤30min，然后按规定控制温度和时间。纤维漆中可加入一些甲基环己醇硬酯酸或氯化石蜡；酯胶清漆中加入10%的乙基纤维，既能防止针孔又能改进干性和硬度；对于过氯乙烯漆，可调整溶剂的挥发速度，来防止针孔的产生<br>3. 泥子涂层要刮光滑，喷漆前涂好底漆再喷面漆。如要求不高，底漆刷涂比喷涂好，刷涂可以填针孔<br>4. 喷涂面漆时，施工环境相对湿度以70%为宜，检查油水分离器的可靠性，压缩空气需经过滤，杜绝油和水及其他杂质<br>5. 硝基漆施工：<br>（1）木器用稀释剂宜采用低毒性苯类或优质稀释剂等溶剂，使挥发匀称<br>（2）涂刷应均匀一致，在涂刷后的漆膜面上用排笔轻轻飘掸一下，以减少小气泡。遇有较为深凹的小针孔，即用棉球蘸腊克（硝基清漆、外用硝基清漆），在腊克面上揩平整即可<br>6. 聚氨酯漆施工：<br>（1）被涂物必须充分干燥，木制品的含水率不得大于12%<br>（2）泥子、底漆必须完全干燥后才能上漆<br>（3）加入漆中的溶剂，不能含有过多的水分，使用前必须先进行水分含量的测试，最简单的方法是将1份溶剂倒入20份200号溶剂汽油里，如果出现浑浊，则该溶剂水分含量过多<br>（4）增加溶解力强、挥发速度慢的高沸点溶剂<br>（5）不平整的漆膜不用水砂磨，因为砂磨后的漆面，水分不一定能从板面逸出，残留在物面上的水分会使下一道漆面产生针孔<br>（6）施工时，每次涂漆不可太厚 |
| 10 | 漏刷、透底 | 1. 施工时，不显眼的边角部位（尤其门窗扇的顶、底边）无油漆覆盖<br>2. 漆膜缺乏覆盖底层的能力，部分大面或边角部位有透露底色（透底、露底）的现象或失去光泽呈现干巴现象 | 1. 漏刷或轻刷，属施工马虎或偷工减料<br>2. 透底的一般原因是在调配漆料时，加入过多的稀释剂，破坏了漆料的黏度；调配漆料时搅拌不均，密度大的下沉；没有严格按操作工艺标准进行涂刷，任意减少涂刷遍数而使涂层太薄。硝基漆固体含量低，遮盖力差<br>3. 清漆透底一般是在木器上出现，主要指边沿楞角、嵌刮钉眼等部位露出白木。其原因多是在白木打磨时，未将边沿楞角打秃，忽视了边沿楞角部位的打磨，或钉眼等部位折断的木刺没有用凿子刮净等造成。这些部位的漆膜，容易被砂布或水砂纸打磨掉，造成露白<br>4. 色漆透底是由于在刷底、面不同颜色的色漆时，面漆太稀，涂刷过薄；或底漆与面漆的颜色有明显区别时，只刷一遍面漆<br>5. 喷漆透底是因为喷漆过薄或喷枪移动速度不匀，来回喷路的间隔较大而使漆液不能均匀地分布，造成透底 | 1. 根据实际情况，选择适当的漆料；不得任意在漆料中加入过量的稀释剂；严格按工艺标准施工，不得任意减少涂刷遍数；楞角边沿部位，必须认真涂刷；喷漆应喷涂均匀<br>2. 清漆透底可用少许较浓的虫胶漆（加入与原漆膜同色的颜料）用小画笔将露白部位颜色补匀，用清漆罩光<br>3. 色漆透底轻微者，可用毛笔或画笔蘸该色漆补匀；若普遍出现星星点点的透底时，应用细砂纸将该漆膜打滑，重新刷漆<br>4. 如涂膜太薄，遮盖不足，可经过表面处理后，再加刷一遍面漆 |

（续）

| 项次 | 内容 | 质量通病 | 原因分析 | 防治措施 |
|---|---|---|---|---|
| 11 | 木纹浑浊 | 清色油漆涂饰后，显露木纹不清晰，漆膜不透彻、不光亮 | 1. 油色存放时间较长、颜料下沉，造成上部浅下部深；操作时，未搅拌均匀，涂刷颜色较深部位，覆盖木纹而呈现浑浊<br>2. 木材质地不同，着色不均匀，一般木质软者易着色，硬者不易着色<br>3. 操作技术不熟练，重复涂刷部位颜色深；刷毛太硬或太软也容易造成色泽不一致 | 1. 木材着色宜用酒色、水色、树脂色浆，尽量不用油色。如果木材本身色泽明显不一致时，深色部位可采用漂白脱色方法，破坏木质素使之变浅后，再进行木材染色；浅色部位可进行染色，使色调统一。对于木纹清晰、材色较浅的木面，着色颜料要用少一些；木纹杂乱、颜色较深或木节较多的木面，着色颜料要用多一些<br>2. 使用颜色浅、透明程度好的清漆，使用新材料、新工艺。传统的虫胶漆已逐渐淘汰，硝基清漆已逐渐被聚氨酯清漆或不饱和聚酯清漆取代 |
| 12 | 刷纹 | 漆膜上留有刷毛痕迹，干后依然存在一丝丝高低不平的刷纹（高的称“漆梁”、低的称“漆谷”），称刷纹或刷痕。刷纹明显部位漆膜厚薄不均，不仅影响涂层的外观，而且漆谷的底部还是漆膜的最薄弱环节，是引起漆膜开裂的根源。有光漆料流平性好，涂刷在平整的底面上时不显刷纹；但当底面有刷纹时，不但涂刷后会显出相同的痕迹，而且刷纹会更明显。无光漆料湿时虽显刷纹，但干时不显。刷纹在平整光滑的表面比较明显，当表面比较粗糙时不显刷纹；刷纹在一些颜料含量高的油漆中较为多见 | 1. 油漆中的填料吸油量大；颜料中有水分存在；油漆中的油质不足或漆料中未使用熟炼油都会造成油漆的流平性差，涂刷后，漆膜显露刷纹。有的漆料流平性差也易产生刷纹，如由铅白、红丹和亚麻油制作的漆料<br>2. 漆料贮存时间较长，遇水形成乳悬垂体，使漆料黏度增大呈假厚状态；漆料中挥发性溶剂过多，挥发太快，或漆料的黏度较大等，涂刷后漆层将来不及流平而表面迅速成膜；底层物面吸收性较强，油漆涂刷后即被吸干，也会造成涂刷困难，漆膜都易留下刷纹<br>3. 与猪鬃混合使用的油刷及尼龙或其他纤维的刷毛不仅易产生刷纹，还不易将涂层刷匀。涂刷技术差是产生刷纹的重要原因，即使使用优质油刷，如果涂刷时不仔细，涂刷方法不正确也会产生刷纹，如漏刷，油刷倾斜角度不对，收刷方向杂乱，间隔时间过长。基层过于粗糙或面积过大，漆刷太小，毛太硬，刷不开，也易产生刷纹<br>4. 磁性漆比油性漆易显露刷纹。硝基漆和过氯乙烯漆等漆料干燥过快，使漆膜来不及刷匀就已拉不动刷子，造成刷纹明显<br>5. 刷涂环境温度过高，醇酸漆来不及流平，表面就已结膜 | 1. 选择优良的漆料，不使用挥发性快的溶剂，漆料黏度应调配适中。为防止出现刷纹，可适当在油漆中加入稀释剂，调整油漆的稠度；开油的面积不要太大；选用毛刷要合适，不得过软；在吸收性强的底层上先刷一道底油；施工温度一般应在10℃以上；选用挥发慢的溶剂或稀释剂<br>2. 猪鬃油刷对漆料的吸收性适宜，弹性也好，适宜涂刷各种漆料。施工时细心涂刷可减轻刷纹，若最后几道漆能精巧地顺木纹方向涂刷，将大大减轻、减少刷纹<br>3. 使用磁性漆时，要用较软的漆刷，理油漆动作要轻巧，顺木纹的方向平行操作<br>4. 涂刷硝基漆和过氯乙烯漆等快干漆时，刷涂动作一定要快，来回涂刷次数要少。并将该漆调得稀些。刷漆难免留下刷纹，中高级工艺应以喷漆或擦漆为宜<br>5. 醇酸漆应选择适宜的环境，刷涂动作尽量快 |
| 13 | 胶状物析出 | 漆膜自生胶状物或硬块，影响漆膜的美观和使用寿命 | 1. 使用稀释剂过多，或稀释剂溶解力差，致使漆料里面的胶状物不能全部溶解而部分析出。稀释时，先出现浑浊，最后胶状物析出，虽尽力搅拌也难于溶解，此种现象在清漆中较多见，如硝基漆类使用过量苯类溶剂稀释，或硝基漆中误加了松节油；环氧树脂漆类用汽油稀释，也会析出<br>2. 色漆析出的胶体能与颜料结成硬块；稀释硝基漆中的硝化棉有一定限度，超过限度即析出；虫胶清漆吸入水分，酒精不断挥发，也会析出。乳化漆中加入水量也有一定限度，加水量超出限度，对乳化系统产生破坏，一旦析出就难于补救<br>3. 两种不同色漆相配时，由于所用的两种色漆的基料不同，如醇酸漆和硝基漆相配调色，也会析出、沉底、浮色 | 1. 人造树脂漆料，使用直羟（汽油、松节油）稀释时易析出。如果使用环羟（低毒性苯类）时，析出就会减少<br>2. 当硝基漆发现有析出现象时，可以加一些强溶剂，如醋酸乙酯或醋酸丁酯，漆液中析出物在搅拌下可消失，还能继续使用。环氧树脂漆用低毒性苯类或丁醇稀释。虫胶油漆析出的清漆除去水，加酒精拌匀，用后应密封<br>3. 调配色漆时，必须用同类油漆不同颜色（或同颜色）的来调配所需颜色<br>4. 检验析出的简单方法，是将漆料薄薄涂在玻璃片上观察，析出严重的漆料禁止使用 |

（续）

| 项次 | 内容 | 质量通病 | 原因分析 | 防治措施 |
| --- | --- | --- | --- | --- |
| 14 | 发汗 | 基层有矿物油、蜡质，或底漆有未挥发掉的溶剂，把面漆膜局部溶解并渗透到表面 | 1. 树脂含量较少的亚麻仁油或熟桐油膜，很容易发汗<br>2. 施工环境潮湿、黑暗或湿热，使漆膜表面凝聚水分，通风不良更易发生<br>3. 表面干燥的清漆膜，打磨后成为无光漆膜，但过几小时后光泽还会恢复，这是由于氧化未完全，油料发汗；或长油度漆未能从底部完全干燥所致<br>4. 金属表面的油污未除尽；或旧漆面的残余石蜡、矿物油等处理不彻底，涂饰硝基漆后透入旧漆膜，使旧漆膜重新软化 | 1. 采用树脂色浆封底，选用优质的漆料<br>2. 涂饰的基体（基层）要干燥。不在潮湿、黑暗、通风不良的环境中操作。基层表面油污等须处理干净后，才能进行漆料施工。底漆干燥后，再涂面漆 |
| 15 | 渗色 | 漆膜渗色是指在深色底漆上再涂浅色漆时，底漆被面漆所溶解，底漆的颜色渗透到面漆上来，使面漆变色，外观受到影响 | 1. 底层使用了干燥极慢的材料。如大漆泥子刮批物面后，在这种物面上无论涂刷水色、油色或酒色，即使刚刷后的颜色很均匀，但经0.5h左右，大漆的黑斑泥子部位的颜色就会全部显露于漆面。又如涂过沥青的物面再刷油漆，漆面上会出现沥青的痕迹<br>2. 底漆未彻底干燥就涂面漆，如在未干的红丹酚醛防锈漆上，涂刷蓝、绿醇酸磁漆或调和漆时，就很容易使底漆的颜色渗到面漆表面。喷涂硝基漆时，溶剂的溶解力强，下层的底漆有时透过面漆，使面漆颜色染污<br>3. 刷底漆前，未清除物面上的油污、松脂、红汞、染料等，又未用虫胶漆封闭，即刷油漆，致使漆膜渗色<br>4. 底漆是深色，或含有染色，而面漆是浅色。如白色面漆涂刷在红色或棕色的底漆上，面漆会渗出红色或棕色，特别是硝基漆渗色现象更严重 | 1. 底层不用干燥极慢的大漆泥子打底。着色泥子须浅于底漆、面漆，批刮须匀称一致，并认真做好封闭隔绝底色工作。鉴于虫胶漆打底的缺点，宜用树脂色浆<br>2. 底漆、面漆应配套使用，要等底漆干透后才能涂刷面漆<br>3. 涂刷底漆前，一定要彻底清除油污、松脂、沥青、红汞、染料等<br>4. 涂刷不同颜色的硝基漆时，在面漆应适当减少稀释剂用量，同时涂层宜薄，使漆膜能迅速干燥<br>5. 采用挥发速度快的、对底层漆膜溶解能力小的溶剂 |
| 16 | 咬底 | 在涂完后遍漆的短时间内，面漆中的溶剂把底漆膜软化，前遍漆的漆膜会自动膨胀、移位、收缩、发皱、鼓起，甚至使前遍漆失去附着力，出现脱皮的现象 | 1. 油脂漆膜、醇酸漆膜以及由干性油改性的一些合成树脂漆膜，未经高度氧化和聚合成膜之前，一旦与强溶剂相遇，底漆膜就会被侵蚀而乳肿；尤其是面漆很厚时，则底层漆膜很容易被上层油漆中的溶剂所溶胀、鼓起。如底漆用的是油性酚醛漆，面漆使用硝基漆，则硝基漆中的溶剂就会把油性酚醛漆咬起，并与原附着的基层分开<br>2. 底漆未完全干燥就涂面漆，面漆中的溶剂极易将底漆溶解软化，引起咬底。醇酸漆含有较强溶剂，如果第一遍漆未充分干燥，即进行第二遍涂饰，则第一遍漆膜往往也会发生咬底<br>3. 涂刷面漆时，操作不迅速，反复涂刷次数过多，也能使原来的底漆膜被溶解咬起<br>4. 使用漆片液（虫胶漆）或硝基漆等涂刷，易产生咬底现象<br>5. 底、面漆不配套，也会发生咬底 | 1. 在底漆完全干燥后，方可涂刷面漆<br>2. 为了避免咬底，提高漆膜的附着力，应注意底、面漆之间的配套性，宜用同种性能的漆料和同种性能的稀释剂配套涂装。材料不具备时，也可用酚醛漆、酯胶漆、钙酯漆和油性调和漆、清油、桐油、大漆及厚漆配套；醇酸漆可与大漆、氨基漆混合配套，也可用于前面几种漆的下层，或待前面几种漆的漆膜（大漆除外）彻底干燥后再用于最上层，或用于虫胶漆、硝基漆、过氯乙烯漆的上层。虫胶漆、硝基漆和过氯乙烯漆，除单独配套使用外，也可用于各种慢干漆的下层。但虫胶漆不能用于慢干漆的中层，其他漆也不能用于大漆的上层。此外，还要注意两层漆之间的间隔时间及合适的溶剂。如果用不同的漆料，在油性漆表面刷溶剂性较强的面漆前，可在底漆完全干透后，涂刷2~3遍漆片液或树脂色浆做隔离封闭层，然后再涂刷面漆，即可避免或减少咬底弊病<br>3. 涂刷强溶剂性的漆料，要求技术熟练，操作准确、迅速，防止反复涂刷 |

（续）

| 项次 | 内容 | 质量通病 | 原因分析 | 防治措施 |
|---|---|---|---|---|
| 17 | 漆膜发花（浮色） | 两种以上颜色配制的混色漆，在涂刷中或干燥成膜时，油漆面上有一小部分着色颜料，脱离颜料本身分离到膜面上层，产生泛色，但并无斑点发生，漆膜湿时色淡，干后较深。在漆膜面上出现不同颜色的斑纹或直线丝纹，称为浮色。有时在清漆中也会产生发花 | 1.漆料中颜料密度及粉粒大小不同，重的下沉，轻的上浮；颜料的湿润性不好，与液料不易混合，颜料中仍含有空气，因而上升；颜料的吸潮性大，如炭黑与铁蓝很容易在空气中吸收水气；颜料的溶解性大，如有机颜料大红粉易泛金光；由于颜料粉粒接近胶体微粒细度而凝；颜料的吸油量大的，以及使用桐油、梓油等都易产生发花现象<br>2.两种以上的着色颜料配制成的色漆，因颜料的密度不同，产生浮沉现象；使用时，未调和搅拌均匀就进行涂饰<br>3.刷子毛太粗、太硬，涂刷时易出现浮色和走线现象 | 1.选择优良的漆料。对于新材料要试验后使用。遇有发花的漆料，应针对发花原因加入适量的保护胶，如铝脂磺酸盐、干酪素、乙基纤维素、聚乙烯醇等，或加入适量的润湿剂，如甲基硅油，或加入适量的低沸点溶剂，或将色漆贮存一定时间再用<br>2.使用含有密度大的颜料，宜选用软毛漆刷。涂刷时，要经常反复搅拌均匀，以防止沉淀 |
| 18 | 漆膜失光 | 漆膜失光是指有光漆成膜后不发光 | 1.被涂表面多孔或相当粗糙，经涂布有光油漆后，不能显出光亮。再加一度漆也难以增强光泽<br>2.虫胶漆和硝基漆，必须在平整光滑的底层上经过多次涂装，才有光亮，若只涂1～2遍是不会显出亮光的；大漆中加熟桐油量过少，也会使漆膜呈半光或无光状<br>3.木质表面没有用清漆作封闭底漆，面漆内的油分陆续渗入木材的细孔中<br>4.在漆料中混入了煤油或柴油，由于煤油和柴油对漆料的溶解能力差，易使漆料变粗，从而使漆膜呈半光或无光状态<br>5.稀释剂用量过多，降低了固体分的含量，涂刷次数又少，达不到应有的厚度，造成漆膜没有光泽<br>6.使用含颜料过多的色漆涂装，如不搅匀，则上半桶颜料少，漆料多，涂后有光；下半桶颜料多，漆料少，涂后无光<br>7.几种不同性能的油漆混合涂装面漆，或是硝基清漆内加入过多的防潮剂，引起漆膜失光<br>8.施工环境不好，被涂物面有油污、水分。或气候潮湿，施工环境温度太低，施工场所不干净，尘埃太多或是在干燥过程中遇到风、雨、煤烟等，漆膜也容易出现半光或无光。特别是桐油涂膜，如风雨、煤烟熏后，很容易失光。油性漆膜往往受冷风袭击，既干燥慢，又失光，有时背风部位又有光可见<br>9.底漆及泥子未干透就刷面漆，造成失光<br>10.使用耐晒性差的油漆，漆膜经日光暴晒，很快就会失去光泽 | 1.加强涂层表面光滑处理，主要用泥子刮光滑，才能发挥有光漆的作用。木质表面应用清漆或树脂色浆封闭。用聚氨酯清漆或不饱和聚酯清漆取代硝基清漆、虫胶漆<br>2.冬期施工场地，必须堵塞冷风袭击或选择适合的施工场地，加入适量催干剂，并先做涂膜干燥试验<br>3.排除施工场地的煤气、熏烟<br>4.挥发性漆施工时，相对湿度在60%～70%为宜，否则，工件应预热，或加10%～20%的防潮剂<br>5.稀释剂加入时，应保证正常的黏度，刷涂为30s以上，喷涂为20s左右<br>6.色漆应先在桶内搅拌均匀后，才能稀释和涂刷<br>7.室外应采用耐候性好的油漆 |
| 19 | 漆膜粉化 | 漆膜粉化是随着失光以后发生的一种弊病，系指暴露在大气的漆膜表面上出现粉层并脱落的现象，用手摸，粉粒便黏于手上。粉化起始于表面，每次脱粉很少，下面漆膜仍可保持完整。随着粉化过程的不断进行，全部漆膜将被破坏 | 1.漆膜受紫外线、氧气、水气、腐蚀性气体、化学药品的作用，使颜料颗粒失去漆料的粘附力。如果时间不长，漆膜粉化提早出现，是漆料质量不佳，油分或树脂过少，稀释剂过多，涂层过薄或漆膜所处的环境较恶劣<br>2.在封闭不充分，有吸收能力的物面上涂漆料<br>3.在室外暴露的部位使用高色料醇性漆料，在室外使用室内漆料。如环氧漆的耐化学药品、耐溶剂性能较为突出，若使用不当，如在烈日之下进行涂饰，会出现提早粉化（沥青漆也最容易发生粉化） | 1.涂饰时选用质量较高的漆料，不可随意稀释漆料，漆膜应达到足够的厚度，涂膜未干透不允许遭受雨淋日晒，还可加入一些碳酸钡等做防粉剂<br>2.用树脂色浆等材料封闭有吸收能力的物面，并修补填孔<br>3.正确选择漆料，注意将室内和室外漆料分开。室外漆膜要尽可能避免日光暴晒 |

（续）

| 项次 | 内容 | 质量通病 | 原因分析 | 防治措施 |
|---|---|---|---|---|
| 20 | 饰面不均匀 | 薄涂料表面出现局部抹痕、斑疤、疙瘩，在阳光照耀下反差更为明显，即使饰面颜色均匀，仍是只能远看，不能近看。喷涂表面出现饰面颗粒不均匀。多彩花纹涂料表面出现花纹紊乱、无规则 | 1. 抹灰面用木抹子搓毛面，致使基层表面粗糙、粗细不均匀；有的边角部位用铁制阴、阳角工具光面，大面部位用木抹子搓面，粗细反差更明显<br>2. 局部修理返工，造成基层补疤明显高低不平<br>3. 基层各部位干湿不一，基层渗吸不均匀<br>4. 材料批号、质量不一，计量不准，涂料稠度不当。乳胶漆搅拌不均匀，桶底涂料愈刷愈稠，甚至有凝胶。多彩花纹涂料细骨料颗粒不一致<br>5. 施涂任意甩槎，接槎部位涂层叠加过厚<br>6. 由于脚手架遮挡，施工不方便，造成施涂不匀<br>7. 喷涂机具发生故障，胶管不畅。喷涂时，空气压缩机压力不稳定，喷涂距离、喷涂角度操作前后不一致。喷涂过薄，遮盖率达不到标准 | 1. 抹灰面层用铁抹子压光嫌其光滑，用木抹子则太粗糙，用排笔蘸水扫毛会降低面层强度；宜用塑料抹子或木抹子上钉海绵收光，使之大面平整，粗细均匀<br>2. 重视基层成品保护，避免成活后再凿洞或损坏。局部修补宜用专门的修补泥子<br>上述1、2预防措施应使基层表面达到薄抹泥子的要求。预防泥子批刮过厚或因打磨过于光滑而降低涂料的粘结力。无论内外墙面的基层，均应施涂配套的封底涂料<br>3. 基层干燥一致；混凝土或砂浆抹灰层的含水率不得大于10%<br>4. 采用中高档次且各层材料均配套供应的涂料，使用前搅拌均匀。多彩花纹涂料的细骨料应分别过粗、细筛子<br>5. 施工接槎应在分格缝部位<br>6. 脚手架距离墙面不得小于30cm，脚手架妨碍操作部位应注意均匀施涂。大风天、雨天不施工<br>7. 事先检查喷涂设备，保证喷涂压力稳定。正确操作，喷嘴到喷涂面距离为400～600mm；喷涂速度应前后一致。试喷达到要求后，再大面积操作，保证达到合适的遮盖率 |
| 21 | 涂层颜色不均匀 | 同一墙面，涂层颜色深浅不一致或有接槎出现 | 1. 不是同厂同批涂料，颜料掺量有差异。颜料与基料比例不合适。颜、填料过多，树脂成分过少，展色不均匀<br>2. 使用涂料时未搅拌均匀或任意加水，使涂料本身颜色深浅不同，造成墙面颜色不均匀<br>3. 基层（或基体）不同材质的差异，混凝土或砂浆龄期相差悬殊，湿度、碱度有明显差异（最忌涂饰新近修补的墙面）<br>4. 基层处理差异，光滑程度不一，有明显接槎，有光面或麻面的差别，致使吸附涂料不均匀；涂刷后，由于光影作用，造成墙面颜色深浅不匀<br>5. 脚手架离墙太近或靠近脚手板的上下部位操作不便，致使施涂不均匀<br>6. 操作不当，反复施涂或未在分格缝部位接槎，随意甩搓或虽然在分格缝部位接槎，但未遮挡，致使未成活一面溅上部分涂料等，都会造成明显接槎<br>7. 成品保护不好，如涂料施工完毕之后，又安装凿孔或后继施工损坏，以致形成补疤 | 1. 同一工程，应选购同厂同批涂料；每批涂料的颜料和各种材料配合比例须保持一致。采用中高档涂料<br>2. 由于涂料易沉淀分层，使用时必须将涂料搅拌均匀，并不得任意加水。一桶乳胶漆宜先倒出2/3，搅拌剩余的1/3，然后倒回原先的2/3，再整桶搅拌<br>3. 混凝土基体龄期应在30天以上，砂浆基层龄期应在15天以上，并且含水率应小于10%（专用仪器检测），pH值在10以下（试验纸或pH计检测）<br>4. 基层表面的麻面、小孔，事先应用经检验合格的商品“修补泥子”（或“填补剂”）修补平整；采用不锈钢或橡皮刮板，避免铁锈的产生。无论内外墙面的基层，均应施涂与面涂配套的封闭底涂（同一大面的基层有不同材质时尤其需要），使基层吸附涂料均匀；若有油污、铁锈、脱模剂等污物时，须先用洗涤剂清洗干净<br>5. 脚手架离墙不小于30cm，靠近脚手板的上下部位应注意施涂均匀<br>6. 施涂要连续，不能中断，衔接时间不得超过3min。接槎应在分格缝或阴阳角部位，不得任意停工甩槎。未遮挡受飞溅沾污部位应及时清除<br>7. 涂饰工程应在安装工程完毕之后进行。施涂完毕，应加强成品保护 |

（续）

| 项次 | 内容 | 质量通病 | 原因分析 | 防治措施 |
| --- | --- | --- | --- | --- |
| 22 | 涂膜发花 | 涂料干燥成膜时，一小部分密度小的颜料颗粒飘浮于上面（浮色），致使涂料颜色分离，涂膜表面发花 | 1. 涂料本身有浮色。涂料最终显现的颜色是由多种颜料调和出来的。各种颜料的密度不同，有时差异较大，造成密度小的颜料颗粒飘浮于上面，密度大的颜料颗粒往下部沉积，致使颜色分离。虽然经过搅拌，涂膜干燥后，涂层仍易产生色泽上的差异<br>2. 涂料中颜料分散不好，或两种以上的颜料相互混合不均匀，也是造成颜色发花的重要原因之一。如酞青蓝为沉性颜料，色浆较难分散水解，易沉淀；酞青绿为悬浮性颜料，较易水溶分散。这些颜料配成天蓝、果绿等复色时，因颜料分散不好、密度相差过大，在刷涂或滚涂施工时，沿刷、辊方向易产生条纹状色差，即有浮色产生。在涂膜干燥时，由于颜料颗粒飘浮而使其分布不均匀产生浮斑<br>3. 涂刷不均匀，厚薄不均匀。涂料搅拌不匀，或过度稀释<br>4. 基层表面粗糙度不同；或基层碱性过大，涂料使用不耐碱的颜料 | 1. 选用适宜的颜料分散剂，宜将有机、无机分散剂匹配使用，使颜料处于良好的稳定分散状态。宜使用中高档涂料<br>2. 适当提高乳胶涂料的黏度。如果黏度过低，浮色现象严重；黏度偏高时，即使密度相差较大的颜料也会减少分层的倾向<br>3. 施工前应充分搅拌涂料使之均匀，没有浮色或沉淀。施工时，不要任意对水稀释<br>4. 涂膜应力求均匀。涂膜不宜过厚，涂膜越厚，越易出现浮色发花。宜采用滚涂<br>5. 基层含水率应小于10%，pH值小于10<br>6. 为使基层吸收涂料均匀及抗碱，内外墙面均应涂刷配套的封闭底涂。墙面局部修补宜用修补泥子 |
| 23 | 变色、褪色 | 外墙乳胶涂料由于其涂膜长年暴露于自然环境中，经受风吹、雨淋、日晒，时间久了外观会发生变化，最常见的便是涂膜的变色和褪色。变色和褪色在内、外墙均有可能发生。变色有时是局部发生（如墙体局部渗漏或意外水浸、反碱），呈地图斑状；褪色往往是大面积发生 | 1. 涂膜的变色和褪色通常与基料和颜料有关。某些有机颜料耐光性能差，不耐碱，在日光、化学药品、大气污染等作用下。颜料会质变。有些颜料的粉化现象也会造成涂膜褪色。基料的黄变倾向及耐候性差也会引起变色或褪色<br>2. 基层太湿，碱性太大，涂料中某些耐碱性差的金属颜料或有机颜料发生化学反应而变色，尤其是新近修补的墙面<br>3. 乳胶漆与聚氨酯类油漆相邻同时施工，因目前市场上有的聚氨酯类油漆中含有游离的甲苯二异氰酸酯，会严重导致未干透的乳胶漆泛黄<br>4. 面涂与底涂不配套，面涂溶解底涂，发生“渗色”现象<br>5. 内墙涂料用于外墙<br>6. 施工现场附近有能与颜料起化学作用的氨、$SO_2$ 等发生源 | 1. 采用中高档涂料。在设计外墙乳胶涂料的配方时，一定要选择耐候耐碱的基料和颜料，如纯丙乳液、苯丙乳液及金红石型钛白、氧化铁系、酞菁系颜料。这对避免或减少涂膜的变色和褪色是十分重要的。这是内、外墙乳胶涂料所用基料及颜料不同的原因所在<br>2. 涂饰基层必须干燥，砂浆基层pH值要小于10，含水率不得大于10%。无论内外墙面的基层，均应涂刷配套的封底涂料。内墙应采用建筑耐水泥子，外墙应采用聚合物水泥基泥子。墙面局部修补宜用商品专用修补泥子<br>3. 宜用高品质的聚氨酯或醇酸树脂油漆，待彻底干燥后再刷乳胶漆<br>4. 施工时，应检查底涂与面涂是否配套，避免产生面涂溶解底涂的“渗色”现象。因此，面涂与底涂应是属于同一成膜干燥机理的涂料，如乳胶漆是靠物理作用干燥挥发涂层中的水分和溶剂成膜的，而环氧树脂、聚氨酯树脂等漆，则是靠化学作用固化干燥成膜的。不可选化学干燥的面涂涂在物理干燥的底涂上，亦不可选强溶剂的面涂涂于弱溶剂的底涂上<br>5. 内墙涂料不能用于外墙<br>6. 使氨、$SO_2$ 等发生源远离施工现场 |
| 24 | 涂膜粉化 | 涂膜中的成膜物质——合成树脂老化，失去胶结作用，颜料从涂膜中脱离出来，产生一层粉末。用手触摸，粉末会粘于手上 | 1. 基层龄期太短或强度太低；基层未清理干净；基层干燥不充分，含水率高；pH值大，碱性表面上直接涂刷不耐碱的含金属颜料的涂料<br>2. 使用了强度低和不耐水的泥子。涂料组分中颜、填料的含量过高，树脂乳液含量过低，涂料耐水性能差，经过一段时间或雨水冲刷，造成起皮、粉化<br>3. 干燥过快，成膜不良，如夏季日光直射，大风吹袭<br>4. 涂料混合不均匀，桶底涂料树脂乳液含量低，填料沉淀<br>5. 施涂及成膜时的气温低于涂料最低成膜温度，或涂料还未成膜即遭雨淋<br>6. 加固化剂计量有误或涂料过度稀释，致使涂膜耐久性差<br>7. 在涂料表面干燥又未完全成膜时，重复滚压涂层 | 1. 混凝土和抹灰面基层必须清理干净，含水率不得大于10%，pH值应小于10。内外墙面均应涂刷配套的封闭底涂。墙面局部修补宜用商品专用修补泥子<br>2. 选用中高档涂料，应具有耐水、耐碱、耐候等性能。涂料应按出厂说明书稀释，不得任意加稀释剂。外墙水性涂料的耐洗刷性经复验合格<br>3. 在夏季施工时，避免日光直接照射。雨天及大风时不施工。气温在最低成膜温度以下时，停止施工，或采取保温措施，保证成膜温度、湿度<br>4. 混合涂料时，应搅拌均匀。按规定加入固化剂，并充分混合<br>5. 保证各层施涂的间隔时间 |

（续）

| 项次 | 内容 | 质量通病 | 原因分析 | 防治措施 |
|---|---|---|---|---|
| 25 | 涂膜发霉 | 浮液型涂料在潮湿、不通风的环境里，涂膜长霉变黑甚至脱落，严重影响外观和使用寿命 | 1. 乳液型涂料大多以水溶性或水乳性等高分子合成材料为胶黏剂或为主要成膜物，其中所用的增稠剂为纤维素类或聚丙烯酸盐类等水溶性物质，这些都是霉菌繁殖的客观条件。在温度20～40℃和湿度80%以上的环境里，涂膜容易发霉、变黑<br>2. 墙面未使用耐水泥子。卫生间、厨房、冷库等未使用专用耐火、防霉涂料<br>3. 施工环境阴暗、潮湿、不通风 | 1. 墙面、顶棚基层应满刮耐水泥子或与抗菌防霉涂料配套供应的泥子<br>2. 喷涂与防霉涂料配套供应的防霉封底涂料，如苯丙乳液的“高渗透型底面处理剂”<br>3. 采用经检验合格的符合设计要求的耐水、抗菌、防霉涂料。如苯丙乳液防霉涂料、丙烯酸乳液防霉涂料、氯偏乳液防霉涂料、耐水的仿瓷涂料、能在潮湿基层上施涂的水性硬化涂料以及行业标准《水溶性内墙涂料》规定的1类产品 |
| 26 | 涂膜透底 | 涂膜缺乏遮盖底层的能力或漏刷，致使底层颜色仍隐约可见 | 1. 基层太湿，或太光滑，不易涂刷，尤其是新近修补墙面<br>2. 基材与涂料的颜色相差过大，即使采用一般遮盖力的涂料，也会显得遮盖力不足<br>3. 涂料中颜料的含量过低，或使用遮盖力较强的颜料不够，造成填料的含量过高<br>4. 涂料黏度低，涂刷过薄，尤其涂料过度稀释<br>5. 涂料使用时未搅匀，桶内上面料稀薄，色料上浮，遮盖力差；下面料稠厚，填料沉淀，色淡易起粉<br>6. 局部漏涂 | 1. 基体（基层）要干燥，混凝土和抹灰面的含水率不得大于10%。基面适度粗糙<br>2. 当基材颜色过深、涂料颜色过浅时，为保证良好的遮盖力，可薄薄地多涂刷一道涂料；或增大涂料中颜料的用量<br>3. 适当增大颜料用量，为提高涂料的遮盖力，应选用遮盖力强的颜料，如钛白、利德粉等。填料的加入量要适当，在保证质量的前提下再考虑降低成本<br>4. 适当增加增稠剂用量，达到产品标准黏度。施工精心操作，力求涂层厚薄均匀<br>5. 在施工前和施工过程中，充分搅拌涂料使其均匀，并不得任意加水稀释<br>6. 顺次涂刷，避免漏涂。采用喷涂法施工，涂层覆盖率较高 |
| 27 | 涂膜开裂 | 涂膜开裂发生在使用期间者居多，随着时间的推移，裂缝条数可能会逐渐增加和变宽。内、外墙面的涂膜都有可能发生开裂，由墙体或抹灰层引发的开裂，与涂膜自身及泥子层的开裂，几乎参半 | 1. 墙体自身变形开裂，尤其是轻质墙体<br>2. 刷喷涂料前用水泥（或1:1水泥细砂砂浆）批嵌抹灰面层，必然容易产生裂缝<br>3. 外墙面抹灰层不分缝格，或缝格间距过大<br>4. 基层未处理好，抹灰层强度太低，掉粉或有粉尘、油污等<br>5. 泥子柔韧性差，特别是房间供暖后，受墙体热胀冷缩的影响，墙面极易变形，引发泥子开裂<br>6. 使用不合格的涂料，涂料所用基料过少或成膜助剂用量不够<br>7. 乳胶涂料的基料采用的是不同类型的乳液，每一种乳液都有相应的最低成膜温度。如果为了抢工期，在较低的气温下施涂乳胶涂料，达不到乳液的成膜温度，乳液不能形成连续的涂膜，导致外墙乳胶涂料出现开裂<br>8. 当底涂或第一道涂层施涂过厚而又未完全干燥时，即施涂面层或第二道涂料，由于内外干燥速度不同，造成涂膜开裂<br>9. 大风吹袭，涂膜干燥过快 | 1. 抹灰面层压光可用海绵拉毛；比较适宜的办法是用塑料抹子压光。砂浆面成活后，不得再加抹水泥净浆或石灰膏罩面。局部修补宜用商品专用修补泥子<br>2. 外墙面抹灰层应设置缝格，水平缝格可设置在楼层分界部位；垂直缝格可设置在门窗两侧或轴线部位，间距宜为2～3m<br>3. 过去内墙涂料施工往往不需要封闭底涂，但从实际使用效果及国外的先进经验看，封闭底涂的使用对保证工程质量有很大的帮助。因此，新建建筑物的内外墙混凝土或砂浆基层表面均应施涂配套的抗碱封闭底涂；旧墙面在清除酥松的旧装修层后，涂刷界面处理剂。封闭底涂可使风化、起粉、酥松等强度低的基层（或基体，尤其轻质墙体）加强；均匀和降低基层的毛细吸水能力，并使之憎水；能渗入基层一定深度，形成干燥层，阻碍外部水分的侵入和内部可溶性盐、碱析出；具有较高的透气性，基层内部的水分能以水气形式向外扩散；能增强面层涂料和基面的粘结力，延长使用寿命<br>4. 选用柔韧性好，能够适应墙体或砂浆抹灰层温度、干缩变形的并经检验合格的商品泥子（内墙用建筑耐水泥子。外墙用聚合物水泥基泥子）。其技术要求是，按照泥子膜柔韧性方法测试，泥子涂层干透后绕50mm而不断裂为合格。泥子线收缩率小于1%则不易开裂。弹性乳胶漆面涂虽能解决宽约2mm以内的裂缝问题，但价格很高。水泥砂浆基层加高弹性抗裂泥子加普通乳胶漆，属优化组合。高弹性抗裂泥子涂层厚达1.2～1.5mm，解决裂缝的可靠性更高，成本更低 |

（续）

| 项次 | 内容 | 质量通病 | 原 因 分 析 | 防 治 措 施 |
| --- | --- | --- | --- | --- |
| 28 | 涂膜鼓泡、剥落 | 涂膜的鼓泡、剥落现象在内、外墙时有发生。鼓泡、剥落是涂膜失去粘附力，先鼓泡后剥落。剥落有时深入所有的涂层，有时仅是面层。各类涂料都会出现剥落，但最多见的是乳胶漆涂膜，出现大片脱落 | 1. 基层酥松，有浮尘、油污等不洁物（尤其旧墙翻新，原墙面刷石灰浆），或基层过于平滑，都易造成涂膜附着力不好<br>2. 新抹水泥砂浆基层湿度大（湿墙涂料除外），碱性也大，析出结晶粉末而造成鼓泡<br>3. 据统计，涂层鼓泡、剥落占第一位的原因就是泥子受潮后与基层脱离。我国传统的内墙基层处理沿用纤维素大白泥子或石膏泥子，耐水性很差，遇水膨胀而逐渐溶于水中，由于体积增大和粘结强度下降，严重时发生粉化<br>4. 涂料组分中颜、填料的含量过高，或涂料对水过多，树脂含量过低，造成涂膜附着力差，或卫生间、厨房未使用耐水涂料<br>5. 各层涂料施工间隔时间太短，或施涂及成膜时温度过低，湿度过大，致使乳胶涂料本身成膜不好，即乳液未成连续透明膜而造成龟裂，遇水即会脱落 | 1. 基层应处理好，将酥松层铲掉，浮尘、油污清理干净。轻质墙体或原石灰浆的基层应用"高渗透型"的底面处理剂处理，内外墙面均应施涂配套的封闭底涂<br>2. 检查基层是否干燥，含水率应小于 10%，pH 值应在 10 以下。外墙过干，施涂前可稍加湿润<br>3. 根据内、外墙的不同要求，选择黏性、韧性好的耐水泥子（内墙用建筑耐水泥子，外墙用聚合物水泥基泥子）。泥子层不可过厚（以找平墙体为准），一定要等泥子干燥后再施涂涂料。墙面局部修补宜用商品修补泥子<br>4. 外墙涂料宜使用水性丙烯酸（含苯丙、纯丙、硅丙）共聚乳液薄质（或厚质）外墙涂料、低毒溶剂型丙烯酸外墙涂料、溶剂型丙烯酸聚氨酯外墙涂料。内墙乳胶漆宜使用聚醋酸乙烯乳液涂料、乙—丙乳液涂料、苯—丙或纯丙乳液涂料。外墙水性涂料的耐洗刷性应复验合格<br>5. 保证涂刷间隔时间，施涂及成膜温度应在 10℃以上，湿度小于 85%，避免雨天施工，成膜助剂选用要得当，加量适宜 |

## 8.4 施工安全控制

涂饰工程的施工安全控制，应从脚手架、机电设备、防火防毒等方面进行控制和管理。

1. 脚手架安全管理

脚手架搭设安全工作是保证涂饰工程顺利进行的首要工作，应从以下几个方面进行控制和管理。

• 工作前，先检查脚手架是否架设牢固，有无腐朽和探头板，有无绑扎松扣的地方，凡不符合安全之处，应及时修理，经检验合格后，方能进行工作。

• 距地 3m 以上的作业面的外侧，必须绑两道牢固的防护栏，并设 18cm 高的挡脚板或拴防护网。

• 层高在 3.6m 以上的涂饰，脚手架必须由架子工搭设。

• 在多层脚手架上，尽量避免在同一垂直线上工作；如需立体交叉同时作业时，应有防护措施，下层的操作人员必须戴好安全帽。

• 进行墙面涂饰时，立杆两侧脚手板铺设宽度均不得少于两块（40cm 以上）。

• 在高凳上搭脚手板时，高凳要放稳，高凳间距不大于 2m。脚手板不少于两块，不得留探头板。移动高凳时，上面不得站人。一块脚手板上不得有两人同时作业，防止重量超载发生事故。

• 使用梯子。梯子不得垫高使用。梯子档间距以 30cm 为宜，不得缺档。单面梯子与地面夹角以 60°～70°为宜。

• 从事无法搭设安全防护措施的作业时，在 3m 高以上部位，施工人员应带安全帽并拴好安全带，安全带必须拴在牢固的部位。

• 脚手板严禁搭设在门窗上，暖气片上，水暖管道等部位。

• 禁止搭设飞跳板。

2. 机电设备安全管理

机电设备是涂饰工程常用工具设备，应从以下方面加强安全控制和管理。

• 空气压缩机及其配电箱等电路系统，应安装漏电保护装置，防止漏电，并由电工接好电源。

• 手部沾有浆水时，不能开关电闸，以防触电。

• 高压气管的各种接头应牢固，防止崩管。试喷时不能对着人体。

3. 防火、防毒安全管理

涂饰工程施工中，容易发生火灾或中毒事故，应从以下方面作好防火和防毒安全控制与管理。

• 施工场地应有良好的通风条件，在通风条件不良的情况下，必须安装临时通风设备。

• 使用易燃涂料，操作时不允许吸烟，不能接触明火。

• 各种易燃、有毒涂料应存放在专用库房，不宜与其他材料混放；具有挥发性的涂料应装入密闭容器内，妥善保管。

• 使用有刺激性气味的涂料时，应戴好口罩、手套等防护用具。室外喷涂时，操作人员应站在上风向。

## 8.5 质量检验评定标准

本评定标准适用于水性涂料涂饰、溶剂型涂料涂饰,美术涂饰等分项工程的质量验收评定。

**8.5.1 一般规定**

第一,各分项工程的检验批应按下列规定划分:

● 室外涂饰工程每一栋楼的同类涂料涂饰的墙面第500~1000$m^2$应划分为一个检验批,不足500$m^2$也应划分为一个检验批。

● 室内涂饰工程同类涂料涂饰的墙面每50间(大面积房间和走廊按涂饰面积30$m^2$为一间)应划分为一个检验批,不足50间也应划分为一个检验批。

第二,检查数量应符合下列规定:

● 室外涂饰工程每100$m^2$应至少检查一处,每处不得小于10$m^2$。

● 室内涂饰工程每个检验批应至少抽查10%,并不得少于3间;不足3间时应全数检查。

第三,涂饰工程的基层处理应符合下列要求:

● 新建筑物的混凝土或抹灰基层在涂饰涂料前应涂刷抗碱封闭底漆。

● 旧墙面在涂饰涂料前应清除疏松的旧装饰层,并涂刷界面剂。

● 混凝土或抹灰基层涂刷溶剂型涂料时,含水率不得大于8%;涂刷乳液型涂料时,含水率不得大于10%。木材基层的含水率不得大于12%。

● 基层泥子应平整、坚实、牢固、无粉化、起皮和裂缝;内墙泥子的粘结强度应符合《建筑室内用泥子》(JG/T 3049—1998)的规定。

● 厨房、卫生间墙面必须使用耐水泥子。

第四,水性涂料涂饰工程施工的环境温度应在5~35℃之间。

第五,涂饰工程应在涂层养护期满后进行质量验收。

**8.5.2 水性涂料涂饰工程施工质量验收**

本验收规定适用于乳液型涂料、无机涂料、水溶性涂料等水性涂料涂饰工程的质量验收。

1. 主控项目

主控项目内容及验收要求见表8-5。

2. 一般项目

一般项目的涂饰质量和检验方法按薄涂料、厚涂料、复层涂料3种涂层标准分别进行。

薄涂料 其涂饰质量和检验方法见表8-6。

厚涂料 其涂饰质量和检验方法见表8-7。

**表8-5 主控项目内容及验收要求**

| 项次 | 项目内容 | 规范编号 | 质量要求 | 检查方法 |
|---|---|---|---|---|
| 1 | 材料质量 | 第10.2.2条 | 水性涂料涂饰工程所用涂料的品种、型号和性能应符合设计要求 | 检查产品合格证书、性能检测报告和进场验收记录 |
| 2 | 涂饰颜色质量 | 第10.2.3条 | 水性涂料涂饰工程的颜色、图案应符合设计要求 | 观察 |
| 3 | 涂饰综合质量 | 第10.2.4条 | 水性涂料涂饰工程应涂饰均匀、黏结牢固,不得漏涂透底、起皮和掉粉 | 观察;手摸检查 |
| 4 | 基层处理 | 第10.2.5条 | 水性涂料涂饰工程的基层处理应符合本规范第10.1.5条的要求 | 观察;手摸检查;检查施工记录 |

**表8-6 薄涂料的涂饰质量和检验方法**

| 项次 | 项目内容 | 普通涂饰 | 高级涂饰 | 检验方法 |
|---|---|---|---|---|
| 1 | 颜色 | 均匀一致 | 均匀一致 | 观察 |
| 2 | 泛碱、咬色 | 允许少量轻微 | 不允许 | |
| 3 | 流坠、疙瘩 | 允许少量轻微 | 不允许 | |
| 4 | 砂眼、刷纹 | 允许少量轻微砂眼,刷纹通顺 | 无砂眼,无刷纹 | |
| 5 | 装饰线、分色线直线度允许偏差/mm | 2 | 1 | 拉5m线,不足5m拉通线,用钢直尺检查 |

**表8-7 厚涂料涂饰质量和检验方法**

| 项次 | 项目 | 普通涂饰 | 高级涂饰 | 检验方法 |
|---|---|---|---|---|
| 1 | 颜色 | 均匀一致 | 均匀一致 | 观察 |
| 2 | 泛碱、咬色 | 允许少量轻微 | 不允许 | |
| 3 | 点状分布 | - | 疏密均匀 | |

复层涂料 其涂饰质量和检验方法见表8－8。

一般项目的涂饰质量与检验方法除达到表8－6～表8－8的要求外，各种涂层与其他装修材料和设备衔接处应吻合，界面应清晰。

**表8－8 复层涂料的涂饰质量和检验方法**

| 项次 | 项 目 | 质 量 要 求 | 检验方法 |
|---|---|---|---|
| 1 | 颜色 | 均匀一致 | 观察 |
| 2 | 泛碱、咬色 | 不允许 | |
| 3 | 喷点疏密程度 | 均匀，不允许连片 | |

3. 质量验收文件

质量验收文件包括以下内容的文件：

- 涂饰工程的施工图、设计说明书及其他设计文件。
- 材料的产品合格证书、性能检测报告和进场验收记录。
- 施工记录。

4. 质量验收记录表

记录表内容 水性涂料涂饰工程检验批质量验收记录表见表8－9。

**表8－9 水性涂料涂饰工程检验批质量验收记录表**

（GB 50201—2001）

| | | | | | | | |
|---|---|---|---|---|---|---|---|
| 单位（子单位）工程名称 | | | | | | | |
| 分部（子分部）工程名称 | | | | | | 验收部位 | |
| 施工单位 | | | | | | 项目经理 | |
| 分包单位 | | | | | | 分包项目经理 | |
| 施工执行标准名称及编号 | | | | | | | |
| 施工质量验收规范的规定 | | | | | | 施工单位检查评定记录 | 监理（建设）单位验收记录 |
| 主控项目 | 1 | 材料质量 | | | 第10.2.2条 | | |
| | 2 | 涂饰颜色和图案 | | | 第10.2.3条 | | |
| | 3 | 涂饰综合质量 | | | 第10.2.4条 | | |
| | 4 | 基层处理 | | | 第10.2.5条 | | |
| 一般项目 | 1 | 与其他材料和设备衔接处 | | | 第10.2.9条 | | |
| | 2 | 薄料涂饰质量允许偏差/mm | 颜色 | 普通涂饰 | 均匀一致 | | |
| | | | | 高级涂饰 | 均匀一致 | | |
| | | | 泛碱、咬色 | 普通涂饰 | 允许少量轻微 | | |
| | | | | 高级涂饰 | 不允许 | | |
| | | | 流坠、疙瘩 | 普通涂饰 | 允许少量轻微 | | |
| | | | | 高级涂饰 | 不允许 | | |
| | | | 砂眼、刷纹 | 普通涂饰 | 允许少量轻微砂眼、刷纹通顺 | | |
| | | | | 高级涂饰 | 无砂眼、无刷纹 | | |
| | | | 装饰线、分色线直线度 | 普通涂饰 | 2 | | |
| | | | | 高级涂饰 | 1 | | |
| | 3 | 厚料涂饰质量允许偏差 | 颜色 | 普通涂饰 | 均匀一致 | | |
| | | | | 高级涂饰 | 均匀一致 | | |
| | | | 泛碱、咬色 | 普通涂饰 | 允许少量轻微 | | |
| | | | | 高级涂饰 | 不允许 | | |
| | | | 点状分布 | 普通涂饰 | — | | |
| | | | | 高级涂饰 | 疏密均匀 | | |
| | 4 | 复层涂饰质量允许偏差 | 颜色 | | 均匀一致 | | |
| | | | 泛碱、咬色 | | 不允许 | | |
| | | | 喷点疏密程度 | | 均匀，不允许连片 | | |

（续）

| 施工单位检查评定结果 | 专业工长（施工员） | | 施工班组长 | |
|---|---|---|---|---|
| | 项目专业质量检查员： | | | 年　月　日 |
| 监理（建设）单位验收结论 | 专业监理工程师<br>（建设单位项目专业技术负责人）： | | | 年　月　日 |

填表说明

第一，主控项目。

质量要求包括以下内容：

其一，水性涂料涂饰工程所用涂料的品种、型号和性能应符合设计要求。

其二，水性涂料涂饰工程的颜色、图案应符合设计要求。

其三，水性涂料涂饰工程应涂饰均匀、黏结牢固，不得漏涂、透底、起皮和掉粉。

其四，水性涂料涂饰工程的基层处理应符合下述要求。

- 混凝土、抹灰基层上，应先涂刷抗碱封闭底漆。
- 旧墙上应清理除去疏松的旧装饰层，并涂界面剂。
- 混凝土、抹灰层涂刷溶剂型涂料时，含水率不大于 8%；涂刷乳液型涂料时，含水率不大于 10%；木材基层的含水率不大于 12%。
- 基层泥子应平整、坚实、牢固、无粉化、起皮及裂缝。
- 厨房、卫生间必须用耐水泥子。

检查方法包括以下内容：主控项目 1 项检查产品合格证书、性能检测报告和进场验收记录；2 项观察检查；3 项观察和手摸检查；4 项观察和手摸检查，并检查施工记录。

第二，一般项目。

质量要求包括以下内容：

其一，涂层与其他装修材料和设备衔接处应吻合，界面应清晰。

其二，薄涂料的涂饰质量（各子项均为观察检查）。

其三，厚涂料的涂饰质量。

其四，复层涂料的涂饰质量。

检查方法包括：

一般项目 1、3～4 项观察检查；2 项观察及拉线检查。

### 8.5.3　溶剂型涂料涂饰工程施工质量验收

本验收规定适用于丙烯酸酯涂料、聚氨酯丙烯酸涂料、有机硅丙烯酸涂料等溶剂型涂料涂饰工程的质量验收。

1. 主控项目

主控项目内容及验收要求见表 8－10。

2. 一般项目

一般项目的涂饰质量和检验方法分为色漆和清漆两种质量验收方法。

色漆　其涂饰质量和检验方法应见表 8－11。

清漆　其涂饰质量和检验方法见表 8－12。

一般项目的涂饰质量和检验方法除达到表 8－10 和表 8－11 的要求外，两种漆的涂层与其他装修材料和设备衔接处应吻合，界面应清晰。

3. 质量验收文件

质量验收文件应包括以下内容的文件：

- 涂饰工程的施工图、设计说明书及其他设计文件。
- 材料的产品合格证书、性能检测报告和进场验收记录。
- 施工记录。

4. 质量验收记录表

记录表内容　溶剂型涂料涂饰工程检验批质量验收记录表见表 8－13。

**表 8－10　主控项目内容及验收要求**

| 项次 | 项目内容 | 规范编号 | 质　量　要　求 | 检 查 方 法 |
|---|---|---|---|---|
| 1 | 涂料质量 | 第 10.3.2 条 | 溶剂型涂料涂饰工程所选用涂料的品种、型号和性能应符合设计要求 | 检查产品合格证书、性能检测报告和进场验收记录 |
| 2 | 颜色、光泽、图案 | 第 10.3.3 条 | 溶剂型涂料涂饰工程的颜色、光泽、图案应符合设计要求 | 观　察 |
| 3 | 涂饰综合质量 | 第 10.3.4 条 | 溶剂型涂料涂饰工程应涂饰均匀，粘结牢固，不得漏涂、透底、起皮和反锈 | 观察；手摸检查 |
| 4 | 基层处理 | 第 10.3.5 条 | 溶剂型涂料涂饰工程的基层处理应符合规范第 10.1.5 条的要求 | 观察；手摸检查；检查施工记录 |

**表 8－11 色漆的涂饰质量和检验方法**

| 项次 | 项 目 | 普 通 涂 饰 | 高 级 涂 饰 | 检 验 方 法 |
|---|---|---|---|---|
| 1 | 颜色 | 均匀一致 | 均匀一致 | 观察 |
| 2 | 光泽、光滑 | 光泽基本均匀，光滑无挡手感 | 光泽均匀一致，光滑 | 观察、手摸检查 |
| 3 | 刷纹 | 刷纹通顺 | 无刷纹 | 观察 |
| 4 | 裹楞、流坠、皱皮 | 明显处不允许 | 不允许 | 观察 |
| 5 | 装饰线、分色线直线度允许偏差/mm | 2 | 1 | 拉 5m 线，不足 5m 拉通线，用钢直尺检查 |

注：无光色漆不检查光泽。

**表 8－12 清漆的涂饰质量和检验方法**

| 项次 | 项 目 | 普 通 涂 饰 | 高 级 涂 饰 | 检 验 方 法 |
|---|---|---|---|---|
| 1 | 颜色 | 基本一致 | 均匀一致 | 观察 |
| 2 | 木纹 | 棕眼刮平、木纹清楚 | 棕眼刮平、木纹清楚 | 观察 |
| 3 | 光泽、光滑 | 光泽基本均匀，光滑无挡手感 | 光泽均匀一致，光滑 | 观察、手摸检查 |
| 4 | 刷纹 | 无刷纹 | 无刷纹 | 观察 |
| 5 | 裹楞、流坠、皱皮 | 明显处不允许 | 不允许 | 观察 |

**表 8－13 溶剂型涂料涂饰工程检验批质量验收记录表**

（GB 502010—2001）

<table>
<tr><td colspan="4">单位（子单位）工程名称</td><td colspan="4"></td></tr>
<tr><td colspan="4">分部（子分部）工程名称</td><td colspan="2"></td><td>验收部位</td><td></td></tr>
<tr><td colspan="2">施工单位</td><td colspan="4"></td><td>项目经理</td><td></td></tr>
<tr><td colspan="2">分包单位</td><td colspan="4"></td><td>分包项目经理</td><td></td></tr>
<tr><td colspan="4">施工执行标准名称及编号</td><td colspan="4"></td></tr>
<tr><td colspan="6">施工质量验收规范的规定</td><td>施工单位检查评定记录</td><td>监理（建设）单位验收记录</td></tr>
<tr><td rowspan="4">主控项目</td><td>1</td><td colspan="3">涂料质量</td><td>第 10. 3. 2 条</td><td></td><td rowspan="4"></td></tr>
<tr><td>2</td><td colspan="3">颜色、光泽、图案</td><td>第 10. 3. 3 条</td><td></td></tr>
<tr><td>3</td><td colspan="3">涂饰综合质量</td><td>第 10. 3. 4 条</td><td></td></tr>
<tr><td>4</td><td colspan="3">基层处理</td><td>第 10. 3. 5 条</td><td></td></tr>
<tr><td rowspan="11">一般项目</td><td>1</td><td colspan="3">与其他材料、设备衔接处界面应清晰</td><td>第 10. 3. 8 条</td><td></td><td rowspan="11"></td></tr>
<tr><td rowspan="10">2</td><td rowspan="10">色漆涂饰质量</td><td rowspan="2">颜色</td><td>普通涂饰</td><td>均匀一致</td><td></td></tr>
<tr><td>高级涂饰</td><td>均匀一致</td><td></td></tr>
<tr><td rowspan="2">光泽、光滑</td><td>普通涂饰</td><td>光泽基本均匀，光滑无挡手感</td><td></td></tr>
<tr><td>高级涂饰</td><td>光泽均匀一致，光滑</td><td></td></tr>
<tr><td rowspan="2">刷纹</td><td>普通涂饰</td><td>刷纹通顺</td><td></td></tr>
<tr><td>高级涂饰</td><td>无刷纹</td><td></td></tr>
<tr><td rowspan="2">裹楞、流坠、皱皮</td><td>普通涂饰</td><td>明显处不允许</td><td></td></tr>
<tr><td>高级涂饰</td><td>不允许</td><td></td></tr>
<tr><td rowspan="2">装饰线、分色线直线度</td><td>普通涂饰</td><td>2</td><td></td></tr>
<tr><td>高级涂饰</td><td>1</td><td></td></tr>
</table>

（续）

| | | | | | | | |
|---|---|---|---|---|---|---|---|
| 一般项目 | 3 | 清漆涂饰质量 | 颜色 | 普通涂饰 | 基本一致 | | |
| | | | | 高级涂饰 | 均匀一致 | | |
| | | | 木纹 | 普通涂饰 | 棕眼刮平、木纹清楚 | | |
| | | | | 高级涂饰 | 棕眼刮平、木纹清楚 | | |
| | | | 光泽、光滑 | 普通涂饰 | 光泽基本均匀，光滑无挡手感 | | |
| | | | | 高级涂饰 | 光泽均匀一致，光滑 | | |
| | | | 刷纹 | 普通涂饰 | 无刷纹 | | |
| | | | | 高级涂饰 | 无刷纹 | | |
| | | | 裹楞、流坠、皱皮 | 普通涂饰 | 明显处不允许 | | |
| | | | | 高级涂饰 | 不允许 | | |
| 施工单位检查评定结果 | | | | 专业工长（施工员） | | 施工班组长 | |
| | | | | 项目专业质量检查员： 年 月 日 | | | |
| 监理（建设）单位验收结论 | | | | 专业监理工程师<br>（建设单位项目专业技术负责人）： 年 月 日 | | | |

填表说明

第一，主控项目。

质量要求包括以下内容：

其一，溶剂型涂料涂饰工程所用涂料的品种、型号和性能应符合设计要求。

其二，溶剂型涂料涂饰工程的颜色、图案应符合设计要求。

其三，溶剂型涂料涂饰工程应涂饰均匀、粘结牢固，不得漏涂、透底、起皮和反锈。

其四，溶剂型涂料涂饰工程的基层处理应符合下列要求：

• 混凝土、抹灰基层上，应先涂刷抗碱封闭底漆。

• 旧墙应清理除去疏松的旧装饰层，并涂界面剂。

• 混凝土、抹灰层涂刷溶剂型涂料时，含水率不大于8%；涂刷乳液型涂料时，含水率不大于10%；木材基层的含水率不大于12%。

• 基层泥子应平整、坚实、牢固、无粉化、起皮及裂缝。

• 厨房、卫生间必须用耐水泥子。

检查方法包括以下内容：

主控项目1项检查产品合格证书、性能检测报告和进场验收记录；2项观察检查；3项观察和手摸检查；4项观察和手摸检查，并检查施工记录。

第二，一般项目。

质量要求包括以下内容：

其一，涂层与其他装修材料和设备衔接处应吻合，界面应清晰。

其二，色漆的涂饰质量。

其三，清漆的涂饰质量。

检查方法包括：一般项目1项观察检查；2~3项观察及手摸检查。

### 8.5.4 美术涂饰工程施工质量验收

本验收规定适用于套色涂饰、滚花涂饰、仿花纹涂饰等室内外美术涂饰工程的质量验收。

1. 主控项目

主控项目内容及验收要求见表8-14。

2. 一般项目

一般项目内容及验收要求见表8-15。

3. 质量验收文件

质量验收文件应包括下述内容文件：

• 涂饰工程的施工图、设计说明书及其他设计文件。

• 材料的产品合格证书、性能检测报告和进场验收记录。

• 施工记录。

4. 质量验收记录表

记录表内容　美术涂饰工程检验批质量验收记录表见表8-16。

**表 8－14 主控项目内容及验收要求**

| 项次 | 项目内容 | 规范编号 | 质 量 要 求 | 检 查 方 法 |
|---|---|---|---|---|
| 1 | 材料质量 | 第 10.4.2 条 | 美术涂饰所用材料的品种、型号和性能应符合设计要求 | 观察；检查产品合格证书、性能检测报告和进场验收记录 |
| 2 | 涂饰综合质量 | 第 10.4.3 条 | 美术涂饰工程应涂饰均匀、粘结牢固，不得漏涂、透底、起皮、掉粉和反锈 | 观察；手摸检查 |
| 3 | 基层处理 | 第 10.4.4 条 | 美术涂饰工程的基层处理应符合本规范第 10.1.5 条的要求 | 观察；手摸检查；检查施工记录 |
| 4 | 套色、花纹、图案 | 第 10.4.5 条 | 美术涂饰的套色、花纹和图案应符合设计要求 | 观察 |

**表 8－15 一般项目内容及验收要求**

| 项次 | 项目内容 | 规范编号 | 质 量 要 求 | 检 查 方 法 |
|---|---|---|---|---|
| 1 | 表面质量 | 第 10.4.6 条 | 美术涂饰表面应洁净，不得有流坠现象 | 观察 |
| 2 | 仿花纹涂饰表面质量 | 第 10.4.7 条 | 仿花纹涂饰的饰面应具有被模仿材料的纹理 | 观察 |
| 3 | 套色涂饰图案 | 第 10.4.8 条 | 套色涂饰的图案不得移位，纹理和轮廓应清晰 | 观察 |

**表 8－16 美术涂饰工程检验批质量验收记录表**（GB 50201—2001）

| | | | | | |
|---|---|---|---|---|---|
| 单位（子单位）工程名称 | | | | | |
| 分部（子分部）工程名称 | | | | 验收部位 | |
| 施工单位 | | | | 项目经理 | |
| 分包单位 | | | | 分包项目经理 | |
| 施工执行标准名称及编号 | | | | | |
| 施工质量验收规范的规定 | | | | 施工单位检查评定记录 | 监理（建设）单位验收记录 |
| 主控项目 | 1 | 材料质量 | 第 10.4.2 条 | | |
| | 2 | 涂饰综合质量 | 第 10.4.3 条 | | |
| | 3 | 基层处理 | 第 10.4.4 条 | | |
| | 4 | 套色、花纹、图案 | 第 10.4.5 条 | | |
| 一般项目 | 1 | 表面质量 | 第 10.4.6 条 | | |
| | 2 | 仿花纹涂饰表面质量 | 第 10.4.7 条 | | |
| | 3 | 套色涂饰图案 | 第 10.4.8 条 | | |
| 施工单位检查评定结果 | 专业工长（施工员） | | 施工班组长 | | |
| | 项目专业质量检查员： 年 月 日 | | | | |
| 监理（建设）单位验收结论 | 专业监理工程师<br>（建设单位项目专业技术负责人）： 年 月 日 | | | | |

填表说明

第一，主控项目。

质量要求包括以下内容：其一，美术涂饰工程所用材料的品种、型号和性能应符合设计要求。

其二，美术涂饰工程应涂饰均匀、黏结牢固，不得漏涂、透底、起皮、掉粉和反锈。

其三，美术涂饰工程的基层处理应符合下列要求：

● 混凝土、抹灰基层上，应先涂刷抗碱封闭底漆。

● 旧墙上应清理除去疏松的旧装饰层，并涂界面剂。

● 混凝土、抹灰层涂刷溶剂型涂料时，含水率不大于 8%；涂刷乳液型涂料时，含水率不大于 10%；木材基层的含水率不大于 12%。

● 基层泥子应平整、坚实、牢固、无粉化、起皮及裂缝。

● 厨房、卫生间必须用耐水泥子。

检查方法包括以下内容：主控项目 1 项检查产品合格证书、性能检测报告和进场验收记录；2 项观察和手摸检查；3 项观察和手摸检查，并检查施工记录。4 项观察检查。

第二，一般项目。

质量要求包括以下内容：

其一，美术涂饰表面应洁净，不得有流坠现象。

其二，仿花纹涂饰的饰面应具有被模仿材料的纹理。

其三，套色涂饰的图案不得移位，纹理和轮廓应清晰。

检查方法：一般项目 1 ~ 3 项观察检查。

## 【本章小结】

涂饰工程的管理主要从施工环境、材料质量、施工质量、施工安全等方面来控制。管理的重点在施工环境控制、材料质量控制、施工质量控制等方面。质量通病及防治措施是本章重点内容。施工质量检验有详细的评定标准。

## 【思考题】

1. 涂饰工程对基层（体）的基本要求包括哪些内容？

2. 涂饰工程对操作环境的基本要求包括哪些内容？

3. 涂饰工程对施工操作的基本要求有哪些？

## 【推荐阅读书目】

1. 建筑装饰装修工程施工与质量验收实用手册．孙科炎主编．北京：中国建材工业出版社，2004.

2. 装饰工程项目管理规范实施手册．张维君主编．北京：中国建筑工业出版社，1999.

3. 室内装饰材料．向仕龙，张秋梅，张求慧编著．北京：中国林业出版社，2003.

## 【相关链接】

1. 中国室内装饰协会．http：//www. cida. net. cn/home. php

2. 设计在线．http：//www. dolcn. com

# 第9章 裱糊与软包工程管理

**【本章难点与重点】** 裱糊与软包工程的管理主要从施工环境、材料质量、施工质量、施工安全等方面来控制。管理的重点在施工环境控制、材料质量控制等方面。质量通病及防治措施是本章的重点内容。

壁纸（墙纸）是室内装饰装修中常用的一种装饰材料，不仅广泛用于墙面、柱面的裱糊装饰，也用于顶棚的裱糊装饰。

墙布的应用历史可以追溯到我国明清时期，那时就有用洒金粉或绘制的纸张、锦缎装饰宫殿和民居的记载。

近年来，随着人民生活水平的不断提高，裱糊工程所用材料的生产和应用正在迅速发展和普及。目前，普通墙纸已使用较广，塑料墙纸、玻璃纤维墙布应用较多，高级建筑装饰选用高档无纺贴墙布等。

## 9.1 施工环境控制

裱糊与软包工程施工环境控制应从基层要求、施工安排、气候条件和主要工序等方面入手，通过创造良好的施工环境，来保证裱糊与软包工程的施工质量。

1. 基层要求

裱糊工程基层应干燥、面平、角直、色匀、洁净，具体有以下几点：

- 基层含水率：混凝土和抹灰含水率不得大于8%；木材制品含水率不应大于12%。
- 基层表面的允许偏差按高级抹灰的允许偏差要求。表面平整不得有凹凸现象，表面洁净不得有砂粒、残余砂浆等杂物。
- 易透底的面料，基层颜色应一致。
- 裱糊前，应将突出基层表面的设备或附件卸下，将钉帽钉入基层表面，并涂防锈漆。
- 裱糊顶棚时，首先处理好顶棚的伸缩变形，防止裱糊后出现皱折或崩裂。
- 在纸面石膏板上做裱糊，板面应先用油性石膏泥子局部找平；在无纸面石膏板上做裱糊，板面应先满刮一遍石膏泥子。

2. 施工安排

裱糊工程应在顶棚涂饰和门窗油漆已经做完；地面已经做完；电气和其他设备已安装完，影响裱糊操作的设备已拆完的情况下进行。裱糊工序安排应合理，否则，成品难以保护，质量难以保证。

3. 气候条件

裱糊过程中和干燥前，应防止穿堂风劲吹和温度的突然变化。冬期施工应在采暖条件下进行，施工环境温度不应低于15℃。

4. 主要工序

裱糊工程有工序控制，如果片面追求施工进度，偷工减序，改变操作环境，其质量难以达到质量标准。

裱糊工程主要工序见表9－1。

表9-1　裱糊工程主要工序

| 项次 | 工序名称 | 抹灰面混凝土 | | | | 石膏板面 | | | | 木料面 | | | |
|---|---|---|---|---|---|---|---|---|---|---|---|---|---|
| | | 复合壁纸 | PVC壁纸 | 墙布 | 带背胶壁纸 | 复合壁纸 | PVC壁纸 | 墙布 | 带背胶壁纸 | 复合壁纸 | PVC壁纸 | 墙布 | 带背胶壁纸 |
| 1 | 清扫基层、填补缝隙，磨砂纸 | + | + | + | + | + | + | + | + | + | + | + | + |
| 2 | 接缝处黏纱布条 | | | | | + | + | + | + | + | + | + | + |
| 3 | 找补泥子、磨砂纸 | | | | + | + | + | + | + | + | + | + | |
| 4 | 满刮泥子、磨平 | + | + | + | + | | | | | | | | |
| 5 | 涂刷涂料一遍 | | | | | | | | | + | + | + | + |
| 6 | 涂刷底胶一遍 | + | + | + | + | + | + | + | + | | | | |
| 7 | 墙面划准线 | + | + | + | + | + | + | + | + | + | + | + | + |
| 8 | 壁纸浸水润湿 | | + | | + | | + | | + | | + | | + |
| 9 | 壁纸涂刷胶黏剂 | + | | | | + | | | | + | | | |
| 10 | 基层涂刷胶黏剂 | + | + | + | | + | + | + | | + | + | + | |
| 11 | 壁纸裱糊 | + | + | + | + | + | + | + | + | + | + | + | + |
| 12 | 拼缝、拼接、对花 | + | + | + | + | + | + | + | + | + | + | + | + |
| 13 | 赶压胶黏剂气泡 | + | + | + | + | + | + | + | + | + | + | + | + |
| 14 | 裁边 | | + | | | | + | | | | + | | |
| 15 | 抹净挤出的胶液 | + | + | + | + | + | + | + | + | + | + | + | + |
| 16 | 清理修整 | + | + | + | + | + | + | + | + | + | + | + | + |

注：1. 表中“+”号表示应进行的工序。
2. 不同材料的基层相接处应先贴60~100mm宽壁纸条或纱布。
3. 混凝土表面和抹灰表面必要时可增加满刮泥子遍数。
4. “裁边”工序，只在使用宽为920mm、1000mm、1100mm等需要重叠对花的PVC压延型壁纸时应用。

5. 做样板间

裱糊与软包工程应先做样板间，经甲方、设计等有关人员共同鉴定合格后，并办理确认手续，方可大面积施工。

## 9.2　材料质量控制

### 9.2.1　裱糊工程材料质量控制

裱糊工程所用的材料种类很多，其质量好坏，直接影响到裱糊工程的整体质量，必须从以下方面入手严把材料质量关。

第一，壁纸、墙布的种类、规格、图案、颜色和燃烧性能等级必须符合设计要求及国家现行标准的有关规定。进场材料应检查产品合格证书、性能检测报告，并做好进场验收记录。

第二，民用建筑工程室内装修所采用的水性涂料、水性胶黏剂、水性处理剂必须有总挥发性有机化合物（TVOC）和游离甲醛含量检测报告；溶剂型涂料、溶剂型胶黏剂必须有总挥发性有机化合物（TVOC）、苯、游离甲苯二异氰酸酯（TDI）（聚氨酯类）含量检测报告，并应符合设计要求和《民用建筑工程室内环境污染控制规范》（GB 50325—2001）的规定。

第三，建筑材料和装修材料的检测项目不全或对检测结果有疑问时，必须将材料送有资质的检测机构进行检验，检验合格后方可使用。

第四，民用建筑工程室内用水性胶黏剂，应测定其总挥发性有机化合物（TVOC）和游离甲醛的含量，其限量应符合表9-2的规定。

表9-2　室内用水性胶黏剂中总挥发性有机化合物（TVOC）和游离甲醛限量

| 测定项目 | 限　量/(g/L) | 测定项目 | 限　量/(g/kg) |
|---|---|---|---|
| TVOC | ≤50 | 游离甲醛 | ≤1 |

第五，民用建筑工程室内用溶剂型胶黏剂，应测定其总挥发性有机化合物（TVOC）和苯的含量，其限量应符合表9-3的规定。

第六，民用建筑工程室内用水性阻燃剂、防水剂、防腐剂等水性处理剂，应测定总挥发性有机化合物（TVOC）和游离甲醛的含量，其含量应符合表9-4的规定。其测定方法应按《民用建筑工程室内环境污染控制规范》(GB 50325—2001)的有关规定进行。

**表9-3 室内用溶剂型胶黏剂中总挥发性有机化合物(TVOC)和苯限量**

| 测定项目 | 限　量/(g/L) | 测定项目 | 限　量/(g/kg) |
|---|---|---|---|
| TVOC | ≤750 | 苯 | ≤5 |

**表9-4 室内用水性处理剂中总挥发性有机化合物(TVOC)和游离甲醛限量**

| 测定项目 | 限　量/(g/L) | 测定项目 | 限　量/(g/kg) |
|---|---|---|---|
| TVOC | ≤200 | 游离甲醛 | ≤0.5 |

### 9.2.2 壁纸的选择要求

选择壁纸要根据环境、场合、地区、民族风俗习惯和个人性格等方面的因素全面考虑，往往同一种壁纸使用在两个不同的场合，会产生两种完全不同的效果。有些选用原则，并不是绝对的，最重要的是具体情况具体分析。

1. 按使用部位选择

根据使用部位的耐磨损要求，选择适合耐磨方面要求的壁纸。比如公共建筑的走廊墙面，由于人流比较大且容易集中，应选用耐磨性能好的布基壁纸，或纺织壁纸。

2. 按特殊要求选择

有特殊要求的部位应选择有特殊功能的壁纸。同样是防火要求，民用建筑与公共建筑在选用防火壁纸方面，往往会有所差别。有防水要求的部位裱糊壁纸，应选用具有防水性能的壁纸。

3. 按图案效果选择

对图案的选择，应注意大面积裱糊后的视觉效果。有时选看样本时感觉很好，但贴满大面积墙面后，却不尽人意。可是，也有与此相反的情况，看小样时不甚满意，可一经大面积装修后却获得理想的装饰效果。所以，在选择壁纸时，要研究微观与宏观的关系，须有视小如大，又须视大如小，即局部与整体的关系。一般来说，大面积大厅、会客室、会议室、陈列室、餐厅等场所，选用大型图案结构壁纸，用“以大见大”的手法，充分体现室内宽敞的视觉效果。

小面积的房间，选用小型图案结构壁纸，用“以小见小”的装饰手法，使图案色彩因远近而产生明暗不同的变化，从而构成室内空间通视、开阔视野的效果。若有风景、原野、森林、草坪之类的彩色壁纸选贴，更能加深空间效果。

4. 按色彩效果选择

装饰色彩是有个性的，不同的颜色会对人产生不同的心理效果，这种心理影响与潜在性，来自人们对色彩感情的联想作用。

装饰、装潢学是美学，也是心理生理学，壁纸装饰后的美与不美，视觉心理感受如何，全在合理地选择与室内整体设计的配合，应从家具、顶棚、门窗、地板、地毯等方面取得协调统一。忽视整体配合，造成室内色彩刺目、摆设杂乱，导致所谓的“视觉污染”，从而影响情绪，有损健康。

5. 胶黏剂的选择要求

选择条件　大面积裱糊纸基塑料壁纸用的胶黏剂，应具备以下条件：

- 胶黏剂是水溶性的。如果是溶剂性的，易燃、有刺激味，甚至有毒性，不利于施工，而水溶性的胶黏剂则没有这些缺点。
- 为便于大面积施工，所采用的胶黏剂不宜要求有过于严格和复杂的配制工艺和操作工艺。
- 所选用的胶黏剂，必须是货源充足，价格较低的，否则，对于大面积使用会有一定的限制。

使用要求　大面积裱糊纸基塑料壁纸使用的胶黏剂，应满足以下要求。

- 对墙面和壁纸背面都有良好的粘结力。
- 应具有一定的耐水性。施工时，墙面基层不一定完全干燥，胶黏剂应能在基层有一定含水量的情况下，顺利使用。施工完毕后，基层所含水分通过壁纸或拼缝处逐渐向外蒸发。另外，在墙面使用的过程中为了维护清洁，需要对壁纸进行湿擦，因而在拼缝处可能会渗入水分，胶黏剂在这种情况下应保持相当的粘结力，而不致产生壁纸剥落等现象。
- 具有一定的耐胀缩性。塑料壁纸虽然主要在室内使用。但其使用寿命仍是一个重要问题。胶黏剂应能适应由于阳光、温度及湿度变化等因素引起材料的胀缩，不致产生开胶脱落等情况。
- 具有一定防霉作用。因为霉菌的产生不仅会在壁纸和基层之间产生一个隔离层，影响粘结力，而且，还会产生使壁纸表面变色等不良后果。

### 9.2.3 软包工程材料质量规定

软包工程材料的质量应从以下几个方面加强控制和管理：

第一，软包面料、内衬材料及边框材、颜色、图案、燃烧性能等级和木材的含水率应符合设计要求及国家现行标准的有关规定。检查产品合格证书、进场验收记录和性能检测报告。

第二，民用建筑工程所用的无机非金属装修材料，其放射性指标限量应符合表9-5的规定。

**表 9－5　无机非金属装修材料放射性指标限量**

| 测定项目 | 限量 | |
|---|---|---|
| | A | B |
| 内照射指数（$I_{Ra}$） | ≤1.0 | ≤1.3 |
| 外照射指数（$I_\gamma$） | ≤1.3 | ≤1.9 |

第三，民用建筑工程室内用人造木板及饰面人造木板必须测定游离甲醛含量或游离甲醛释放量。

第四，当采用环境测试舱法测定游离甲醛释放量，并依此对人造木板进行分类时，其限量应符合表 9－6的规定。

第五，当采用穿孔法测定游离甲醛含量，并依此对人造木板进行分类时，其限量应符合表 9－7 的规定。

第六，当采用干燥器法测定游离甲醛释放量时，并依此对人造木板进行分类时，其限量应符合表 9－8 的规定。

第七，饰面材料的样板应经业主、设计等有关人员确认，并办理确认手续。

**表 9－6　环境测试舱法测定游离甲醛释放量限量**

| 类　别 | 限　量/（$mg/m^3$） |
|---|---|
| $E_1$ | ≤0.12 |

**表 9－7　穿孔法测定游离甲醛含量分类限量**

| 类别 | 限量/（mg/100g，干材料） | 类别 | 限量/（mg/100g，干材料） |
|---|---|---|---|
| $E_1$ | ≤9.0 | $E_2$ | >9.0，≤30.0 |

**表 9－8　干燥器法测定游离甲醛释放量分类限量**

| 类别 | 限量/（mg/L） | 类别 | 限量/（mg/L） |
|---|---|---|---|
| $E_1$ | ≤1.5 | $E_2$ | >1.5，≤5.0 |

## 9.3　施工质量控制

### 9.3.1　裱糊工程施工质量控制要点

第一，裱糊施工前，应完成其他工序，以免污染、碰损裱糊面。

第二，对进场的壁纸（布）及其他原材料，应检验质量是否符合设计要求。相同型号的壁纸宜采用同一批号或同一生产日期。

第三，粘各类壁纸（布）应按设计规定，选用相应的胶黏剂，如防潮、防霉、防火、防蛀等。

第四，裱糊的基面应干燥，混凝土和抹灰墙面的潮湿度应在 8% 左右，木夹板墙面应在 12% 左右。湿度较大的房间和经常潮湿的墙体表面，做裱糊时，应采用有防水性能的壁纸和胶黏剂等材料。

第五，裱糊时，室温应在 10℃ 以上。裱糊过程中及干燥前，应防止穿堂风劲吹和温度的突然变化。

第六，裱糊时只能有拼幅的顺缝，不应有接段的横缝。

第七，木夹板的墙、顶棚面，应先将圆钉帽冲入木表面，在钉帽凹处打油性泥子（泥子是将滑石粉用硝基清漆或用酚醛清漆调稠而成），干后砂纸磨平，以免钉帽直接与胶黏剂接触生锈，污染壁纸正面。

第八，有的壁纸，尤其是壁毡，厚度太薄，有透基面的现象。这时应在基面刷上或覆盖上一层与裱糊面料颜色相近的底色或底油，以保证裱糊面色彩纯正，不失本色。

第九，调胶黏剂时，不应有任何细微颗粒杂质混入，否则表面不光洁。

第十，胶黏剂调配时，墙用和薄纸基用可稀点，顶棚和厚基面应用稠点，酌情处理。

第十一，不对花壁纸（毡），应按同方向标出号码，一顺粘贴，避免光线折射壁纸出现色差。

第十二，壁纸应与主窗平行粘贴，以免光线折射显缝。

第十三，带背胶壁纸粘顶棚时，为增加附着力，还应在纸上刷适量胶黏剂。

第十四，粘纺织品面料壁纸（布）时，切忌将胶黏剂污染正面，一旦污染，很难清洁补救。

第十五，用抽刀法裱糊时，刀口不能重复，否则纸缝难以对严。

第十六，正在裱糊和刚糊完的房间，不应开窗，以免空气流动过大及温差过大使壁纸开胶。

### 9.3.2　成品保护措施

完工后的墙面、顶棚，其保护是非常重要的。在交叉流水施工作业中，人为的损坏、污染；施工期间与完工后的一段时间的空气湿度与温度变化较大等因素，都会严重影响裱糊墙面的质量。故完工后，应尽量封闭通行或设置覆盖物，并采取以下保护措施：

- 为避免损坏污染，裱糊工程尽量放在施工作业的最后一道工序，特别应放在塑料踢脚板铺贴之后。另外，裱糊工序安排应合理。
- 裱糊时，空气相对湿度不应过高，一般应低于 85%；温度不应剧烈变化。
- 对于墙角处壁纸（墙布），裱糊后应用一块铝角板进行加固、保护。
- 在潮湿季节裱糊好的墙面竣工以后，应在白天打开门窗，加强通风，夜晚关门闭窗，防止潮湿气体侵袭。同时，也要避免胶黏剂未干结前，墙面受穿堂风劲吹，破坏壁纸（墙布）的粘结牢度。

- 基层抹灰层宜具有一定的吸水性。混合砂浆抹面，纸筋灰罩面的基层较为适宜裱糊。若用建筑石膏罩面，效果更佳。水泥砂浆抹光基层的裱糊效果较差。
- 裱糊到电门，插座处应破纸做标记，以后再安装纸面上的露明设备。

### 9.3.3 工程质量要求

为了保证裱糊工程质量，在施工中应做到以下几点：

- 壁纸面层不得有气泡、空鼓；翘边、皱折和污渍，表面颜色一致，斜视时无胶迹。表面平整度和阴、阳角垂直度允许偏差为2mm，立面垂直允许偏差3mm（用2m靠尺和2m托线板检查）。阴阳角方正允许偏差为2mm（用方尺和楔形塞尺检查）。
- 具有纹理质感，不应有压光起光。
- 拼花拼缝吻合，各幅拼缝严密，壁纸搭接应顺光，距离墙面1.5m处正视，不显拼缝。
- 上下不缺纸，不得有漏贴、补贴和脱层等缺陷。

### 9.3.4 应注意的问题

由于裱糊工程施工技术的特殊性，工程技术人员和操作人员在施工中还应注意以下几个问题。

1. 裁剪壁纸

应根据材料的规格及墙面尺寸，统筹规划裁割墙纸，对准备上墙的墙纸，最好能够按顺序编号，以便于依顺序粘贴上墙。

裁纸最好由专人负责，在工作台上进行。如果是大、中卷壁纸，为了拉纸方便，宜将成卷的壁纸放在一个架上，用一根铁棍或钢管穿过壁纸卷的轴心，这样在裁纸时能够拉动而不乱。

裁纸的尺寸主要根据要贴的部位下料。下料时，应比裱贴部位的尺寸长一点，因为壁纸在阴角和收口部位；往往让其多一点富余，然后再将多余的部分切割掉。要想做到在交接部位切割，壁纸必须大于要裱糊的实际尺寸，一般长3cm左右。例如，墙与吊顶的交接部位，考虑到吊顶可能会局部不平，如果不是壁纸顺着边缘贴密实，那么很可能在某一部位露出“白槎”。所以，宜用切割的方法使其达到密实。

如果室内净空较高，墙面宜分段进行，每一段的长度可根据实际情况适当掌握，一次裱糊的高度，如果从方便操作的角度考虑，宜在3m左右。

当墙纸有花纹图案时，要预先考虑施工后的花纹图案效果及光泽特征，不可随意切割，应达到对接无误。同时，应根据墙纸花纹图案和纸边情况确定对口拼缝或搭口裁割拼缝的具体拼接方法。

壁纸应做到边缘整齐，特别是采用拼接法裱糊的壁纸，边缘整齐更显重要；如果是破损的边缘；应适当的裁取。否则，边缘不整齐，影响拼接的质量。

2. 刷涂胶黏剂

在墙纸背面先刷一道胶黏剂，要求厚薄均匀（胶底墙纸只需刷清水一遍）。同时，墙面也同样均匀地涂刷一遍胶黏剂，涂刷的宽度要比墙纸宽约2～3cm。胶黏剂不宜刷得过多、过厚或起堆以防裱贴时胶液溢出而污染墙纸；也不可刷得过少，不可漏刷，以防止起泡、离缝或粘贴不牢。一般抹灰墙面用胶量0.15kg/$m^2$左右，气温较高时用量相对增加。

胶黏剂要集中调试，并通过400孔/$cm^2$筛子过滤，除去胶中的杂物及块粒，调制后的胶液，应于当日用完。

塑料墙纸背面刷胶的方法是，墙纸背面均匀刷胶后，将其重叠呈S状，正、背面分别相靠。可避免胶液干得过快，不污染墙纸并便于上墙。

3. 壁纸闷水

所谓闷水，是指用清水湿润纸面；使其能够得到充分伸缩，免得在裱糊时遇到胶黏剂而发生伸缩不匀。如若伸缩不匀，则在表面起皱，影响裱糊质量。

裱糊普通塑料壁纸，提前闷水是必要的，塑料墙纸遇到水或胶液，开始则自由膨胀，约5～10min胀足，干后自行收缩。自由胀缩的墙纸，其幅宽方向的膨胀率为0.5%～1.2%，收缩率为0.2%～0.8%。闷水方法：用排笔蘸清水湿润背面（即滑水），也可将裁好的壁纸卷成一卷放入盛水的桶中，浸泡3～5min，然后拿出来将其表面的明水抖掉，再静停20min左右。

### 9.3.5 裱糊工程常见质量通病及防治

裱糊工程中常见的质量通病、原因分析及防治措施见表9－9。

**表9－9 裱糊工程常见质量通病、原因分析及防治措施**

| 项次 | 质量通病 | 原因分析 | 防治措施 |
| --- | --- | --- | --- |
| 1 | 泥子翻皮 | 1. 泥子胶性小或稠度大<br>2. 基层的表面有灰尘、隔离剂、油污等<br>3. 基层表面太光滑，表面温度较高的情况下刮泥子<br>4. 基层干燥，泥子刮得太厚 | 1. 调制泥子时可以加入适量的胶液，稠度合适，以使用方便为准<br>2. 基层表面的灰尘、隔离剂、油污等必须清除干净<br>3. 在光滑的基层表面或清除油污后，要涂刷一层胶黏剂（如乳胶等），再刮泥子<br>4. 每遍刮泥子不宜过厚，不可在有冰霜、潮湿和高温的基层表面上刮泥子<br>5. 翻皮的泥子应铲除干净，找出产生翻皮的原因，经采取措施后再重新刮泥子 |
| 2 | 泥子裂纹 | 1. 泥子胶性小，稠度较大，失水快，泥子面层出现裂纹<br>2. 凹陷坑洼处的灰尘、杂物未清理干净，干缩的脱落<br>3. 凹陷洞孔较大时，刮抹的泥子有半眼、蒙头等缺陷，造成泥子不生根或一次刮抹泥子太厚，形成干缩裂纹 | 1. 在调制泥子时，稠度要适中，胶液应略多些<br>2. 基层表面特别是孔洞凹陷处，应将灰尘、浮土等清除干净，并涂刷1遍黏结液，增加泥子附着力。当洞孔较大时，泥子胶性要略大些，并分层进行，反复刮抹平整，坚实，牢固<br>3. 对裂纹较大且已脱离基层的泥子，要铲除干净，待基层处理后，再重新刮1遍泥子。洞口处的半眼、蒙头泥子必须挖出，处理后再分层刮泥子直至平整 |
| 3 | 表面粗糙、有疙瘩 | 1. 基层表面的污物未清除干净；凸起部分未处理平整；砂纸打磨不够或漏磨<br>2. 使用的工具未清理干净，有杂物混入材料中<br>3. 操作现场周围有灰尘飞扬或污物落在刚粉刷的表面上 | 1. 基层表面污物应清除干净，特别是混凝土流坠的灰浆或接槎楞印，需用铁铲或电动砂轮磨光。泥子疤等凸起部分要用砂纸震荡机打磨平整<br>2. 使用材料要保持洁净，所用工具和操作现场也应清洁，防止污物混入泥子或浆液中<br>3. 对表面粗糙的粉饰，可以用细砂浆轻轻打磨光滑，或用铲刀将小疙瘩铲除平整，并上底油 |
| 4 | 透底、咬色 | 1. 基层表面太光滑或有油污等，浆膜难以覆盖严实而露出底色或个别处颜色改变<br>2. 基层表面或上道粉饰颜色较深，表面刷浅色浆时，覆盖不住，使底色显露<br>3. 底层预埋铁件等物未处理或未刷防锈漆及白厚漆覆盖 | 1. 基层表面油污要清除干净；表面太光滑时可以先喷1遍清胶液；表面颜色太深，可先涂刷1遍浆液<br>2. 如原粉饰颜色较深，应用细砂纸打磨或刷水起底色，再做刮泥子刷底油<br>3. 底层如有裸露的铁件，凡能挖除的一定要挖除，如不能挖掉，必须刷防锈漆和白厚漆覆盖<br>4. 对有透底或咬色弊病的粉刷工程，要进行局部修补，再喷1～2遍面浆覆盖即可 |
| 5 | 裱贴不垂直 | 1. 裱糊壁纸前未吊垂线，第1张贴得不垂直，依次继续裱糊多张壁纸后，偏离更厉害，有花饰的壁纸问题更严重<br>2. 壁纸本身的花饰与纸边不平行，未经处理就进行裱贴<br>3. 基层表面阴阳角抹灰垂直偏差较大，影响壁纸裱贴的接缝和花饰的垂直<br>4. 搭缝裱贴的花饰壁纸，对花不准确，重叠对裁后，花饰与纸边不平行 | 1. 壁纸裱贴前，应先在贴纸的墙面上吊一条垂直线，并弹上粉线，楞贴的第1张壁纸纸边必须紧靠此线边缘，检查垂直无偏差后方可裱贴第2张壁纸<br>2. 采用接缝法裱贴花饰壁纸时，应先检查壁纸的花饰与纸边是否平行，如不平行，应将斜移的多余纸边裁割平整，然后才裱贴<br>3. 采用搭接法裱糊第2张壁纸时，对一般无花饰的壁纸，拼缝处只须重叠2～3cm；对有花饰的壁纸，可将两张壁纸的纸边相对花饰重叠，对花准确后，在拼缝处用钢直尺将重叠处压实，由上而下一刀裁割到底，将切断的余纸撕掉，然后将拼缝敷平压实<br>4. 裱贴壁纸的基层裱贴前应先检查，阴阳角必须垂直、平整、无凹凸。对不符合要求之处，必须修整后才能施工<br>5. 裱糊壁纸的每一墙面都必须弹出垂直线，越细越好，防止贴斜。最好裱贴2～3张壁纸后，就用线锤在接缝处检查垂直度，及时纠正偏差<br>6. 对于裱贴不垂直的壁纸应撕掉，把基层处理平整后，再重新裱贴壁纸 |
| 6 | 离缝和亏纸 | 1. 裁割壁纸未按照量好的尺寸、裁割尺寸偏小，裱贴后不是上亏纸，便是下亏纸<br>2. 搭缝裱糊壁纸裁割时，接缝处不是一刀裁割到底，而是变换多次刀刃的方向或钢直尺偏移，使壁纸忽胀忽亏，裱糊后亏损部分就造成离缝<br>3. 裱贴的第2张壁纸与第1张壁纸拼缝时，未连接准确就压实，或因赶压底层胶液推力过大而使壁纸伸张，在干燥过程中产生回缩，造成离缝或亏纸 | 1. 下刀裁壁纸前应复核裱糊墙面实际尺寸，尺压紧纸边后刀刃紧贴尺边，一气呵成，手劲均匀，不得中间停顿或变换持刀角度。尤其裁割已裱贴在墙上的壁纸，更不能用刀太猛或刀刃变换手势，影响裁割质量<br>2. 壁纸裁割一般以上口为准，上、下口可比实际尺寸略长2～3cm；花饰壁纸应将上口的花饰全部统一成一种形状，壁纸裱糊后，在上口线和踢脚线上口压尺，分别裁割掉多余的壁纸<br>3. 裱糊的每一张壁纸都必须与前一张靠紧，争取无缝隙，在赶压胶液时，由拼缝处横向往外赶压胶液和气泡，不准斜向来回赶压或由两侧向中间推挤，应使壁纸对好缝后不再移动，如果出现位移要及时赶回原来位置<br>4. 对于离缝或亏纸轻微的壁纸饰面，可用同壁纸颜色相同的乳胶漆点描在缝隙内，漆膜干燥后可以掩盖。对于较严重的部位，可用相同的壁纸补贴或撕掉重贴 |

（续）

| 项次 | 质量通病 | 原因分析 | 防治措施 |
| --- | --- | --- | --- |
| 7 | 花饰不对称 | 1. 裱糊壁纸前没有区分无花饰和花饰壁纸的特点，盲目裁割壁纸<br>2. 在同一张纸上印有正花和反花、阴花和阳花饰，裱糊时未仔细区别，造成相邻壁纸花饰相同<br>3. 对要裱糊壁纸的房间未进行周密的观察研究，门窗口的两边、室内对称的柱子、两面对称的墙、裱糊的壁纸花饰不对称 | 1. 壁纸裁割前对于有花饰的壁纸经认真区别后，将上口的花饰全部统一成一种形状，按照实际尺寸留有余量统一裁纸<br>2. 在同一张壁纸上印有正花与反花、阴花与阳花饰时，要仔细分辨，最好采用搭缝法进行裱贴，以避免由于花饰略有差别而误贴。如采用接缝法施工，已裱贴的壁纸边花饰如为正花，必须将第2张壁纸边正花饰裁割掉<br>3. 对准备裱糊壁纸的房间应观察有无对称部位。若有，应认真设计排列壁纸花饰，应先裱贴对称部位。如房间只有中间一个窗户，裱贴在窗户取中心线，并弹好粉线，向两边分贴壁纸，这样壁纸花饰就能对称。如窗户不在中间，为使窗间墙阳角花饰对称，也可以先弹中心线向两侧裱糊<br>4. 对花饰明显不对称的壁纸饰面，应将裱糊的壁纸全部铲除干净，修补好基层，重新裱贴 |
| 8 | 搭缝 | 未将两张壁纸连接缝推压分开，造成重叠 | 1. 在裁割壁纸时，应保证壁纸边直而光洁，不出现突出和毛边。对塑料层较厚的壁纸更应注意。如果裁割时只将塑料层割掉而留有纸基，会给搭缝弊病带来隐患<br>2. 裱糊无收缩性的壁纸，不准搭接。对于收缩性较大的壁纸，粘贴时可适当多搭接一些，以便收缩后正好合缝。因此，壁纸裱糊前应先试贴；掌握壁纸的性能，方可取得良好的装饰效果<br>3. 有搭缝弊病的壁纸工程，一般可用钢直尺压紧在搭缝处，用刀沿尺边割边搭接的壁纸，处理平整，再将面层壁纸粘贴好 |
| 9 | 翘边（张嘴） | 1. 基层有灰尘、油污等，基层表面粗糙、干燥或潮湿，使胶液与基层粘贴不牢，壁纸卷翘起来<br>2. 胶黏剂胶性小，造成纸边翘起，特别是阴角处，第2张壁纸粘贴在第1张壁纸的塑料面上，更易出现翘起<br>3. 阳角处裹过阳角的壁纸少于2cm，未能克服壁纸的表面张力，也易翘起<br>4. 涂胶不均匀，或胶液过早干燥 | 1. 基层表面的灰尘、油污等必须清除干净，含水率不得超过20%。若表面凸凹不平，必须用泥子刮抹平整<br>2. 根据不同的壁纸选择不同的粘结胶液<br>3. 阴角壁纸搭缝时，应先裱贴压在里面的壁纸，再用黏性较大的胶液粘贴面层壁纸。搭接宽度一般不大于3mm，纸边搭在阴角处，并且保持垂直无毛边<br>4. 严禁在阴角处甩缝，壁纸裹过阳角应不小于2cm，包角壁纸必须使用黏性较强的胶液，要压实，不能有空鼓和气泡，上、下必须垂直，不能倾斜。有花饰的壁纸更应注意花纹与阳角直线的关系<br>5. 将翘边壁纸翻起来，检查产生原因，属于基层有污物的，待清理后，补刷胶液粘牢；属于胶黏剂胶性小的，应换用胶性较大的胶黏剂粘贴；如果壁纸翘边已坚硬，除了应使用较强的胶黏剂粘贴外，还应加压，待粘牢平整后，才能去掉压力 |
| 10 | 空鼓（气泡） | 1. 周边墙纸过早压实、空气不易排出；或赶压无顺序；或持纸上墙时未从上往下按顺序敷平，带进空气而又未排出<br>2. 往返挤压胶液次数过多，胶液干结失去粘结作用；或挤压时用力过重，胶液被赶挤过薄，墙纸粘结不牢；或用力过轻，胶液过厚，长期难以干结，形成胶囊状；或胶液涂刷厚薄不匀，并有漏刷<br>3. 基层过分干燥或含水率超过要求；或基层面不洁净<br>4. 裱糊作业时，有局部阳光直射或通风不均，使墙纸粘贴胶液干固时间不一<br>5. 石膏板或木板面及不同材料基层接头处嵌缝不密实，糊条粘贴不牢，或石膏板面纸基起泡、脱落；或木板面有较大节疤及油脂未经处理<br>6. 白灰面或其他基层面强度低而又疏松，本身裂纹空鼓，或洞孔、凹陷处未用泥子分遍刮抹修补平整，存在未干透或不紧密弊病 | 1. 墙纸上墙时应从上而下按顺序紧贴基层面敷平，并注意先从中间向两边轻轻而有顺序的一板接一板（或用毛巾等）使墙纸附着于基层上，不使空气积存于墙纸与基层间，不得先将墙纸周边先压实，再压中间<br>2. 赶压胶液时用力应均匀并按顺序；当接缝对好以后，应从接缝一边向另一边并稍朝下一板接一板的将胶液赶压至厚薄均匀<br>3. 基层过分干燥时，应先刷一遍底油或底胶或涂料，不得喷水湿润基层面。如基层含水率过高，应采取措施（如加强通风，安装空调机、吸湿机，或喷吹热风等）使其含水率不超过规定时，才可开始施工<br>4. 应避免在阳光直射或穿堂风劲吹，以及室内温度、湿度差异过大条件下作业<br>5. 石膏板或木板面及不同材料基层面接头处嵌缝必须密实，糊条必须粘贴牢固和平整；如石膏板面纸基起泡脱落，必须铲除干净，重新补贴；如木材面有较大节疤及油脂，可用棉纱蘸酒精消除油脂，再刮泥子修补平整<br>6. 基层洞孔和凹陷不平过大处，必须分遍塞泥子或刮泥子，干燥后再塞刮第二遍，直至平整密实干燥止，切忌一遍成活；如基层疏松、裂缝、空鼓，必须进行彻底处理至符合要求为止<br>7. 如墙纸面空鼓，应用医疗用注射器穿透墙纸、抽出空气，如空鼓原因还有基层潮湿，应待其干燥后，再用注射器按原针孔将胶液注入空鼓部位，先用手指盖住针孔使胶液不流出，同时用手将胶液往针孔四周处压挤，使胶液附着整个空鼓面，以后再将多余胶液从针孔处挤出并及时擦抹干净，至赶压平整粘贴牢固止 |

（续）

| 项次 | 质量通病 | 原因分析 | 防治措施 |
|---|---|---|---|
| 11 | 皱褶、波纹 | 1. 墙纸材质不良，厚薄及膨胀收缩不一<br>2. 墙纸保管不善，平放时墙纸被转折受压过久，形成死褶<br>3. 基层干湿不一，或胶液涂刷厚薄不匀，或施工作业环境差异过大，墙纸同时处于干结、膨胀、收缩状态，造成皱褶和波纹 | 1. 选用材质优良、湿胀干缩均匀、厚薄一致的墙纸。墙纸浸水湿润程度也必须均匀一致<br>2. 墙纸应卷成筒平放（除发泡和复合墙纸等应竖放外），不能打折受压存放<br>3. 基层应控制干湿一致，胶液厚薄均匀，施工环境应相同，使墙纸膨胀收缩和干结时间相同<br>4. 墙纸裱糊时必须注意先敷平整后，才能开始按顺序用力均匀的赶压。如墙纸已出现皱褶和波纹，应将墙纸轻轻揭开，用手或橡胶刮板等慢慢地敷平，必要时可用中低温电熨斗熨平整后再补胶重新裱糊。如果墙纸已干结，则应将墙纸铲除干净，基层重新处理后返工再贴 |
| 12 | 墙纸表面起光、质感不一 | 1. 墙纸表面胶液未及时清擦干净，形成胶膜后反光<br>2. 带花饰、发泡或较厚墙纸，裱糊时滚压过多，力量过大或滚压不匀，将花饰或厚塑料表层压偏，使表面光滑反光、质感不一 | 1. 发现胶液沾染纸面应马上用干净毛巾或棉纱擦抹干净，不可用力过度，预防擦破或擦毛纸面，如难以擦干净，可视情况用湿毛巾或蘸水擦抹干净<br>2. 应掌握墙纸性能，赶压墙纸内部胶液和空气或滚压墙纸平整时，压力不应超过墙纸弹性极限，用力应均匀，赶压或滚压遍数应适当<br>3. 墙纸表面胶膜如已干结，可用热湿布平敷在胶膜处，使其软化，再轻轻地将其揭除，并继续用热湿毛巾将其擦抹干净。如起光质感不一而且面积较大时，应将墙纸铲除后，重新返工裱糊墙纸 |
| 13 | 墙纸颜色不一 | 1. 墙纸材质不良、本身颜色不匀；或墙纸吸水受潮褪色<br>2. 基层干湿程度不一，或部分墙纸受日光暴晒，使墙纸泛白、色彩变浅<br>3. 墙纸较薄，混凝土或水泥砂浆的深色映透到墙纸表面；或基层泛碱<br>4. 墙纸表面因外来因素（如烟熏、飘雨打湿等）被污染变色 | 1. 应选用材质可靠、较厚、不易褪色的墙纸<br>2. 基层颜色深浅不一时，应先刷一层白色胶浆（如1:5的乳胶漆胶水浆液）盖底，并应选用较厚、颜色较深、花饰较大墙纸。基层如有泛碱现象，应先使用9%稀醋酸中和清洗，并待干燥后才能裱糊墙纸<br>3. 基层干湿程度应一致，其含水率不得超过允许范围<br>4. 施工过程中不得使墙纸雨淋受潮、日光暴晒和烟熏等有害物质污染<br>5. 如墙纸褪色严重，颜色不一时，在保持墙纸色调一致的条件下，应将其铲除重新裱糊墙纸 |
| 14 | 壁纸表面不干净 | 1. 主要是拼缝处的胶痕，将壁纸表面局部弄脏，由于擦不干净所致<br>2. 非拼缝处的胶痕，主要是操作者手沾有胶液，存留在表面 | 1. 操作者应人手一条毛巾，提倡毛巾随擦随用水洗干净。最好不要合用一条毛巾，否则越擦越脏，使墙面的整体装饰效果受到影响<br>2. 若手上有胶液，应及时擦干净 |

### 9.3.6 软包工程施工质量控制

软包工程施工质量应从以下几个方面进行控制。

1. 施工作业条件控制

施工作业条件必须达到以下要求：

- 结构工程已完工，并通过验收。
- 室内已弹好50 cm水平线和室内顶棚标高已确定。
- 墙内的电器管线及设备底座等隐蔽物件已安装好，并通过检验。
- 室内消防喷淋、空调冷冻水等系统已安装好，且通过打压试验合格。
- 室内的抹灰工程已经完成。

2. 施工质量控制要求

为保证施工质量，施工过程中要做到以下几点：

- 选用软包材料（软包芯材及面料）的品种、颜色、图案、材质、规格应符合设计要求和产品质量标准的规定；同一房间的软包面料，应一次进足同批号货，以防色差。所用的软包材料（软包芯材及面料）应符合国家高级建筑装饰防火规范的规定。
- 木龙骨、木基层的构造符合设计要求，且应钉粘结实，牢固平整，不松动。
- 墙面软包制作尺寸正确、楞角方正、填充饱满、松紧适度、手感舒适、表面平整无波纹起伏。
- 接缝顺直，不起皱、不翘边，与装饰木线衔接紧密，不露缝隙。
- 表面清洁无污染，拼花花纹图案吻合，无布毛、飞刺，无钉头挡手，紧贴墙面。
- 当软包面料采用大的网格型或大花型时，使用时在其房间的对应部位应注意对格对花，确保软包装饰效果。
- 清漆涂饰的木制边框，其颜色、木纹应协调一致，边框应平整、顺直、接缝吻合，其涂刷质量应符合有关规定。
- 软包在施工中不应污染，完成后应做好成品保护。

## 9.4 施工安全控制

裱糊与软包工程虽然在室内操作，但也要登梯上高，也有事故隐患，切不可粗心大意。为此，要注意以下问题：

- 采用高凳、靠梯不允许垫高使用，下脚应绑麻布或垫胶皮，并加拉绳，防止滑溜。
- 搭设脚手板，不得放在凳梯的最高一档。板两端搭接长度不少于20cm，不得有探头板。在一块脚手板上不得站两人同时操作。脚手板不允许搭在门窗、暖气片和水暖的立管上。
- 在架子上操作，思想要集中，不得嬉笑打闹，以防意外事故发生。
- 用刀裁割壁纸墙布时，注意操作，防止裁刀伤手。
- 操作人员要认真领会安全技术交底，在岗时间处处注意安全。

## 9.5 质量检验评定标准

### 9.5.1 一般规定

1. 各分项工程的检验批划分规定：

同一品种的裱糊或软包工程每50间（大面积房间和走廊按施工面积30m$^2$为一间）应划分为一个检验批，不足50间也应划分为一个检验批。

2. 检查数量的规定

- 裱糊工程每个检验批应至少抽查10%，并不得少于3间，不足3间时应全数检查。
- 软包工程每个检验批应至少抽查20%，并不得少于6间，不足6间时应全数检查。

3. 裱糊前基层处理质量要求

- 新建筑物的混凝土或抹灰基层墙面在刮泥子前应涂刷抗碱封闭底漆。
- 旧墙面在裱糊前应清除疏松的旧装修层，并涂刷界面剂。
- 混凝土或抹灰基层含水率不得大于8%；木材基层的含水率不得大于12%。
- 基层泥子应平整，坚实、牢固、无粉化、起皮和裂缝；泥子的粘结强度应符合《建筑室内用泥子》（JG/T3049—1998）N型的规定。
- 基层表面平整度、立面垂直度及阴阳角方正应达到高级抹灰的要求。
- 基层表面颜色应一致。
- 裱糊前应用封闭底胶涂刷基层。

### 9.5.2 裱糊工程施工质量验收

1. 主控项目

主控项目内容及验收要求见表9－10。

2. 一般项目

一般项目内容及验收要求见表9－11。

**表9－10 主控项目内容及验收要求**

| 项次 | 项目内容 | 规范编号 | 质量要求 | 检查方法 |
|---|---|---|---|---|
| 1 | 材料质量 | 第11.2.2条 | 壁纸、墙布的种类、规格、图案、颜色和燃烧性能等级必须符合设计要求及国家现行标准的有关规定 | 观察：检查产品合格证书、进场验收记录和性能检测报告 |
| 2 | 基层处理 | 第11.2.3条 | 裱糊工程基层处理质量应符合规范第11.1.5条的要求 | 观察；手摸检查；检查施工记录 |
| 3 | 各幅拼接 | 第11.2.4条 | 裱糊后各幅拼接应横平竖直，拼接处花纹、图案应吻合，不离缝，不搭接，不显拼缝 | 观察；拼缝检查距离墙面1.5m处正视 |
| 4 | 壁纸、墙布粘贴 | 第11.2.5条 | 壁纸、墙布应粘贴牢固，不得有漏贴、补贴、脱层、空鼓和翘边 | 观察；手摸检查 |

**表9－11 一般项目内容及验收要求**

| 项次 | 项目内容 | 规范编号 | 质量要求 | 检查方法 |
|---|---|---|---|---|
| 1 | 裱糊表面质量 | 第11.2.6条 | 裱糊后的壁纸、墙布表面应平整，色泽应一致，不得有波纹起伏、气泡、裂缝、皱折及斑污，斜视时应无胶痕 | 观察；手摸检查 |
| 2 | 壁纸压痕及发泡层 | 第11.2.7条 | 复合压花壁纸的压痕及发泡壁纸的发泡层应无损坏 | 观察 |
| 3 | 与装饰线、设备线盒交接 | 第11.2.8条 | 壁纸、墙布与各种装饰线、设备线盒应交接严密 | 观察 |
| 4 | 壁纸、墙布边缘 | 第11.2.9条 | 壁纸、墙布边缘应平直整齐，不得有纸毛、飞刺 | 观察 |
| 5 | 壁纸、墙布阴阳角无接缝 | 第11.2.10条 | 壁纸、墙布阴角处搭接应顺光，阳角处应无接缝 | 观察 |

3. 质量验收文件

质量验收文件包括以下文件：

- 裱糊工程的施工图、设计说明书及其他设计文件。
- 饰面材料的样板及确认文件。
- 材料的产品合格证书、性能检测报告、进场验收记录和复验报告。
- 施工记录。

4. 质量验收记录表

记录表内容　裱糊工程检验批质量验收记录表见表 9－12。

**表 9－12　裱糊工程检验批质量验收记录表**

<table>
<tr><td colspan="3">单位（子单位）工程名称</td><td colspan="4"></td></tr>
<tr><td colspan="3">分部（子分部）工程名称</td><td colspan="2"></td><td>验收部位</td><td></td></tr>
<tr><td colspan="2">施工单位</td><td colspan="3"></td><td>项目经理</td><td></td></tr>
<tr><td colspan="2">分包单位</td><td colspan="3"></td><td>分包项目经理</td><td></td></tr>
<tr><td colspan="3">施工执行标准名称及编号</td><td colspan="4"></td></tr>
<tr><td colspan="4">施工质量验收规范的规定</td><td colspan="2">施工单位检查评定记录</td><td>监理（建设）单位验收记录</td></tr>
<tr><td rowspan="4">主控项目</td><td>1</td><td>材料质量</td><td>第 11.2.2 条</td><td colspan="2"></td><td rowspan="4"></td></tr>
<tr><td>2</td><td>基层处理</td><td>第 11.2.3 条</td><td colspan="2"></td></tr>
<tr><td>3</td><td>各幅拼接</td><td>第 11.2.4 条</td><td colspan="2"></td></tr>
<tr><td>4</td><td>壁纸、墙布粘贴</td><td>第 11.2.5 条</td><td colspan="2"></td></tr>
<tr><td rowspan="5">一般项目</td><td>1</td><td>裱糊表面质量</td><td>第 11.2.6 条</td><td colspan="2"></td><td rowspan="5"></td></tr>
<tr><td>2</td><td>壁纸压痕及发泡层</td><td>第 11.2.7 条</td><td colspan="2"></td></tr>
<tr><td>3</td><td>与装饰线、设备线盒交接</td><td>第 11.2.8 条</td><td colspan="2"></td></tr>
<tr><td>4</td><td>壁纸、墙布边缘</td><td>第 11.2.9 条</td><td colspan="2"></td></tr>
<tr><td>5</td><td>壁纸、墙布阴、阳角无接缝</td><td>第 11.2.10 条</td><td colspan="2"></td></tr>
<tr><td colspan="3" rowspan="2">施工单位检查评定结果</td><td>专业工长（施工员）</td><td></td><td>施工班组长</td><td></td></tr>
<tr><td colspan="4">项目专业质量检查员：　　　　年　月　日</td></tr>
<tr><td colspan="3">监理（建设）单位验收结论</td><td colspan="4">专业监理工程师<br>（建设单位项目专业技术负责人）：　　　　年　月　日</td></tr>
</table>

填表说明

第一，主控项目。

质量要求包括以下内容：

其一，壁纸、墙布的种类、规格、图案、颜色和燃烧性能等级必须符合设计要求及国家现行标准的有关规定。

其二，裱糊工程基层处理质量要求有以下 5 条：

- 混凝土、抹灰基层上，应先涂刷抗碱封闭底漆。
- 旧墙上应清理除去疏松的旧装饰层，并涂界面剂。
- 混凝土、抹灰层涂刷溶剂型涂料时，含水率不大于 8%；涂刷乳液型涂料时，含水率不大于 10%；木材基层的含水率不大于 12%。
- 基层泥子应平整、坚实、牢固、无粉化、起皮及裂缝。
- 厨房、卫生间必须用耐水泥子。

其三，裱糊后各幅拼接应横平竖直，拼接处花纹、图案应吻合，不离缝，不搭接，不显接缝。

其四，壁纸、墙布应粘贴牢固，不得有漏贴、补贴、脱层、空鼓和翘边。

检查方法包括：主控项目1项观察，检查产品合格证书、进场验收记录和性能检测报告；2项观察、手摸检查，检查施工记录；3项距离墙面1.5m处正视检查；4项观察和手摸检查。

第二，一般项目。

质量要求包括以下内容：

- 裱糊后的壁纸、墙布表面应平整，色泽应一致，不得有波纹起伏、气泡、裂缝、皱折及斑污，斜视时应无胶痕。
- 复合压花壁纸的压痕及发泡壁纸的发泡层应无损坏。
- 壁纸、墙布与各种装饰线、设备线盒应交接严密。
- 壁纸、墙布边缘应平直整齐，不得有纸毛、飞刺。
- 壁纸、墙布阴角处搭接应顺光，阳角处应无接缝。

检查方法：一般项目1项观察，手摸检查；2~5项观察检查。

### 9.5.3 软包工程施工质量验收

1. 主控项目

主控项目内容及验收要求见表9－13。

2. 一般项目

一般项目内容及验收要求见表9－14。

3. 软包工程安装的允许偏差和检验方法

软包工程安装的允许偏差和检验方法见表9－15。

4. 质量验收文件

质量验收文件包括下述内容文件：

- 软包工程的施工图，设计说明书及其他设计文件。
- 饰面材料的样板及确认文件。
- 材料的产品合格证书、性能检测报告、进场验收记录和复验报告。
- 施工记录。

5. 质量验收记录表

*记录表内容* 软包工程检验批质量验收记录表内容见表9－16。

**表9－13 主控项目内容及验收要求**

| 项次 | 项目内容 | 规范编号 | 质量要求 | 检查方法 |
|---|---|---|---|---|
| 1 | 材料质量 | 第11.3.2条 | 软包面料、内衬材料及边框的材质、颜色、图案、燃烧性能等级和木材的含水率应符合设计要求及国家现行标准的有关规定 | 观察；检查产品合格证书、进场验收记录和性能检测报告 |
| 2 | 安装位置、构造做法 | 第11.3.3条 | 软包工程的安装位置及构造做法应符合设计要求 | 观察；尺量检查；检查施工记录 |
| 3 | 龙骨、衬板、边框安装 | 第11.3.4条 | 软包工程的龙骨、衬板、边框应安装牢固，无翘曲，拼缝应平直 | 观察；手扳检查 |
| 4 | 单块面料 | 第11.3.5条 | 单块软包面料不应有接缝，四周应绷压严密 | 观察；手摸检查 |

**表9－14 一般项目内容及验收要求**

| 项次 | 项目内容 | 规范编号 | 质量要求 | 检查方法 |
|---|---|---|---|---|
| 1 | 软包表面质量 | 第11.3.6条 | 软包工程表面应平整、洁净，无凹凸不平及皱折；图案应清晰、无色差，整体应协调美观 | 观察 |
| 2 | 边框安装质量 | 第11.3.7条 | 软包边框应平整、顺直、接缝吻合。其表面涂饰质量应符合“涂饰工程”的有关规定 | 观察；手摸检查 |
| 3 | 清漆涂饰 | 第11.3.8条 | 清漆涂饰木制边框的颜色、木纹应协调一致 | 观察 |

**表9－15 软包工程安装的允许偏差和检验方法**

| 项次 | 项目 | 允许偏差/mm | 检查方法 |
|---|---|---|---|
| 1 | 垂直度 | 3 | 用1m垂直检测尺检查 |
| 2 | 边框宽度、高度 | 0；－2 | 用钢直尺检查 |
| 3 | 对角线长度差 | 3 | 用钢直尺检查 |
| 4 | 裁口、线条接缝高低差 | 1 | 用钢直尺和塞尺检查 |

**表9－16 软包工程检验批质量验收记录表**

（GB 50210—2001）

<table>
<tr><td colspan="4">单位（子单位）工程名称</td><td colspan="3"></td></tr>
<tr><td colspan="4">分部（子分部）工程名称</td><td></td><td>验收部位</td><td></td></tr>
<tr><td colspan="2">施工单位</td><td colspan="3"></td><td>项目经理</td><td></td></tr>
<tr><td colspan="2">分包单位</td><td colspan="3"></td><td>分包项目经理</td><td></td></tr>
<tr><td colspan="4">施工执行标准名称及编号</td><td colspan="3"></td></tr>
<tr><td colspan="5">施工质量验收规范的规定</td><td>施工单位检查评定记录</td><td>监理（建设）单位验收记录</td></tr>
<tr><td rowspan="4">主控项目</td><td>1</td><td colspan="2">材料质量</td><td>第11.3.2条</td><td></td><td rowspan="4"></td></tr>
<tr><td>2</td><td colspan="2">安装位置、构造做法</td><td>第11.3.3条</td><td></td></tr>
<tr><td>3</td><td colspan="2">龙骨、衬板、边框安装</td><td>第11.3.4条</td><td></td></tr>
<tr><td>4</td><td colspan="2">单块面料</td><td>第11.3.5条</td><td></td></tr>
<tr><td rowspan="7">一般项目</td><td>1</td><td colspan="2">软包表面质量</td><td>第11.3.6条</td><td></td><td rowspan="7"></td></tr>
<tr><td>2</td><td colspan="2">边框安装质量</td><td>第11.3.7条</td><td></td></tr>
<tr><td>3</td><td colspan="2">清漆涂饰</td><td>第11.3.8条</td><td></td></tr>
<tr><td rowspan="4">4</td><td rowspan="4">安装允许偏差</td><td>垂直度/mm</td><td>3</td><td></td></tr>
<tr><td>边框宽度、高度/mm</td><td>0；－2</td><td></td></tr>
<tr><td>对角线长度差/mm</td><td>3</td><td></td></tr>
<tr><td>裁口、线条接缝高低差/mm</td><td>1</td><td></td></tr>
<tr><td colspan="4" rowspan="2">施工单位检查评定结果</td><td>专业工长（施工员）</td><td>施工班组长</td><td></td></tr>
<tr><td colspan="3">项目专业质量检查员： 年 月 日</td></tr>
<tr><td colspan="4">监理（建设）单位验收结论</td><td colspan="3">专业监理工程师<br>（建设单位项目专业技术负责人）： 年 月 日</td></tr>
</table>

填表说明

第一，主控项目。

质量要求包括以下内容：

- 软包面料、内衬材料及边框的材质、颜色、图案、燃烧性能等级和木材的含水率应符合设计要求及国家现行标准的有关规定。
- 软包工程的安装位置及构造做法应符合设计要求。
- 软包工程的龙骨、衬板、边框应安装牢固，无翘曲，拼缝应平直。
- 单块软包面料不应有接缝，四周应绷压严密。

检查方法包括以下内容：主控项目1项观察，检查产品合格证书、进场验收记录和性能检测报告；2项观察，尺量检查和检查施工记录；3项观察和手扳检查；4项观察和手摸检查。

第二，一般项目。

质量要求包括以下内容：

- 软包工程表面应平整，洁净，无凹凸不平及皱折；图案应清晰、无色差，整体应协调美观。
- 软包边框应平整、顺直、接缝吻合。其表面涂饰质量应符合规范涂饰工程的有关规定。
- 清漆涂饰木制边框的颜色、木纹应协调一致。
- 软包工程安装的允许偏差和检验方法应符合表9－15的规定。

检查方法：一般项目1、3项观察检查，2项观察和手摸检查；4项按规定用尺量检查。

## 【本章小结】

裱糊与软包工程的管理主要从施工环境、材料质量、施工质量、施工安全等方面来控制。其施工质量的检验有详细的评定标准。管理的重点在施工环境、材料质量等方面。质量通病及防治措施是本章的重点内容。

## 【思考题】

1. 裱糊与软包工程对基层的具体要求是什么?
2. 裱糊工程的质量要求是什么?
3. 软包工程的质量要求是什么?

## 【推荐阅读书目】

1. 建筑装饰装修工程施工与质量验收实用手册．孙科炎主编．北京：中国建材工业出版社，2004.

2. 装饰工程项目管理规范实施手册．张维君主编．北京：中国建筑工业出版社，1999.

3. 室内装饰材料．向仕龙，张秋梅，张求慧编著．北京：中国林业出版社，2003.

## 【相关链接】

1. 中国室内装饰协会．http：//www. cida. net. cn/home. php
2. 设计在线．http：//www. dolcn. com

# 下篇　室内装饰工程概预算

# 第10章 室内装饰工程预算与定额

【本章难点与重点】

1. 室内装饰工程预算的定义和预算种类
2. 室内装饰工程预算编制方法
3. 室内装饰工程费用
4. 室内装饰工程定额及其换算（难点）
5. 室内装饰工程定额应用

## 10.1 室内装饰工程预算概述

室内装饰工程预算是室内设计和室内装饰装修工程的重要文件，是设计企业进行装饰工程费用估算的重要内容，也是装饰企业进行成本核算的惟一依据，更是室内设计、室内装修技术人员、管理人员所必须掌握的一个融技术性和技巧性为一体的课程。因此，认真学习室内装饰工程预算，对于提高室内装饰工程的管理水平和设计水平具有重要意义。

1. 学习室内装饰工程预算的意义

室内装饰是近年来新兴的一门学科，具有多学科、内容交叉等特点。它将技术和艺术、科学与文化融合为一体，室内装饰工程预算随之应运而生。装饰工程预算理论充分体现了装饰工程技术的总体法律和法规准则，又体现了独立的经济法则运动规律。把室内装饰当做一个产品，那么，上篇学习的内容就是如何高质量地生产这个产品，而本篇的学习内容则是如何用最低的成本生产出这个产品，从中获取最高的经济效益。

室内装饰工程预算，包括设计预算、施工图预算和施工预算等；是装饰设计文件的重要组成部分，是根据室内装饰工程的不同设计阶段设计图样的具体内容和国家规定的定额、指标及各项取费标准，在装饰工程建设施工开始之前预先计算其工程建设费用的经济性文件；由此所确定的每一个建设项目、单项工程或单位工程的建设费用，实质上就是相应工程的计划价格。它是企业进行经济核算、成本控制、技术经济分析、施工管理、制定计划以及竣工决算的重要依据，也是设计管理的重要内容和环节。

2. 室内装饰工程预算课程内容

- 系统地介绍室内装饰工程概算和预算的基本概念和基本知识、费用组成、编制原则和编制方法；
- 室内装饰预算定额及编制定额的基本概念和基本内容；
- 室内装饰工程招投标报价技术；
- 室内装饰工程工程量清单计价方法；

● 室内装饰工程预算编制实例。

3. 室内装饰预算课程的地位和作用

室内装饰工程预算是室内设计的一个组成部分，是装饰工程管理的一个重要内容，也是每一个室内设计人员、工程管理人员都必须掌握的专业内容。它是在学习室内装修工程和装饰材料等理论的基础上，进一步学习装饰工程中设计概算、施工图预算、施工预算及成本控制、费用管理、定额编制、工程结算等理论，为科学管理装饰工程、最大限度地提高企业经济效益打下良好的基础。因此，室内装饰工程预算是装饰行业一门极其重要的学科，必须认真、努力地学习，以便很好地掌握这门科学，并把它具体应用到工作实践中去。

4. 室内装饰工程预算课程的学习方法和要求

● 熟悉定额的制定原则、组成内容、编制方法；

● 掌握装饰工程的工程量定义、内容以及它的计算原则、方法；

● 掌握预算的各个环节，并能独立地编制预算；

● 熟悉装饰工程工程量清单计价方法和原则；

● 应具备相关学科的知识，如设计制图、室内设计、装饰工程与材料等；

● 适时地了解装饰材料市场价格行情、政府的法令法规等。

## 10.2　室内装饰工程预算

### 10.2.1　预算和预算种类

1. 预算

预算是指装饰工程在开工前，是根据室内装饰工程的不同设计阶段设计图样的具体内容和国家规定的定额、指标及各项取费标准，在装饰工程建设之前预先对所需的各种人力、物力及资金的预先估计和计算。其目的在于有效地确定和控制室内装饰工程的投资和做好相关的人力、物力、财力准备，以保证装饰工程的顺利完工。

对预算专业术语，有两种理解：广义理解是指概预算编制这样一个完整的工作过程；狭义理解则指这一过程必然产生的结果，即预算文件。

2. 预算种类

第一，根据编制对象不同，预算可分为以下几种。

● 单位工程预算：是根据设计文件和图样，结合施工方案和现场施工条件，计算工程量和预算费用定额，以此确定单位工程造价的核算。

● 装饰工程其他费用预算：是指在本装饰工程总投资中计取的装饰工程安装费用、设备购置费用、工器具及生产工具购置费用、预备费用以外的一切费用（详见本章第 3 节的内容）。装饰工程其他费用预算以独立的项目列入单项工程综合预算和总预算中。

● 单项工程综合预算：是由组成该单项工程的各个单位工程预算汇编而成的，用于确定单项工程（建筑单体）造价的综合性文件。

● 建设项目总预算：是由组成装饰工程的各个单项工程综合预算、设备购置费用、工器具及生产工具购置费用、预备费加工程建设其他费用预算汇编而成的用于确定装饰工程从筹建到竣工验收全部费用的综合性文件。

第二，根据建设活动开展阶段，预算可分为以下几种。

● 投资估算阶段：投资估算是指在编制装饰工程建议书和可行性研究阶段，对装饰工程总投资的粗略估算，它是装饰工程项目决策时的一项主要参考性经济指标。

● 设计概算阶段：设计概算是指在工程项目的初步设计阶段，根据初步设计文件和图样、概算定额（或概算指标）及其有关费用定额等，对工程项目所应发生费用的概略计算。它是建设单位确定和控制基本建设投资额、编制基本建设计划、选择最优设计方案、推行限额设计的重要依据，也是计算工程设计收费、编制招标标底和投标报价、确定工程项目总承包合同价的主要依据。

● 施工图预算阶段：施工图预算是指一般意义上的预算，指当装饰工程的施工图设计完成后，在单位工程开工前，根据施工图样和设计说明、预算定额、预算基价以及费用定额等，对工程项目所应发生费用的较详细的计算。它是确定单位工程、单项工程预算造价的依据；是确定招标工程标底和投标报价，签订装饰工程承包合同价的依据；是建设单位与施工单位拨付工程款项和竣工决算的依据；也是装饰施工企业编制施工组织设计、进行成本核算的不可缺少的文件。在本篇中，以介绍施工图预算为主。

● 施工预算阶段：施工预算指施工单位在施工前编制的工程预算。它是施工单位编制施工作业进度计划，实行定额管理、班组核算的依据。

上述几种概预算文件均是在工程开工之前进行的。而在装饰工程动工兴建过程中和竣工后，还需要分阶段编制工程结算和竣工决算，以确定装饰工程的实际建设费用。各阶段概预算之间存在的差异如表 10－1 所示。

表 10－1 不同阶段的概预（决）算特点对比

| 编制阶段 | 编制内容 | 编制单位 | 编制依据 | 用途 |
|---|---|---|---|---|
| 投资估算阶段 | 可行性研究 | 工程咨询机构 | 投资估算指标 | 投资决策 |
| 设计概算阶段 | 初步设计或扩大初步设计 | 设计单位 | 概算定额 | 控制投资及造价 |
| 施工图预算阶段 | 工程承发包 | 建设单位委托的工程咨询机构和施工单位 | 预算定额 | 编制标底、投标报价、确定工程合同价 |
| 施工预算阶段 | 施工阶段 | 施工单位 | 施工定额 | 企业内部成本、施工进度控制 |
| 竣工结算阶段 | 竣工验收前 | 施工单位 | 预算定额、设计及施工变更资料 | 确定工程项目建造价格 |
| 竣工决算阶段 | 竣工验收后 | 建设单位 | 预算定额、工程建设其他费用定额、竣工结算资料 | 确定工程项目实际投资 |

第三，根据单位工程的专业项目，概预算还可分为以下几种：

- 建筑工程预算，含土建工程及装饰工程；
- 装饰工程预算，专指二次装饰装修工程；
- 安装工程预算，含建筑电气照明、给排水、暖气空调等设备安装工程；
- 市政工程预算；
- 仿古及园林建筑工程预算；
- 修缮工程预算；
- 煤气管网工程预算；
- 抗震加固工程预算。

### 10.2.2 室内装饰工程预算

室内装饰工程预算，是指在执行室内装饰工程建设程序过程中，根据不同的设计阶段、设计文件的具体内容和国家规定的定额指标，以及各种取费标准，预先计算和确定每项新建、扩建、改建和重建工程中的装饰工程所需全部投资额的经济文件。它是室内装饰工程在不同建设阶段经济上的反映，是按照国家规定的特殊计划程序，预先计算和确定装饰工程价格的计划文件。

根据我国现行的设计和预算文件编制及管理方法，对工业与民用建设工程项目预算做了如下规定：

第一，采用两阶段设计的建设项目，在扩大初步设计阶段，必须编制设计概算；在施工图设计阶段，必须编制施工图预算。

第二，采用三阶段设计的建设项目，除在初步设计、施工图设计阶段，必须编制相应的概算和施工图预算外，还必须在技术设计阶段编制修正概算。因此，不同阶段设计的室内装饰工程，也必须编制相应的概算和预算。

室内装饰工程预算所确定的投资额，实质上就是室内装饰工程的计划价格。这种计划价格在工程建设工作中，通常又称为“概算造价”或“预算造价”。

### 10.2.3 室内装饰工程预算种类

按照基本建设阶段和编制依据的不同，室内装饰工程投资文件可分为工程投资估算、设计概算、施工图预算、施工预算和竣工决算等 5 种形式。

1. 室内装饰工程投资估算

根据室内装饰设计任务书规划的工程项目，依照概算指标所确定的工程投资额、主要材料用量等经济指标，称为“室内装饰工程投资估算”。

室内装饰工程投资估算的作用：是室内装饰设计任务书的主要内容之一，也是审批项目、立项的主要依据之一。

2. 设计概算

设计概算是指在初步设计阶段，由设计单位根据初步设计或扩大初步设计图样、概算定额或概算指标、各项费用定额或取费标准等有关资料，预先计算和确定室内装饰工程费用的文件。设计概算文件应包括建设项目总概算、单项工程综合概算、单位工程以及其他工程的费用概算。

设计概算的作用：室内装饰工程设计概算是控制室内装饰工程建设投资、编制工程计划的依据，也是确定工程投资最高限额和分期拨款的依据。

3. 施工图预算

室内装饰工程施工图预算是确定室内装饰工程造价的基础文件。施工图预算是指在施工图设计阶段，当工程设计完成后，在工程开工之前，由施工单位根据施工图样计算的工程量、施工组织设计和国家或地方主管部门规定的现行预算定额、单位估价表以及各项费用定额或取费标准等有关资料，预先计算确定的建筑装饰工程费用的文件。施工图预算的内容应包括单位工程总预算、分部和分项工程预算、其他项目及费用预算等 3 部分。

施工图预算的作用：施工图预算是确定工程施工造价、签订承建合同、实行经济核算、进行拨款决算、安排施工计划、核算工程成本的主要依据，也是工程施工阶段的法定经济文书。

4. 施工预算

施工预算是施工单位内部编制的一种预算，是指施工阶段在施工图预算的控制下，施工队根据施工图计算的工程量、施工定额、单位工程施工组织设计等资料，通过工料分析，预先计算和确定完成一个单位工程或其中的分部工程所需的人工、材料、机械台班消耗量及其相应费用的文件。施工预算的主要内容是工料分析、构件加工、材料消耗量、机械台班等分析计算资料，适用于劳动力组织、材料储备、加工定货、机具安排、成本核算、施工调度、作业计划、下达任务、经济包干、限额领料等项管理工作。

施工预算的作用：施工预算是签发施工任务单、限额领料、开展定额经济包干、实行按劳分配的依据，也是施工企业开展经济活动分析和进行施工预算与施工图预算对比的依据。

5. 竣工决算

室内装饰工程竣工后，根据实际施工完成情况，按照施工图预算的规定和编制方法，所编制的工程施工实际造价以及各项费用的经济文书，叫做“竣工决算”。它是由施工企业编制的最终结算凭据，经建设单位和建设银行审核无误后生效。

竣工决算的作用：是施工企业和建设单位进行装饰工程款最终结算的依据，也是分析工程施工方案的依据。

6. 施工预算和施工图预算的关系

室内装饰施工预算的作用是可以提供给施工企业准确的施工量，作为编制施工计划、劳动力使用计划、材料需用计划、机械台班使用计划、对外定货加工计划的依据。另外，它还是对班组实行经济核算、按定额下达任务单、限额领料、保证工程工期、考核施工图预算、降低工程成本的依据。施工预算确定的是装饰企业内部的工程计划成本。

室内装饰施工图预算的作用是组织施工管理，加强经济核算的基础；是签订施工承包合同、拨付工程进度款、甲乙双方办理竣工工程价款的依据。室内装饰工程施工图预算为室内装饰工程造价，即为预算成本。

确定室内装饰工程计划成本的施工预算与确定装饰工程预算成本的施工图预算之间进行对比，或者施工预算与施工图预算或工程计划成本与工程预算成本之间相比较称做“两算”对比。它是装饰施工企业为了防止工程预算成本超支而采取的一种防范措施。施工预算和施工图预算是从不同角度计算的两本经济账，通过“两算”对比分析，可以预先找出节约的途径防止超支，如若超支，可找出原因，研究解决的办法，更改方案，防患于未然。

总之，施工预算和施工图预算，虽然两者编制的依据都是施工图，但两者编制的出发点不同、方法不同、深度不同、作用不同，因此两者不能混为一谈。

### 10.2.4　室内装饰工程预算编制方法

室内装饰工程预算的编制方法主要有单位估价法、实物造价法和工程量清单造价法等。一般的室内装饰工程预算，通常采用单位估价法编制施工图预算，遇到装饰工程采用新材料、新技术、新机械设备，采用实物造价法编制工程预算；而在工程招投标时，多采用工程量清单造价法。

1. 单位估价法

单位估价法是指利用分部分项工程单价计算工程造价的方法。其计算程序如下：

- 根据施工图计算出分部分项工程量；
- 根据地区装饰工程预算定额单位估价表或预算定额单价计算分部分项工程直接费，汇总为单位工程直接费；
- 根据取费规定，计算间接费、计划利润、直接费汇总，计算得出单位工程预算造价；
- 进一步汇总得出综合预算和总预算造价。

2. 实物造价法

实物造价法是指以实际用工、料数量来计算工程造价的方法。其计算程序如下：

- 利用施工图设计计算材料消耗数量；
- 按照劳动定额计算人工工日；
- 按照室内装饰机械台班费用定额计算施工机械使用费；
- 根据人工日工资标准、材料预算价格、机械台班费用单价等资料，计算单位工程直接费；
- 算出间接费、计划利润，并与直接费汇总成单位工程预算造价；
- 进一步汇总，得出综合造价和总预算造价。

3. 工程量清单计价法

工程量清单计价法是指以招标文件规定完成工程量清单来计算工程造价的方法。其计算程序如下：

- 编制分部分项工程量清单；
- 计算分部分项工程量清单费用；
- 计算措施项目费；
- 计算其他措施项目费；
- 计算规费和税金；
- 汇总计算工程造价。

### 10.2.5　室内装饰工程预算作用

室内装饰工程预算的作用体现在以下几点：

- 室内装饰工程预算是室内装饰施工单位（施工企业或称乙方）和建设单位（房主或称甲方）签订工程承包合同和办理工程结算价款的依据。经过甲、乙双方编制、审定、认可的装饰工程预算，是双方装饰工程结算的依据。单位工程完工后，根据变更工程增、减项目调整预算，进行结算。如果条件具备，根据甲、乙双方签订的工程合同，双方认可的装饰工程预算可以直接作为工程造价包干价款结算的依据。

- 室内装饰工程预算是银行拨付工程价款的依据。银行（建设银行或工商银行）根据双方审定的装饰工程预算，办理工程拨款，监督甲、乙双方履行合同，按工程进度拨付工程进度款和竣工结算。如施工超出预算时，由建设单位（甲方）同工程设计单位作修改设计或增加项目投资，需要编制补充预算。
- 室内装饰工程预算是施工企业（乙方）编制计划、统计和完成施工产值的依据。室内装饰工程预算是施工单位正确编制计划，进行装饰工程施工准备，组织施工力量，组织材料供应，统计上报完成施工产值的依据。
- 装饰工程预算是加强施工企业经济核算的依据。室内装饰工程预算是企业实行经济核算、考核经营成果的依据，有了装饰工程预算，就可以进行工、料核算，对比实际消耗量，进行经济活动分析，加强企业内部管理。
- 室内装饰工程预算在实行招标承包制的情况下，是建设单位（甲方）确定标底和施工单位（乙方）投标、报价的依据。

## 10.3 室内装饰工程预算费用

### 10.3.1 室内装饰工程费用构成

在室内装饰工程施工中，需要投入大量的人力、材料、机械等，消耗大量资金。这也就是说，在室内装饰工程中，既包含各种人力、材料、机械使用的价值，又包含工人在施工中新创造的价值，这些价值都应该在室内装饰工程的费用中体现出来。

室内装饰工程费用包含的项目繁多，计算复杂。由于室内装饰工程及生产的技术经济特点，使得室内装饰工程的费用构成、费用计算基础和取费标准等，必须按工程的类别、标准、等级、地区、企业级别等不同而发生变化，而且室内装饰工程费用要随着时间的推移及生产力和科学技术水平的提高，其费用构成、取费标准等也将发生变化，以便适应相应时期室内装饰工程产品的价值变化。室内装饰工程费用构成见表10－2。

### 10.3.2 室内装饰工程的直接费

直接费是指室内装饰工程施工中直接消耗于工程实体上的人工、材料、机械使用等费用的总称。直接费由人工费、材料费、机械使用费构成。直接费一般根据施工图样、建筑装饰工程预算定额基价，按装饰工程分项工程进行计算。将各分项工程的定额直接费汇总相加，再加上其他直接费，即为装饰工程的直接费，可用下式表示：

$$直接费 = \Sigma（工程量 \times 预算基价）$$

1. 人工费

人工费是指从事室内装饰工程施工的工人（包括现场运输等辅助工人）和附属生产工人的基本工资、附加工资、工资性津贴、辅助工资和劳动保护费。但是，人工费不包括材料保管、采购、运输人员、机械操作人员、施工管理人员的工资。这些人员的工资，分别计入其他有关的费用中。

**表10－2 室内装饰工程的费用构成**

| 费用项目 | | 应包括的内容 | 计算来源或方法 |
|---|---|---|---|
| 工程成本 | 直接费 | 人工费、材料费、机械使用费 | Σ（工程量×预算基价） |
| | 间接费 | 现场经费、企业管理费和财务费 | Σ（工程量×预算基价） |
| 利润 | | | 分别划分标准，分别取费 |
| 施工组织措施费 | | 1. 材料二次倒运费 | |
| | | 2. 远征费 | |
| | | 3. 缩短工期措施费 | |
| | | 4. 封闭作业施工照明费 | |
| | | 5. 施工环境维护费 | |
| | | 6. 总承包服务费 | |
| | | 7. 工程以外业务主用工费 | |
| | | 8. 其他 | |
| 税金 | | 营业税、城市维护建设税、教育费附加 | |
| 总价 | | 直接费、间接费、利润、施工组织措施费和税金5项的总和 | 直接费＋间接费＋利润＋施工组织措施费＋税金 |

注：利润按工程成本合计乘以利润率计算；税金是按前4项费用的合计乘以相应的税率计算。

人工费的计算，可用下式表示：

人工费 = Σ（工程量 × 预算定额基价人工费）

2. 材料费

材料费是指完成室内装饰工程所消耗的材料、零件、成品和半成品的费用，以及周转性材料的摊销费累加总和。

材料费的计算，可用下式表示：

材料费 = Σ（工程量 × 预算定额基价材料费）

3. 施工机械使用费

施工机械使用费是指室内装饰工程施工中所使用各种机械费用的总和。但是，它不包括施工管理和实行独立核算的加工厂所需的各种机械的费用。

施工机械使用费的计算，可用下式表示：

施工机械使用费 = Σ（工程量 × 预算定额基价机械费）

### 10.3.3 室内装饰工程的间接费

室内装饰工程的间接费由现场经费、企业管理费、财务费组成。

1. 现场经费

现场经费是指为施工准备、组织施工生产和管理所需的费用。包括以下两个方面的内容：

（1）临时设施费　指施工企业为进行室内装饰工程施工所必须的生活和生产用的临时建筑物、构筑物和其他临时设施费用等。

临时设施包括：临时宿舍、文化福利及公用事业房屋与构筑物，现场必需的仓库、加工厂、修理棚、淋灰池、烘炉、操作台；现场以内的临时道路、便桥、临时水塔、围墙、水、电力管线及其他动力管线（不包括锅炉、变压器等设备）等设施。但不包括“三通一平”范围内的主干路、干管、干线、场地平整及各类临时设施的填垫土石方工程。

（2）现场管理费　指施工企业为完成室内装饰工程施工，花费在室内装饰施工项目现场的各项费用等，包括以下内容：

• 工资费用。现场管理人员的基本工资、工资性补贴、职工福利费、劳动保护费等；

• 办公费。指现场管理办公用的文具、纸张、账表、印刷、邮电、书报、会议、水、电、烧水和集体取暖（包括现场临时宿舍供暖）用煤等费用；

• 差旅交通费。指职工因公出差期间的旅费、住勤补助费、市内交通费和误餐补助费、职工探亲路费、劳动力招募费、职工离退休、退职一次性路费、工伤人员医疗费、工地转移以及现场管理使用的交通工具的油料、燃料、养路及牌照费；

• 固定资产使用费。指现场管理及试验部门使用的属于固定资产的设备、仪器等的折旧、大修理、维修费或租赁费；

• 工具用具使用费。指现场管理使用的不属于固定资产的工具、器具、家具、交通工具和检验、试验、测绘、消防用具等的购置、维修和摊销费；

• 保险费。指施工管理用财产、车辆保险费；

• 工程排污费。指施工现场按规定缴纳的排污费用；

• 其他费用。

2. 企业管理费

企业管理费是指装饰施工企业为组织施工所发生的管理费用，包括如下内容：

• 管理人员的基本工资、工资性补贴及按规定标准计提的职工福利费；

• 差旅交通费。指企业职工因公出差、工作调动的差旅费、住勤补助费、市内交通费和误餐补助费、职工探亲路费、劳动力招聘费、离退休职工一次性路费及交通工具的油料、燃料、养路费、牌照费等；

• 办公费。办公用文具、纸张、账表、印刷、邮电、书报、会议、水、电、燃煤（气）等费用；

• 固定资产折旧、修理费。指企业属于固定资产的房屋、设备、仪器等的折旧及维修费用；

• 工具用具使用费。指企业管理使用的不属于固定资产的工具、用具、家具、交通工具和检验、试验、消防用具等的维修和摊销费用；

• 工会经费。指企业按职工工资总额 2% 计提的工会经费；

• 职工教育经费。指企业为职工学习先进技术和提高文化水平，按职工工资总额的 1.5% 计提的费用；

• 劳动保险费。指企业支付离退休职工的退休金（包括提取的离退休统筹基金）、价格补贴、医药费、易地安家补助费、职工退职金、6 个月以上的病假人员的工资、职工死亡丧葬补助费、抚恤费、按规定支付给离休干部的各项经费；

• 待业保险费。指企业按照国家规定缴纳的待业保险基金；

• 税金。指企业按规定缴纳的房产税、土地使用税、印花税等；

• 工程定额编制管理、定额测定费。指按规定支付工程造价（定额）管理部门的定额编制管理费及劳动管理部门的定额测定费；

• 其他。包括技术开发费、业务招待费、排污费、绿化费、广告费、公证费、法律顾问费、审计费、咨询费、防洪工程维护费、合同审查及按规定支付的上级管理费等。

3. 财务费

财务费是指企业为筹集资金而发生的各项费用。包括企业经营期间发生的利息净支出、汇兑净损失、调剂外汇手续费、金融机构手续费，以及企业筹集资金发生的其他财务费用。

### 10.3.4 装饰工程施工组织措施费

装饰工程施工组织措施费是指施工单位为组织装饰工程顺利施工而支出的材料二次搬运费、工程远征费和缩短工期措施费。各种费用计算原理如下：

1. 材料二次倒运费

根据现场总面积与室内装饰工程首层建筑面积的比例，以预算基价中材料费合计为基数乘以相应的二次倒运费费率计算，如表 10－3 所示。

**表 10－3 工程材料二次倒运费费率表**

| 序 号 | 施工现场总面积/$m^2$<br>新建工程首层建筑面积/$m^2$ | 二次倒运费<br>费率/% |
|---|---|---|
| 1 | >4.5 | 0 |
| 2 | 3.5～4.5 | 1.3 |
| 3 | 2.5～3.5 | 2.2 |
| 4 | 1.5～2.5 | 3.1 |
| 5 | <1.5 | 4 |

2. 工程远征费

根据承包企业法定代表人办公地点至所承包工程的地点距离，以预算基价合计为基数乘以工程的远征费费率计算工程远征费。距离在 25km 以内（含 25km）者，不得计算，如表 10－4 所示。

**表 10－4 工程远征费费率表**

| 序 号 | 法人办公地点至工地距离 | 远征费费率/% |
|---|---|---|
| 1 | 25km 以外至 45km | 2.4 |
| 2 | 45km 以外至 75 km | 2.9 |
| 3 | 75km 以外 | 3.4 |

注：外地企业及包工不包料工程不计算本项费用。

3. 缩短工期措施费

当合同工期小于定额工期规定时，应计算因缩短工期所发生的以下费用：

- 夜间施工费。根据合同工期与定额工期的比例，以预算基价中的人工费合计为基数乘以相应夜间施工费费率计算夜间施工费，如表 10－5 所示。
- 因周转材料及中小型机具一次性投入量大而增加场外运费。根据合同工期与定额比例，以预算基价合计为基数乘以表 10－6 所列系数计算所增加的场外运费。

**表 10－5 夜间施工费费率表**

| 序 号 | 合同工期/定额工期 | 夜间施工费费率/% |
|---|---|---|
| 1 | 0.9～1 | 1.5 |
| 2 | 0.8～0.9 | 4.5 |
| 3 | 0.7～0.8 | 7.5 |

**表 10－6 增加的场外运费费率表**

| 序 号 | 合同工期/定额工期 | 增加的场外运费费率/% |
|---|---|---|
| 1 | 0.9～1 | 0.06 |
| 2 | 0.8～0.9 | 0.18 |
| 3 | 0.7～0.8 | 0.30 |

### 10.3.5 规费

规费是指按规定必须计入工程造价的行政事业性收费。综合基价中的规费包括工程测定费：土建项目按人工费、材料费、机械费、综合费、劳动保险费、利润之和的 1.14% 计算；安装项目按人工费的 1.3% 计算。

### 10.3.6 利润

利润是指施工企业为完成所承包工程而合理收取的酬金。施工企业承包建设工程应计取的利润是工程价格的组成部分。同现行财务成本制度中的营业利润相对应，利润中仍包括所得税，一种商品的利润大小，反映了企业劳动者对社会的贡献，同时也对企业的发展和职工福利都有着重大的影响。按规定利润可计入工程造价的利润，不分工程类别而以人工费、材料费、机械台班费、综合费之和的 7% 计算。

### 10.3.7 税金

税金是指按国家税法规定的应计入工程造价内的营业税、城市维护建设税及教育附加费及社会事业发展费。按工程所在地区的税率标准进行计算。工程在市区的，按不含税工程造价的 3.659% 计算；工程在县城、镇的，按不含税工程造价的 3.595% 计算；工程在其他地区的，按不含税工程造价的 3.466% 计算。

## 10.4 室内装饰工程计价理论

### 10.4.1 室内装饰产品价格特点

室内装饰产品不同于一般工业产品，其价格不同于一般工业产品的价格，室内装饰产品价格编制的依据有 2 个：

其一，室内装饰特点决定装饰价格。室内装饰产品各式各样，规格千变万化。工业产品多数是标准化的；室内装饰产品的生产没有固定地区，随着装饰工程所在地的变化而变换工地；工业产品的生产是在固定的生产地点（工厂）进行不断重复的连续生产过程，工业产品生产条件很少发生显著变化，而室内装饰工程却因装饰时间不同、地点不同、施工条件不同、施工工艺不同、装饰构造不同等，在工程预算造价上有很大差异。例如，装饰两个结构和面积相同的房屋，一个在冬季施工，一个在夏季施工，两者的预算造价不相同；一个在交通方便的地方施工，一个在偏僻的地方施工，它们的工程投资费用也不相同。即使在同一季节、同一地方的装饰工程，由于装饰设计方案不同，装饰产品的价格也不同。采用同一标准设计的装饰物，也会由于材料来源不同、运输工具和运输距离不同、施工季节不同以及施工机械化程度不同等诸原因造成所需的装饰工程费用有很大差别。正是这些因素，装饰工程（装饰产品）的报价必须采用适合于装饰工程特点的特殊方法，即按实际情况编制施工图预算的方法。

其二，室内装饰工程的各项费用影响装饰价格。室内装饰产品的价格由直接费、间接费、利润和税金等组成。

从室内装饰工程造价编制的程序看，直接费的材料预算价格与实际价格可以调整，人工费按地区预算标准（工资标准不变）计算，其他直接费按规定的费率可变；间接费根据工程的规模、施工单位的资质等级、工程地点及发生条件计算；计划利润不变。而工程造价是由直接费、间接费和计划利润构成的，所以工程造价的可变性是必然的。因此，室内装饰工程价格也就受到影响。

### 10.4.2　室内装饰工程计价理论

1. 室内装饰工程造价

室内装饰工程造价是指室内装饰项目在装修过程中施工企业发生的生产和经营管理费用的总和。

工程造价有两种理解，广义上的理解应是室内装饰工程项目从立项决策到竣工验收交付使用所需的全部投入费用，也就是建设投资。狭义上的理解是指在室内装修过程中施工企业发生的生产和经营管理的费用总和。前一种理解是对投资者即建设单位而言；后一种理解是对室内装饰工程项目的建造者，即对施工单位而言。实际上，我们平时所说的工程造价是指后一种解释，比如我们说装修某一栋大楼预算造价多少，是说装修这栋大楼要花多少钱。

2. 工程造价理论构成

室内装饰工程项目作为一种商品，其造价也同其他商品一样，应包括各种活劳动和物化劳动的消耗费用，以及这些费用消耗所创造的社会价值。但是，室内装饰工程造价又有其特殊性。

第一，室内装饰工程造价由3个部分构成：

- 物质消耗支出，即价值转移的货币表现（$C$）；
- 劳动报酬，即劳动者为自己的劳动所创造价值的货币表现（$V$）；
- 盈利，即劳动者为社会的劳动所创造价值的货币表现（$M$，利润和税收）。

所以，室内装饰工程造价的理论构成用下式表示：

$$室内装饰工程理论费用 = C + V + M$$

第二，和一般的工业产品价格构成不同，工程造价的构成还具有某些特殊性，其主要表现是：

- 室内装饰工程在其竣工后，一般不在空间上发生物理运动，可直接移交用户立即进入生产和生活消费，因而价格中不包括一般商品具有的生产性流通费用。如商品包装费、运输费、保管费；
- 室内装饰建设工程固定在一个地方，和土地连成一片，因而价格中一般应包括土地价格或使用费。另一方面，由于施工人员和施工季节要围绕建设工程流动，因而有的工程价格中还包括施工企业远离基地的调迁费用或成品建造的转移所发生的费用；
- 室内装饰建设工程的生产者中包括勘察设计单位、室内装饰企业，因而工程造价中包含的劳动报酬和盈利均是总体劳动者的劳动报酬和盈利。

3. 现行工程造价的组成内容

在我国，室内装饰工程项目从筹建到竣工验收、交付使用整个过程的投入费用既称为工程造价，也称为基本建设费用，它所包括的内容如下式所示：

室内装饰工程造价（基本建设费用）= 直接费 + 间接费 + 利润 + 税收

或：室内装饰工程造价（基本建设费用）= 分部分项工程量清单费用 + 措施项目清单费用 + 其他措施项目清单费用 + 利润 + 税收

## 10.5　室内装饰工程预算定额

### 10.5.1　室内装饰工程预算定额的概念

室内装饰工程预算定额是指在正常合理的施工技术与建筑艺术综合创作下，采用科学的方法和群众智慧相结合，制订出生产质量合格的分项工程所必须的人工、材料和施工机械台班以价值货币表现的消耗数量标准。在建筑装饰工程预算定额中，除了规定上述各项资源和资金消耗的数量以外，还规定了应完成的工程内容和相应的质量标准及安全要求等内容。

### 10.5.2　室内装饰工程定额的作用

室内装饰工程预算定额在装饰工程的预算管理中，体现出以下几个方面的作用。

1. 室内装饰工程预算定额是编制施工图预算造价的基础

每一个室内装饰工程的造价，通常通过编制装饰工程施工图预算的方法来实现。在施工图设计阶段，装饰施工项目可以根据施工设计图样、装饰工程预算定额及当地的取费标准，准确地编制出室内装饰工程施工图预算。

2. 室内装饰工程预算定额是确定招标标底和投标报价的基础

在市场价格机制运行中，室内装饰工程招标标底的编制和投标报价，都要以室内装饰工程预算定额为基础。因此，装饰工程预算定额在招标投标中，起着控制劳动消耗和装饰工程价格水平的作用。

3. 室内装饰工程预算定额是对室内装饰工程设计进行经济比较的依据

装饰设计在建筑设计中占有越来越重要的地位。装饰工程设计在注重装饰美观、舒适、安全和方便的同时，也要符合经济合理的要求。通过室内装饰定额对装饰工程项目设计方案进行经济分析和比较，是选择经济合理的设计方案的重要依据。

对装饰设计方案的比较，主要是针对不同的装饰设计方案的人工、材料和机械台班的消耗量、材料重量等进行比较，通过分析比较才有可能把握不同的设计方案中人工、材料、机械等消耗量对装饰造价的影响，材料质量对建筑基础工程的影响等。而对于新材料、新工艺在装饰工程中的应用，也要借助于装饰工程定额进行技术经济分析和比较。因此，依据装饰工程定额对装饰设计方案进行技术经济对比，从经济角度考虑装饰设计效果是否最佳和经济合理，是优化选择装饰设计方案的最佳途径。

4. 室内装饰工程预算定额是编制施工组织设计方案的依据

装饰工程要进行施工必须编制施工组织设计方案，确定拟施工的工程所采用的施工方法和相应的技术措施，确定现场平面布置和施工进度安排，确定人工、机械 、材料、水电力资源需要量以及物料运输方案，才能保证装饰工程施工得以顺利进行。

根据装饰工程定额规定的各种消耗量指标，才能够比较精确地计算出拟装饰部位所需要的人工、材料、机械、水电资源的需要量；确定出相应的施工方法和技术组织措施；为拟施工的装饰工程有计划地组织装饰材料供应；平衡劳动力与机械调配；安排合理的装饰施工进度等。

5. 室内装饰工程预算定额是装饰工程的工程结算和签订施工合同的依据

装饰工程结算是建设单位（发包方）和施工单位（承包方）按照工程进度对已完工程实行货币支付的行为，是商品交换中结算的一种形式。一般地，室内装饰工程工期较长，不可能都采用竣工后一次性结算的方法，而通常采用分期付款的方式结算，以解决施工企业资金短缺的问题。采用分期付款的依据一般根据完成施工项目的分项工程量来确定，而采用已完分部工程量进行结算时，必须以装饰工程定额为依据计算应结算的工程价款。在具备地区单位估价表的条件下，虽然可以直接利用预算单价进行结算，但预算单价的计算基础仍然是预算定额。

此外，装饰工程承包双方，在商品交易中按照法定程序签订装饰工程施工合同时，为明确双方的权利与义务，其合同条款的主要内容、结算方式和当事人的法律行为，也必须以装饰定额的有关规定，作为合同执行的依据。

6. 室内装饰工程预算定额是装饰企业进行成本分析的依据

在市场经济体制中，室内装饰产品价格的形成是以市场为导向的。所以加强装饰企业经济核算，进行装饰成本分析、装饰成本控制和装饰成本管理，是作为独立的经济实体的装饰企业自主定价、自负盈亏的重要前提。因此，装饰企业必须按照室内装饰工程预算定额所提供的各种人工、材料和机械台班等的消耗量指标，结合当前的装饰市场现状，来确定装饰工程项目的社会平均成本及生产价格，并结合本企业装饰成本的现状，作出比较客观的分析，找出企业中活劳动与物化劳动的薄弱环节及其造成的原因，以便于装饰预算成本与实际成本对照比较、分析，从而改进施工管理，提高劳动生产率和降低成本。这样，装饰企业才能在日趋激烈的市场价格竞争中具有较大的竞争优势和较强的应变能力，进而促使装饰企业以最少的耗费取得最佳的经济效益。

7. 室内装饰工程预算定额是编制概算定额和概算指标的基础

概算定额是在预算定额的基础上编制的，概算指标的编制也需要预算定额进行对比分析和参考。利用预算定额编制概算定额和概算指标，可以节省编制工作中的大量的人力、物力和时间，收到事半功倍的效果。更重要的是，这样可以使概算定额和概算指标在水平上和预算定额一致，以免造成计划工作和实行定额的困难。

以上说明室内装饰工程预算定额在现行装饰工程预算制度中的重要作用。特别在我国进一步改革开放和装饰工程全球化的市场经济发展的形势下，室内装饰工程预算定额的作用将显得更加重要。

### 10.5.3　室内装饰工程定额的分类

在工程项目建设活动中所使用的定额种类较多，我国已经形成工程建设定额管理体系。室内装饰工程定额是工程建设定额体系的重要组成部分。就室内装饰工程定额而言，根据不同的分类方法又有不同的定额名称。为了对室内装饰工程定额从概念上有一个全面的了解，按定额适用范围、生产要素、用途和费用性质，室内装饰预算定额可大致分为以下几类。

1. 按编制单位和执行范围分类

- 全国统一定额（主管部门定额）；
- 地方性定额（各省、市定额）；
- 企业定额。

2. 按生产要素分类

- 劳动定额（或称人工定额）；
- 材料消耗定额；
- 机械台班使用定额。

3. 按定额编制程序和用途分类

- 施工定额；
- 预算定额或基础定额；
- 概算定额或概算指标。

4. 按定额费用的性质分类

- 直接工程费定额；
- 间接工程费定额；
- 工器具定额；
- 工程建设其他费用定额等。

### 10.5.4 定额预算基价

预算基价，也就是定额分项工程预算单价，是以室内装饰工程预算定额或基础定额规定的人工、材料和施工机械台班消耗量为依据，以货币形式表示的每一个定额分项工程的单位产品价格。它是以各地省会城市（也称为基价区）的工人日工资标准、材料预算价格和机械台班预算价格为基准综合取定的，是编制工程预算造价的基本依据。

预算基价由人工费、材料费、机械费组成，而人工费、材料费、机械费是以人工工日、材料和机械台班消费量为基础编制的。它们之间的关系可作如下表示：

预算单价 = 人工费 + 材料费 + 机械费

其中：人工费 = ∑（定额人工工日数量 × 当地人工工资单价）

材料费 = ∑（定额材料消耗数量 × 相应的材料预算价格）

机械费 = ∑（定额机械台班消耗数量 × 相应的施工机械台班预算价格）

### 10.5.5 预算定额组成

1. 预算定额的组成

预算定额一般以单位工程为对象编制，按分部工程分章，在发布了全国统一基础定额后，分章应与基础定额一致。章以下为节，节以下为定额子目，每一个定额子目代表着一个与之对应的分项工程，所以，分项工程是构成预算定额的最小单元或细胞。

室内装饰工程预算定额，规定单位工程量的装饰工程预算单价和单位工程量的装饰工程中的人工、材料、机械台班的消耗量和价格数量标准，而为了方便使用，室内装饰工程预算定额还给每一个子目录赋予定额编号。

2. 定额手册

在定额的实际应用中，为了使用方便，一般将定额与单位估价表合为一体，汇编成一册或一套，它既有定额的内容，又有单位估价表的内容，还有工程量计算规则、附录和相关的资料如材料库，故而我们可以称其为“预算定额手册”。它准确地规定了以定额计量单位的分部分项工程或者结构构件所需消耗的人工、材料、施工机械台班等的消耗指标及相应的价值货币表现的标准。

3. 预算定额手册的组成内容

完整的预算定额手册，一般由目录、总说明、建筑面积计算规则、各分章内容及附录等组成。各分章内容又包括分章说明、分章工程量计算规则、分部分项工程定额及单位估价表。具体组成内容包括以下几个方面。

（1）定额总说明

- 预算定额的适用范围、指导思想及目的、作用；
- 预算定额的编制原则、主要依据及上级下达的有关定额汇编文件精神；
- 使用本定额必须遵守的规则及本定额的适用范围；
- 定额所采用的材料规格、材质标准、允许换算的原则；
- 定额在编制过程中已经考虑的和没有考虑的要素及未包括的内容；
- 各分部工程定额的共性问题和有关统一规定及使用方法。

（2）分部工程及其说明　分部工程在建筑装饰工程预算定额中，称为“章”。

- 说明分部工程所包括的定额项目内容和子目数量；
- 分部工程各定额项目工程量的计算方法；
- 分部工程定额内综合的内容及允许换算和不得换算的界限及特殊规定；
- 使用本分部工程允许增减系数范围的规定。

（3）定额项目表　由分项工程定额所组成，是预算定额的主要构成部分。

- 分项工程定额编号（子项目号）；
- 分项工程定额项目名称；
- 预算定额基价包括：人工费、材料费、机械费、综合费、利润、劳动保险费、规费和税金；
- 人工费包括综合工和其他人工费。综合工包括工种和数量以及工资等级（平均等级）；
- 材料栏内一般列出主要材料和周转使用材料名称及消耗数量。次要材料一般都以其他材料形式用金额“元”表示；
- 施工机械栏内要列出主要机械名称和数量，次要机械以其他机械费形式用金额“元”表示；
- 预算定额的基价明确了某一装饰工程项目人工、材料、机械台班单位工程消耗量后，根据当地的人工日工资标准、材料预算价格和机械台班单价，分别计算出定额人工费、材料费、机械费及其他费用，其总和即预算定额的基价；

- 有的定额表下面还列有与本章节定额有关的说明和附注。说明设计与本定额规定如不符合时如何进行调整，以及说明其他应明确的，但在定额总说明和分部说明中不包括的问题。

（4）定额附录或附表　预算定额内容最后一部分是附录或称为附表，是配合定额使用不可缺少的一个重要组成部分，不同地区的情况不同、定额不同、编制不同，附录表中的定额数值也不同。如福建省建筑装饰定额（2001 版）的附录包括以下内容：

- 各种砂浆的配合比；
- 各种建筑装饰材料的预算价格表；
- 定额材料成品、半成品损耗率表；
- 定额人工、材料、机械台班预算价格取定表。

### 10.5.6　定额换算

在确定某一装饰工程项目单位预算价值时，如果装饰施工图设计的工程项目内容，与所套用相应定额项目内容的要求不完全一致，并且定额规定允许换算，则应按定额规定的换算范围、内容和方法进行定额换算。定额项目的换算，就是将定额项目规定的内容与设计要求的内容，取得一致的过程。

例如，某室内装饰工程施工图设计的大理石柱面项目，其大理石的定额预算价格为 234. 45 元/$m^2$，而现行市场价格为 375 元/$m^2$。由于大理石价格变动，引起定额计价变化，而且定额规定允许换算。此时可计算出定额计量单位大理石价差，加入原定额基价中，以此作为新的大理石柱面的定额基价。因此，定额项目换算的实质，就是按定额规定的换算范围、内容和方法，对某些工程项目的预算定额基价、工程量及其他有关内容进行调整。

根据各专业部门或省、市、自治区现行的建筑装饰工程预算定额中的总说明、分部工程说明和定额项目表及附注内容中的规定。对于某些工程项目的工程量、定额基价（或其中的人工费）、材料品种、规格和数量增减、装饰砂浆配合比的不同，对使用机械、脚手架、垂直运输原定额需要增加系数等方面，均允许进行换算或调整。以下换算或调整的范围、内容和方法，均以中国计划出版社出版的《建设工程工程量清单计价规范》和某省现行的建筑装饰定额为依据进行说明。

换算的主要依据是：

换算后的定额基价 = 原定额基价 + 换入费用 − 换出费用。

下面介绍的是在预算过程中经常碰到的几种换算方法。

1. 工程量换算法

工程量的换算，是依据装饰工程预算定额中的规定，将施工图设计的工程项目的工程量，乘以定额规定的调整系数。一般可按下式计算：

换算后的工程量 = 按施工图计算的工程量 × 定额规定的调整系数。

【例 1】某室内踏步式楼梯顶棚其施工图计算的面积为 69. 38$m^2$，试计算其确定预算价值的工程量。

【解】顶棚分部工程的工程量计算规则中规定，踏步式楼梯的顶棚工程量按水平投影面积乘以 2. 1 系数计算。故有：

换算后工程量 = 69. 38 × 2. 1 = 145. 70（$m^2$）

2. 系数增减换算法

施工图设计的工程项目与定额规定的相应内容有的不完全相符，定额规定在其允许范围内，可采用增减系数的方法调整定额基价或其中的人工费、机械使用费等。

系数增减换算的方法步骤如下：

（1）根据施工图设计的装饰工程项目内容，从定额手册目录中，查出装饰工程项目所在定额中的页数及其部位，并判断是否需要增减系数来调整定额项目。

（2）如需调整，从定额项目表中查出调整前定额基价和人工费（或机械使用费、其他费用等），并从定额总说明、分部工程说明或附注内容中查出相应调整系数。

（3）计算调整后的定额基价。一般可按下式进行计算：

调整后定额基价 = 调整前定额基价 + 定额人工费（或机械费、其他费用）× 相应调整系数。

（4）写出调整后的定额编号。

（5）计算调整后的预算价值。一般可按下式计算：

调整后预算价值 = 工程项目工程量 × 调整后定额基价。

【例 2】某室内墙面立体造型榉木拼花饰面，其工程量为 107. 34$m^2$，试确定其预算价值。

【解】（1）根据工程项目内容，从定额目录中查出墙面立体造型榉木拼花饰面项目应属定额 2 − 301 项目，经判断，必须对人工费和费用进行调整。

（2）从墙面立体造型榉木拼花饰面定额表中，查出调整前定额基价为：43. 88 元/$m^2$，定额人工费为 8. 6 元/$m^2$，从室内墙面分部工程说明中，查出室内墙面立体造型榉木拼花饰面人工费需乘以系数 1. 5。

（3）计算调整后的预算基价：

调整后定额基价 = 43. 88 + 8. 6 ×（1. 5 − 1. 0）=

48.18（元/$m^2$）。

（4）写出调整后的定额编号为（2－301）$_{换}$＝48.18元/$m^2$。

（5）计算调整后的预算价值：

调整后的预算价值＝48.18×107.34＝5171.64（元）。

3. 材料价格换算法

当室内装饰工程的主要材料的市场价格，与相应定额预算价格不同而引起定额基价的变化，并且定额允许换算时，必须进行换算。

材料价格换算的方法步骤如下：

（1）根据施工图样设计的工程项目内容，从定额目录中查出工程项目所在定额的页数及其部位，并判断是否需要进行定额项目换算。

（2）如需要换算，则从定额项目中查出工程项目相应的换算前定额基价、材料预算价格和定额消耗量。

（3）从建筑装饰材料市场价格信息资料中，查出相应的材料市场价格。

（4）计算换算后的定额基价，一般可用下式计算：

换算后的定额基价＝换算前的定额基价＋［换算前材料定额消耗量×（换算材料现行市场价格－换算材料预算价格）］。

（5）写出换算后的定额编号。

（6）计算换算后预算价值，一般可按下式进行计算：

换算后预算价值＝工程项目工程量×相应的换算后定额基价：

【例3】某室内上人装配式U型轻钢龙骨天棚，其工程量200$m^2$。其U型轻钢龙骨的市场价格为5.00元/m，而定额预算价格为4.57元/m，试计算U型轻钢龙骨变动后的定额基价和预算价值。

【解】（1）根据施工图设计的工程项目内容，从定额目录中查出，上人装配式U型轻钢天棚龙骨在定额手册第3－41项目栏上，并经判断必须进行定额换算。

（2）同时查出上人装配式U型轻钢天棚龙骨换算前定额基价为71.59元/$m^2$及定额消耗量为1.44m/$m^2$。

（3）根据U型轻钢龙骨的市场价格和预算价格，计算换算后的定额基价。

换算后的定额基价＝71.59＋（5.00－4.57）×1.44＝72.21（元/$m^2$）。

（4）写出换算后的定额编号为（2－41）$_{换}$＝72.21（元/$m^2$）。

（5）计算换算后的预算价值。

换算后的预算价值＝200×72.21＝1442.00（元）。

4. 材料用量换算法

当施工图设计的工程项目的主要材料用量，与定额规定的主要材料消耗量不同而引起定额基价的变化时必须进行定额换算，其换算的方法步骤如下：

（1）根据施工图设计的工程项目内容，从定额目录中，查出工程项目所在定额中的页数及其部位，并判断是否需要进行定额换算。

（2）从定额项目表中，查出换算前的定额基价、定额主要材料消耗量和相应的主要材料预算价格。

（3）计算工程项目主要材料的实际用量和定额单位实际消耗量。一般可按下式计算：

主要材料实际用量＝主要材料设计净用量×（1＋损耗率）

定额单位主要材料实际消耗量＝主要材料实际用量/工程项目工程量×工程项目定额计量单位。

（4）计算换算后的定额基价。一般可按下式进行计算：

换算后的定额基价＝换算前定额基价＋（定额单位主要材料实际消耗量－定额单位主要材料定额消耗量）×相应主要材料预算价格。

（5）写出换算后定额编号。

（6）计算换算后的预算价值。

【例4】某酒店茶色玻璃白色铝合金扶手工程墙面，其工程量为432.60m。施工图设计用白色铝合金扁管（100×44×1.8），实际用量为470.83m（包括各种损耗），试确定其换算后的定额基价和预算价值。

【解】（1）根据施工图设计的工程项目内容，从定额手册目录中查出茶色玻璃铝合金扶手项目，在建筑装饰工程墙面预算定额第8－2项目上，并经判断必须进行定额换算。

（2）从墙面定额8－2项目表中，查出茶色玻璃铝合金扶手项目的换算前定额基价为183.96元/m，其主要材料白色铝合金扁管（100×44×1.8）的定额消耗量为1.06m/m，相应预算价格为23.58元/m。

（3）计算白色铝合金扁管的定额单位实际消耗量。

定额单位白色铝合金扁管实际消耗量＝470.83/432.60×1＝1.09（m）。

（4）计算换算后的定额基价。

换算后定额基价＝183.96＋（1.09－1.06）×23.58＝210.33（元）。

（5）写出换算后的定额编号为（8－2）$_{换}$＝210.33（元/m）。

（6）计算换算后预算价值。

换算后预算价值 = 432.60 × 210.33 = 90 989.29（元）。

5. 材料种类换算法

当施工图设计的工程项目所采用的材料种类，与定额规定的材料种类不同而引起定额基价变化时，定额规定必须进行换算，其换算方法和步骤如下：

（1）根据施工图设计的工程项目内容，从定额目录中，查出装饰工程项目所在定额中的页数及其部位，并判断是否需要进行定额换算。

（2）如需换算，从定额项目表中查出换算前定额基价、换出材料定额消耗量及相应的定额预算价格。

（3）计算换入材料定额计量单位消耗量，并查出相应的市场价格。

（4）计算定额计量单位换入（出）材料费，一般可按下式计算：

换入材料费 = 换入材料市场价格 × 相应材料定额单位消耗量；

换出材料费 = 换出材料预算价格 × 相应材料定额消耗量。

（5）计算换算后的定额基价，一般可按下式计算：

换算后定额基价 = 换算前定额基价 +（换入材料费 - 换出材料费）。

（6）写出换算后定额编号。

（7）计算换算后的预算价值。

【例5】某家装工程樱桃木弧形墙面工程量为 72.40m²，其樱桃木实际用量为 91.55m²（包括各种损耗），试计算其预算价值。

【解】（1）根据施工图样设计的工程项目内容，从定额目录中，查出樱桃木弧形墙面工程项目在定额 2 - 302 子项目栏上，并经判断必须进行定额换算。

（2）从该分部分项工程的定额项目表中，查出榉木弧形墙面项目的换算前定额基价为 47.76 元/m²，榉木面板的定额消耗量为 1.10m²，相应预算价格为 22.40 元/m²。

（3）计算樱桃木面板的定额计量单位实际消耗量，并查出相应的市场价格。

定额计量单位樱桃木面板实际消耗量 = 91.55/72.40 × 1.00 = 1.27（m²）；

樱桃木面板的市场价格为 25.30 元/m²。

（4）计算定额计量单位换入、换出材料费。

换入材料费 = 25.30 × 1.27 = 32.13（元）；

换出材料费 = 22.40 × 1.10 = 24.64（元）。

（5）计算换算后的定额基价。

换算后定额基价：47.76 +（32.13 - 24.64）= 55.25（元）。

（6）写出换算后定额编号为 $(2-302)_{换}$ = 55.25（元）。

（7）计算换算后的预算价值。

换算后的预算价值 = 72.40 × 55.25 = 4000.10（元）。

6. 材料规格换算法

当施工图设计的工程项目的主要材料规格与定额规定的主要材料规格不同而引起定额基价的变化时，定额规定必须进行换算。与此同时，也应进行差价调整。其换算与调整的方法和步骤如下：

（1）根据施工图设计的工程项目内容，从定额手册目录中，查出装饰工程项目所在的定额页数及其部位，并判断是否需要进行换算。

（2）如需换算，从定额项目表中，查出换算前定额基价、需要换算的主要材料定额消耗量及其相应的预算价格。

（3）根据施工图设计的工程项目内容，计算应换算的主要材料实际用量和定额单位的实际消耗量，一般有下列两种方法：一是，虽然主要材料不同，但两者的消耗量不变，此时，必须按定额规定的消耗量执行；二是，主要材料因规格改变，引起主要材料实际用量发生变化，此时，要计算设计规格的主要材料实际用量和定额计量单位主要材料实际消耗量。

（4）从建筑装饰材料市场价格信息资料中，查出施工图采用的主要材料相应的市场价格。

（5）计算定额计量单位两种不同规格主要材料费的差价，一般按下式计算：

差价 = 定额计量单位选用规格主材费 - 定额计量单位定额规格主材费；

定额计量单位图样规格主材费 = 定额计量单位选用规格主材实际消耗量 × 相应主材市场价格；

定额计量单位定额规格主材费 = 定额规格主材消耗量 × 相应的主材定额预算价格。

（6）计算换算后的定额基价，一般可按下式计算：

换算后定额基价 = 换算前定额基价 + 定额计量单位图样规格主材费 - 定额计量单位定额规格主材费。

（7）写出换算后的定额编号。

（8）计算换算后的预算价值。

【例6】某室内装饰顶棚工程为浮搁式铝合金方板，其工程量为 140.20m²，施工图采用的铝合金方板的规格为 500mm × 500mm × 0.6mm，而定额规定铝合金方板的规格为 500mm × 500mm × 0.8mm，试确定换算后的预算价值。

【解】（1）根据施工图样设计的工程项目内容，从定额目录中，查出浮搁式铝合金方板项目在定额第 3 - 101 子项目栏上，并经判断因采用的铝合金方板不同，定额规定必须进行定额换算。

(2) 从顶棚分部工程的浮搁式铝合金方板定额项目表中，查出定额规定的 500mm × 500mm × 0.8 mm 规格的铝合金方板项目的换算前定额基价为 79.30 元/$m^2$，铝合金方板定额消耗量为 1.02$m^2$/$m^2$，相应的预算价格为 48.60 元/$m^2$。

(3) 从建筑装饰材料市场信息资料中，可以查知：图样采用的规格 500mm × 500mm × 0.6 mm 铝合金方板市场价格为 51.60 元/$m^2$。

(4) 计算两种不同规格铝合金方板的定额计量单位材料费和两者差价。

图样规格材料费 = 48.60 × 1.02 = 49.57 (元/$m^2$)；

定额规格材料费 = 51.60 × 1.02 = 52.63 (元/$m^2$)。

差价 = 49.57 − 52.63 = −3.06(元/ $m^2$)。

(5)计算换算后的定额基价。

换算后定额基价 = 79.3 − 3.06 = 76.24(元/$m^2$)。

(6)写出换算后的定额编号为$(3-101)_{换}$ = 76.24 (元/$m^2$)。

(7)计算换算后的预算价值。

换算后预算价值 = 76.24 × 140.20 = 10 688.85 (元)。

7. 块料面层换算法

当块料的设计规格和灰缝与定额规定不同时要进行的换算。

(1)块材面层材料用量计算公式：

每 100$m^2$ 块料面层块料净用量(块) = 100/(块料长 + 灰缝) × (块料宽 + 灰缝)。

每 100$m^2$ 块料面层块料总消耗量(块) = 净用量/(1 − 损耗量)。

(2)换算后定额基价：

换算后定额基价 = 原定额基价 + 换算后块料数量 × 换入块料单价 − 定额块料数量 × 定额块料单价

【例7】设计要求外墙面贴 150mm × 75mm 釉面砖，灰缝 25mm，面砖损耗率为 2.5%。试计算 100$m^2$ 外墙面面砖总消耗量和换算定额基价。

【解】查定额手册 2 − 178 号可知：定额基价为 71.72 元/$m^2$，条形面砖(52mm × 235mm)的定额消耗量为 68.14 块/ $m^2$，定额价格为 0.33 元/块；从市场价格信息表查知：规格为 150mm × 75mm 的面砖的价格为 0.80 元/块。

每 100$m^2$ 块料面层块料净用量(块)
= 100/(块料长 + 灰缝) × (块料宽 + 灰缝)
= 100/(0.15 + 0.025) × (0.075 + 0.025)
= 6015(块)

每 100$m^2$ 块料面层块料总消耗量(块)
= 净用量/(1 − 损耗量)
= 6015/(1 − 0.025)
= 6169(块)

换算后定额基价 = 71.72 + 6169/100 × 0.8 − 68.14 × 0.33 = 98.59(元/ $m^2$)

### 10.5.7 定额应用

室内装饰工程预算定额是确定室内装饰工程预算造价、办理工程价款、处理承发包关系的主要依据之一。定额应用得正确与否，直接影响装饰工程造价。因此，工作人员必须熟练而准确地使用预算定额。

1. 套用定额时应注意的问题

• 查阅定额前，应首先认真阅读定额总说明，分部工程说明和有关附注的内容；要熟悉和掌握定额的适用范围，定额已经考虑和没有考虑的要素以及有关规定；

• 要明确定额中的用语和符号的含义；

• 要正确地理解和熟记各分部工程计算规则中所指出的工程量计算方法，以便在熟悉施工图的基础上，能够迅速准确地计算各分项工程或配件、设备的工程量；

• 要了解和记忆常用分项工程定额所包括的工作内容，人工、材料、施工机械台班消耗量和定额计量单位，以及有关附注的规定，做到正确地套用定额项目；

• 要明确定额换算范围，正确应用定额附录资料，熟练进行定额项目的换算和调整。

2. 定额编号

为了便于查阅、核对和审查定额项目选套是否准确合理，提高室内装饰工程施工图预算的编制质量，在编制室内装饰工程施工图预算时，必须填写定额编号。定额编号的方法，通常有以下两种：

“三符号”编号法 “三符号”编号法，是以预算定额中的分部工程序号—分项工程序号(或工程项目所在的定额页数)—分项工程的子项目序号等 3 个号码，进行定额编号。其表达形式如下：

分部工程序号—分项工程序号—子项目序号

或：

分部工程序号—子项目所在定额页数—子项目序号

例如，某城市现行建筑装饰工程预算定额中的墙面挂大理石(勾缝)项目，它属于室内装饰工程项目，在定额中被排在第 2 部分，墙面装饰工程排在第 2 分项内；墙面挂贴大理石项目排在定额第 173 页第 104 个子项目。其定额编号为：

2—2—104

或：

2—173—104

“二符号”编号法　“二符号”编号法，是在“三符号”编号法的基础上，去掉一个符号(分部工程序号或分项工程序号)，采用定额中分部工程序号(或子项目所在定额页数)—子项目序号两个号码，进行定额编号。其表达形式如下：

分部工程序号—子项目序号

或：

子项目所在定额页数—子项目序号

例如，墙面挂贴大理石项目的定额编号为：

2—104

或：

173—104

3. 定额项目的选套方法

预算定额的直接套用　当施工图设计的工程项目内容，与所选套的相应定额内容一致时，必须按定额的规定，直接套用定额。在编制室内装饰工程施工图预算、选套定额项目和确定单位预算价值时，绝大部分属于这种情况。当施工图设计的工程项目内容，与所选套的相应定额项目规定的内容不相一致时，而定额规定又不允许换算或调整，此时也必须直接套用相应定额项目，不得随意换算或调整。直接套用定额项目的方法步骤如下：

- 根据施工图设计的工程项目内容，从定额目录中，查出该工程项目所在定额中的页数及其部位。
- 判断施工图设计的工程项目内容与定额规定的内容是否相一致。当完全一致或虽然不一致，但定额规定不允许换算或调整时，即可直接套用定额基价。但是，在套用定额基价前，必须注意分项工程的名称、规格、计量单位要与定额规定的名称、规格、计量单位相一致。
- 将定额编号和定额基价，其中包括人工费、材料费和施工机械使用费，分别填入室内装饰工程预算表内。
- 确定工程项目预算价值。其计算公式如下：

工程项目预算价值 = 工程项目工程量 × 相应定额基价

【例1】某室内地面做实木烤漆地板(铺在毛地板上)项目，其工程量为 40.90$m^2$，试确定其人工费、材料费、机械费及预算价值。

【解】以某市建筑装饰工程预算定额为例。

(1) 从定额目录中，查出实木烤漆地板(铺在毛地板上)的定额项目在定额中的第一章第 403、408 和 412 子项目；

(2) 通过判断可知，实木烤漆地板分项工程内容符合定额规定的内容，即可直接套用定额项目。

(3) 从定额表中查出实木烤漆板共包含木龙骨基层定额基价为 37.43 元/ $m^2$、人工费 9.46 元/ $m^2$、材料费为 22.36 元/ $m^2$、机械台班费为 0.15 元/ $m^2$、定额编号为 1－403；铺设杉木基层的定额基价为 34.61 元/ $m^2$、人工费 3.14 元/ $m^2$、材料费为 26.53 元/ $m^2$、机械台班费为 0.26 元/ $m^2$、定额编号为 1－408；铺设实木烤漆地板的定额基价为 181.79 元/ $m^2$、人工费为 8.17 元/ $m^2$、材料费为 152.30 元/ $m^2$、机械台班费为 0.00 元/ $m^2$，定额编号为 1－412。

(4) 计算烤漆木地板的人工费、材料费、机械费和预算价值。

人工费 = (9.14 + 3.14 + 8.17) × 40.90 = 836.41 (元)

材料费 = (22.36 + 26.53 + 152.30) × 40.90 = 8228.67(元)

机械费 = (0.15 + 0.26 + 0.00) × 40.90 = 16.77 (元)

预算价值 = (37.43 + 34.61 + 181.79) × 40.90 = 10381.65(元)

套用换算后的定额项目　施工图设计的工程项目内容，与选套的相应定额项目规定的内容不相一致时，如果定额规定允许换算或调整，则应在定额规定范围内换算或调整，套用换算后的定额项目。对换算后的定额项目编号应加括号，并在括号右下角注明“换”字，以示区别，如$(1-101)_{换}$。

定额项目的换算方法，见本章上一小节。

套用补充定额项目　施工图中的某些工程项目，由于采用了新结构、新构造、新材料和新工艺等原因，在编制预算定额时尚未列入。同时，也没有类似定额项目可供借鉴，在这种情况下，为了确定建筑装饰工程预算造价，必须编制补充定额项目，报请工程造价管理部门审批后执行。套用补充定额项目时，应在定额编号的分部工程序号后注明“补”字，以示区别，如$(1-101)_{补}$。

工料分析　在施工前、施工中或者竣工后，企业进行施工组织或者优化施工方案或者评价施工方案都可运用定额进行工料分析。

【例2】某室内墙面做榉木和枫木拼花饰面(铺 9mm 厚木夹板上)项目，其工程量为 25.34$m^2$，试确定其所需榉木和枫木面板、9mm 厚木夹板和 4m × 20mm × 20mm 木龙骨各多少及其预算价值？

【解】以某市建筑装饰工程预算定额为例(定额单位为 $m^2$)。

从建筑装饰定额的第二章定额号为 2－360 中可知，该定额基价为 66.01 元/ $m^2$、定额人工费为 19.53 元/ $m^2$、材料费为 25.36 元/ $m^2$、机械台班费为 0.75 元/ $m^2$、榉木用量 0.6$m^2/m^2$、枫木用量为 0.6$m^2/m^2$。

从建筑装饰定额的第二章定额号为 2－259 中可知，墙面木龙骨断面 7.5$cm^2$ 的定额基价为 19.67 元/

$m^2$、人工费为6.45元/$m^2$、材料费为8.39元/$m^2$、机械台班费为0.33元/$m^2$ 杉木方材用量为0.0068$m^3$。

从建筑装饰定额的第二章定额号为2-288中可知，多层夹板基层的定额中只有12mm厚的木夹板，所以要进行定额换算，假定9mm厚木夹板的市场价为20.02元/$m^2$，故$(2-288)_{换}=37.37+1.05\times(20.02-23.58)=33.66$元/$m^2$、人工费为6.02元/$m^2$、材料费为21.28元/$m^2$、机械台班费为0.23元/$m^2$、9mm厚木夹板用量为1.05$m^2$。

综上可知，所需榉木的面积：$0.6m^2/m^2\times25.34m^2=15.20m^2$。

所需枫木的面积：$0.6m^2/m^2\times25.34m^2=15.20m^2$。　g

杉木方用量：$0.0068\times25.34/0.02\times0.02\times4=107.69$(根)。

预算价值：$(66.01+19.67+33.66)\times25.34=3024.08$(元/$m^2$)。

## 【本章小结】

本章系统地介绍了室内装饰工程预算的定义、种类和预算方法；对室内装饰工程预算定额的内容进行剖析，在装饰工程预算定额的换算和应用上面都以详细的实例进行了分析。

## 【思考题】

1. 什么叫预算？什么叫室内装饰工程预算？

2. 室内装饰工程预算的主要种类有哪些？预算方法又有哪些？

3. 室内装饰工程费用由哪些组成？

4. 什么叫室内装饰工程预算定额？预算定额有什么作用？

5. 为什么要进行定额换算，在什么情况下进行换算？

6. 室内装饰工程预算定额是如何应用在实际预算中的？

## 【推荐阅读书目】

1. 福建省建筑装饰工程预算定额(2001). 福建省建委编制. 北京：中国计划出版社，2001.

2. 建筑装饰工程参考定额与报价. 朱志杰主编. 北京：中国计划出版社，1997.

## 【相关链接】

1. 福建省建设工程造价信息网，http://www.fjgczj.com。

2. 中国建设工程造价信息网，http://www.ccost.com。

# 第11章 室内装饰工程工程量计算原理

【本章难点与重点】

1. 工程量概念和计量单位
2. 计算工程量应注意事项
3. 室内装饰工程分部分项工程量计算规则（难点）

## 11.1 工程量概述

### 11.1.1 工程量概念

工程量是指以物理计量单位或自然计量单位所表示室内装饰工程中的各个具体分部分项工程和构配件的实物量，工程量的计量单位必须与定额规定的计量单位一致。

工程量的计量单位包括物理计量单位和自然计量单位2种。

物理计量单位是指需要通过度量工具来衡量物体量的性质的单位，也就是采用法定计量单位表示工程完成的数量。如长度以米（m）为计量单位，窗帘盒、木压条等的工程量以米（m）计算；面积以平方米（$m^2$）为计量单位，如墙面、柱面工程和门窗工程等工程量以平方米计算；体积以立方米（$m^3$）为计量单位，如砌砖、水泥沙浆等工程量；质量以千克（kg）或吨（t）为计量单位等。

自然计量单位指不需要量纲的具有自然属性的单位，如屋顶水箱以“座”为计量单位，施工机械以“台班”为计量单位，设备安装工程以“台”“组”“件”等为计量单位，卫生洁具安装以“组”为计量单位，灯具安装以“套”为计量单位，回、送风口以“个”为计量单位等。

### 11.1.2 工程量计算的一般规则

工程量必须按照工程量计算规则和定额规定进行正确计算，工程量计算必须遵守以下几个原则。

（1）工作内容、范围要与定额中相应分项工程所包括的内容和范围一致。计算工程量时，要熟悉定额中每个分项工程所包括的内容和范围，以避免重复列项或漏计项目。例如，抹灰工程分部中规定，室内墙面一般抹灰的定额内容不包括刷素水泥浆工和料，如果设计中要求刷素水泥浆一遍，就应当另列项计算。又如，该分部规定天棚抹灰的定额内容中包括基层刷含107胶的水泥浆一遍的工和料，在计算天棚抹灰工程量时，就已包括这项内容，不能再列项重复计算。

（2）工程量的计量单位同定额规定的计量单位一致。计算工程量，首先要弄清楚定额的计量单位。例如，室内墙面抹灰，楼内地面层均以面积计算，计量单位为平方米（$m^2$）；而踢脚线以长度“米”（m）计算。计算工程量时如果都笼统以面积计算，就必然会影响工程量的准确性。

(3) 工程量计算规则与现行定额规定的计算原则要一致。在按施工图样计算工程量时，所采用的计算规则必须与本地区现行的预算定额的工程量计算规则相一致，这样才能有统一的计算标准，防止错算。

(4) 工程量计算简明扼要。工程量计算式要力求简单明了，并按一定顺序排列以便于核对工程量，在计算工程量时要注明层次、部位、断面、图号等。工程量计算式一般按长、宽、厚的顺序排列。在计算面积时，按长×宽（高）；计算体积时，按长×宽×厚或厚×宽×高等。

(5) 工程量精度原则。工程量计算的精确程度在工程量计算的过程中一般要求保留三位小数，计算结果则四舍五入后保留二位小数。但对于钢材、木材计算结果要求保留三位小数，建筑面积计算结果一般取整数，如有小数时，按四舍五入规则取整数。

### 11.1.3 计算工程量的注意事项

工程量计算是根据已会审的施工图所规定的各分项工程的尺寸、数量，以及设备、构件、门窗等明细表和预算定额各分部工程量计算规则进行计算。在计算工程中，应注意以下几个问题：

- 必须在熟悉和审查施工图的基础上进行，要严格按照定额规定和工程量计算规则进行计算，不得任意加大或缩小各部位的尺寸。例如，不能以轴线间距作为内墙净长距离。
- 为了便于核对和检查，避免重算或漏算，在计算工程量时，一定要注明层次、部位、轴线编号、断面符号。
- 工程量计算公式中的各项应按一定顺序排列，以方便校核。计算面积时，一般按长、宽(高)顺序排列，数字精确度一般计算到小数点后二位；在汇总列项时，可四舍五入取小数点后二位。
- 为了减少重复劳动，提高编制预算工作效率，应尽量利用图样上已注明的数据表和各种附表，如门窗、灯具明细表。
- 为了防止重算或漏算，计算工程量时要按施工顺序，并结合定额手册中定额项目排列的顺序，以及计算方法顺序进行计算。
- 计算工程量时，应采用表格方式进行，以利审核。
- 计量单位必须和定额一致。

### 11.1.4 工程量计算的意义

工程量计算就是根据施工图、预算定额划分的项目，以及定额规定的工程量计算规则列出分项工程名称和计算式，并计算出结果。

工程量计算的工作是编制施工图预算的重要环节，在整个预算编制过程中是最繁重的一道工序。一方面，工程量计算工作在整个预算编制工作中所花的时间最长，它直接影响到预算的及时性；另一方面，工程量计算正确与否直接影响到各个分项工程定额直接费计算的准确性，从而影响工程预算造价的准确性。因此，要求预算人员具有高度的责任感，耐心细致地进行计算。

## 11.2 建筑面积的计算

### 11.2.1 建筑面积计算的意义

建筑面积是指建筑物外墙结构所围合的水平投影面积之和，是根据建筑平面图在统一计算规则下计算出来的一项重要经济数据。根据建筑的不同建设阶段分，有基本建设计划面积、房屋竣工面积、在建房屋建筑面积等；根据建筑的功能分，有结构面积、交通面积、使用面积。建筑面积是衡量建筑或室内的经济性能指标，也是计算某些分项工程工程量的基本数据，如综合脚手架、建筑物超高施工增加费、垂直运输等工程量都是以建筑面积为基数计算的。

建筑面积的计算是否正确不仅关系到工程量计算的准确性，而且对于控制基建投资规模，搞好设计、施工管理都具有重要意义。所以，在计算建筑面积时，要认真对照定额中的计算规则，弄清楚哪些部位该计算，哪些部位不该计算，以及如何计算。

### 11.2.2 计算建筑面积

(1) 单层建筑物不论其高度如何，均按一层计算建筑面积。其建筑面积按建筑物外墙勒脚以上结构的外围水平面积计算。单层建筑物内设有部分楼层者，首层建筑面积已包括在单层建筑物内，首层以上应计算建筑面积。高低联跨的单层建筑物，需分别计算建筑面积时，应以结构外边线为界分别计算。

(2) 多层建筑物建筑面积，按各层建筑面积之和计算，其首层建筑面积按外墙勒脚以上结构的外围水平面积计算，首层以上按外墙结构的外围水平面积计算。

(3) 同一建筑物的结构、层数不同时，应分别计算建筑面积。

(4) 地下室、半地下室、地下车间、仓库、商店、车站、地下指挥部等建筑物及相应的出入口的建筑面积，按其上口外墙（不包括采光井、防潮层及其保护墙）外围水平面积计算。

(5) 建于坡地的建筑物利用吊脚空间设置架空层和深基础地下架空层设计加以利用时，其层高在2.2m以上时，按围护结构外围水平面积计算建筑面积。

(6) 穿过建筑物的通道，建筑物内的门厅、大厅，不论其高度如何均按一层建筑面积计算。门厅、大厅内设有回廊时，按其自然层的水平投影面积计算建筑面积。

(7) 室内楼梯间、电梯井、提物井、垃圾道、管道井等均按建筑物的自然层计算建筑面积。

(8) 书库、立体仓库有结构层的，按结构层计算建筑面积，没有结构层的，按承重书架层或2架层计算建筑面积。

(9) 有围护结构的舞台灯光控制室，按其围护结构外围水平面积乘以层数计算建筑面积。

(10) 建筑物内设备管道层、贮藏室等层高在2.2 m以上时，应计算建筑面积。

(11) 有柱的雨篷、车棚、货棚、站台等，按柱外围水平面积计算建筑面积；独立柱的雨篷、单排柱的车棚、货棚、站台等，按其顶盖水平投影面积的一半计算建筑面积。

(12) 屋面上部有围护结构的楼梯间、水箱间、电梯机房等，按围护结构外围水平面积计算建筑面积。

(13) 建筑物外有围护结构的门斗、眺望间、观望电梯间、阳台、橱窗、挑廊、走廊等，按其围护结构外围水平面积计算建筑面积。

(14) 建筑物外有支柱和顶盖走廊、檐廊，按往外围水平面积计算建筑面积；有盖无柱的走廊、檐廊挑出墙外宽度在1m以上时，按其顶盖投影面积一半计算建筑面积。无围护结构的凹阳台、挑阳台，按其水平面积一半计算建筑面积。建筑物间有顶盖的架空走廊，按其顶盖水平投影面积计算建筑面积。

(15) 室外楼梯，按自然层投影面积之和计算建筑面积。

(16) 建筑物内变形缝、沉降缝等，凡缝宽在300 mm以内者，均依其缝宽按自然层计算建筑面积，并入建筑物建筑面积之内计算。

### 11.2.3 不予计算的建筑面积

不予计算的建筑面积内容如下：

(1) 突出外墙的构件、配件、附墙柱、垛、勒脚、台阶、悬挑雨篷、墙面抹灰、镶贴块材、装饰面等；

(2) 用于检修、消防等用途的室外爬梯；

(3) 层高2.2m以内的设备管道层、贮藏室、设计不利用的深基础架空层及吊脚架空层；

(4) 建筑物内操作平台、上料平台、安装箱或罐体平台；没有围护结构的屋顶水箱、花架、凉棚等；

(5) 独立烟囱、烟道、地沟、油（水）罐、气柜、水塔、贮油（水）池、贮仓、栈桥、地下人防通道等构筑物；

(6) 单层建筑物内分隔单层房间，舞台及后台悬挂的幕布、布景天桥、挑台；

(7) 建筑物内宽度在300 mm以上的变形缝、沉降缝。

## 11.3 楼地面工程

### 11.3.1 基本内容

楼地面是楼面和地面的总称，是构成楼地层的组成部分。一般来说，地层（又称地坪）主要由垫层、找平层和面层所组成，构成地层的项目都能在楼地面工程项目中找到。楼层主要由结构层、找平层、保温隔热层和面层组成。

楼地面工程包括天然石材、人造石材、水磨石、地砖、陶瓷锦砖、玻璃地砖、塑料地板、地毯、竹木地板、防静电地板等内容。

### 11.3.2 计算规则

1. 天然石材和人造石材

• 大理石楼地面工程量，按不同大理石板块周长、单色或多色，以饰面的净面积计算，不扣除0.3$m^2$以内的孔洞所占面积。拼花部分按实贴面积计算。点缀（镶拼面积小于0.015$m^2$）工程量，按点缀个数计算。在计算主体铺贴地面面积时，不扣除点缀所占面积。

• 花岗岩楼地面工程量，按不同花岗岩板块周长、单色或多色，以饰面的净面积计算，不扣除0.3$m^2$以内的孔洞所占面积。拼花部分按实贴面积计算。点缀工程量，按点缀个数计算。在计算主体铺贴地面面积时，不扣除点缀所占面积。

• 天然石材踢脚线工程量，按不同踢脚线形状（直形或弧形）、踢脚线所用石材、铺贴材料，以踢脚线铺贴面积计算。踢脚线铺贴面积按踢脚线实贴长度乘以踢脚线高度计算。

• 人造大理石板地面工程量，按不同铺贴材料，以饰面的净面积计算，不扣除0.3$m^2$以内的孔洞所占面积。

• 天然石材成品踢脚线工程量，按不同踢脚线所用石材、铺贴材料，以踢脚线铺贴长度计算。

• 天然石材楼梯工程量，按不同楼梯所用石材、铺贴材料，以楼梯的水平投影面积计算（包括踏步、休息平台，以及小于500mm宽的楼梯井）。弧形楼梯工程量，按楼梯的水平投影面积计算。

• 天然石材台阶工程量，按不同台阶所用石材、铺贴材料，以台阶的水平投影面积计算（包括踏步及最上一层踏步沿300mm）。弧形台阶工程量，按不同台阶所用石材，以台阶的水平投影面积计算。

• 天然石材零星项目工程量，按不同石材、铺贴材料，以实铺面积计算。零星项目是指楼梯侧面、台阶的牵边、小便池、蹲台、池槽，以及面积在1$m^2$以内镶贴面层。

● 石材底面刷养护液工程量，按不同石材及其表面光平程度、颜色深浅，以石材底面面积加 4 个侧面面积计算。

● 石材表面刷保护液工程量，按保护液涂刷于石材表面面积计算。

2. 水磨石

● 水磨石楼地面工程量，按是否带艺术型嵌条分色，以水磨石饰面的净面积计算，不扣除 0.3$m^2$ 以内孔洞所占面积。

● 彩色镜面水磨石楼地面工程量，按是否带艺术型嵌条分色，以水磨石饰面的净面积计算，不扣除 0.3$m^2$ 以内的孔洞所占面积。

3. 地砖

● 镭射玻璃地砖、陶瓷地砖、缸砖、幻影玻璃地砖和水泥花砖或广场砖的地面工程量，按是否勾缝，以饰面的净面积计算，不扣除 0.3$m^2$ 以内的孔洞所占面积。

● 陶瓷地砖、缸砖、镭射玻璃地砖、幻影玻璃地砖和水泥花砖或广场砖楼梯工程量，按楼梯的水平投影面积计算（包括踏步、休息平台以及小于 500mm 宽楼梯井）。

● 陶瓷地砖、缸砖台阶工程量，按台阶的水平投影面积计算（包括踏步及最上一层踏步沿 300mm）。

● 陶瓷地砖、缸砖踢脚线工程量，按踢脚线实铺面积计算。

● 陶瓷地砖、缸砖零星项目工程量，按实铺面积计算。

4. 竹木地板

● 硬木不拼花地板与硬木拼花地板的工程量，按不同铺设基层、地板接缝形式，以硬木地板铺设的净面积计算，不扣除 0.3$m^2$ 以内的孔洞所占面积。

● 硬木地板砖工程量，按不同铺设基层、地板砖接缝形式，以硬木地板砖铺设的净面积计算，不扣除 0.3$m^2$ 以内的孔洞所占面积。

● 长条复合地板工程量，按不同铺设基层，以长条复合地板铺设的净面积计算，不扣除 0.3$m^2$ 以内的孔洞所占面积。

● 长条杉木地板、长条松木地板工程量，按不同基层、地板接缝形式，以长条地板铺设的净面积计算，不扣除 0.3$m^2$ 以内的孔洞所占面积。

● 软木地板工程量，按不同地板材质，以软木地板铺设的净面积计算，不扣除 0.3$m^2$ 以内的孔洞所占面积。

● 竹地板工程量，按竹地板铺设的净面积计算。

● 直线形木踢脚线、弧线形木踢脚线工程量，按不同踢脚线木材树种，以木踢脚线铺设的面积计算。

● 成品踢脚线工程量，按踢脚线铺设的长度计算。

5. 防静电活动地板和钛金不锈钢复合地砖

● 防静电活动地板安装工程量，按不同地板材质，以防静电活动地板安装的净面积计算。钛金不锈钢复合地砖工程量，按复合地砖安装的净面积计算。

● 防静电地毯工程量，按地毯铺设的面积计算。

● 踢脚线工程量，按不同踢脚线材质，以踢脚线铺设的面积计算。

6. 塑料、橡胶板

● 塑料、橡胶板楼地面工程量，按不同板材及接缝形式，以饰面的净面积计算，不扣除 0.3$m^2$ 以内的孔洞所占面积。

● 塑料、橡胶板踢脚线工程量，按不同铺贴方法，以踢脚线实铺面积计算。

7. 地毯及附件

● 楼地面铺地毯工程量，按不同的地毯材质、地毯固定与否、带垫与否，以地毯的铺设面积计算。

● 楼梯地毯压棍的工程量，按不同压棍材质，以压棍安装的套数计算。

● 楼梯地毯压板的工程量，按不同压板材质，以压板安装的长度计算。

8. 分隔嵌条、防滑条

● 楼地面嵌金属分隔条工程量，按不同楼地面材质、嵌条规格，以嵌金属分隔条的长度计算。

● 楼梯、台阶踏步防滑条工程量，按不同防滑条材质、防滑条规格，以防滑条的长度计算。

● 酸洗打蜡工程量，根据不同酸洗打蜡的物体表面，以酸洗打蜡的面积计算。

9. 栏杆、栏板、扶手

● 栏杆、栏板工程量，按不同栏杆、栏板材质及其规格、栏杆形式、栏板形状等，以栏杆、栏板的中心线长度计算。

● 扶手工程量，按不同扶手材质及其规格、扶手形状等，以扶手的中心线长度计算，不扣除弯头所占长度。

● 弯头工程量，按不同弯头材质及其规格，以弯头的个数计算。

● 靠墙扶手工程量，按不同靠墙扶手材质，以靠墙扶手的中心线长度计算。

## 11.4 墙柱面装饰工程

### 11.4.1 基本内容

墙柱面装饰工程包括一般抹灰、装饰抹灰、镶贴块料面层及墙柱面装饰等内容。

一般抹灰指使用石灰砂浆、水泥砂浆、混合砂浆和其他砂浆的内、外墙面和柱面粉刷，根据抹灰材料、抹灰部位、抹灰遍数和基层等分项。

装饰性抹灰和镶贴块料按面层材料、基层、粘贴材料等分项。

墙柱面装饰适用于隔墙、隔断、墙柱面的龙骨、面层、饰面、木作等工程。

墙柱面装饰内容包括单列的龙骨基层和面层，以及综合龙骨及饰面的墙柱装饰项目。龙骨材料有木龙骨、轻钢龙骨、铝合金龙骨等。

墙柱面抹灰和各项装饰项目均包括了3.6m以下简易脚手架的搭设，一些独立承包的墙面“二次装修”，如果施工高度在3.6m以下时，不应再计脚手架。

### 11.4.2 计算规则

1. 一般抹灰

(1) 内墙面一般抹灰

• 无墙裙的一般抹灰，其高度按室内地面或楼面至天棚底面之间的垂直距离计算。

• 有墙裙的一般抹灰，其高度按墙裙顶至天棚底面之间的垂直距离计算。

• 有吊顶的天棚，其高度按室内地面或楼面至天棚底面的垂直距离另加100mm计算。

• 内墙抹灰面积，应扣除门窗及空圈所占面积，不扣除踢脚板、0.3$m^2$以内的孔洞和墙与构件交接处的面积。洞口侧壁和顶面亦不增加，墙垛和附墙烟囱侧壁面积并入内墙抹灰工程量。

• 内墙裙抹灰面积按内墙净长乘以高度计算，应扣除门窗洞口和空圈所占的面积，门窗洞口和空圈的侧壁面积不另增加，墙垛、附墙烟囱侧壁面积并入墙裙抹灰面积。

(2) 外墙面一般抹灰

• 外墙抹灰面积，按外墙面的垂直投影面积以平方米($m^2$)计算。应扣除门窗洞口、外墙裙和大于0.3$m^2$孔洞所占面积，洞口侧壁面积不另增加，附墙垛、梁、柱侧面抹灰面积并入外墙抹灰工程量内计算。

• 外墙裙抹灰面积按其长度乘以高度计算，扣除门窗洞口和大于0.3$m^2$孔洞所占面积，门窗洞口和孔洞侧壁面积不增加。

• 窗台线、门窗套、挑檐、腰线、遮阳板等展开宽度在300mm以内者，按装饰线以延长米计算。

2. 装饰抹灰

• 装饰抹灰工程量，按不同抹灰浆料、抹灰物面、抹灰层厚度，以装饰抹灰的面积计算。

• 外墙面装饰抹灰面积，按垂直投影面积计算，扣除门窗洞口和0.3 $m^2$以上的孔洞所占的面积，门窗洞口及孔洞侧壁面积亦不增加。附墙柱侧壁抹灰面积并入外墙抹灰面积内。

• 柱面装饰抹灰面积按柱结构断面周长乘以柱高计算。

• 女儿墙（包括泛水、挑砖）、阳台栏板（不扣除花格所占孔洞面积）内侧面装饰抹灰面积，按其垂直投影面积乘以系数1.10（带压顶者乘以系数1.30）计算。

• 零星项目（挑檐、天沟、腰线、窗台线、门窗套、压顶、扶手、雨篷周边等）装饰抹灰面积，按其展开面积计算。

装饰抹灰分格嵌缝工程量，要区别分格或玻璃嵌缝，按对应的装饰抹灰面积计算。

3. 镶贴块料面层

• 挂贴大理石、花岗岩的工程量，按不同材质墙柱面，以挂贴大理石、花岗岩的面积计算。

• 拼碎大理石、花岗岩的工程量，按不同材质墙柱面，以拼碎大理石、花岗岩的面积计算。

• 粘贴大理石、花岗岩的工程量，按不同粘贴材料、墙面材质，以粘贴大理石、花岗岩的面积计算。

• 干挂大理石、花岗岩工程量，按墙面勾缝或密缝，以干挂大理石、花岗岩的面积计算。

• 大理石、花岗岩包圆柱饰面工程量，区别包圆柱或方柱包圆柱，以大理石、花岗岩饰面的面积计算，饰面面积等于圆柱周长乘以柱高。

• 钢骨架上干挂石板工程量，按不同石材、挂设面以干挂石板的面积计算。钢骨架及不锈钢骨架工程量，均按其质量计算。

• 镶贴圆柱腰线、阴角线、柱墩、柱帽等零星项目工程量，均按其镶贴长度计算。

• 凹凸假麻石块镶贴工程量，按不同粘贴材料、镶贴物面，以镶贴凹凸假麻石块的面积计算。

• 陶瓷锦砖镶贴工程量，按不同粘贴材料、镶贴物面，以镶贴锦砖的面积计算。镶贴玻璃陶瓷锦砖的工作内容及工程量计算与陶瓷锦砖相同。

• 瓷板镶贴工程量，按不同瓷板规格、粘贴材料以及镶贴物面，以瓷板镶贴的面积计算。

• 文化石镶贴工程量，按不同粘贴材料、镶贴物面，以文化石镶贴的面积计算。

• 面砖镶贴工程量，按不同面砖规格、粘贴材料、灰缝宽度，以面砖镶贴的面积计算。全瓷墙面砖镶贴工程量，按不同面砖周长、粘贴材料，以面砖镶贴的面积计算。

• 面砖干挂、挂贴工程量，按不同面砖规格、干挂或挂贴方法，以面砖干挂或挂贴的面积计算。

4. 墙、柱面装饰

• 金属龙骨基层工程量，按不同龙骨材料、龙骨中距，以金属龙骨基层的外围面积计算。石膏龙骨基层与金属龙骨基层相同，其工程量按外围面积计算。

• 玻璃棉毡隔离层、石膏板基层、细木工板基层、油毡隔离层工程量，均按其铺钉面积计算。胶合板基层工程量，按不同胶合板厚度，以胶合板基层的铺贴面积计算。

• 面层铺设工程量，按不同面层材料、墙柱面、基层材质，以面层铺设的面积计算。

• 不锈钢柱嵌防弹玻璃、铝合金玻璃隔断、铝合金板条隔断工程量，均按其单面净面积计算。

• 花式木隔断工程量，应区别直栅镂空、井格尺寸，按花式木隔断单面净面积计算。

• 玻璃砖隔断工程量，应区别分格嵌缝、全砖，按玻璃砖隔断的单面净面积计算。

• 塑钢隔断工程量，应区别全玻、半玻、全塑钢板，按塑钢隔断单面净面积计算。

• 浴厕隔断工程量，按不同隔断材质，以浴厕隔断单面净面积计算。

• 圆柱包铜、方柱包圆铜工程量，按不同龙骨材质，以包铜板的面积计算。

• 包方柱镶条、包圆柱镶条工程量，按不同夹板材质、镶条材质，以包夹板的面积计算。

• 包圆柱、包方柱工程量，按不同衬里材质、面板材质，以包面板的面积计算。

5. 幕墙

• 玻璃幕墙工程量，应区别全隐框、半隐框、明框，按玻璃幕墙的框外围面积计算。

• 铝板幕墙工程量，应区别铝塑板、铝单板，按铝板幕墙的外围面积计算。

• 全玻璃幕墙工程量，应区别挂式、点式，按全玻璃幕墙的外围面积计算。

## 11.5　顶棚装饰工程

### 11.5.1　基本内容

顶棚装饰工程包括抹灰面层、顶棚龙骨、顶棚面层、龙骨及饰面等部分。

吊顶天棚包括顶棚龙骨与顶棚面层两个部分，预算中应分别列项，按相应的设计项目配套使用。

龙骨及饰面部分则综合了骨架和面层，各项目中包括了龙骨和饰面的工料。

吊顶龙骨按其吊挂方式的不同分为双层龙骨和单层龙骨两种。龙骨底面不在同一水平面、下层紧贴上层的为双层龙骨；龙骨在同一水平面的为单层龙骨。造型顶棚分一级和多级天棚，顶棚面层在同一标高为一级顶棚，顶棚面层不在同一标高且高差在 200mm 以上者，称为二级或三级顶棚。

顶棚龙骨中，对剖圆木楞、方木楞按主楞跨度 3m 以内、4m 以内划分。轻钢龙骨和铝合金龙骨按一级天棚和多级天棚分别列项，同时，按面层规格 300mm × 300mm、450mm × 450mm、600mm × 600mm 和 600mm × 600mm 以上 4 个规格划分。

定额龙骨是按常用材料及规格组合编制的，如果与设计规定的不同，可以换算，人工费不变。二级或三级以上的造型天棚，套用其面层定额时，面层人工费乘以系数 1.3。

顶棚装饰工程项目已经包括了 3.6m 以下简易脚手架的搭设及拆除。

### 11.5.2　计算规则

1. 平面、跌级顶棚

（1）顶棚龙骨：

• 对剖圆木顶棚龙骨工程量，按不同龙骨的搁置或吊设方法、龙骨层数、面层规格，以对剖圆木顶棚龙骨的外围面积计算。

• 方木顶棚龙骨工程量，按不同龙骨的搁置或吊设方法、龙骨层数、面层规格，以方木顶棚龙骨的外围面积计算。

• 装配式 U 形轻钢顶棚龙骨工程量，按是否上人、面层规格、平面或跌级，以 U 形轻钢顶棚龙骨的外围面积计算。

• 弧形轻钢顶棚龙骨工程量，按是否上人，以轻钢顶棚龙骨的外围面积计算。

• 装配式 T 形铝合金顶棚龙骨工程量，按是否上人、面层规格、平面或跌级，以 T 形铝合金顶棚龙骨的外围面积计算。

• 铝合金方板顶棚龙骨工程量，按是否上人、面层形式及面层规格，以方板顶棚龙骨的外围面积计算。

• 铝合金条板顶棚龙骨的工程量，要区别中型或轻型，按条板顶棚龙骨的外围面积计算。

• 铝合金格片式顶棚龙骨的工程量，按不同龙骨间距，以格片式顶棚龙骨的外围面积计算。

（2）顶棚基层：

• 胶合板顶棚基层的工程量，按不同的胶合板厚度，以胶合板基层的展开面积计算。

• 石膏板顶棚基层的工程量，按石膏板基层的展开面积计算。

（3）顶棚面层：

• 顶棚面层工程量，按不同的面层材料、安装位置、面层型式、接缝等，以主墙间实钉（胶）面积计算，不扣除间壁墙、检查口、附墙烟囱、垛和管道所占面积，但应扣除 0.3$m^2$ 以上的孔洞、独立柱、灯槽以及与顶棚相连的窗帘盒所占的面积。

（4）顶棚灯槽：

• 悬挑式顶棚灯槽的工程量，按不同形式、面板材料，以悬挑式灯槽的长度计算。

• 附加式顶棚灯槽的工程量，按其长度计算。

2. 艺术造型顶棚

（1）顶棚龙骨：

• 藻井顶棚轻钢龙骨、吊挂式顶棚轻钢龙骨、阶梯形顶棚轻钢龙骨、锯齿形顶棚轻钢龙骨工程量，均按不同顶棚形式，以顶棚轻钢龙骨的外围面积计算。

• 方木顶棚龙骨工程量，按不同顶棚形式，以方木龙骨的外围面积计算。

（2）顶棚基层：

• 藻井顶棚基层、吊挂式顶棚基层、阶梯形顶棚基层、锯齿形顶棚基层工程量，均按不同顶棚形式、基层板材料，以顶棚基层的展开面积计算。

（3）顶棚面层：

• 藻井顶棚面层、吊挂式顶棚面层、阶梯形顶棚面层、锯齿形顶棚面层工程量，均按不同顶棚形式、面层板材料，以顶棚面层的展开面积计算。不扣除间壁墙、检查口、附墙烟囱、垛和管道所占面积，但应扣除0.3$m^2$以上的孔洞、独立柱、灯槽以及与顶棚相连的窗帘盒所占面积。

3. 其他顶棚（龙骨和面层）

• 复合式烤漆T形龙骨顶棚、矿棉吸声板H形轻钢龙骨顶棚工程量，均按主墙间净空面积计算，不扣除间壁墙、检查洞、附墙烟囱、柱、垛和管道所占面积。

• 铝合金格栅吊顶顶棚工程量，按不同铝格栅规格，以主墙间净空面积计算。

• 铝合金格栅顶棚工程量，按不同形式、格栅规格、顶棚吊设位置，以主墙间净空面积计算。

• 玻璃采光顶棚工程量，按不同玻璃品种、骨架材料，以玻璃采光顶棚的净面积计算。

• 木格栅顶棚工程量，按不同井格规格，以主墙间净空面积计算。

• 胶合板格栅顶棚工程量，按不同井格规格，以主墙间净空面积计算。

• 钢网架顶棚、不锈钢钢管网架顶棚、织物软吊顶的工程量，均按主墙间净空面积计算。

• 藤条造型悬挂吊顶、雨篷底部吊铝骨架铝条顶棚工程量，均按主墙间净空面积计算。

4. 其他

• 顶棚板面上铺放吸声材料工程量，按不同吸声材料、铺放厚度，以吸声材料实铺面积计算。

• 送（回）风口安装工程量，按不同送（回）风口材料、送风口或回风口，以送（回）风口安装的个数计算。

• 嵌石膏板缝工程量，按嵌缝的长度计算。

## 11.6 门窗和木结构装饰工程

### 11.6.1 基本内容

1. 门窗装饰工程

随着社会的发展，门窗从单纯符合功能需要的普通型，向功能和美观齐备的装饰型发展，为适应这种变化，门窗项目划分为普通木门、特种门、普通木窗、铝合金门窗安装、塑料门窗安装、钢门窗安装、铝合金踢脚板及门锁安装等部分。

普通木门分为镶板门、胶合板门、半截玻璃门、自由门、连窗门5类；每一类又按带纱或不带纱、单扇或双扇、带亮或不带亮等来划分项目，将门框制作、门框安装、门扇制作、门扇安装分别列项，可单独计算，也可合并计算。

厂库房大门、特种门分木板大门、平开钢木大门、推拉钢木大门、冷藏库门、冷藏冻结间门、防火门、保温门、变电室门、折叠门等9种。按平开或推拉、带采光窗或不带采光窗、一面板或二面板（防风型、防严寒2种）、保温层厚100mm或150mm、实拼式或框架式等方法划分项目；将门扇制作和门扇安装、门樘制作安装和门扇制作安装、衬石棉板（单、双）或不衬石棉板分别列项。

普通木窗分单层玻璃窗、一玻一纱窗、双层玻璃窗、双层带纱窗、百叶窗、天窗、推拉传递窗、圆形玻璃窗、半圆形玻璃窗、门窗扇包镀锌铁皮、门窗框包镀锌铁皮等11个部分。每一部分又按单扇无亮、双扇带亮、三扇带亮、四扇带亮、带木百叶片等。

铝合金门窗制作、安装分为单扇地弹门、双扇地弹门、四扇地弹门、全玻地弹门、单扇平开门、单扇平开窗、推拉窗、固定窗、不锈钢片包门框等9种，每一种又按无上亮或带上亮、无侧亮或带侧亮或带顶窗等方法划分项目，铝合金、不锈钢门窗安装分为地弹门、不锈钢地弹门、平开门、推拉窗、固定窗、平开窗、防盗窗、百叶窗、卷闸门9种。

彩板组角钢门窗安装分为彩板门、彩板窗、附框3个项目。

塑料门窗安装分塑料门带亮、不带亮和塑料窗单层、带纱4个项目。

钢门窗安装分为普通钢门、普通钢窗、钢天窗、组合钢窗、防盗钢窗、钢门窗安玻璃、全钢板大门、围墙钢大门等8种，共18个项目；按单层或带纱、平开式或推拉式或折叠门、钢管框铁丝网或角钢框铁丝网等方法划分项目；将钢大门的门扇制作和门扇安装分别列项。

铝合金踢脚板及门锁安装分为门扇铝合金踢脚板安装和门扇安装等3个项目。

2. 木结构装饰工程

木屋架分为圆木木屋架、方木木屋架、圆木钢屋架、方木钢屋架4种；每一种又按10m以内、10m以外、15m以内、20m以内、25m以内等来划分项目。

屋面木基层分为檩条、屋面板制作、钉椽子挂瓦条、钉屋面板油毡挂瓦条、钉屋面板、钉檩条、封檐板等7种；按方檩或圆檩、平口或错口、檩木斜中距1.0m以内或1.5m以内，封檐板高20cm或30cm以内划分项目。

木楼梯、木柱、木梁分为木楼梯、圆木柱、方木柱、圆木梁、方木梁等5个项目。

此外，木结构工程还包括门窗木贴脸、披水板、盖口条、明式暖气罩、木搁板、木格踏板共6个项目。

### 11.6.2　计算规则

1．装饰木门框、门扇制作安装

● 实木门框制作安装工程量，按门框各组成部件的总长计算。

● 实木镶板门扇、实木镶板半玻门扇、实木全玻门扇制作安装工程量，均按门扇外围面积计算。

● 装饰板门制作工程量，区分木骨架、基层、装饰面层，以门扇外围面积计算。

● 装饰门安装工程量，按门扇安装的扇数计算。

● 门扇双面包不锈钢板工程量，按门扇单面外围面积计算。

2．金属门窗制作安装

● 铝合金门窗制作、安装工程量，按不同门窗类型、门窗扇数、有无亮子，以门窗洞口面积计算。纱扇制作安装工程量，按纱扇外围面积计算。

● 防火门、防盗门、不锈钢防盗窗、不锈钢格栅门安装工程量，均按框外围面积计算。防火卷帘门安装工程量，按从地（楼）面至端板顶点的长度乘以设计宽度计算。

● 不锈钢电动伸缩门、全玻转门、电子感应自动玻璃门制作安装工程量，按自动门制作的樘数计算。

● 铝合金门窗（成品）、彩板组角钢门窗安装工程量，按不同类型，以门窗洞口面积计算。

● 铝合金卷闸门安装工程量，按其安装的高度乘以门的实际宽度计算。安装高度以滚筒顶点为准，带卷筒罩的按展开面积增加。

● 不锈钢板包门框安装工程量，按不同龙骨材质，以包门框的不锈钢板展开面积计算。

● 无框全玻门、固定无框玻窗安装工程量，按门窗洞口面积计算。

● 电动装置安装工程量，按电动装置安装的套数计算。

● 小门安装工程量，按小门安装的个数计算。在卷闸门安装工程量中不扣除小门面积。

3．塑钢门窗安装

● 塑钢门（全板）安装工程量，按是否带亮，以门洞口面积计算。

● 塑钢窗安装工程量，按是否带纱，以窗洞口面积计算。

4．门窗套和门窗贴脸

● 门窗套安装工程量，按是否带木筋，以门窗套的展开面积计算。

● 不锈钢窗套安装工程量，按窗套的展开面积计算。

● 大理石花岗石门套（成品）工程量，按门套的展开面积计算。

● 门窗贴脸工程量，按不同贴脸宽度，以贴脸的长度计算。

5．门窗筒子板和窗帘盒

● 门窗筒子板安装工程量，按不同木质、是否带木筋，以筒子板的展开面积计算。

● 窗帘盒安装工程量，按不同窗帘盒的材质，以窗帘盒的长度计算。

6．窗台板

● 窗台板安装工程量，按不同窗台板材质，以窗台板的实铺面积计算。

7．门窗附件

● 窗帘轨道工程量，按不同窗帘轨道材质，以轨道的长度计算。

● 吊装滑动门轨工程量，按门轨的长度计算。

● 执手杆锁、执手锁、地锁、门轧头、防盗门扣、门眼、门碰珠、高档门拉手、电子锁安装工程量，均按其安装只（副、把）数计算。

● 闭门器安装工程量，要区别明装或暗装，以闭门器安装的“副”数计算。

## 11.7　油漆、涂料、裱糊装饰工程

### 11.7.1　基本内容

油漆装饰工程项目按基层不同分为木材面油漆、金属面油漆和抹灰面油漆，在此基础上，按油漆品种、刷漆部位分项。涂料、裱糊装饰工程按涂刷、裱糊和装饰部位分项。有木材表面油漆、金属面油漆抹灰面油漆、喷（刷）涂料和喷塑等；墙面、梁柱面、天棚面的墙纸、金属墙纸、织锦缎等的裱糊。

### 11.7.2　计算规则

1．木材面油漆

（1）油漆面积计算。顶棚、护墙、墙裙、窗台板、筒子板、盖板、门窗套、踢脚线、檐口、暖气罩均按其外围面积计算；间壁、隔断、玻璃间壁露明墙筋、栅栏样杆（带扶手）均按其单面外围面积计算，衣柜、壁柜、零星木装修、梁柱饰面均按其实刷展开面积计算。

（2）工程量计算。木门刷油漆工程量，按不同木门类型、油漆品种、油漆工序、油漆遍数，以木门

**表 11－1 木门工程量系数**

| 项 目 | 木门工程量系数 | 计算方法 |
|---|---|---|
| 单层木门 | 1.00 | 按单面洞口面积 |
| 双层（一玻一纱）木门 | 1.36 | |
| 双层（单裁口）木门 | 2.00 | |
| 单层全玻门 | 0.83 | |
| 单层半玻门 | 0.91 | |
| 木百叶门、木格门 | 1.25 | |
| 厂库大门 | 1.10 | |

注：双层（单裁口）木门是指双层框厨。

洞口单面面积乘以木门工程量系数计算（执行单层木门定额）。木门工程量系数见表 11－1 所示。

● 木窗刷油漆工程量，按不同木窗类型、油漆品种、油漆工序、油漆遍数，以木窗洞口单面面积乘以木窗工程量系数计算（执行单层木窗定额）。木窗工程量系数见表 11－2 所示。

● 木扶手、窗帘盒、封檐板、顺水板、挂衣板、黑板框、单独木线条、挂镜线、窗帘棍油漆工程量，按不同类型、油漆品种、油漆工序、油漆遍数，以其长度乘以木扶手工程量系数计算[执行木扶手(不带托板)定额]。木扶手工程量系数见表 11－3 所示。

**表 11－2 木窗工程量系数**

| 项 目 | 木窗工程量系数 | 计算方法 |
|---|---|---|
| 单层玻璃窗 | 1.00 | 按单面洞口面积 |
| 双层(一玻一纱)木窗 | 1.36 | |
| 双层框扇(单裁口)木窗 | 2.00 | |
| 双层框三层(二玻一纱)木窗 | 2.60 | |
| 单层组合窗 | 0.83 | |
| 双层组合窗 | 1.13 | |
| 木百叶窗 | 1.50 | |

**表 11－3 木扶手工程量系数**

| 项 目 | 木扶手工程量系数 | 计算方法 |
|---|---|---|
| 木扶手(不带托板) | 1.00 | 按延长米 |
| 木扶手(带托板) | 2.60 | |
| 窗帘盒 | 2.04 | |
| 封檐板、顺水板 | 1.74 | |
| 挂衣板、黑板框、单独木线条(100mm 以外) | 0.52 | |
| 挂镜线、窗帘棍、单独木线条(100mm 以内) | 0.35 | |

● 其他木材面油漆工程量，按不同类型、油漆品种、油漆工序、油漆遍数，以其油漆计算面积乘以其他木材面工程量系数计算(执行其他木材面定额)。其他木材面工程量系数见表 11－4 所示。

**表 11－4 其他木材面工程量系数**

| 项 目 | 其他木材面工程量系数 | 计算方法 |
|---|---|---|
| 木板、纤维板、胶合板顶棚、檐口 | 1.00 | 按实际面积 |
| 清水板条天棚、檐口 | 1.07 | |
| 窗台板、筒子板、盖板 | 0.82 | |
| 木方格吊顶顶棚 | 1.20 | |
| 吸声板墙面、顶棚面 | 0.87 | |
| 暖气罩 | 1.28 | |
| 鱼鳞板墙 | 2.48 | |
| 木间壁、木隔断 | 1.90 | 按单面外围面积 |
| 玻璃间壁露明墙筋 | 1.65 | |
| 木栅栏、木栏杆(带扶手) | 1.82 | |
| 木制家具 | 1.00 | 按实际面积或延长米 |
| 零星木装修 | 0.87 | 按展开面积 |
| 木屋架 | 1.79 | 跨长(长)×中高×1/2 |
| 屋面板(带檩条) | 1.11 | 斜长×宽 |

● 竹木地板油漆工程量，按不同油漆品种、油漆遍数、油漆工序，以木地板油漆实刷面积计算。

2. 金属面油漆

● 金属面刷油漆工程量，按不同油漆品种、油漆遍数，以金属构件的重量计算。

● 顶棚金属龙骨刷防火涂料工程量，按不同龙骨间距，以防火涂料涂刷的面积计算。

3. 抹灰面油漆

(1)油漆面积计算。楼地面、顶棚、墙、柱、梁面刷油漆，按油漆展开面积计算；混凝土楼梯底(板式)刷油漆，按楼梯水平投影面积计算；混凝土楼梯底(梁式)按油漆展开面积计算；混凝土花格窗、栏杆花饰刷油漆，按其单面外围面积计算。

(2)工程量计算。抹灰面刷油漆工程量，按不同油漆品种、油漆遍数、油漆部位、施工方法，以油漆计算面积乘以抹灰面工程量系数计算。抹灰面工程量系数见表 11－5 所示。

**表 11－5 抹灰面工程量系数**

| 项 目 | 抹灰面工程量系数 | 计算方法 |
|---|---|---|
| 楼地面、顶棚、墙、柱、梁面 | 1.00 | 按水平投影面积 |
| 混凝土楼梯底(板式) | 1.18 | |
| 混凝土楼梯底(梁式) | 1.42 | |
| 混凝土花格窗、栏杆花饰 | 2.00 | 按外围面积 |
| 槽形底板混凝土折板 | | 按主墙间净面积 |
| 梁高 500mm 以内(非墙位)底板 | | |
| 梁高 500mm 以内(非墙位)密肋梁、井字梁底板 | | |

4. 涂料、裱糊

● 喷塑工程量，按不同压花、喷点或平面，以喷塑计算面积乘以抹灰面工程量系数计算；喷(刷)刮涂料工程量，按不同涂料品种、喷(刷)刮遍数、喷(刷)刮物面，以涂料计算面积乘以抹灰面工程量系数计算；

● 裱糊工程量，按不同裱糊材料、裱糊物面、是否对花，以裱糊计算面积乘以抹灰面工程量系数计算；

● 喷塑计算面积、涂料计算面积、裱糊计算面积的计算方法与抹灰面油漆计算面积的计算方法相同。

## 11.8　室内装饰陈设工程

### 11.8.1　基本内容

室内装饰陈设工程的内容包括家具、装饰画、挂画、绿色植物和盆栽等。

### 11.8.2　计算规则

1. 家具

● 酒吧台、酒吧吊柜、吧台背柜工程量，均按其长度计算；吧台大理石台板工程量，按大理石台板面积计算。

● 嵌入式木壁柜、附墙矮柜、隔断木衣柜、附墙书柜、附墙衣柜、附墙酒柜工程量，均按柜的正立面高度(包括脚的高度在内)乘以宽度计算。

● 厨房矮橱工程量，按不同台面材质，以矮橱的正立面高度乘以宽度计算。

● 吊橱、壁橱工程量，均按其正立面高度乘以宽度计算。

● 不锈钢骨架柜台工程量，按柜台的长度计算。

● 木骨架柜台工程量，按不同型号，以柜台的长度计算。

● 货架工程量，按不同型号，以正立面的高度(包括脚的高度在内)乘以宽度计算。

● 收银台工程量，按不同形式，以收银台的个数计算。

● 展台工程量，按其长度计算。试衣间工程量，按其个数计算。

● 活动的家具按台或套计算。

2. 装饰画和挂画

● 固定在墙上的装饰画的工程量按实际所占的面积计算。

● 挂画的工程量一般以幅面尺寸的大小按面积或以“幅”计算。

3. 植物和盆栽

● 线状的装饰植物的工程量按植物的种类不同和难易程度以长度 m 计算。

● 能衡量面积的室内绿化带和组景的绿色植物的工程量一般按面积计算。

● 盆栽的植物和盆景以盆计算。

## 11.9　脚手架工程

### 11.9.1　基本内容

脚手架工程工程量，包括室内外装饰装修的内外墙面粉饰的脚手架、顶棚的满堂脚手架以及其他项目的成品保护工程的工程量。

### 11.9.2　计算规则

1. 脚手架

● 装饰装修内、外脚手架工程量，按不同檐高，以外墙的外边线长乘墙高计算，不扣除门窗洞口面积。檐高是指建筑物自设计室外地坪面至外墙顶点或构筑物顶面的高度。

● 满堂脚手架工程量，按实际搭设的水平投影面积计算，不扣除附墙垛、柱所占的面积。其基本层高以 3.6m 至 5.2m 为准。凡超过 3.6m 且在 5.2m 以内的顶棚抹灰及装饰装修，应计算脚手架基本层；层高超过 5.2m，每增加 1.2m 计算一个增加层，增加层的层数 =（层高 − 5.2）m ÷ 1.2m，按四舍五入取整数。室内装饰工程中，凡计算了满堂脚手架者，其内墙面粉饰不再计算内墙面粉饰脚手架。

● 安全过道的脚手架工程量，按实际搭设的水平投影面积(架宽乘架长)计算。

● 封闭式安全脚手架工程量，按实际封闭的垂直投影面积计算。

● 斜挑式安全脚手架工程量，按实际搭设的斜面面积计算。

● 满挂安全网工程量，按实际满挂的垂直投影面积计算。

2. 项目成品保护

● 楼地面保护工程量，按楼地面的面积计算。

● 楼梯、台阶保护工程量，按楼梯、台阶的水平投影面积计算。

● 独立柱保护工程量，按独立柱外周面积计算。外周面积等于柱外周长乘以柱高。

● 内墙面保护工程量，按内墙面面积计算。

## 11.10　其他工程

### 11.10.1　基本内容

本节内容包括招牌、灯箱制作、美术字安装、压条和装饰线条、暖气罩、镜面玻璃以及拆除清理等室内装饰工程。

### 11.10.2　计算规则

1. 招牌、灯箱安装

(1)骨架：

●平面招牌基层工程量，按不同结构材料、造型或制作安装的复杂程度，以招牌基层正立面面积计算。沿雨篷、檐口或阳台走向的立式招牌基层，按平面招牌复杂造型执行，应按展开面积计算。

●箱式招牌基层工程量，按不同箱体厚度、箱体形状，以箱式招牌基层的外围面积计算。突出箱外的灯饰、店徽及其他艺术装潢等均应另行计算。

●竖式标箱基层工程量，按不同标箱厚度、标箱形状，以竖式标箱基层的外围面积计算。突出箱外的灯饰、店徽及其他艺术装潢等均应另行计算。

●广告牌钢骨架工程量，按钢骨架的重量计算。

(2)面层：

●招牌、灯箱面层工程量，按不同面层材料，以面层的展开面积计算。

2. 美术字安装

●美术字安装工程量，按不同美术字材质、美术字最大外围面积、安装墙面材质，以美术字安装的个数计算。

3. 压条、装饰线条

●金属装饰条安装工程量，按不同金属装饰条的类型，以金属装饰条安装长度计算。

●镜面不锈钢装饰条安装工程量，按不同装饰条的宽度，以不锈钢装饰条的安装长度计算。

●木质装饰线条安装工程量，按不同装饰线条宽度，以木质装饰线条的安装长度计算。

●石材装饰线安装工程量，按不同装饰线宽度、安装方法，以石材装饰线安装的长度计算。

●石材装饰线现场磨边工程量，按不同边线形状，以石材装饰线磨边的长度计算。

●石膏条、镜面玻璃条、铝塑线条安装工程量，均按其安装的长度计算。

●石膏顶角线安装工程量，按不同石膏顶角线宽度，以石膏顶角线安装的长度计算。

●石膏艺术浮雕安装工程量，要区别角花或灯盘，以石膏艺术浮雕安装的只数计算。

4. 暖气罩

●暖气罩安装工程量，按不同面板材质、暖气罩形式，以暖气罩边框外围尺寸垂直投影面积计算(包括脚的高度在内)。

5. 镜面玻璃

●镜面玻璃安装工程量，按不同镜面玻璃面积，带框与否，以镜面玻璃的正立面面积计算。

6. 拆除清理

●顶棚拆除工程量，按不同顶棚龙骨材质、顶棚面层材质，以顶棚拆除的面积计算。

●墙面拆除工程量，按不同龙骨材质，有无龙骨，以墙面拆除的面积计算。

●间壁墙拆除工程量，按不同间壁墙骨架材质、间壁墙面层材质，以间壁墙拆除的面积计算。

●门窗拆除工程量，按不同门窗材质，以门窗拆除的面积计算。木地板拆除工程量，按是否带龙骨，以木地板拆除的面积计算。

●木楼梯拆除工程量，按木楼梯水平投影面积计算。扶手及栏杆拆除工程量，按不同栏杆材质，以扶手及栏杆拆除的长度计算。

●窗台板、门窗套、窗帘盒(带轨)拆除工程量，均按其拆除的长度计算。

●垃圾外运工程量，按不同运输距离，以垃圾外运的体积计算。

●封洞工程量，按不同封洞材料，以封洞的面积计算。凿槽工程量，按凿槽的长度计算。

●楼地面拆除工程量，按不同楼地面面层材料，以楼地面拆除的面积计算。

●顶棚铲灰壳工程量，按不同顶棚面层材质，以顶棚铲灰壳的面积计算。

●墙面铲除工程量，按不同墙体材质、墙面材质、以墙面铲除的面积计算。

●清除油皮工程量，按不同油皮所在物面，以清除油皮的面积计算。

7. 其他

●毛巾环、卫生纸盒工程量，按其固定的只数计算。肥皂盒工程量，按不同肥皂盒固定形式，以肥皂盒固定的只数计算。

●不锈钢旗杆安装工程量，按旗杆的重量计算。

●金属帘子杆、浴缸拉手安装工程量，按其固定的副数计算。

●毛巾杆安装工程量，按不同毛巾杆材质，以毛巾杆固定的副数计算。

●大理石洗漱台安装工程量，按不同台面面积，以台面的水平投影面积计算。不扣除孔洞面积。

**【本章小结】**

工程量是用来表示工程的量，即指以物理计量单位或自然计量单位所表示的各个具体分项工程和构配件的实物量，工程量的计量单位必须与定额规定的计量单位一致。

室内装饰工程分部分项工程量是衡量室内装饰工程项目的量，是计算室内装饰工程造价的依据。所以，室内装饰工程分部分项工程量计算原则关系到造价是否准确，预算是否科学。本章系统介绍了室内装饰工程分部分项工程量的基本内容和基本原则。

【思考题】

1. 什么叫工程量？工程量的单位有哪些？

2. 室内装饰工程工程量计算意义和注意事项有哪些？

3. 计算建筑面积的意义有哪些？

4. 室内装饰工程项目工程量的基本内容和计算规则有哪些？

【推荐阅读书目】

1. 福建省建筑装饰工程预算定额(2001). 福建省建委编制. 北京：中国计划出版社，2001.

2. 建设工程工程量清单计价规范(GB50500－2003). 中华人民共和国建设部主编. 北京：中国计划出版社，2003.

【相关链接】

1. 中国工程预算网，http：//www. yusuan. com。

2. 建设部中国工程信息网，http：//www. cein. gov. cn。

# 第12章 室内装饰工程量清单计价

【本章难点与重点】

1. 室内装饰工程量清单概念和作用；
2. 室内装饰工程量清单编码；
3. 室内装饰工程量清单编制原则和方法；
4. 室内装饰工程量清单综合单价编制（难点）。

## 12.1 概述

### 12.1.1 工程量清单的概念

工程量清单是工程量清单计价的重要手段和工具，也是我国实行工程量清单计价，推行新的建设工程计价制度和方法，彻底改革传统计价制度和方法以及改革招投标程序和模式的重要标志。工程量清单计价方法和模式是一套符合市场经济规律的科学报价体系。工程量清单编制，是招标方（业主）进行招标之前的重要准备工作，是十分重要的招标文件之一，是工程造价合同管理与系统控制的一个重要依据。编制工程量清单必须符合相关原则和规定，如果出现差错，就会给招投标与计价实施带来诸多问题。

工程量清单是指表示拟建工程的分部分项工程项目、措施项目、其他项目名称和相应数量的明细清单，是招标人按照招标要求和施工设计图样规定，将拟建招标工程的全部项目和内容，依据工程量清单计价规范附录中统一的项目编码、项目名称、计量单位和工程量计算规则进行编制，包括分部分项工程量清单、措施项目清单、其他项目清单等。

工程量清单应作为招标文件的组成部分。《中华人民共和国招标投标法》规定，招标文件应当包括招标项目的技术要求和投标报价要求。工程量清单应体现招标人要求投标完成的工程项目、技术要求及相应工程数量，全面反映投标报价的要求，是投标人进行报价的依据。所以工程量清单应是招标文件不可分割的主要组成部分。

工程量清单应由具有编制招标文件能力的招标人，或受其委托具有相应资质的中介机构进行编制。编制工程量清单是一项专业性、综合性很强的工作，完整、准确的工程量清单是保证招标质量的重要条件。

### 12.1.2 工程量清单计价的主要内容

《建设工程工程量计价规范》（GB 50500—2003）（下称《计价规范》）共分五章，包括总则、术语、工程量清单编制、工程量清单计价、工程量清单及其计价格式等。对工程量清单、项目编码、措施项目、预留金、总承包服务费、企业定额等术语作了明确的定义。对工程量清单与工程量清单计价应包括的内涵、编制方法与统一格式都作了明确规定。《计价规范》还对推行工程量清单计价模式的编制依据、适用范围、构成内容、相关术语、指导思想与原则、合同执行与索赔、工程量清单与计价编制方法和计价标准格式等作了明确的规定和说明。

《计价规范》的发布是为了统一常规的经营性、政策性、技术性活动，并将其纳入行政性规定范畴，属于一种衡量准则、国家标准的范畴，从而为建设工程招标投标及其计价活动健康有序的发展，提供了有效的依据。《计价规范》在政府宏观调控方面和市场竞争形成价格方面有指导意义。主要体现在以下几个方面。

1. 在政府宏观调控方面

规定了全部使用国有资金投资为主的大中型建设工程，必须要严格执行的有关规定，与我国招标投标法规定的政府投资要进行公开招标的规定相适应；做到了统一分项分部工程名称、统一计量单位、统一工程量计量计算规则和统一项目编码，为建立全国统一的建设市场，规范招标投标、计价和工程造价管理行为与机制有了强有力的保障；强化了政府职能的转变，根据中国国情和企业现状，变硬性规定的工、料、机的消耗量为指导性消耗定额，促使企业提高技术能力与管理水平，引导企业编制和创新自己的消耗量定额，以适应市场的不断变化，不断提高企业的生产效率。

2. 在市场竞争形成价格方面

《计价规范》为装饰工程承包企业报价提供了自主空间，投标企业可以结合自身的经营管理与技术水平、生产效率，按照规定的计价原则、方法和业主制订的招标文件要求，充分发挥承包企业的潜力，实行自主投标报价。工程造价的最终确定，由合同双方在市场竞争中按价值规律通过合同最后约定。

### 12.1.3 工程量清单计价的特点和优点

1. 室内装饰工程工程量清单计价的特点

（1）自主性和市场性。《计价规范》特别强调了由企业自主报价，市场形成价格。一方面体现在生产资料包括人工、材料、机械等市场信息，根据市场行情和自身实力报价；另一方面，根据我国市场现状，今后还需要有全国性和地方性统一定额存在，然而其主导作用在于指导性，不是一种法定性指标，而是鼓励企业制定自己的企业定额。

（2）强制性。工程量清单计价是由建设主管部门按照强制性国家标准的要求批准颁布，规定全部使用国有资金或国有资金投资为主的大中型建设工程应按计价规范规定执行；并明确工程量清单是招标文件的组成部分，并规定了招标人在编制工程量清单时必须遵守的规则，做到统一项目编码、统一项目名称、统一计量单位、统一工程量计算规则。

（3）实用性。附录中工程量清单项目及计算规则的项目名称表现的是工程实体项目，项目名称明确清晰，工程量计算规则简洁明了；特别还列有项目特征和工程内容，易于编制工程量清单时确定具体项目名称和投标报价。

（4）通用性。采用工程量清单计价将与国际建设市场接轨，符合工程量计算方法标准化、工程量计算规则统一化、工程造价确定市场化的要求。

2. 室内装饰工程工程量清单计价的优点

室内装饰工程工程量清单计价有以下优点：

（1）工程量清单招标为投标单位提供了公平竞争的基础。由于工程量清单作为招标文件的组成部分，包括了拟建工程的分部分项工程项目、措施项目、其他项目名称和相应数量的明细清单，由招标人负责统一提供，从而有效保证了投标单位的竞争基础的一致性，减少了由于投标单位编制投标文件时出现的偶然性技术误差而导致投标失败的可能，充分体现招标公平竞争的原则。同时，由于工程量清单的统一提供，简化了投标报价的计算过程，节省了时间，减少了不必要的重复劳动。

（2）采用工程量清单招标体现企业的自主性。工程的质量、造价、工期之间存在着必然的联系，投标企业报价时必须综合考虑工程的质量、造价、工期以及招标文件规定完成工程量清单所需的全部费用，不仅要考虑工程本身的实际情况，还要求投标企业将进度、质量、工艺及管理技术等方案落实到清单项目报价中，在竞争中真正体现投标企业的综合实力。

（3）工程量清单计价有利于风险的合理分担。由于室内装饰工程本身的特性，即工程的不确定性和变更要素较多，工程建设报价的风险较大。采用工程量清单计价模式后，投标单位只对自己所报的成本、单价等负责，而对工程量的变更或计算错误等不必担负责任，因此由这部分引起的风险由业主承担，这种格局符合风险合理分担与责权利关系对等的原则。

（4）用工程量清单招标，淡化了标底的作用，有利于标底的管理和控制。在传统的招标投标方法中，标底一直是个关键的要素，标底的正确与否、保密程度如何一直是人们关注的焦点。采用工程量清单招标，工程量清单作为招标文件的一部分，是公开的。同时，标底的作用也在招标中淡化，只是起到一定的控制或最高限价作用，对评定标的影响越来越小，在适当的时候甚至可以不设标底。这就从根本上消除了标底泄露所带来的负面影响。

（5）工程量清单招标有利于企业精心控制成本，促进企业建立自己的定额库。装饰企业中标后，可以根据中标价以及投标文件中的承诺，通过对单位工程成本、利润进行分析，统筹考虑，精心选择施工方案，逐步建立企业自己的定额库，通过在施工过程中不断的调整、优化组合；合理控制现场费用和施工技术措施费用等，从而不断促进企业自身的发展和进步。

(6) 工程量清单有利于控制工程索赔。在传统的招标方式中，“低价中标、高价索赔”的现象屡见不鲜，其中，设计变更、现场签证、技术措施费用及价格是索赔的主要内容。工程量清单计价招标中，由于单项工程的综合单价不因施工数量、施工难易程度、施工技术措施差异、取费的变化而调整，大大减少了施工单位不合理索赔的可能。

### 12.1.4　工程量清单计价的意义和作用

1. 是工程造价管理深化改革的产物

在计划经济体制下，我国承发包以计价、定价和工程预算定额作为主要依据。20 世纪 90 年代后期，为了适应市场经济对建设市场改革的要求，提出了“控制量、指导价、竞争费”的改革措施。其中对工程预算定额改革的主要思路和原则是：将工程预算定额中的人工、材料、机械的消耗量和相应的单价分离，人、材、机的消耗量是国家根据有关规范、标准以及社会的平均水平来确定的。“控制量”，目的就是保证工程质量；“指导价”，就是要使工程造价逐步走向市场形成价格。

工程量清单计价提供了一种由市场形成价格的新模式，将改革以工程预算定额为计价依据的计价模式。我国改革开放以来，工程建设成就巨大，但是资源浪费也极为严重，重复建设和“三超”现象仍较严重。其根本问题在于政府（包括制度、法律、法规）、建设行业（包括业主、监理、咨询、工程承包商和银行、保险、材料与设备配套供应与租赁行业等）与市场之间没有形成良性工程造价管理与控制的有效市场运行机制。为了改变工程建设中存在的种种问题，推行工程量清单计价是充分发挥市场价值与竞争机制的作用，形成和完善工程造价政府宏观调控，市场竞争决定价格，将工程造价管理纳入法治的轨道，是规范建设市场经济秩序的一项治本之策。这将会给我国建设市场和工程建设与行业的发展带来更大的活力。

2. 是规范建设市场秩序，适应社会主义市场经济发展的需要

工程造价是工程建设的核心内容，也是建设市场运行的核心内容，建设市场上存在许多不规范行为，大多与工程造价有关。工程预算定额定价在公开、公平、公正竞争方面缺乏合理完善的机制。实现建设市场的良性发展，除了法律法规和行政监管以外，发挥市场机制的“竞争”和“价格”作用是治本之策。工程量清单计价是市场形成工程造价的主要形式，它把报价权交给了企业。从而规范了建设市场秩序。主要体现在：

第一，有利于人们转变传统定额依据观念，树立新的市场观，变靠政府为靠自己，运用法律法规保护企业利益，靠改善营销策略和挖掘技术潜力获得最大回报。

第二，有利于规范业主招标盲目压价、暗箱操作等不正之风，体现公开、公平、公正的原则；同时也有利于发挥建筑企业自主报价能力，促进企业在营销决策、技术管理和企业定额等基础工作上下工夫，在创品牌上努力攀登。

第三，有利于实现由政府定价到市场定价，发挥政府宏观调控和行业管理作用。

总之，有利于充分发挥政府、社会公众、业主、承包商之间的协调作用，创造政府宏观调控、企业自主定价的市场环境，保障了投资、建设、施工各方的利益。

3. 是促进建设市场有序竞争和企业健康发展的需要

采用工程量清单计价模式招标投标，由于工程量清单是招标文件的组成部分，招标单位必须编制出准确的工程量清单，并承担相应的风险，从而促进招标单位提高管理水平。由于工程量清单是公开的，将避免工程招标中的弄虚作假、暗箱操作等不规范行为。采用工程量清单报价，施工企业必须对单位工程成本、利润进行分析，统筹考虑、精心选择施工方案，并根据企业定额合理确定人工、材料、施工机械等要素的投入与配置，优化组合，合理控制现场人、材、机费用和施工技术措施费用，从而确定本企业具有竞争力的投标价。

工程量清单计价的实行，有利于规范建设市场计价行为，规范建设市场秩序，促进建设市场有序竞争；有利于控制建设项目投资，合理利用资源；有利于促进技术进步，提高劳动生产率。

此外，建设市场计价行为和市场秩序的规范，将有利于控制建设项目投资，合理利用资源，提高工程质量，加快工程建设周期，从根本上提高建设业整体即设计、咨询、监理、承包等企业的整体素质和企业间的协调能力，改善协作条件。

4. 是适应我国加入世界贸易组织（WTO），与国际建设市场相结合的需要

由于我国改革开放的进一步深化，中国经济日益融入全球市场，特别是我国加入世界贸易组织（WTO）后，建设市场将进一步对外开放。国外的企业以及投资的项目越来越多地进入国内市场，我国企业走出国门在海外投资和经营的项目也在增加。为了适应这种对外开放建设市场的形势，就必须与国际通行的计价方法相衔接，为建设市场主体创造一个与国际惯例接轨的市场竞争环境。

5. 有利于转变我国工程造价管理中的政府职能

按照政府部门真正履行起“经济调节、市场监管、社会管理和公共服务”职能的要求，政府对工程造价管理的模式要相应改变，将推行政府宏观调控、企业自主报价、市场竞争形成价格、社会全面监督的工程造价管理思路。实行工程量清单计价，将会有利于转变我国工程造价管理的政府职能，由过去政府控制的指令性定额转变为制定适应市场经济规律需要的工程量清单计价方法，由过去行政直接干预转变为对工程造价依法监管，有效地强化政府对工程造价的宏观调控。

6. 有利于我国工程承包管理体制的完善

工程总承包是指从事工程总承包的企业受业主委托，按照合同约定对工程项目的勘察、设计、采购、施工、试运行（竣工验收）等实行全过程或若干阶段的承包。工程总承包企业按照合同约定对工程项目的质量、工期、造价等向业主负责。工程总承包企业可依法将所承包工程中的部分工作发包给具有相应资质的分包企业；分包企业按照分总承包企业在合同中约定对总承包企业负责。从这里可以看到，我国工程承包管理体制和计价方式改革都已经启动，是相辅相成、相互渗透的配套改革措施。实行工程量清单计价将会给我国工程总承包管理体制和总承包企业与工程项目管理企业的建立创造更有利的条件，并会起到积极的推动作用。工程量清单计价是国际通行的计价做法，在我国实行工程量清单计价，有利于提高国内建设各方主体参与国际化竞争的能力，有利于提高工程建设的管理水平，规范国内建筑市场，形成市场有序竞争的新机制。

## 12.2 室内装饰工程工程量清单计价的编制

### 12.2.1 工程量清单构成

工程量清单由分部分项工程量清单、措施项目清单、其他项目清单构成。

1. 分部分项工程量清单

分部分项工程量清单为不可调整清单。投标人对招标文件提供的分部分项工程量清单经过认真复核后，必须逐一计价，对清单所列项目和内容不允许作任何更改或变动。投标人如果认为清单项目和内容有遗漏或不妥，只能通过质疑的方式由清单编制人作统一的修改更正，并将修正的工程量清单项目或内容作为工程量清单的补充以招标答疑的形式发往所有投标人。

2. 措施项目清单

任何一个工程建设项目成本一般包括完成工程实体项目的费用，施工前期和过程中的施工措施费用，以及工程建设过程中发生的经营管理费用。

措施项目清单为可调整清单，投标人对招标文件的工程量清单中所列项目和内容，可根据企业自身特点和施工组织设计作变更增减。投标人要对拟建工程可能发生的措施项目和措施费用作通盘考虑，清单计价一经报出，即被认为是包括了所有应该发生的措施项目的全部费用。如果报出的清单中没有列项，且施工中又必须发生的项目，业主有权认为，其已经综合在分部分项工程量清单的综合单价中。将来措施项目发生时投标人不得以任何理由提出索赔与调整。

3. 其他项目清单

工程建设项目的工程建设标准的高低、工程的复杂程度、工程的工期长短、工程的组成内容等直接影响其他项目清单中的具体内容。《建设工程工程量清单计价规范》提供了两部分四项作为列项的参考，即其他项目清单由招标人部分和投标人部分组成。招标人填写的内容随招标文件发至投标人或标底编制人，其项目、数量、金额等投标人或标底编制人不得随意改动。由投标人填写部分的零星工作项目表中，招标人填写的项目与数量，投标人不得随意更改，且必须进行报价。如果不报价，招标人有权认为投标人因没有报价内容将无偿为招标人服务。当投标人认为招标人列项不全时，投标人可自行增加列项并确定项目的工程数量及计价。

### 12.2.2 工程量清单编码

工程量清单的编码，主要是指分部分项工程工程量清单的编码，装饰工程工程量清单分项编码，如图 12－1 所示。由于室内装饰产品的特性，即室内装饰方法繁多、装饰工艺复杂、装饰材料多变等。以墙面装饰为例构成墙面类型、材料类型、不同操作工艺和墙体面层的不同组合等多种类型。识别不同墙面装饰没有科学的编码区分，其清单分项就无法正确地表达与描述。此外，信息技术已在工程造价软件中得到广泛运用，若无统一编码则无法让公众接受与识别并得到信息技术的支持。没有清单分项的科学编码，招标响应、企业定额的制定等就缺乏统一的依据。《计价规范》以上述因素为前提，对分部分项工程量清单分项编码做了如下严格科学的规定，并作为必须遵循的规定条款。

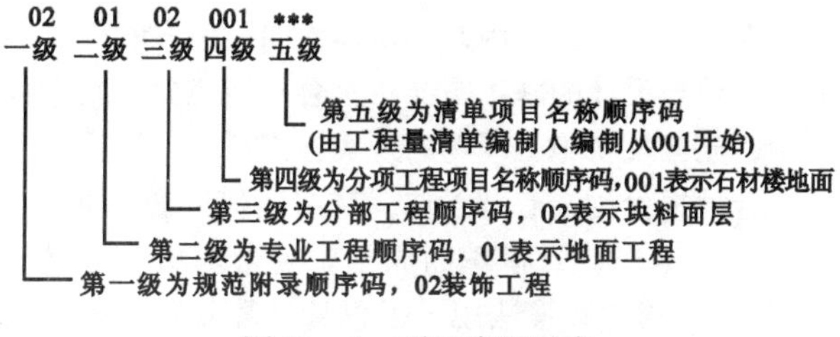


图 12－1　项目编码组成

(1)《计价规范》的 3.2.1 条规定分部分项工程量清单应包括项目编码、项目名称、计量单位和工程数量;《计价规范》的 3.2.2 条规定:分部分项工程量清单应根据附录 A、附录 B、附录 C、附录 D、附录 E 规定的统一项目编码、项目名称、计量单位和工程量计算规则进行编制。

(2)《计价规范》的 3.2.3 条规定:分部分项工程量清单的项目编码,一至九位应按附录 A、附录 B、附录 C、附录 D、附录 E 的规定设置;十至十二位应根据拟建工程的工程量清单项目由其编制人设置,并应自 001 起顺序编制。

(3)《计价规范》的 3.2.4 条规定:项目名称应按附录 A、附录 B、附录 C、附录 D、附录 E 的项目名称与项目特征并结合拟建工程的实际确定。工程量清单编制时,以附录中的项目名称为主体,考虑该项目的规格、型号、材质等特征要求,结合拟建工程的实际情况,使其工程量清单项目名称具体化、细化,能够反映影响工程造价的主要因素。例如,在工程量清单的项目名称栏中,除了应写明项目名称外,还应将附录中相应项目的项目特征所载明的项目特点、工程内容及拟建工程的具体要求一一写明,以便投标报价人和标底编制人对该项目工程内容有一个非常清楚的了解。

(4)《计价规范》的 3.2.5 条规定:分部分项工程量清单的计量单位应按附录 A、附录 B、附录 C、附录 D、附录 E 中规定的计量单位确定。

(5)《计价规范》的 3.2.6 条规定:工程数量应按附录 A、附录 B(如表 12-1 所示)、附录 C、附录 D、附录 E 中规定的工程量计算规则计算。

**表 12-1　表 B.1.2 块料面层**(编码:0201102)

| 项目编码 | 项目名称 | 项目特征 | 计量单位 | 工程量计算规则 | 工程内容 |
|---|---|---|---|---|---|
| 020102001 | 石材楼地面 | 1. 垫层材料种类、厚度<br>2. 找平层厚度、砂浆配合比<br>3. 防水层、材料种类<br>4. 填充材料种类、厚度<br>5. 结合层厚度、砂浆配合比<br>6. 面层材料品种、规格、品牌、颜色<br>7. 嵌缝材料种类<br>8. 防护层材料种类<br>9. 酸洗、打蜡要求 | $m^2$ | 按设计图示尺寸以面积计算。扣除凸出地面构筑物、设备基础、室内管道、地沟等所占面积,不扣除间壁墙和 0.3 m 以内的柱、垛、附墙烟囱及孔洞所占面积。门洞、空圈、暖气包槽、壁龛的开口部分不增加面积 | 1. 基层清理、铺设垫层、抹找平层<br>2. 防水层铺设、填充层<br>3. 面层铺设<br>4. 嵌缝<br>5. 刷防护材料<br>6. 酸洗、打蜡<br>7. 材料运输 |
| 020102002 | 块料楼地面 | | | | |

### 12.2.3　室内装饰工程量清单编制原则和依据

1. 编制原则

(1) 符合国家《计价规范》的原则。项目分项类别、分项名称、清单分项编码、计量单位分项项目特征、工作内容等,都必须符合《计价规范》的规定和要求。

(2) 符合工程量实物分项与描述准确的原则。工程量清单是对招标人和投标人都有很强约束力的重要文件,专业性强,内容复杂,对编制人的业务技术水平和能力要求高,能否编制出完整、严谨、准确的工程量清单,是招标成败的关键。工程量清单是传达招标人要求,便于投标人响应和完成招标工程实体、工程任务目标及相应分项工程数量,全面反映投标报价要求的直接依据。因此,招标人向投标人所提供的清单必须与设计的施工图样相符合,能充分体现设计意图,充分反映施工现场的现实施工条件,为投标人能够合理报价创造有利条件,贯彻互利互惠的原则。

(3) 工作认真审慎的原则。应当认真学习《计价规范》、相关政策法规、工程量计算规则、施工图样、工程地质与水文资料和相关的技术资料等,熟悉施工现场情况,注重现场施工条件分析。对初定的工程量清单的各个分项,按有关的规定进行认真核对、审核,避免错漏项、少算或多算工程数量等现象发生,对措施项目与其他措施工程量项目清单也应当认真反复核实,最大限度地减少人为因素的错误发生。重要的问题在于不留缺口,防止日后追加工程投资,增加工程造价。

2. 编制依据

工程量清单的编制依据是国家《计价规范》和本地区相关计价条例及相关法律、法规等。

国家《计价规范》是编制工程量清单的最重要的依据,其第 3 章内容包括编制工程量清单的一般规定、分部分项工程量清单、措施项目清单、其他措施项目清单等 4 个部分,相关规定共有 14 条。一般规定有 3 条,它主要规定了工程量清单的编制、性质和组成。规定工程量清单应由具有编制招标文件能力的招标人,或受其委托具有相应资质的中介机构(即工程造价咨询企业)进行编制;工程量清单应由分部分项工程量清单、措施项目清单、其他项目清单组成。其他措施条款叙述了对组成的各类清单的编制规定和要求。

施工图样、工程勘察资料及其相关技术规范、标准等技术文件，以及施工现场和周边环境及其施工条件等情况也是工程量清单的编制依据。

### 12.2.4　室内装饰工程量清单编制步骤和方法

1. 工程量清单编制程序和步骤（图 12－2）

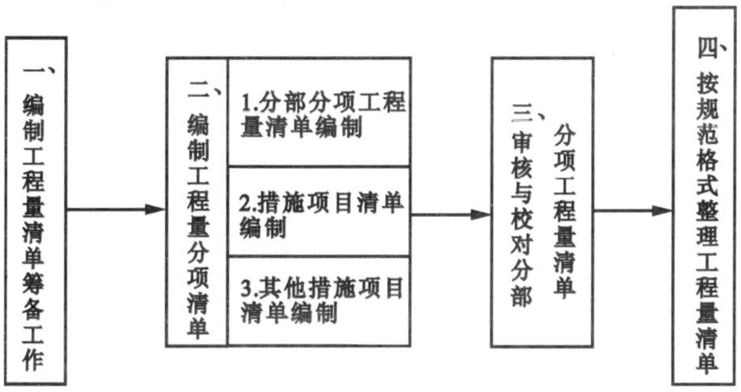


图 12－2　工程量清单编制程序和步骤

2. 分部分项工程量清单编制程序和方法(图 12－3)

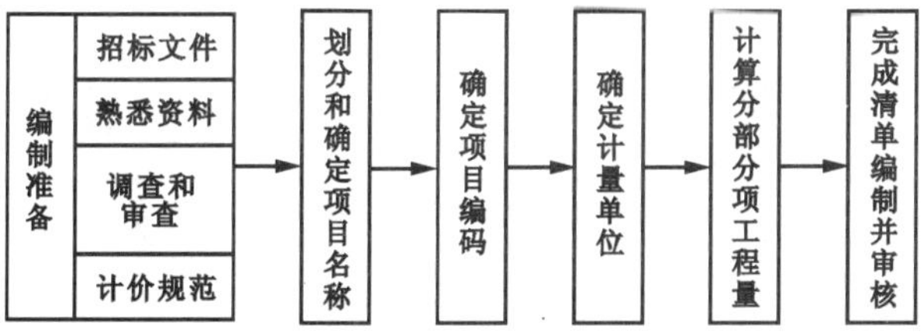


图 12－3　分部分项工程量清单编制程序

编制分项工程量清单应按项目编码、项目名称、计量单位和工程量计算规则统一的有关规定进行编制，具体编制分述如下：

• 做好清单编制的准备工作：先学好《计价规范》及相应的工程量计价规则；熟悉工程所处的位置及相关的资源资料，熟悉设计图样和相关的设计施工规范、施工工艺和操作规程；了解工程现场及施工条件，调查施工企业情况和协作施工的条件等。

• 确定分部分项工程的名称：严格根据《计价规范》的相关规定进行工程分部分项的名称的确定并做好编码工作。

• 按规范规定的工程量计算规则计算分部分项工程工程量并严格套用单位。

• 进行工程量清单编制并进行反复核对检查无误后，再进行综合造价编制。

### 12.2.5　工程量清单格式及其计价格式

1. 工程量清单格式

工程量清单应采用统一格式，由下列内容组成：

• 封面；
• 填表须知；
• 总说明；
• 分部分项工程量清单；
• 措施项目清单；
• 其他项目清单；
• 设备项目清单；
• 零星工作项目表；
• 主要材料项目表。

2. 工程量清单封面式样

________________________ 工程

工程量清单

招标人：________________________（单位签字盖章）
法定代表人：______________________________（签字盖章）
中介机构
法定代表人：______________________________（签字盖章）
造价工程师
及注册证号：______________________________（签字盖执业专用章）
编制时间：______________________________

3. 填表须知

• 工程量清单及其计价格式中所有要求签字、盖章的地方，必须由规定的单位和人员签字、盖章。

• 工程量清单及其计价格式中的任何内容不得随意删除或涂改。

• 工程量清单计价格式中列明的所有需要填报的单价和合价，投标人均应填报，未填报的单价和合价，视为此项费用已包含在工程量清单的其他单价和合价中。

• 金额（价格）均应以“币”表示。

4. 总说明

总说明应该包含的内容有：

• 工程概况，如建设规模、工程特征、计划工期、施工现场实际情况、交通运输情况、自然地理条件、环境保护要求等；

• 工程招标和分包范围；

• 工程量清单编制依据；

• 工程质量、材料、施工等的特殊要求；

●招标人自行采购的材料或设备名称、规格型号、数量等；

●其他项目清单中招标人部分（包括预留金：材料购置费等）金额数量；

●其他需说明的问题。

总说明的格式如表 12－2 所示。

5. 分部分项工程量清单

分部分项工程量清单应包括项目编码、项目名称、计量单位和工程数量 4 个部分。分部分项工程量清单格式如表 12－3 所示。

**表 12－2 总说明**

工程名称： 第 页共 页

| |
|---|
| |

**表 12－3 分部分项工程量清单**

工程名称： 第 页 共 页

| 序号 | 项目编码 | 项目名称 | 计量单位 | 工程数量 |
|---|---|---|---|---|
| | | | | |

6. 措施项目清单

措施项目清单应根据拟建工程的具体情况列项。措施项目指为完成工程项目施工，发生于该工程施工前和施工过程中技术、生活、文明、安全等方面的非工程实体项目。措施项目清单格式如表 12－4 所示。

7. 其他项目清单

其他项目清单格式如表 12－5 所示。

8. 零星工作项目表

零星工作项目表格式如表 12－6 所示。

9. 设备项目清单

设备项目清单格式如表 12－7 所示。

10. 主要材料项目表

主要材料项目表格式如表 12－8 所示。

**表 12－4 措施项目清单**

工程名称： 第 页 共 页

| 序号 | 项目名称 |
|---|---|
| | |

表 12－5　其他项目清单

工程名称：　　　　　　　　　　　　　　　　　　　　　　　　第　页共　页

| 序号 | 项　目　名　称 |
|---|---|
| | |

表 12－6　零星工作项目表

工程名称：　　　　　　　　　　　　　　　　　　　　　　　　第　页共　页

| 序号 | 名称 | 计　量　单　位 | 数　　量 |
|---|---|---|---|
| 1 | 人　工 | | |
| 2 | 材　料 | | |
| 3 | 机　械 | | |

表 12－7　设备项目清单

工程名称：　　　　　　　　　　　　　　　　　　　　　　　　第　页共　页

| 序号 | 设备编码 | 设 备 名 称 | 规格、型号等特殊要求 | 单位 | 数量 |
|---|---|---|---|---|---|
| | | | | | |
| | | | | | |
| | | | | | |

表 12－8　主要材料项目清单

工程名称：　　　　　　　　　　　　　　　　　　　　　　　　第　页共　页

| 序号 | 材料编码 | 材 料 名 称 | 规格、型号等特殊要求 | 单 位 |
|---|---|---|---|---|
| | | | | |
| | | | | |
| | | | | |
| | | | | |
| | | | | |

## 12.3　室内装饰工程工程量清单综合单价的编制

### 12.3.1　综合单价及其内涵

综合单价是指完成规定计量单位、合格产品所需的全部费用。即一个规定计量单位工程所需的人工费、材料费、机械台班费、管理费和利润，并考虑风险因素而对室内装饰工程做出的综合计价。综合单价不但适用于分部分项工程量清单，也适用于措施项目清单、其他项目清单。

综合单价计价法与传统定额预算法有着本质的区别，其最基本的特征表现在分项工程项目费用的综合性强。它不仅包括传统预算定额中的直接费，按照上述定义还增加了管理费和利润两部分，而且应考虑风险因素形成最终单价，因而称其为综合单价。从另一个角度看，对于某一项具体的分部分项工程而言，又具有单一性的特征。综合单价基本上能够反映一个分项工程单价再加上相应的措施项目费、其他项目费和规费、税金，就是某种意义上的“产品”（分部或分项工程）完整（或称全费用）的单价或价格，即将分部分项工程看做产品，使分部分项工程费用成为某种意义上的产品综合单价。

### 12.3.2　综合单价和总价的编制原则和编制依据

1. 编制原则

工程量清单各分项综合单价和总价的编制以及工程造价管理的全过程，应遵循下列原则。

（1）质量效益原则。“质量第一”对于任何产品生产和企业来说是一个永恒的原则。企业在市场经济条件下既要保证产品质量，又要不断提高经济效益，是企业长期发展的基本目标和动力。长期以来不少承包商，往往将质量和效益对立起来，不在如何解决矛盾，将质量与效益结合上下工夫，而是冒险偷工减料，这必然导致工程质量下降和效益的降低。因此，决策者和编制者必须坚持施工管理、施工方案的科学性，从始至终贯彻质量效益原则。

（2）优胜劣汰原则。投标编制者考虑合理因素的同时使确定的清单价格具有竞争力，提高中标的可能性与可靠度。在经济合理的前提下招标企业尽量选择可信度高、施工质量好的投标企业，真正做到优胜劣汰。

（3）优势原则。具有竞争力的价格从何而来，关键在于企业优势。例如，品牌、诚信、管理、营销、技术、质量和价格优势等。在众多投标企业中，一家企业不可能具备方方面面的优势，但也有自己的优势和长处，所以编制工程价格必须善于“扬长避短”。运用价值工程的概念和方法采取多种施工方案和技术措施比价，采用“合理低价”和“不平衡报价”等方法，体现报价的优势，不断提高中标率。

（4）市场风险原则。编制招投标标底或投标报价必须注重市场风险研究，充分预测市场风险，脚踏实地进行充分的市场调查研究，采取行之有效的措施与对策 。

2. 编制依据

（1）《建筑工程施工发包与承包计价管理办法》（建设部令第107号）、《建设工程工程量清单计价规范》（GB 50500－2003）及相关政策、法规、标准、规范以及操作规程等。

（2）招标文件和室内施工图样、地质与水文资料、施工组织设计、施工作业方案和技术，以及技术专利、质量、环保、安全措施方案及施工现场资料等。

（3）市场劳动力、材料、设备等价格信息和造价主管部门公布的价格信息及其相应价差调整的文件规定等信息与资料。

（4）承包商投标营销方案与投标策略意向、施工企业消耗与费用定额、企业技术与质量标准、企业“工法”资料、新技术新工艺标准，以及过去存档的同类与类似工程资料等。

（5）省、市、地区室内装饰工程综合单价定额，或者相关消耗与费用定额，或地区综合估价表（或基价表），省、市、地区季度室内装饰工程或劳动力以及机械台班的指导价。

### 12.3.3　综合单价和总价的编制程序和方法

1. 综合单价的编制步骤

确定综合单价是承包商准备响应和承诺招标单位发标的核心工作，是能否中标的关键一环，要做好充分的准备工作。综合单价编制步骤如图12－4所示。

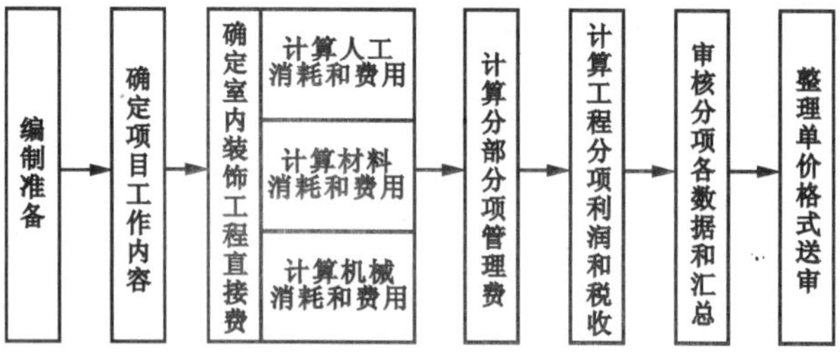


图12－4　综合单价的编制步骤示意图

2. 综合单价的编制程序

下面以分部分项工程量清单某分项墙面镶贴块料面层项目为例，介绍综合单价的编制方法。该工程系室内装饰工程，工程地点在市区内，其编制程序如下。

首先，应选用费用定额（或单价表）。以《福建省建筑装饰工程消耗量定额及统一基价表》和《2001 福建省建筑装饰工程预算定额》等文件为依据进行编制，这对综合单价的编制方法没有影响。传统预算方法与工程量清单计价方法虽有本质区别，但是对定额编制方法而言，还只是在于分项划分与费用组合的区别，在制定方法上并无本质差别。该定额基价中，直接给出了分部分项综合单价，即除给出了人工、材料、机械 3 项直接费外，还包含了管理费和利润两项费用。

其次，根据以上确定的工程内容，进一步查找相应的定额（单价表或基价表）分项的人工、材料、机械台班等的费用，并按定额规定调整差价。

第三，计算管理费和利润及税收。

第四，最后进行整理审核。

3. 工程项目总价的编制程序和步骤

工程量清单编制工程项目总价的程序和步骤如图 12－5 所示。其具体编制工作首先是以工程量清单规定的分项工程量、陈述的工程特征和工程内容为依据，结合设计图样的要求，以分部分项工程工程量清单和相对应的施工方案为主要依据，并结合相应的措施项目工程量清单分项综合考虑，编制分部分项综合的单价。然后考虑编制相关措施项目的综合单价。在总体程序上，首先确定分部分项工程量清单分项综合单价，然后按工程量清单编码排序，依次计算清单分项费用，按规范规定的分部分项工程量清单综合单价分析表、分部分项工程量清单计价表进行填写与汇总，分别计算和确定措施项目工程量清单分项、其他措施项目工程量清单的单价和费用，再分别统计和确定三大分项的费用汇总和计算规费、税金，进行单位工程计价汇总，最后由招标人或投标人分别综合决策，形成单位工程的招标标底或投标报价。

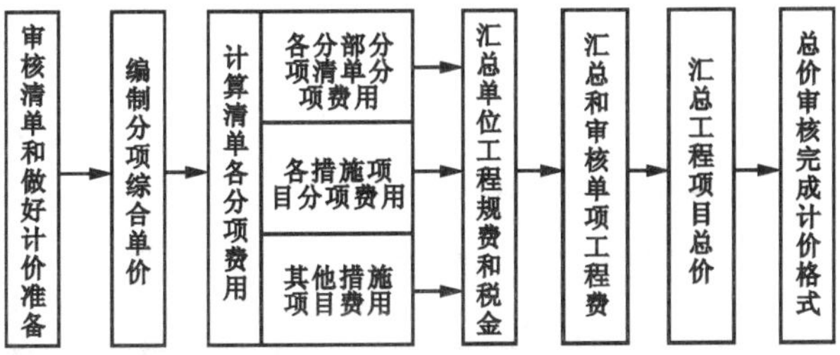


图 12－5　工程量清单总价编制程序与步骤示意图

### 12.3.4　工程量清单计价格式

1. 工程量清单计价格式组成

工程量清单计价应采用统一格式。工程量清单计价格式应随招标文件发至投标人。且由投标人填写，工程量清单计价格式应由下列内容组成：

- 封面；
- 投标总价；
- 工程项目总价表；
- 单项工程费汇总表；
- 单位工程费汇总表；
- 分部分项工程量清单计价表；
- 措施项目清单计价表；
- 其他项目清单计价表；
- 零星工作项目计价表；
- 设备清单计价表；
- 分部分项工程量清单综合单价分析计算表；
- 措施项目费分析计算表（一）；
- 措施项目费分析计算表（二）；
- 规费分析计算表；
- 主要材料价格表。

2. 封面

封面应按规定内容填写、签字、盖章。封面格式如下：

______________________工程

工程量清单报价表

投 标 人：______________（单位签字盖章）
法定代表人：______________（签字盖章）
造价工程师
及注册证号：__________（签字盖执业专用章）

编 制 时 间：______________

3. 投标总价

投标总价应按工程项目总价表合计金额填写。

投标总价

建设单位：______________
工程名称：______________
投标总价（小写）：______________
（大写）：______________
投 标 人：______________（单位签字盖章）
法定代表人：______________（签字盖章）
编 制 时 间：______________

4. 工程项目总价表

工程项目总价表中单项工程名称应按单项工程费汇总表的工程名称填写，其金额应按单项工程费汇总表的合计金额填写，如表 12－9 所示。

**表 12－9 工程项目总价表**

工程名称： 第 页 共 页

| 序号 | 单项工程名称 | 金额（元） |
| --- | --- | --- |
| | | |
| | 合 计 | |

5. 单项工程费汇总表

单项工程费汇总表中单位工程名称应按单位工程费汇总表的工程名称填写，其金额应按单位工程费汇总表的合计金额填写，如表 12－10 所示。

**表 12－10 单项工程费汇总表**

工程名称： 第 页 共 页

| 序号 | 单项工程名称 | 金额（元） |
| --- | --- | --- |
| | | |
| | 合 计 | |

6. 单位工程费汇总表

单位工程费汇总表中的金额应分别按照分部分项工程量清单计价表、措施项目清单计价表和其他项目清单计价表的合计金额和按有关规定计算的规费、税金填写，如表 12－11 所示。

**表 12－11 单位工程费汇总表**

工程名称： 第 页 共 页

| 序 号 | 项 目 名 称 | 金 额（元） |
| --- | --- | --- |
| 1 | 分部分项工程量清单计价合计 | |
| 2 | 措施项目清单计价合计 | |
| 3 | 其他项目清单计价合计 | |
| 4 | 规费 | |
| 5 | 税金 | |
| | 合 计 | |

7. 分部分项工程量清单计价表

分部分项工程量清单计价表中的序号、项目编码、项目名称、计量单位、工程数量必须按分部分项工程量清单中的相应内容填写，如表 12－12 所示。

**表 12－12 分部分项工程量清单计价表**

工程名称： 第 页 共 页

| 序号 | 项目编码 | 项目名称 | 计量单位 | 工程数量 | 金额（元） | |
| --- | --- | --- | --- | --- | --- | --- |
| | | | | | 综合单价 | 合价 |
| | | | | | | |
| | | 本页小计 | | | | |
| | | 合计 | | | | |

8. 措施项目清单计价表

措施项目清单计价表中的序号、项目名称必须按措施项目清单中的相应内容填写（表 12－13），投标人可根据施工组织设计采取的措施增加项目。

**表 12－13 措施项目清单计价表**

工程名称： 第 页 共 页

| 序号 | 项 目 名 称 | 金 额（元） |
| --- | --- | --- |
| | | |
| | 合 计 | |

9. 其他项目清单计价表

其他项目清单计价表中的序号、项目名称必须按其他项目清单中的相应内容填写，招标人部分的金额必须按其他项目清单中招标人提出的数额填写，如表 12－14 所示。

**表 12－14　其他项目清单计价表**

工程名称：　　　　　　　　　　　　　　　　　第　页　共　页

| 序号 | 项目名称 | 金额（元） |
|---|---|---|
| 1 | 投标人部分 | |
| | 合 计 | |
| 2 | 投标人部分 | |
| | 小 计 | |
| | 合 计 | |

10. 零星工作项目计价表

零星工作项目计价表中的人工、材料、机械名称、计量单位和相应数量应按零星工作项目表中相应的内容填写（表 12－15），工程竣工后零星工作费应按实际完成的工程量所需费用（其综合单价为零星工作项目所报综合单价）结算。

11. 分部分项工程量清单综合单价分析表

分部分项工程量清单综合单价分析表由招标人根据需要提出要求后填写，如表 12－16 所示。

12. 措施项目费分析计算表

措施项目费分析计算表应由招标人根据需要提出要求后填写，如表 12－17 和表 12－18 所示。

13. 规费分析计算表

规费分析计算表应由招标人根据需要提出要求后填写，如表 12－19 所示。

**表 12－15　零星工作项目计价表**

工程名称：　　　　　　　　　　　　　　　　　第　页　共　页

| 序号 | 名称 | 计量单位 | 数量 | 金额（元） | |
|---|---|---|---|---|---|
| | | | | 综合单价 | 合价 |
| 1 | 人工 | | | | |
| | 小 计 | | | | |
| 2 | 材料 | | | | |
| | 小 计 | | | | |
| 3 | 机械 | | | | |
| | 小 计 | | | | |
| | 合 计 | | | | |

**表 12－16　分部分项工程量清单综合单价分析表**

工程名称：　　　　　　　　　　　　　　　　　第　页　共　页

| 序号 | 项目编码 | 项目名称 | 计量单位 | 工 程 内 容 | | | | 综合单价组成 | | | | | | 综合单价 |
|---|---|---|---|---|---|---|---|---|---|---|---|---|---|---|
| | | | | 定额编号 | 定额名称 | 定额单位 | 工程量 | 人工费 | 材料费 | 机械使用费 | 企业管理费 | 利润 | 小计 | |
| | | | | | | | | | | | | | | |
| | | | | 小 计 | | | | | | | | | | |
| | | | | | | | | | | | | | | |
| | | | | 小 计 | | | | | | | | | | |

表 12-17 措施项目费分析计算表（一）

工程名称： 第 页 共 页

| 序号 | 措施项目名称 | 单位 | 计 算 式 | 金额（元） |
|---|---|---|---|---|
| | | | | |

表 12-18 措施项目费分析计算表（二）

工程名称： 第 页 共 页

<table>
<tr><th rowspan="2">序号</th><th rowspan="2">措施项目名称</th><th rowspan="2">单位</th><th colspan="4">措 施 内 容</th><th colspan="6">综合单价组成</th><th rowspan="2">金额（元）</th></tr>
<tr><th>定额编号</th><th>定额名称</th><th>定额单位</th><th>工程量</th><th>人工费</th><th>材料费</th><th>机械使用费</th><th>企业管理费</th><th>利润</th><th>小计</th></tr>
<tr><td rowspan="2"></td><td rowspan="2"></td><td rowspan="2"></td><td></td><td></td><td></td><td></td><td></td><td></td><td></td><td></td><td></td><td></td><td rowspan="2"></td></tr>
<tr><td colspan="4">小 计</td><td></td><td></td><td></td><td></td><td></td><td></td></tr>
<tr><td rowspan="2"></td><td rowspan="2"></td><td rowspan="2"></td><td></td><td></td><td></td><td></td><td></td><td></td><td></td><td></td><td></td><td></td><td rowspan="2"></td></tr>
<tr><td colspan="4">小 计</td><td></td><td></td><td></td><td></td><td></td><td></td></tr>
</table>

表 12-19 规费分析计算表

工程名称： 第 页 共 页

| 序号 | 项目名称 | 单位 | 计 算 式 | 金额（元） |
|---|---|---|---|---|
| | | | | |
| | 合 计 | | | |

14. 主要材料价格表

● 招标人提供的主要材料价格表应包括详细的材料编码、材料名称、规格型号和计量单位等。

● 投标人所填写的单价必须与工程量清单计价中采用的相应材料的单价一致。

主要材料价格表如表 12－20 所示。

**表 12－20 主要材料价格表**

工程名称： 第 页 共 页

| 序号 | 材料编码 | 材料名称 | 规格、型号等特殊要求 | 单位 | 单价（元） |
|---|---|---|---|---|---|
| | | | | | |

【本章小结】

工程量清单是工程量清单计价的重要手段和工具，也是我国实行工程量清单计价，推行新的建设工程计价制度和方法，彻底改革传统计价制度和方法以及改革招标投标程序和模式的重要标志。工程量清单计价方法和模式是一套符合市场经济规律的科学的报价体系。工程量清单的编制，是招标方（业主）进行招标之前的一项重要的准备工作，是十分重要的招标文件之一，是工程造价合同管理与系统控制的一个重要依据。编制工程量清单必须符合相关原则和规定，如果出现差错，就会给招标投标与计价实施带来诸多问题。

工程量清单是指表现拟建工程的分部分项工程项目、措施项目、其他项目名称和相应数量的明细清单，是招标人按照招标要求和施工设计图样规定将拟建招标工程的全部项目和内容，依据工程量清单计价规范附录中统一的项目编码、项目名称、计量单位和工程量计算规则进行编制，包括分部分项工程量清单、措施项目清单、其他项目清单，是招标文件的重要组成部分。

【思考题】

1. 工程量清单的概念、内容和意义是什么？

2. 工程量清单计价的特点和优点有哪些？

3. 工程量清单计价的意义和作用有哪些？

4. 工程量清单计价编制原则、程序、依据、方法各是什么？

5. 工程量清单有哪些构成？如何编制工程量清单编码？

6. 工程量清单综合单价的编制原则和方法、程序有哪些？

【推荐阅读书目】

1. 福建省建筑装饰工程预算定额（2001）. 福建省建委编制. 北京：中国计划出版社，2001.

2. 建设工程工程量清单计价规范（GB50500－2003）. 中华人民共和国建设部主编. 北京：中国计划出版社，2003.

【相关链接】

1. 福建省建设工程造价信息网，http://www.fjgczj.com。

2. 中国建设工程造价信息网，http://www.ccost.com 。

# 第13章 室内装饰工程预算编制实例

【本章难点与重点】

1. 我国建设工程招投标的发展概况
2. 室内装饰工程招投标
3. 某经理室室内装饰工程工程量清单计价编制实例（难点）

## 13.1 建设工程招标投标的发展及趋势

### 13.1.1 招标投标体制的进展

我国建设工程招标投标制度大致经历了三个发展阶段。

1. 初步建立阶段

20 世纪 80 年代，我国招标投标经历了试行——推广——兴起的初步建立阶段。招标投标主要侧重在宣传和实践，还处于社会主义计划经济体制下的一种探索。这时期招投标主要呈现以下几个特点：

• 20 世纪 80 年代中期，招标管理机构在全国各地陆续成立。

• 有关招标投标方面的法规建设开始起步，1984 年国务院颁布暂行规定，提出改变行政手段分配建设任务，实行招标投标，大力推行工程招标承包制，同时原城乡建设环境保护部印发了建筑安装工程施工和设计招标投标的试行办法，根据这些规定，各地也相继制定了适合本地区的招标管理办法，开始探索我国的招标投标管理和操作程序。

• 招标方式基本以议标为主，在纳入招标管理项目当中约 90% 是采用议标方式发包的，工程交易活动比较分散，没有固定场所，这种招标方式很大程度上违背了招标投标的宗旨，不能充分体现竞争机制。

• 招标投标很大程度上还流于形式，招标的公正性得不到有效监督，工程大多形成私下交易，暗箱操作，缺乏公开公平竞争。

2. 规范发展阶段

20 世纪 90 年代初期到中后期，全国各地普遍加强对招标投标的管理和规范工作，也相继出台一系列法规和规章，招标方式已经从以议标为主转变到以邀请招标为主。这一阶段是我国招标投标发展史上最重要的阶段，招标投标制度得到了长足的发展，全国的招标投标管理体系基本形成，为完善我国的招标投标制度打下了坚实的基础。这时期招投标主要呈现以下几个特点：

• 全国各省、自治区、直辖市、地级以上城市和大部分县级市都相继成立了招标投标监督管理机构，工程招标投标专职管理人员不断壮大，全国已初步形成招标投标监督管理网络，招标投标监督管理水平正在不断地提高。

● 招标投标法制建设步入正轨，从1992年建设部第23号令的发布到1998年正式施行《建筑法》，从部分省的《建筑市场管理条例》和《工程建设招标投标管理条例》到各市制定的有关招标投标的政府令，都对全国规范建设工程招标投标行为和制度起到极大的推动作用，特别是有关招标投标程序的管理细则也陆续出台，为招标投标在公开、公平、公正下的顺利开展提供了有力保障。

● 自1995年起，全国各地陆续开始建立建设工程交易中心，它把管理和服务有效地结合起来，初步形成以招标投标为龙头，相关职能部门相互协作的具有“一站式”管理和“一条龙”服务特点的建筑市场监督管理新模式，为招标投标制度的进一步发展和完善开辟了新的道路。工程交易活动已由无形转为有形，隐蔽转为公开，信息公开化和招标程序规范化，已有效遏制了工程建设领域的腐败行为，为在全国推行公开招标创造了有利条件。

3．不断完善阶段

随着建设工程交易中心的有序运行和健康发展，全国各地开始推行建设工程项目的公开招标。《招标投标法》根据我国投资主体的特点已明确规定我国的招标方式不再包括议标方式，这是个重大的转变，它标志着我国的招标投标的发展进入了全新的历史阶段。这时期招投标主要呈现以下几个特点：

● 招标投标法律、法规和规章不断完善和细化，招标程序不断规范，必须招标和必须公开招标范围得到了明确，招标覆盖面进一步扩大和延伸，工程招标已从单一的土建安装延伸到道桥、装潢、建筑设备和工程监理等。

● 全国范围内开展的整顿和规范建设市场工作和加大对工程建设领域违法违纪行为的查处力度为招标投标进一步规范提供了有力保障。

● 工程质量和优良品率呈逐年上升态势，同时涌现出一大批优秀企业和优秀项目经理，企业正沿着围绕市场和竞争，讲究质量和信誉，突出科学管理的道路迈进。

● 招标投标管理全面纳入建设市场管理体系，其管理的手段和水平得到全面提高，正在逐步形成建设市场管理的“五结合”：一是专业人员监督管理与计算机辅助管理相结合；二是建筑现场管理与交易市场管理相结合；三是工程评优治劣与评标定标相结合；四是管理与服务相结合；五是规范市场与执法监督相结合。

● 公开招标的全面实施在节约国有资金，保障国有资金有效使用以及从源头防止腐败孳生，都起到了积极作用。目前我们的市场还存在着政企不分，行政干预多，部门和地方保护，市场和招标操作程序不规范，市场主体的守法意识较差，过度竞争，中介组织不健全等现象。《招标投标法》正是国家通过法律手段来推行招标投标制度，以达到规范招标投标活动，保护国家和公共利益，提高公共采购效益和质量的目的。它的颁布是我国工程招标投标管理逐步走上法制化轨道的重要里程碑，它必将对我们目前乃至今后的建设市场管理产生深远的影响，并指导着招标投标制度向深度和广度健康发展。

### 13.1.2　我国招投标的发展趋势

随着公开招标和《招标投标法》的深入实施，建设市场必将形成政府依法监督，招投标活动当事人在建设工程交易中心依据法定程序进行交易活动，各中介组织提供全方位服务的市场运行新格局，我国的招标投标制度也必将走向成熟，它是招标投标发展的必然趋势。

第一，建设市场规则将趋于规范和完善。市场规则是有关机构制定的或沿袭下来的由法律、法规、制度所规定的市场行为准则，其内容包括：

● 市场准入规则：市场的进入需遵循一定的法规和具备相应的条件，对不具备条件或采取挂靠、出借证书、制造假证书等欺诈行为的，采取清出制度，逐步完善资质和资格管理，特别是进一步加强工程项目经理的动态管理。

● 市场竞争规则：这是保证各种市场主体在平等的条件下开展竞争的行为准则，为保证平等竞争的实现，政府制定相应的保护公平竞争的规则。《招标投标法》《建筑法》《反不正当竞争法》等以及与之配套的法规和规章都制定了市场公平竞争的规则，并通过不断地实施将更加具体和细化。

● 市场交易规则：①交易必须公开（涉及保密和特殊要求的工程除外）；②交易必须公平；③交易必须公正。

第二，建设工程交易中心将办成“程序规范，功能齐全，手段多样，质量一流”的服务型的有形招标投标市场。除提供各种信息咨询服务外，其主要职责是能保证招标全过程的公开、公平和公正，确保进场交易各方主体的合法权益得到保护，特别是要保障法律规定的必须进行招标项目的程序规范合法。

第三，招标代理机构将依据《招标投标法》规定设立评委专家库，而建设工程交易中心则应制定专业齐全、管理统一的评委专家名册，同时应充分发挥评委专家名册的作用，改变目前专家评委只进行评标的现状，充分利用这一有效资源为招标投标管理服务。具体作用有：

● 可作为投标资格审查的评审专家库，提高资审的公正性和科学性；

- 可作为《工程投标名册》（指由政府组织的每年进行评审的投标免审单位名单）的评审委员库，利用他们的社会知名度和制定科学的评审制度，提高《工程投标名册》的权威性，逐步得到社会各界认可；
- 分组设立主任委员，负责定期组织评委讨论和研究新问题及相关政策，开辟专家论坛，倡导招标投标理论研究，并可联系大专院校进行相关课题研究，以便更好地为管理和决策提供理论依据；
- 评委专家名册内应增设法律方面的专家，开辟法律方面的咨询服务，并逐步开展招标仲裁活动。

第四，招标管理机构是法律赋予的对招标投标活动实施监督的部门，其应成为独立的行政管理和监督机构，应将目前其具体的实物性监督管理转为程序性监督。应负责有关工程建设招标法规的制定和检查，负责招标纠纷的协调和仲裁，负责招标代理机构的认定等。

第五，《招标投标法》明确规定招标代理机构是从事招标代理业务并提供相关服务的社会中介组织，从国际上看，招标代理机构是建筑市场和招标投标活动中不可缺少的重要力量，随着我国建设市场的健康发展和招标投标制度的完善，招标代理机构必将在数量和质量上得到大力的发展，同时也将推动我国的招标投标制度尽快同国际接轨。

第六，根据国际工程管理的通行做法，我国的工程保证担保制度将得到大力推行和发展，特别是投标保证、履约保证和支付保证在我国工程管理领域将得到广泛运用，它将是充分保障工程合同双方当事人的合法权益的有效途径，同时必将推动我国的招标投标制度逐步走向成熟。

## 13.2 工程量清单计价在工程招投标中的作用

### 13.2.1 室内装饰工程招投标

1. 室内装饰工程招标

工程招标投标是建设单位和施工单位（或买卖双方）进行建设工程承发包交易的一种手段和方法。

招标即招标人（业主或建设单位）择优选择施工单位（承包方）的一种做法。在工程招标之前，将拟建的工程委托设计单位或顾问公司设计，编制概预算或估算，俗称编制标底。标底是个不公开的数字，它是工程招投标中的机密，切不可泄露。招标单位准备好一切条件，发表招标公告或邀请几家施工单位来投标，利用投标企业之间的竞争，从中择优选定承包方（施工单位）。

招标可分为三种形式，即公开招标、邀请招标、议标或指定招标。

（1）公开招标。公开招标是通过登载招标启示，公开进行的一种招标方式，凡符合规定条件的施工单位都可自愿参加投标。由于参与投标报名的装饰施工企业很多，所以它属于一种“无限竞争”的招标。公开招标有助于企业之间展开竞争，打破垄断，促使承包企业加强管理，提高工程质量，缩短工期，降低工程成本；公开招标使招标单位选择报价合理、工期短、质量好、信誉高的施工单位承包，达到招标的目的；公开招标促进装饰市场向健康方向发展，完善市场经营管理，力求公平、公正、合理的竞争。

（2）邀请招标。邀请招标是招标单位根据自己了解或他人介绍的承包企业，发出邀请信，请一些装饰施工企业参加某项工程的投标，被邀请的单位数目一般3～7个。采用邀请招标，招标单位对被邀请的施工单位一般是较为了解的，因此被邀请的单位不宜数目过多，以免浪费投标单位的人力、物力。这种招标方式，只有被邀请的施工单位才有资格参加投标，所以它是一种“有限竞争”的投标。

（3）议标。议标是工程招标的一种形式，由建设单位挑选一个或多个施工单位，采用协商的方法来确定施工单位。一旦达成协议，就把工程发包给某一或某几个施工企业承包。

2. 室内装饰工程投标

室内装饰工程施工投标，是指室内装饰施工企业根据业主或招标单位发出的招标文件的各项要求，提出满足这些要求的报价及各种与报价相关的条件。工程施工投标除单指报价外，还包括一系列建议和要求。投标是获取工程施工承包权的主要手段，也是对业主发出要约的承诺。施工企业一旦提交投标文件后，就须在规定的期限内信守自己的承诺，不得随意反悔或拒不认账。投标是一种法律行为，投标人必须承担因反悔（违约）可能产生的经济、法律责任。

（1）投标必须遵循的原则和程序。投标是响应招标、参与竞争的一种法律行为。《中华人民共和国招标投标法》明文规定，投标人应当具备承担招标项目的能力，应当具备国家有关规定及招标文件明文提出的投标资格条件，遵守规定时间，按照招标文件规定的程序和做法，公平竞争，不得行贿，不得弄虚作假，不能凭借关系、渠道搞不正当竞争，不得以低于成本的报价竞标。施工企业根据自己的经营状况有权决定参与或拒绝投标竞争。

（2）投标时必须提交的资料。施工企业投标时或在参与资格预审时必须提供以下资料：

- 企业的营业执照和资质证书；
- 企业简历；

• 自有资金情况；

• 全员职工人数：包括技术人员、技术工人数量及平均技术等级等；

• 企业自有主要施工机械设备一览表；

• 近3年承建的主要工程及质量情况；

• 现有主要施工任务，包括在建和尚未开工工程一览表；

• 招标邀请书（指约请招标）；

• 工程报价清单和工程预算书等。

3. 室内装饰工程招投标所需的文件

（1）招标文件。招标单位在进行招标以前，必须编制招标文件。招标文件是招标单位说明招标工程要求和标准的书面文件，也是投标报价的主要依据，所以它应该尽量详细和完善，其内容如下：

• 投标人须知；

• 招标工程的综合说明。它应说明招标工程的规模、工程内容、范围和承包的方式，对投标人施工能力和技术力量的要求，工程质量和验收规范，施工现场条件和建设地点等；

• 图样和资料。如果是初步设计招标，应有主要结构图样、重要设备安装图样和装饰工程的技术说明；

• 工程量清单；

• 合同条件，包括计划开、竣工期限和延期罚款的决定，以及技术规范和采用标准；

• 材料供应方式和材料、设备订货情况及价格说明；

• 特殊工程和特殊材料的要求及说明；

• 辅助条款。招标文件交底时间、地点，投标的截止日期，开标日期、时间和地点，组织现场勘察的时间。投标保证的规定，不承担接受最低标的声明，投标的保密要求等。

（2）投标文件。投标文件应包括下列内容：

• 综合说明；

• 按照工程量清单计算的标价及钢材、木材、水泥等主要材料的用量（近年来由于市场经济的逐步发展，很多工程施工投标已不要求列出钢材、木材及水泥用量，投标单位可根据统一的工程量计算规则自主报价）；

• 施工方案和选用的主要施工机械；

• 保证工程质量、进度、施工安全的主要技术组织措施；

• 计划开工、竣工日期和工程总进度；

• 对合同条款主要条件的认定。

### 13.2.2 工程量清单计价与室内装饰工程招投标

1. 传统的招标方式及缺点

传统的招标一般是在施工图设计完成后进行，主要的招标方式有“施工图预算招标”“部分子项招标选定施工单位”和“综合费率招标”等。从运行实践看，上述的传统招标方式主要存在如下不足：

• 招标工作需要在施工图设计全面完成后进行，这对工程规模大、出图周期长、进度要求急的建设项目可能导致开工时间严重拖后；而采用部分子项招标确定施工单位或进行费率招标等方法，虽可解决开工时间问题，但不能有效控制工程投资，工程结算难度很大。

• 传统招标方式采用“量价合一”的定额计价方法作为编标根据，不能将工程实体消耗和施工技术等其他消耗分离开来，投标企业的管理水平和技术、装备优势难以体现，而且在价格和取费方面未考虑市场竞争因素。同时，评标定标受标底有效范围的限制，往往会将有竞争力的报价视为废标。即使是工程规模大、施工技术复杂、方案选择性大的项目也是如此，这会误导投标单位把注意力放在如何使投标价更靠近标底的“预算竞赛”上来，从而难以体现综合实力的竞争。此外，招、投标多家单位均要重复进行工程量的计算，浪费了大量人力和物力。

2. 工程量清单招标的基本方法

工程量清单招标是由招标单位提供统一的工程量清单和招标文件，投标单位以此为投标报价的依据，并根据现行计价定额，结合本身特点，考虑可竞争的现场费用、技术措施费用及所承担的风险，最终确定单价和总价进行投标。

工程量清单招标的基本做法如下：

（1）招标单位计算工程量清单。招标单位在工程方案、初步设计或部分施工图设计完成后，即可委托标底编制单位（或招标代理单位）按照当地统一的工程量计算规则，以单位工程为对象，计算并列出各分部分项工程的工程量清单（应附有有关的施工内容说明），作为招标文件的组成部分发放给各投标单位。其工程量清单的粗细程度、准确程度取决于工程的设计深度及编制人员的技术水平和经验。在工程量清单招标方式中，工程量清单的作用一是为投标者提供一个共同的投标基础，供投标者使用；二是便于评标定标，比选价格；三是进行工程进度款的支付；四是作为合同总价调整、工程结算的依据。

（2）招标单位计算工程直接费并进行工料分析。标底编制单位按工程量清单计算直接费，并进行工料分析，然后按现行定额或招标单位拟定的工、料、机价格和取费标准，取费程序及其他条件计算综合单价（含完成该项工程内容所需的所有费用，即包括直接费、间接费、材料价差、利润、税金等和综合合价），最后汇总成标底。实际招标中，根据投标单位的报价能力和水平，对分部分项工程中每一子项的单价也可仅列直接费，而材料价差、取费等则以单项工程统一计算。但材料价格、取费标准应同时确定并明确以后不再调整；相应投标单位的报价表也应按相同办法报价。

（3）投标单位报价投标。投标单位根据工程量清单及招标文件的内容，结合自身的实力和竞争所需要采取的优惠条件，评估施工期间所要承担的价格、取费等风险，提出有竞争力的综合单价、综合合价、总报价及相关材料进行投标。

（4）招投标双方合同约定说明。在项目招标文件或施工承包合同中，规定中标单位投标的综合单价在结算时不作调整；而当实际施工的工程量与原提供的工程量相比较，出入超过一定范围时，可以按实调整，即量调价不调。对于不可预见的工程施工内容，可进行虚拟工程量招标单价或明确结算时补充综合单价的确定原则。

3. 工程量清单招标的特点

采用工程量清单计价招标，可以将各种经济、技术、质量、进度、风险等因素充分细化和量化并体现在综合单价的确定上；可以依据工程量计算规则，划大计价单位，便于工程管理和工程计量。与传统的招标方式相比，工程量清单计价招标法具有以下特点：

- 符合我国招标投标法的各项规定，符合我国当前工程造价体制改革“控制量、指导价、竞争费”的大原则，真正实现通过市场机制决定工程造价。

- 有利于室内装饰工程项目进度控制，提高投资效益。在工程方案、初步设计完成后，施工图设计之前即可进行招投标工作，使工程开工时间提前，有利于工程项目的进度控制，及提高投资效益。

- 有利于业主在极限竞争状态下获得最合理的工程造价。因为投标单位不必在工程量计算上煞费苦心，可以减少投标标底的偶然性技术误差，让投标企业有足够的余地选择合理标价的下浮幅度；同时，也增加了综合实力强、社会信誉好企业的中标机会，更能体现招标投标宗旨。此外，通过极限竞争，按照工程量招标确定的中标价格，在不提高设计标准情况下与最终结算价是基本一致的，这样可为建设单位的工程成本控制提供准确、可靠的依据。

- 有利于中标企业精心组织施工，控制成本。中标后，中标企业可以根据中标价及投标文件中的承诺，通过对本单位工程成本、利润进行分析，统筹考虑、精心选择施工方案；并根据企业定额或劳动定额合理确定人工、材料、施工机械要素的投入与配置，实现优化组合，合理控制现场费用和施工技术措施费用等，以便更好地履行承诺，抓好工程质量和工期。

- 有利于控制工程索赔，搞好合同管理。在传统的招标方式中，施工单位“低报价、高索赔”的策略屡见不鲜。设计变更、现场签证、技术措施费用及价格、取费调整是索赔的主要内容。工程量清单招标方式中，由于单项工程的综合单价不因施工数量变化、施工难易不同、施工技术措施差异、价格及取费变化而调整，这就消除了施工单位不合理索赔的可能。

4. 工程量清单在装饰工程招标投标过程中的作用

由于工程量清单明细表反映了工程的实物消耗和有关费用，因此，这种计价模式易于结合建设工程的具体情况，变现行以预算定额为基础的静态计价模式为将各种因素考虑在单价内的动态计价模式。过去的招标投标制，招投标双方针对某一建筑产品，依据同一施工图样，运用相同的预算定额和取费标准，一个编制招标标底，一个编制投标报价。由于两者角度不同，出发点不同，工程造价差异很大，而且大多数招标工程实施标底评标制度，评标定标时将报价控制在标底的一定范围内，超过者即为废标，扩大了标底的作用，不利于市场竞争。

采用工程量清单招投标，要求招投标双方严格按照规范的工程量清单标准格式填写，招标人在表格中详细、准确描述应该完成的工程内容；投标人根据清单表格中描述的工程内容，结合工程情况、市场竞争情况和本企业实力，充分考虑各种风险因素，自主填报清单，列出包括工程直接成本、间接成本、利润和税金等项目在内的综合单价与汇总价，并以所报综合单价作为竣工结算调整价的招标投标方式。它明确划分了招投标双方的工作，招标人计算量，投标人确定价，互不交叉、重复，不仅有利于业主控制造价，也有利于承包商自主报价；不仅提高了业主的投资效益，还促使承包商在施工中采用新技术、新工艺、新材料，努力降低成本、增加利润，在激烈的市场竞争中保持优势地位。

评标过程中，评标委员会在保证质量、工期和安全等条件下，根据《招标投标法》和有关法规，按照“合理低价中标”原则，择优选择技术能力强、管理水平高、信誉可靠的承包商承建工程，既能优化资源配置，又能提高工程建设效益。

5. 工程量清单计价对完善招标投标制的促进作用

（1）充分引入市场竞争机制，规范招标投标行为。1984年11月，国家出台了《建筑工程招标投标暂行规定》，在工程施工发包与承包中开始实行招投标制度，但无论是业主编制标底，还是承包商编制报价，在计价规则上均未超出定额规定的范畴。这种传统的以定额为依据、施工图预算为基础、标底为中心的计价模式和招标方式，因为建筑市场发育尚不成熟，监管尚不到位，加上定额计价方式的限制，原本通过实行招标投标制度引入竞争机制，却没有完全起到竞争的作用。

对于市场主体的企业，应具有根据其自身的生产经营状况和市场供求关系自主决定其产品价格的权利，而原有工程预算由于定额项目和定额水平总是与市场相脱节，价格由政府确定，投标竞争往往蜕变为预算人员水平的较量，还容易诱导投标单位采取不正当手段去探听标底，严重阻碍了招投标市场的规范化运作。

把定价权交还给企业和市场，取消定额的法定作用，在工程招标投标程序中增加“询标”环节，让投标人对报价的合理性、低价的依据、如何确保工程质量及落实安全措施等进行详细说明。通过询标，不但可以及时发现错、漏、重等报价，保证招投标双方当事人的合法权益，而且还能将不合理报价、低于成本报价排除在中标范围之外，有利于维护公平竞争和市场秩序，又可改变过去“只看投标总价，不看价格构成”的现象，排除了“投标价格严重失真也能中标”的可能性。

（2）实行量价分离、风险分担，强化中标价的合理性。现阶段工程预算定额及相应的管理体系在工程发承包计价中调整双方利益和反映市场实际价格、需求方面还有许多不相适应的地方。市场供求失衡，使一些业主不顾客观条件，人为压低工程造价，导致标底不能真实反映工程价格，招标投标缺乏公平和公正，承包商的利益受到损害。还有一些业主在发包工程时就有自己的主观倾向，或因收受贿赂，或因碍于关系、情面，总是希望自己想用的承包商中标，所以标底泄漏现象时有发生，保密性差。

“量价分离、风险分担”，指招标人只对工程内容及其计算的工程量负责，承担量的风险；投标人仅根据市场的供求关系自行确定人工、材料、机械价格和利润、管理费，只承担价的风险。由于成本是价格的最低界限，投标人减少了投标报价的偶然性技术误差，就有足够的余地选择合理标价的下浮幅度，掌握一个合理的临界点，即使报价最低，也有一定的利润空间。另外，由于制定了合理的衡量投标报价的基础标准，并把工程量清单作为招标文件的重要组成部分，既规范了投标人计价行为，又在技术上避免了招标中弄虚作假和暗箱操作。

合理低价中标是在其他条件相同的前提下，选择所有投标人中报价最低但又不低于成本的报价，力求工程价格更加符合价值基础。在评标过程中，增加询标环节，通过综合单价、工料机价格分析，对投标报价进行全面的经济评价，以确保中标价是合理低价。

（3）增加招投标的透明度，提高评标的科学性。当前，招标投标工作中存在着许多弊端，有些工程招标人也发布了公告，开展了登记、审查、开标、评标第一系列程序，表面上按照程序操作，实际上却存在着出卖标底，互相串标，互相陪标等现象。有的承包商为了中标，打通业主、评委，打人情分、受贿分；或者干脆编造假投标文件，提供假证件、假资料；甚至有的工程开标前就已暗定了承包商。

要体现招标投标的公平合理，评标定标是最关键的环节，必须有一个公正合理、科学先进、操作准确的评标办法。目前国内还缺乏这样一套评标办法，一些业主仍单纯看重报价高低，以取低标为主。评标过程中自由性、随意性大，规范性不强；评标中定性因素多，定量因素少，缺乏客观公正；开标后议标现象仍然存在，甚至把公开招标演变为透明度极低的议标。

工程量清单的公开，提高了招投标工作的透明度，为承包商竞争提供了一个共同的起点。由于淡化了标底的作用，把它仅作为评标的参考条件，设与不设均可，不再成为中标的直接依据，消除了编制标底给招标活动带来的负面影响，彻底避免了标底的跑、漏、靠现象，使招标工程真正做到了符合“公开、公平、公正和诚实信用的原则”。

承包商“报价权”的回归和“合理低价中标”的评定标原则，杜绝了建设市场可能的权钱交易，堵住了建设市场恶性竞争的漏洞，净化了建筑市场环境，确保了建设工程的质量和安全，促进了我国有形建筑市场的健康发展。

总之，工程量清单计价是建筑业发展的必然趋势，是市场经济发展的必然结果，也是适应国际国内建筑市场竞争的必然选择，它对招标投标机制的完善和发展，建立有序的建设市场公平竞争秩序都将起到非常积极的推动作用。

## 13.3 某经理办公室室内装饰工程招投标报价实例

### 13.3.1 某经理办公室室内装饰工程清单招标实例

假定该室内装饰工程是在某市市内，图样、定额依据、地理环境和施工条件以某省建设厅和某市建设局的有关文件为准；并根据国家《计价规范》而进行的招标工程量清单的编制。具体编制过程如下。

经理室室内装饰工程

# 工 程 量 清 单

招标人：____________________（单位签字盖章）

法定代表人：____________________（签字盖章）

中介机构

法定代表人：____________________（签字盖章）

造价工程师

及注册证号：____________________（签字盖执业专用章）

编 制 时 间：　　年　　月　　日

# 总说明

工程名称： 第 1 页 共 1 页

1. 设计施工图样及相关资料

设计说明（施工图详见附图）

（1）本工程为某经理室室内装修工程，地处某市某商业楼二层，交通方便，水电都引到户内；为框架结构。

（2）室内设计净高 2.6m。

（3）室内内墙满贴米色墙纸装饰。

（4）天棚做法为轻钢龙骨石膏板油 ICI 乳胶漆同内墙面。

（5）室内地面满铺地毯。

（6）门为樱桃木饰面板油清漆，门窗套为樱桃木室木门窗套线。

（7）柱：木龙骨框架，柱面饰樱桃木面板油清漆。

2. 定额资料

定额资料应依据《全国统一建筑装饰工程基础定额》《全国统一建筑装饰工程基础定额》和《建设工程量清单计价规范（GB50500—2003)》以及工程所在地区的单位估价表。本实例暂时依据《福建省建筑装饰工程预算定额(2001 版)》。

3. 其他相关依据资料（略）

## 分部分项工程量清单

工程名称：经理室室内装饰工程　　　　第1页 共2页

| 序号 | 项目编码 | 项 目 名 称 | 计量单位 | 工程数量 |
|---|---|---|---|---|
| 1 | 020102002001 | 块料楼地面<br>1. 找平层、结合层<br>2. 面层：600mm×600mm 冠军牌抛光砖，优质品<br>3. 白水泥砂浆嵌缝 | $m^2$ | 14.31 |
| 2 | 020105006001 | 木质踢脚线<br>1. 120mm 高踢脚线<br>2. 基层：9mm 胶合板，规格 1220mm×2440mm×9mm<br>3. 面层：樱桃木直纹饰面胶合板，规格 1220mm×2440mm×3mm<br>4. 饰面板面油漆 | $m^2$ | 5.90 |
| 3 | 020208001001 | 柱（梁）面装饰<br>1. 木结构底，饰面胶合板包方柱<br>2. 木龙骨规格 25mm×30mm，凹枋杉木龙骨中距 300mm×300mm<br>3. 基层：9mm 胶合板，规格 1220mm×2440mm×9mm<br>4. 面层：樱桃木直纹饰面胶合板，规格 1220mm×2440mm×3mm<br>5. 50mm×10mm 樱桃木装饰线条<br>6. 木结构基层刷防火漆 2 遍<br>7. 饰面板面油清漆 | $m^2$ | 12.05 |
| 4 | 020302001001 | 天棚吊顶<br>1. 吊顶形式：直线跌级<br>2. 木龙骨规格：25mm×40mm，凹枋杉木龙骨中距 300mm×300mm<br>3. 基层：9mm 胶合板，规格 1220mm×2440mm×9mm<br>4. 木结构基层刷防火漆 2 遍<br>5. 面层刮泥子刷白色 ICI 乳胶漆底漆 2 遍、面漆 2 遍 | $m^2$ | 9.90 |
| 5 | 020302001002 | 天棚吊顶<br>1. 吊顶形式：轻钢龙骨石膏板平面天棚<br>2. 木龙骨规格：U 型轻钢龙骨，中距 450mm×450mm<br>3. 基层：9mm 石膏板，规格 1220mm×2440mm×9mm<br>4. 面层刮泥子刷白色 ICI 乳胶漆底漆 2 遍、面漆 2 遍<br>5. 16mm 半圆樱桃木装饰线条<br>6. 木装饰线面油漆 | $m^2$ | 47.53 |
| 6 | 02040007001 | 实木窗帘盒<br>1. 300mm×20mm 胶合板窗帘盒<br>2. 实木刷防火漆 2 遍<br>3. 实木外刮腻泥子刷白色 ICI 乳胶漆底漆 2 遍、面漆 2 遍 | m | 12.02 |

## 分部分项工程量清单

工程名称：经理室室内装饰工程　　　　第 2 页 共 2 页

| 序号 | 项目编码 | 项　目　名　称 | 计量单位 | 工程数量 |
|---|---|---|---|---|
| 7 | 020102002001 | 楼地面羊毛地毯<br>1. 砂浆配合比找平<br>2. 铺设填充层、面层、防护材料<br>3. 装钉压条 | $m^2$ | 41.43 |
| 8 | 020406001001 | 塑钢推拉窗<br>1. 海螺型材推拉窗，双扇带上亮<br>2. 单樘尺寸 1960mm×2000mm<br>3. 塑钢材壁厚 1.0mm<br>4. 5mm 平板玻璃 | 樘 | 5 |
| 9 | 020401003001 | 实木装饰门<br>1. 基层：杉木板结构底架<br>2. 面层：樱桃木直纹胶合板，规格 1220mm×2440mm×3mm<br>3. 5mm 平板玻璃，执手门锁<br>4. 饰面板面油漆 | $m^2$ | 6.24 |
| 10 | 020407004001 | 门窗木贴脸<br>1. 80mm×20mm 樱桃木装饰凹线<br>2. 装饰线上油漆 | $m^2$ | 4.20 |
| 11 | 020409003001 | 石材窗台板<br>1. 进口大花绿<br>2. 石材磨边、抛光 | m | 10.36 |
| 12 | 020509001001 | 墙纸裱糊<br>1. 墙面裱糊墙纸<br>2. 满刮油性泥子<br>3. 面层：米色玉兰墙纸 | $m^2$ | 49.50 |
| 13 | 补 020408005001 | 百叶垂帘<br>1. 浅蓝色 PVC 垂直帘<br>2. 铝合金道轨 | $m^2$ | 20.43 |
| 14 | 010302001001 | 实心砖隔断墙<br>1. 运砖、运沙粒、拌浆、砌筑<br>2. 刮平、压平 | $m^3$ | 2.03 |
| 15 | 020407006001 | 筒子板樱桃木饰面<br>1. 基层：18mm 胶合板<br>2. 面层：樱桃木直纹饰面胶合板<br>3. 饰面板油清漆 | $m^2$ | 3.79 |

## 其他措施项目清单

工程名称：经理室室内装饰工程　　　　第1页 共1页

| 序号 | 项 目 名 称 |
| --- | --- |
| 1 | 环境保护 |
| 2 | 文明施工 |
| 3 | 安全施工 |
| 4 | 临时设施 |
| 5 | 夜间施工 |
| 6 | 二次搬运 |
| 7 | 大型机械设备进出场及安拆 |
| 8 | 混凝土、钢筋混凝土模板及支架 |
| 9 | 脚手架 |
| 10 | 已完工程及设备保护 |
| 11 | 施工排水、降水 |
| 12 | 其他 |
| | |
| | |
| | |
| | |
| | |
| | |
| | |
| | |
| | |
| | |
| | |
| | |
| | |
| | |
| | |
| | |
| | |
| | |
| | |
| | |

## 其他项目清单

工程名称：经理室室内装饰工程　　　　第 1 页 共 1 页

| 序号 | 项目名称 |
| --- | --- |
| 1 | 招标人部分 |
| | 1.1　预留金 |
| | 1.2　材料购置费 |
| | |
| | |
| | |
| 2 | 投标人部分 |
| | 2.1　零星工作项目费 |
| | 2.2　总包服务费 |
| | |
| | |
| | |
| | |
| | |
| | |
| | |
| | |
| | |
| | |
| | |
| | |
| | |
| | |
| | |
| | |
| | |
| | |
| | |
| | |
| | |
| | |

## 零星工作项目清单

工程名称：经理室室内装饰工程　　　　第1页 共1页

| 序号 | 名　　称 | 计量单位 | 数　　量 |
| --- | --- | --- | --- |
| 1 | 人工 | | |
| | | | |
| | | | |
| | | | |
| | | | |
| | | | |
| | | | |
| | | | |
| | | | |
| 2 | 材料 | | |
| | | | |
| | | | |
| | | | |
| | | | |
| | | | |
| | | | |
| | | | |
| | | | |
| | | | |
| 3 | 机械 | | |
| | | | |
| | | | |
| | | | |
| | | | |
| | | | |
| | | | |
| | | | |
| | | | |
| | | | |
| | | | |
| | | | |
| | | | |

## 设备项目清单

工程名称：经理室室内装饰工程　　　　　　　　　　　　　　　　　　　　　　　　　　　第 1 页 共 1 页

| 序号 | 设备编码 | 设 备 名 称 | 规格、型号等特殊要求 | 单位 | 数量 |
|---|---|---|---|---|---|
| | | | | | |
| | | | | | |
| | | | | | |
| | | | | | |
| | | | | | |
| | | | | | |
| | | | | | |
| | | | | | |
| | | | | | |
| | | | | | |
| | | | | | |
| | | | | | |
| | | | | | |
| | | | | | |
| | | | | | |
| | | | | | |
| | | | | | |
| | | | | | |
| | | | | | |
| | | | | | |
| | | | | | |
| | | | | | |
| | | | | | |
| | | | | | |
| | | | | | |
| | | | | | |
| | | | | | |
| | | | | | |
| | | | | | |
| | | | | | |
| | | | | | |
| | | | | | |

## 主要材料表

工程名称：经理室室内装饰工程　　　　第 1 页 共 1 页

| 序号 | 材料编码 | 材料名称 | 规格、型号等特殊要求 | 单位 | 编制价 |
|---|---|---|---|---|---|
| 1 | | 轻钢大龙骨 h60mm、中龙骨 h19mm、小龙骨 h19mm | | m | |
| 2 | | 杉木板材 | | $m^3$ | |
| 3 | | 杉木枋材 | | $m^3$ | |
| 4 | | 松木板材 | | $m^3$ | |
| 5 | | 松杂木枋板材（周转材、综合） | | $m^3$ | |
| 6 | | 硬木枋材 | | $m^3$ | |
| 7 | | 胶合板 2440mm×1220mm×18mm | | $m^2$ | |
| 8 | | 胶合板 2440mm×1220mm×9mm | | $m^2$ | |
| 9 | | 凹枋（杉木） | 25mm×40mm | m | |
| 10 | | 木枋（杉木） | 25mm×40mm | m | |
| 11 | | 樱桃木胶合板 | | $m^2$ | |
| 12 | | 樱桃木装饰直线 | 50mm×10mm | m | |
| 13 | | 樱桃木装饰直线 | 50mm×20mm 坑线 | m | |
| 14 | | 樱桃木装饰直线 | 16mm 半圆线 | m | |
| 15 | | 樱桃木装饰直线 | 25mm×20mm | m | |
| 16 | | 樱桃木装饰直线 | 15mm×5mm | m | |
| 17 | | 32.5（R）水泥 | | t | |
| 18 | | 32.5（R）白水泥 | | t | |
| 19 | | 羊毛地毯 | | $m^2$ | |
| 20 | | 抛光砖 | 冠军牌 600mm×600mm 优 | $m^2$ | |
| 21 | | 平板玻璃 5mm 厚 | | $m^2$ | |
| 22 | | 饰面胶合板 | 3mm | $m^2$ | |
| 23 | | 方钢管 25mm×25mm×2.5mm | | m | |
| 24 | | 塑钢双扇推拉窗 | 海螺型材 | $m^2$ | |
| 25 | | 百叶窗帘 | | $m^2$ | |
| 26 | | 石膏板 9mm 厚 | | $m^2$ | |
| 27 | | 进口大花绿石材 | | $m^2$ | |
| 28 | | 装饰木条 16mm×19mm | | m | |
| 29 | | 实心砖 240mm×120mm×60mm | | $m^3$ | |
| 30 | | 墙纸 | 米色玉兰墙纸 | $m^2$ | |
| | | | | | |
| | | | | | |

## 工程量预算书(工程量清单)

工程名称:经理室室内装饰工程　　　　第1页 共2页

| 项目编码 | 工程项目 | 说明 | 位置 | 件数 | 计算式 | 清单计量单位 | 数量 | 清单计量数量 |
|---|---|---|---|---|---|---|---|---|
| 020102002001 | 600mm×600mm 抛光砖楼地面 | | 秘书室 | | (4.65−0.12)×(3.4−0.12−0.05)−0.7×(0.70−0.24) | $m^2$ | 14.31 | 14.31 |
| 020104001001 | 羊毛地毯楼地面 | | 经理室 | | (9.85−0.24)×(6−0.24)−(6−3.2+0.05)×(4.65+0.01)−2×0.7×(0.7−0.24) | $m^2$ | 41.43 | 41.43 |
| 010302001001 | 实心砖砌筑 | | 隔墙 | | (4.65+6−3.20+0.05)×3×0.10−0.85×2.15×0.10 | $m^3$ | 2.07 | 2.07 |
| 020105006001 | 木质踢脚线 | 120mm 高 | 秘书室和经理室 | | [(9.85−0.24)+(6.00−0.24)+(5.20−0.12−0.10)+(4.65−0.12)+(6.60−0.24−0.10)+6×(0.70−0.24)+2×(4.65−0.12)+(3.40−0.12−0.05)+(6.00−3.20+0.05)]×0.12 | $m^2$ | 5.88 | 5.88 |
| 020208001001 | 柱面装饰 | | Z1,Z2,Z3 柱 | | [(0.7−0.24)×3×2+0.7×3]×(2.6−0.12) | $m^2$ | 12.05 | 12.05 |
| | 天棚吊顶(木结构天棚) | | 1 剖面 | | (4.6+0.08×4)×(3.6+0.08×4)−3.6×4.6+(3.0+0.08×4)×(3.6+0.08×4)−3.6×3.0+(2.0+0.08×4)×(3.6+0.08×4)−3.6×2.0 | $m^2$ | 6.84 | |
| | 天棚吊顶(木结构天棚) | | 2 剖面 | | (0.5+0.1×2+0.14×2)×(0.3+0.1×2+0.14×2)×4 | $m^2$ | 3.06 | |
| 020302001001 | 天棚吊顶(木结构天棚) | | 合计 | | 3.06+6.84 | $m^2$ | 9.90 | 9.90 |
| 020302001002 | 天棚吊顶(轻钢龙骨石膏板天棚) | 600mm×600mm | 秘书室和经理室 | | (9.85−0.24)×(6.00−0.24)+(4.65−0.12)×(0.70−0.24)−1剖面−2剖面 | $m^2$ | 47.54 | 47.54 |
| 020408002001 | 实木窗帘盒 | 300mm 宽,300mm 高 | *B*, *D* 立面 | | 6.00−0.24+3.40−0.12−0.05+3.20−0.12−0.05 | m | 12.02 | 12.02 |
| 020406007001 | 塑钢推拉窗制作与安装(2000mm×1960mm,带上亮) | | *B*, *D* 立面 | | 5 | 樘 | 5 | 5 |

**工程量预算书（工程量清单）**

工程名称：经理室室内装饰工程　　　　第2页 共2页

| 项目编码 | 工程项目 | 说明 | 位置 | 件数 | 计算式 | 清单计量单位 | 数量 | 清单计量数量 |
|---|---|---|---|---|---|---|---|---|
| 020407006001 | 筒子板樱桃木饰面 | | *M4*、*M9* | | (2.15×6+1.2+0.85+0.85)×0.24 | $m^2$ | 3.79 | 3.79 |
| 020401003001 | 实木装饰门 | | *M4*、*M9* | | 0.85×2.15×2+2.15×1.2 | $m^2$ | 6.24 | 6.24 |
| 020407004001 | 门套贴脸 | 80mm×20mm | *M4*、*M9*、*C* | | [(0.85+0.16)×4+2.15×12+(1.2+0.16)×2+(6.00−0.24)+1.7×6+4.00]×0.08 | $m^2$ | 4.20 | 4.20 |
| 020409003001 | 石材窗台板 | 130mm以内 | *B*、*D*立面 | | 6.60−0.24+4 | m | 10.36 | 10.36 |
| | 墙面贴墙纸 | | *A*立面 | | (1.85−0.12+2.1)×(2.6−0.12)−(1.20+0.08×2)×(2.15+0.08)+(5.1−0.24)×(2.6−0.12) | $m^2$ | 18.52 | |
| | 墙面贴墙纸 | | *B*立面 | | (6.6−0.24−0.1)×(2.6−0.12)−2×(2+0.08×2)×1.7 | $m^2$ | 8.18 | |
| | 墙面贴墙纸 | | *C*立面 | | (9.85−0.7−0.7−0.24)×(2.6−0.12)−(0.85+0.08×2)×2.15+(0.85+0.08×2)×0.12 | $m^2$ | 18.31 | |
| | 墙面贴墙纸 | | *D*立面 | | (6−0.24)×(0.9−0.12) | $m^2$ | 4.49 | |
| 020509001001 | 墙面贴墙纸 | | 合计 | | 18.52+8.18+18.31+4.49 | $m^2$ | 49.50 | 49.50 |
| 011401000 | 块料地面成品保护 | 旧地毯 | 经理室和秘书室 | | （抛光砖+地毯）工程量 | $m^2$ | 55.74 | 55.74 |
| 补020408005001 | 百叶窗帘安装 | | *B*，*D*立面 | | (6−0.24+3.4−0.12−0.05+3.2−0.12−0.05)×(2.6−1.2) | $m^2$ | 20.43 | 20.43 |
| | | | | | | | | |
| | | | | | | | | |

### 13.3.2　某经理办公室室内装饰工程投标报价实例

经理室室内装饰工程

## 工程量清单报价表

投 标 人：____________________（单位签字盖章）

法定代表人：________________________（签字盖章）

造价工程师
及注册证号：____________________（签字盖执业专用章）

编 制 时 间：　　年　　月　　日

# 投标总价

建设单位：________________________

工程名称：__经理室室内装饰工程__

投标总价(小写)：　37 402.75 元

(大写)：叁万柒千肆百零贰元柒角伍分

投　标　人：________________(单位签字盖章)

法定代表人：________________(签字盖章)

编 制 时 间：　年　　月　　日

## 工程项目总价

工程名称：经理室室内装饰工程　　　　第 1 页 共 1 页

| 序号 | 单项工程名称 | 金额（元） |
|---|---|---|
| 1 | 室内装饰装修工程 | 37402.75 |
| | | |
| | | |
| | | |
| | | |
| | | |
| | | |
| | | |
| | | |
| | | |
| | | |
| | | |
| | | |
| | | |
| | | |
| | | |
| | | |
| | | |
| | | |
| | | |
| | | |
| | | |
| | | |
| | | |
| | | |
| | | |
| | | |
| | | |
| | | |
| | | |
| | | |
| | 合 计 | 37402.75 |

## 单项工程费汇总表

工程名称：经理室室内装饰工程　　　　第1页 共1页

| 序号 | 单项工程名称 | 金额（元） |
|---|---|---|
| 1 | 室内装饰装修工程 | 37402.75 |
| | | |
| | | |
| | | |
| | | |
| | | |
| | | |
| | | |
| | | |
| | | |
| | | |
| | | |
| | | |
| | | |
| | | |
| | | |
| | | |
| | | |
| | | |
| | | |
| | | |
| | | |
| | | |
| | | |
| | | |
| | | |
| | | |
| | | |
| | | |
| | | |
| | 合 计 | 37402.75 |

**单项工程费汇总计算表**

工程名称：经理室室内装饰工程　　　　第1页 共1页

| 序号 | 项目名称 | 计算公式 | 费率（%） | 金额（元） |
|---|---|---|---|---|
| 1 | 分部分项工程量清单计价合计 | | 100 | 34437.11 |
| 2 | 措施项目清单计价合计 | | 100 | 1243.78 |
| 3 | 其他项目清单计价合计 | | 100 | 1721.86 |
| | | | | |
| | | | | |
| | | | | |
| | | | | |
| | | | | |
| | | | | |
| | | | | |
| | | | | |
| | | | | |
| | | | | |
| | | | | |
| | | | | |
| | | | | |
| | | | | |
| | | | | |
| | | | | |
| | | | | |
| | | | | |
| | | | | |
| | | | | |
| | | | | |
| | | | | |
| | | | | |
| | | | | |
| | | | | |
| | | | | |
| | | | | |
| | 合 计 | 1+2+3 | 100 | 37402.75 |

## 分部分项工程量清单计价表

工程名称：经理室室内装饰工程 第1页 共2页

| 序号 | 项目编码 | 项目名称 | 计量单位 | 工程数量 | 金额（元） | |
|---|---|---|---|---|---|---|
| | | | | | 综合单价 | 合价 |
| 1 | 020102002001 | 块料楼地面<br>1. 结合层<br>2. 面层：600mm×600mm 冠军牌抛光砖、优质品<br>3. 白水泥砂浆嵌缝 | $m^2$ | 14.31 | 190.57 | 2727.06 |
| 2 | 020104001001 | 楼地面羊毛地毯<br>1. 砂浆配合比找平<br>2. 铺设填充层、面层、防护材料<br>3. 装钉压条 | $m^2$ | 41.43 | 200.67 | 8313.76 |
| 3 | 020105006001 | 木质踢脚线<br>1. 120mm 高踢脚线<br>2. 基层：9mm 胶合板，规格 1220mm×2440mm×9mm<br>3. 面层：樱桃木直纹饰面胶合板，规格 1220mm×2440mm×3mm<br>4. 饰面板面油清漆 | $m^2$ | 5.88 | 169.48 | 996.54 |
| 4 | 020208001001 | 柱（梁）面装饰<br>1. 木结构底，饰面胶合板包方柱<br>2. 木龙骨规格 25mm×30mm，凹枋杉木龙骨中距 300mm×300mm<br>3. 基层：9mm 胶合板，规格 1220mm×2440mm×9mm<br>4. 面层：樱桃木直纹饰面胶合板，规格 1220mm×2440mm×3mm<br>5. 50mm×10mm 樱桃木装饰线条<br>6. 木结构基层刷防火漆 2 遍<br>7. 饰面板面油清漆 | $m^2$ | 12.05 | 115.00 | 1385.75 |
| 5 | 020302001001 | 天棚吊顶<br>1. 吊顶形式：直线跌级<br>2. 木龙骨规格 25mm×40mm，凹枋杉木龙骨中距 300mm×300mm<br>3. 基层：9mm 胶合板，规格 1220mm×2440mm×9mm<br>4. 木结构基层刷防火漆 2 遍<br>5. 面层刮泥子刷白色 ICI 乳胶漆底漆 2 遍、面漆 2 遍 | $m^2$ | 9.90 | 80.93 | 801.21 |
| 6 | 020302001002 | 天棚吊顶<br>1. 吊顶形式：轻钢龙骨石膏板平面天棚<br>2. 龙骨特征：U 型轻钢龙骨，中距 450mm×450mm<br>3. 基层：9mm 石膏板，规格 1220mm×2440mm×9mm<br>4. 面层：刮泥子刷白色 ICI 乳胶漆底漆 2 遍、面漆 2 遍<br>5. 16mm 半圆榉木装饰线条<br>6. 木装饰线面油清漆 | $m^2$ | 47.54 | 116.97 | 5560.76 |

## 分部分项工程量清单计价表

工程名称：经理室室内装饰工程　　　　第 2 页 共 2 页

| 序号 | 项目编码 | 项目名称 | 计量单位 | 工程数量 | 金额（元） | |
|---|---|---|---|---|---|---|
| | | | | | 综合单价 | 合价 |
| 7 | 020408002001 | 木窗帘盒<br>1. 木窗帘盒<br>2. 实木内刷防火漆 2 遍<br>3. 实木外刮泥子刷白色 ICI 乳胶漆底 漆 2 遍、面漆 2 遍 | $m^2$ | 12.02 | 61.66 | 741.15 |
| 8 | 020406007001 | 塑钢推拉窗<br>1. 海螺型材推拉窗，双扇带上亮<br>2. 单樘尺寸 1960mm × 2000mm<br>3. 铝材壁厚 1.0mm、4.5mm 平板玻璃 | 樘 | 5 | 904.27 | 4521.35 |
| 9 | 0204010030001 | 实木装饰门<br>1. 基层：杉木条结构底架<br>2. 面层：樱桃木直纹胶合板，规格 1220mm × 2440mm<br>3. 5mm 平板玻璃，执手门锁<br>4. 饰面板面油清漆 | $m^2$ | 6.24 | 321.42 | 2005.66 |
| 10 | 020407004001 | 门窗木贴脸<br>1. 80mm × 20mm 榉木装饰凹线<br>2. 装饰线油清漆 | $m^2$ | 4.20 | 335.52 | 1409.18 |
| 11 | 020409003001 | 石材窗台板<br>1. 进口大花绿窗台板<br>2. 石材磨边、抛光 | $m^2$ | 10.36 | 177.16 | 1835.38 |
| 12 | 020509001001 | 墙纸裱糊<br>1. 墙面裱糊墙纸<br>2. 满刮油性泥子<br>3. 面层：米色玉兰墙纸 | $m^2$ | 49.50 | 30.24 | 1496.88 |
| 13 | 补 020408005001 | 百叶垂帘<br>1. 浅蓝色 PVC 垂直帘<br>2. 铝合金道轨 | $m^2$ | 20.43 | 89.30 | 1824.40 |
| 14 | 010302001001 | 实心砖隔断墙<br>1. 运砖、运沙粒、拌浆、砌筑<br>2. 刮平、压平 | $m^3$ | 2.07 | 222.80 | 461.20 |
| 15 | 020407004001 | 筒子板樱桃木饰面<br>1. 基层：18mm 胶合板<br>2. 面层：樱桃木直纹饰面胶合板<br>3. 饰面板油清漆 | $m^2$ | 3.79 | 94.15 | 356.83 |
| | | 合 计 | | | | 34437.11 |

**措施项目清单计价表**

工程名称：经理室室内装饰工程　　　　第1页 共1页

| 序号 | 项目名称 | 金额（元） |
|---|---|---|
| 1 | 环境保护 | 0.00 |
| 2 | 文明施工 | 120.53 |
| 3 | 安全施工 | 0.00 |
| 4 | 临时设施 | 447.68 |
| 5 | 夜间施工 | 0.00 |
| 6 | 二次搬运 | 0.00 |
| 7 | 大型机械设备进出场及安拆 | 0.00 |
| 8 | 混凝土、钢筋混凝土模板及支架 | 0.00 |
| 9 | 脚手架 | 0.00 |
| 10 | 已完工程及设备保护 | 675.57 |
| 11 | 施工排水、降水 | 0.00 |
| 12 | 其他 | 0.00 |
| | | |
| | | |
| | | |
| | | |
| | | |
| | | |
| | | |
| | | |
| | | |
| | | |
| | | |
| | | |
| | | |
| | | |
| | | |
| | | |
| | | |
| | | |
| | | |
| | 合计 | 1243.78 |

**措施项目清单计算表**

工程名称：经理室室内装饰工程　　　　　　　　　　　　　　　　　　　　第 1 页 共 1 页

| 序号 | 项目名称 | 计算基础 | 费率（%） | 金额（元） |
|---|---|---|---|---|
| L | 临时设施费 | 分部分项工程费 | 1.30 | 447.68 |
| 2 | 文明施工措施费 | 分部分项工程费 | 0.35 | 120.53 |
| 3 | 脚手架 | 见措施项目费分析表 | 100.00 | 0.00 |
| 4 | 已完工程及设备保护 | 见措施项目费分析表 | 100.00 | 675.57 |
| | | | | |
| | 合 计 | 1+2+3+4 | 100.00 | 1243.78 |

## 其他项目清单计价表

工程名称：经理室室内装饰工程　　　　第1页 共1页

| 序号 | 项 目 名 称 | 金额（元） |
|---|---|---|
| 1 | 招标人部分 | |
| | 1.1 预留金 | 1721.86 |
| | 1.2 材料购置费 | 0.00 |
| | | |
| | | |
| | | |
| | | |
| 2 | 投标人部分 | |
| | 2.1 零星工作项目费 | 0.00 |
| | 2.2 总包服务费 | 0.00 |
| | | |
| | | |
| | | |
| | | |
| | | |
| | | |
| | | |
| | | |
| | | |
| | | |
| | | |
| | | |
| | | |
| | | |
| | | |
| | | |
| | | |
| | | |
| | | |
| | | |
| | 合 计 | 1721.86 |

## 零星工作项目计价表

工程名称：经理室室内装饰工程　　　　第 1 页 共 1 页

| 序号 | 名　　称 | 计量单位 | 数　　量 |
| --- | --- | --- | --- |
| 1 | 人工 | | |
| | | | |
| | | | |
| | | | |
| | | | |
| | | | |
| | | | |
| | | | |
| | | | |
| 2 | 材料 | | |
| | | | |
| | | | |
| | | | |
| | | | |
| | | | |
| | | | |
| | | | |
| | | | |
| | | | |
| 3 | 机械 | | |
| | | | |
| | | | |
| | | | |
| | | | |
| | | | |
| | | | |
| | | | |
| | | | |
| | | | |
| | | | |
| | | | |
| | | | |

## 分部分项工程量清单综合计价分析表

工程名称：经理室室内装饰工程　　　　第1页 共4页

| 序号 | 项目编码 | 项目名称 | 工程内容 | | | | 综合单价组成（元） | | | | | | | | 综合单价 |
|---|---|---|---|---|---|---|---|---|---|---|---|---|---|---|---|
| | | | 定额号 | 定额名称 | 定额单位 | 工程量 | 人工费 | 材料费 | 机械使用费 | 综合费 | 利润 | 劳动保险费 | 规费 | 税金 | |
| 1 | 020102002001 | 块料楼地面<br>1. 结合层<br>2. 面层：600mm × 600mm 冠军牌抛光砖、优质品<br>3. 白水泥砂浆嵌缝 | 1－242（换） | 面层铺设 | $m^2$ | 14.31 | 13.76 | 153.70 | 0.46 | 3.48 | 11.29 | 1.74 | 0.2 | 6.34 | 190.57 元/$m^2$ |
| | | | 小计 | | | | 13.36 | 153.70 | 0.46 | 3.48 | 11.29 | 1.74 | 0.2 | 6.34 | |
| 2 | 020105006001 | 木质踢脚线<br>1. 120mm 高踢脚线<br>2. 基层：9mm 胶合板，规格 1220mm × 2440mm × 9mm<br>3. 面层：樱桃木直纹饰面胶合板，规格 1220mm × 2440mm × 3mm<br>4. 饰面板面油清漆 | 1－415（换） | 面层铺贴刷防护材料、装饰线条 | $m^2$ | 5.88 | 30.07 | 100.29 | 0.25 | 8.08 | 9.03 | 4.81 | 0.17 | 5.58 | 169.48 元/$m^2$ |
| | | | 5－148 | 油漆 | $m^2$ | 5.88 | 5.29 | 2.55 | 0.00 | 1.51 | 0.68 | 0.75 | 0.01 | 0.41 | |
| | | | 小计 | | | | 35.36 | 102.84 | 0.25 | 9.59 | 9.71 | 5.56 | 0.18 | 5.99 | |
| 3 | 020208001001 | 柱（梁）面装饰<br>1. 木结构底，饰面胶合板包方柱<br>2. 木龙骨规格 25mm × 30mm 凹枋杉木龙骨中距 300mm × 300mm<br>3. 基层：9mm 胶合板，规格 1220mm × 2440mm × 9mm<br>4. 面层：樱桃木直纹饰面胶合板，规格 1220mm × 2440mm × 3mm<br>5. 50mm × 10mm 樱桃木装饰线条<br>6. 木结构基层刷防火漆 2 遍<br>7. 饰面板面油清漆 | 2－301（换） | 饰面板 | $m^2$ | 12.05 | 8.6 | 26.86 | 0.65 | 2.32 | 2.69 | 1.16 | 0.05 | 1.55 | 115 元/$m^2$ |
| | | | 2－262 | 木龙骨 | $m^2$ | 12.05 | 5.59 | 10.35 | 0.32 | 1.51 | 1.24 | 0.75 | 0.02 | 0.72 | |
| | | | 2－287 | 基层板 | $m^2$ | 12.05 | 6.02 | 25.02 | 0.23 | 1.63 | 2.30 | 0.81 | 0.04 | 1.32 | |
| | | | 5－1 | 饰面油漆 | $m^2$ | 12.05 | 6.02 | 3.53 | 0.00 | 1.63 | 0.78 | 0.81 | 0.01 | 0.47 | |
| | | | 小计 | | | | 26.23 | 65.76 | 1.20 | 7.09 | 7.01 | 3.53 | 0.12 | 4.06 | |

## 分部分项工程量清单综合计价分析表

工程名称：经理室室内装饰工程

第2页 共4页

| 序号 | 项目编码 | 项目名称 | 工程内容 | | | | 综合单价组成（元） | | | | | | | | 综合单价 |
|---|---|---|---|---|---|---|---|---|---|---|---|---|---|---|---|
| | | | 定额号 | 定额名称 | 定额单位 | 工程量 | 人工费 | 材料费 | 机械使用费 | 综合费 | 利润 | 劳动保险费 | 规费 | 税金 | |
| 4 | 020302001001 | 天棚吊顶<br>1. 吊顶形式：直线跌级<br>2. 木龙骨规格25mm×40mm，凹枋杉木龙骨中距300mm×300mm<br>3. 基层：9mm胶合板，规格1220mm×2440mm×9mm<br>4. 木结构基层刷防火漆2遍<br>5. 面层刮泥子刷白色ICI乳胶漆底漆2遍、面漆2遍 | 3-26 | 龙骨 | m² | 9.90 | 8.17 | 22.22 | 3.66 | 2.21 | 2.54 | 1.10 | 0.05 | 1.46 | 80.93元/m² |
| | | | 3-82 | 基层 | m² | 9.90 | 3.87 | 18.03 | 0.23 | 1.04 | 1.62 | 0.52 | 0.03 | 0.93 | |
| | | | 5-4 | 饰面油漆 | m² | 9.90 | 6.02 | 3.53 | 0.00 | 1.63 | 0.78 | 0.81 | 0.01 | 0.47 | |
| | | | 小计 | | | | 18.06 | 43.78 | 3.89 | 4.88 | 4.94 | 2.43 | 0.09 | 2.86 | |
| 5 | 020302001002 | 天棚吊顶<br>1. 吊顶形式：轻钢龙骨白骨板平面天棚<br>2. 龙骨特征：U型轻钢龙骨，中距400mm×400mm<br>3. 基层：9mm石膏板，规格1220mm×2440mm×9mm<br>4. 面层刮泥子刷白色ICI乳胶漆底漆2遍、面漆2遍<br>5. 16mm半圆樱桃木装饰线条<br>6. 木装饰线面油清漆 | 3-41 | 轻钢龙骨 | m² | 47.54 | 8.17 | 52.96 | 0.10 | 2.21 | 4.44 | 1.10 | 0.08 | 0.09 | 116.9元/m² |
| | | | 3-117 | 饰面 | | | 5.59 | 9.85 | 0.00 | 1.51 | 1.19 | 0.75 | 0.02 | 0.69 | |
| | | | 6-31（换） | 装饰线条 | | | 1.29 | 10.44 | 0.11 | 0.35 | 0.65 | 0.17 | 0.01 | 0.37 | |
| | | | 5-4 | 饰面油漆 | m² | 47.54 | 6.02 | 3.53 | 0.00 | 1.63 | 0.78 | 0.81 | 0.01 | 0.47 | |
| | | | 5-183 | 线条油漆 | | | 0.92 | 0.14 | 0.00 | 0.25 | 0.09 | 0.12 | 0.00 | 0.06 | |
| | | | 小计 | | | | 21.99 | 76.92 | 0.21 | 5.95 | 7.15 | 2.95 | 0.12 | 1.68 | |
| 6 | 020408002001 | 木窗帘盒<br>1. 实木内刷防火漆2遍<br>3. 实木外刮泥子刷白色ICI乳胶漆底漆2遍、面漆2遍 | 4-252 | 制作安装 | m | 12.02 | 9.03 | 29.94 | 1.05 | 2.44 | 2.97 | 1.22 | 0.05 | 1.71 | 61.66元/m² |
| | | | 5-4 | 饰面油漆 | m² | 12.02 | 6.02 | 3.53 | 0.00 | 1.63 | 0.78 | 0.81 | 0.01 | 0.47 | |
| | | | 小计 | | | | 15.05 | 33.47 | 1.05 | 4.07 | 3.75 | 2.03 | 0.06 | 2.18 | |

## 分部分项工程量清单综合计价分析表

工程名称：经理室室内装饰工程 　　　　第3页 共4页

| 序号 | 项目编码 | 项目名称 | 工程内容 | | | | 综合单价组成（元） | | | | | | | | 综合单价 |
|---|---|---|---|---|---|---|---|---|---|---|---|---|---|---|---|
| | | | 定额号 | 定额名称 | 定额单位 | 工程量 | 人工费 | 材料费 | 机械使用费 | 综合费 | 利润 | 劳动保险费 | 规费 | 税金 | |
| 7 | 020406007001 | 塑钢推拉窗<br>1. 海螺型材推拉窗，双扇带上亮<br>2. 单樘尺寸 1960mm×2000mm<br>3. 铝材壁厚 1.2mm<br>4. 5mm 平板玻璃 | 4-241（换） | 制作和安装 | 樘 | 5 | 75.82 | 705.65 | 2.94 | 20.46 | 56.33 | 10.19 | 0.98 | 31.90 | 904.27 元/樘 |
| | | | 小计 | | | | 75.82 | 705.65 | 2.94 | 20.46 | 56.33 | 10.19 | 0.98 | 31.90 | |
| 8 | 020401003001 | 实木装饰门<br>1. 基层：杉木条结构底架<br>2. 面层：樱桃木直纹胶合板，规格 1220mm×2440mm×3mm<br>3. 5mm 平板玻璃，执手门锁<br>4. 饰面板面油清漆 | 4-49（换） | 实木门扇制作和安装 | $m^2$ | 6.24 | 48.16 | 177.79 | 16.82 | 13.00 | 15.47 | 6.48 | 0.28 | 8.90 | 321.42 元/$m^2$ |
| | | | 6-31（换） | 樱桃木装饰线条 | m | 15.8 | 1.29 | 10.52 | 0.11 | 0.35 | 0.65 | 0.17 | 0.01 | 0.37 | |
| | | | 5-1 | 饰面油漆 | $m^2$ | 6.24 | 8.60 | 6.96 | 0.00 | 2.32 | 1.25 | 1.16 | 0.02 | 0.74 | |
| | | | 小计 | | | | 58.05 | 195.27 | 16.93 | 15.67 | 17.37 | 7.81 | 0.31 | 10.01 | |
| 9 | 020407004001 | 门窗木贴脸<br>1. 80mm×20mm 樱桃木装饰凹线<br>2. 装饰线油清漆 | 4-109（换） | 木贴脸 | $m^2$ | 4.20 | 69.61 | 191.58 | 13.38 | 18.81 | 20.52 | 9.38 | 0.38 | 11.86 | 335.52 元/$m^2$ |
| | | | 小计 | | | | 69.61 | 191.58 | 13.38 | 18.81 | 20.52 | 9.38 | 0.38 | 11.86 | |
| 10 | 020104001001 | 楼地面羊毛地毯<br>1. 砂浆配合比找平<br>2. 铺设填充层、面层、防护材料<br>3. 装钉压条 | 1-80 | 羊毛地毯 | $m^2$ | 41.43 | 16.77 | 157.31 | 0.00 | 4.53 | 12.50 | 2.26 | 0.22 | 7.08 | 200.67 元/$m^2$ |
| | | | 小计 | | | | 16.77 | 157.31 | 0.00 | 4.53 | 12.50 | 2.26 | 0.22 | 7.08 | |

## 分部分项工程量清单综合计价分析表

工程名称:经理室室内装饰工程　　　　第4页 共4页

| 序号 | 项目编码 | 项目名称 | 工程内容 | | | | 综合单价组成(元) | | | | | | | | 综合单价 |
|---|---|---|---|---|---|---|---|---|---|---|---|---|---|---|---|
| | | | 定额号 | 定额名称 | 定额单位 | 工程量 | 人工费 | 材料费 | 机械使用费 | 综合费 | 利润 | 劳动保险费 | 规费 | 税金 | |
| 11 | 020407006001 | 筒子板饰面<br>1. 基层:18mm 胶合板<br>2. 面层:樱桃木直纹饰面胶合板,规格1220mm×2440mm×3mm<br>3. 饰面板油清漆 | 2-301(换) | 饰面板 | $m^2$ | 3.79 | 8.6 | 26.86 | 0.65 | 2.32 | 2.69 | 1.16 | 0.05 | 1.55 | 94.15元/$m^2$ |
| | | | 2-287 | 基层板 | $m^2$ | 3.79 | 6.02 | 25.02 | 0.23 | 1.63 | 2.30 | 0.81 | 0.04 | 1.32 | |
| | | | 5-4 | 饰面油漆 | $m^2$ | 3.79 | 6.02 | 3.53 | 0.00 | 1.63 | 0.78 | 0.81 | 0.01 | 0.47 | |
| | | | 小计 | | | | 20.64 | 55.06 | 0.88 | 5.58 | 5.77 | 2.78 | 0.10 | 3.34 | |
| 12 | 020409003001 | 石材窗台板<br>1. 进口大花绿窗台板<br>2. 石材磨边、抛光 | 4-105(换) | 制作安装 | m | 10.36 | 49.88 | 79.64 | 1.28 | 13.47 | 10.10 | 6.71 | 0.18 | 5.90 | 177.16元/m |
| | | | 估 | 磨边 | m | 10.36 | 6.2 | 0.00 | 0.28 | 0.72 | 0.63 | 0.64 | 0.08 | 1.45 | |
| | | | 小计 | | | | 56.08 | 79.64 | 1.56 | 14.19 | 10.73 | 7.35 | 0.26 | 7.35 | |
| 13 | 020509001001 | 墙纸裱糊<br>1. 墙面裱糊墙纸<br>2. 满刮油性泥子<br>3. 面层:米色玉兰墙纸 | 5-325 | 贴墙纸 | $m^2$ | 49.50 | 9.89 | 13.43 | 0.00 | 2.67 | 1.82 | 1.33 | 0.03 | 1.07 | 30.24元/$m^2$ |
| | | | 小计 | | | | 9.89 | 13.43 | 0.00 | 2.67 | 1.82 | 1.33 | 0.03 | 1.07 | |
| 14 | 补020408005001 | 百叶垂帘<br>1. 浅蓝色 PVC 垂直帘<br>2. 铝合金道轨 | 4-265 | 制作安装 | $m^2$ | 20.43 | 4.30 | 74.22 | 0.20 | 1.16 | 5.59 | 0.58 | 0.10 | 3.15 | 89.30元/$m^2$ |
| | | | 小计 | | | | 4.30 | 74.22 | 0.20 | 1.16 | 5.59 | 0.58 | 0.10 | 3.15 | |
| 15 | 010103001001 | 实心砖隔断墙<br>1. 运砖、运沙粒、拌浆、砌筑<br>2. 刮平、压光 | 13-76 | 实心墙砌筑 | $m^3$ | 2.07 | 59.40 | 115.84 | 1.90 | 16.04 | 13.52 | 8.00 | 0.24 | 7.86 | 222.80元/$m^3$ |
| | | | 小计 | | | | 59.40 | 115.84 | 1.90 | 16.04 | 13.52 | 8.00 | 0.24 | 7.86 | |

## 措施项目费分析表

工程名称:经理室室内装饰工程　　　　第1页 共1页

| 序号 | 项目名称 | 单位 | 措施内容 | | | | 综合单价组成（元） | | | | | | | | 综合单价 |
|---|---|---|---|---|---|---|---|---|---|---|---|---|---|---|---|
| | | | 定额号 | 定额名称 | 定额单位 | 工程量 | 人工费 | 材料费 | 机械使用费 | 综合费 | 利润 | 劳动保险费 | 规 费 | 税 金 | |
| 1 | 脚手架 | 项 | | | | 0 | | | | | | | | | |
| 2 | 已完工程及设备保护 | 项 | | | | 1 | | | | | | | | | |
| 2.1 | 楼地面成品保护编织布 | $m^2$ | 13－147 | 楼地面成品保护旧地毯 | $m^2$ | 55.74 | 0.3 | 10.50 | 0.00 | 0.08 | 0.76 | 0.04 | 0.01 | 0.43 | 12.12 元/$m^2$ |
| | 费用小计 | 55.74×12.12＝675.57 元/$m^2$ | | | | | | | | | | | | | |
| 3 | 措施项目费 | | | | | | | | | | | | | | |
| | 合计 | 675.57(元) | | | | | | | | | | | | | |
| | | | | | | | | | | | | | | | |
| | | | | | | | | | | | | | | | |
| | | | | | | | | | | | | | | | |
| | | | | | | | | | | | | | | | |
| | | | | | | | | | | | | | | | |
| | | | | | | | | | | | | | | | |
| | | | | | | | | | | | | | | | |

## 主要材料价格表

工程名称：经理室室内装饰工程　　　　第1页 共1页

| 序号 | 材料编码 | 材料名称 | 规格、型号等特殊要求 | 单位 | 单 价 |
|---|---|---|---|---|---|
| 1 | | 轻钢大龙骨 h60mm | | m | 4.57 |
| 2 | | 轻钢中龙骨 h19mm | | m | 2.22 |
| 3 | | 轻钢小龙骨 h19mm | | m | 3.71 |
| 4 | | 杉木板材 | | $m^3$ | 1 109.66 |
| 5 | | 杉木枋材 | | $m^3$ | 1 633.64 |
| 6 | | 松木板材 | | $m^3$ | 976.95 |
| 7 | | 松杂木枋板材（周转材、综合） | | $m^3$ | 1 040.84 |
| 8 | | 杉木门窗套料 | | $m^3$ | 1 512.94 |
| 9 | | 硬木枋材 | | $m^3$ | 2 201.17 |
| 10 | | 胶合板 2440mm×220mm×18mm | | $m^2$ | 55.55 |
| 11 | | 凹枋（杉木） | 25mm×40mm | m | 0.89 |
| 12 | | 木枋（杉木） | 25mm×40mm | m | 0.72 |
| 13 | | 胶合板 | 9mm | $m^2$ | 29.43 |
| 14 | | 樱桃胶合板 | | $m^2$ | 26.86 |
| 15 | | 樱桃木装饰直线 | 50mm×10mm | m | 7.51 |
| 16 | | 樱桃木装饰直线 | 50mm×20mm 坑线 | m | 13.20 |
| 17 | | 樱桃木装饰直线 | 16mm 半圆线 | m | 2.30 |
| 18 | | 樱桃木装饰直线 | 25mm×20mm | m | 7.60 |
| 19 | | 樱桃木装饰直线 | 15mm×5mm | m | 2.30 |
| 20 | | 32.5（R）水泥 | | t | 278.15 |
| 21 | | 32.5（R）白水泥 | | t | 576.91 |
| 22 | | 抛光砖 | 冠军牌 600mm×600mm 优 | $m^2$ | 154.13 |
| 23 | | 平板玻璃 5mm 厚 | | $m^2$ | 26.17 |
| 24 | | 饰面胶合板 | 3mm | $m^2$ | 27.77 |
| 25 | | 方钢管 25mm×25mm×2.5mm | | kg | 3.71 |
| 26 | | 塑钢双扇推拉窗 | 海螺型材带上亮 | $m^2$ | 230.68 |
| 27 | | 百叶窗帘 | | $m^2$ | 74.22 |
| 28 | | 石膏板 9mm 厚 | | $m^2$ | 8.79 |
| 29 | | 进口大花绿大理石 | | $m^2$ | 523.45 |
| 30 | | 装饰木条 16mm×19mm | | m | 0.75 |
| 31 | | 墙纸 | | $m^2$ | 13.43 |
| 32 | | 羊毛地毯 | | $m^2$ | 157.31 |

## 工程量计算书(工程量清单计价)

工程名称:经理室室内装饰工程



| 定额编号 | 工程项目 | 说明 | 位置 | 件数 | 计算式 | 单位 | 数量 | 累计数量 | 定额计量单位 | 定额计量数量 |
|---|---|---|---|---|---|---|---|---|---|---|
| 1. 室内地面装饰 | | | | | | | | | | |
| 1-242(换) | 600mm×600mm抛光砖楼地面 | 冠军牌 | 秘书室 | | (4.65-0.12)×(3.40-0.12-0.05)-0.70×(0.70-0.24) | $m^2$ | 14.31 | | | |
| 1-80 | 楼地面羊毛地毯 | | 经理室 | | (9.85-0.24)×(6.00-0.24)-(6.00-3.20+0.05)×(4.65+0.01)-2×0.70×(0.70-0.12) | $m^2$ | 41.43 | | | |
| 1-415 | 樱桃木饰面板踢脚线 | 120mm高 | | | [(9.85-0.24)+(6.00-0.24)+(5.20-0.12-0.10)+(4.65-0.12)+(6.60-0.24-0.10)+6×(0.70-0.24)+2×(4.65-0.12)+(3.40-0.12-0.05)+(6.00-3.20+0.05)]×0.12 | $m^2$ | 5.88 | | | |
| 5-148 | 樱桃木饰面板踢脚线刷清漆 | | | | [(9.85-0.24)+(6.00-0.24)+(5.20-0.12-0.10)+(4.65-0.12)+(6.60-0.24-0.10)+6×(0.70-0.24)+2×(4.65-0.12)+(3.40-0.12-0.05)+(6.00-3.20+0.05)]×0.12 | $m^2$ | 5.88 | | | |
| 2. 顶棚室内装饰 | | | | | | | | | | |
| 3-26 | 天棚木龙骨((直线跌级) | | 1剖面 | | (4.6+0.08×4)×(3.6+0.08×4)-3.6×4.6+(3.0+0.08×4)×(3.6+0.08×4)-3.6×3.0+(2.0+0.08×4)×(3.6+0.08×4)-3.6×2.0 | $m^2$ | 6.84 | | | |
| 3-26 | 天棚木龙骨(直线跌级) | | 2剖面 | | (0.5+0.1×2+0.14×2)×(0.3+0.1×2+0.14×2)×4 | $m^2$ | 3.06 | | | |
| 3-82 | 胶合板基层(直线跌级) | | | | 3.06+6.84 | $m^2$ | 9.90 | | | |
| 5-280 | 胶合板天棚面刷乳胶漆 | 9mm胶合板 | | | 3.06+6.84 | $m^2$ | 9.90 | | | |
| 3-41 | 上人型一级轻钢龙骨 | 600×600 | | | (9.85-0.24)×(6.00-0.24)+(4.65-0.12)×(0.7-0.24) | $m^2$ | 47.54 | | | |

## 工程量计算书(工程量清单计价)

工程名称:经理室室内装饰工程　　　　第2页 共4页

| 定额编号 | 工程项目 | 说明 | 位置 | 件数 | 计算式 | 单位 | 数量 | 累计数量 | 定额计量单位 | 定额计量数量 |
|---|---|---|---|---|---|---|---|---|---|---|
| 3-117 | 石膏板(安装在U型轻钢龙骨) | | | | (9.85-0.24)×(6.00-0.24)+(4.65-0.12)×(0.7-0.24) | $m^2$ | 47.54 | | | |
| 2-281 | 石膏板天棚面油乳胶漆 | | | | (9.85-0.24)×(6.00-0.24)+(4.65-0.12)×(0.7-0.24) | $m^2$ | 47.54 | | | |
| 6-31换 | 石膏板面樱桃木装饰线 | 16mm宽 | | | 9.85-0.24+6.0-0.24+5.2-0.36+4.65-0.12+6.6-0.24-0.12+(1.2+0.7)×3 | m | 36.68 | | | |
| 5-183 | 樱桃木装饰线刷清漆 | | | | [9.85-0.24+6.0-0.24+5.2-0.36+4.65-0.12+6.6-0.24-0.12+(1.2+0.7)×3]×0.016 | $m^2$ | 0.59 | | | |
| 3. 室内墙柱面装饰 | | | | | | | | | | |
| | 墙面贴墙纸 | | *A*立面 | | (1.85-0.12+2.1)×(2.6-0.12)-(1.20+0.08×2)×(2.15+0.08)+(5.10-0.24)×(2.6-0.12) | $m^2$ | 18.52 | | | |
| | 墙面贴墙纸 | | *B*立面 | | (6.60-0.24-0.10)×(2.60-0.12)-2×(2.00+0.16)×1.7 | $m^2$ | 8.18 | | | |
| | 墙面贴墙纸 | | *C*立面 | | (9.85-0.7-0.7-0.24)×(2.6-0.12)-(0.85+0.08×2)×2.15+1.01×0.12 | $m^2$ | 18.31 | | | |
| | 墙面贴墙纸 | | *D*立面 | | (6.00-0.24)×(0.9-0.12) | $m^2$ | 4.49 | | | |
| 5-325 | 墙面贴墙纸 | | 合计 | | 18.52+8.18+18.31+4.49 | $m^2$ | 49.50 | 49.50 | | |

**工程量计算书(工程量清单计价)**

工程名称:经理室室内装饰工程　　　　第3页 共4页

| 定额编号 | 工程项目 | 说明 | 位置 | 件数 | 计算式 | 单位 | 数量 | 累计数量 | 定额计量单位 | 定额计量数量 |
|---|---|---|---|---|---|---|---|---|---|---|
| 2-301换 | 樱桃木柱饰面 | | Z1、Z2、Z3柱 | | [(0.7-0.24)×3×2+0.7×3]×(2.6-0.12) | $m^2$ | 12.05 | 12.05 | $m^2$ | 12.05 |
| 2-262 | 柱木龙骨制作与安装 | | Z1、Z2、Z3柱 | | [(0.7-0.24)×3×2+0.7×3]×(2.6-0.12) | $m^2$ | 12.05 | 12.05 | $m^2$ | 12.05 |
| 2-287 | 柱9mm胶合板基层 | | Z1、Z2、Z3柱 | | [(0.7-0.24)×3×2+0.7×3]×(2.6-0.12) | $m^2$ | 12.05 | 12.05 | $m^2$ | 12.05 |
| 5-1 | 饰面板刷清漆 | | Z1、Z2、Z3柱 | | [(0.7-0.24)×3×2+0.7×3]×(2.6-0.12) | $m^2$ | 12.05 | 12.05 | $m^2$ | 12.05 |
| 4. 室内门窗装饰 | | | | | | | | | | |
| 4-105 | 进口大花绿石材窗台板 | | B、D立面 | | 6.60-0.24+4 | m | 10.36 | 10.36 | | |
| 13-124 | 石材现场磨边、抛光 | | B、D立面 | | 6.00-0.24+4 | m | 10.36 | 10.36 | | |
| 4-265 | 百叶窗帘 | | B、D立面 | | (6.00-0.24+3.4-0.12-0.05+3.2-0.12-0.05)×(2.6-0.9) | $m^2$ | 20.43 | 20.43 | | |
| 4-241 | 塑钢推拉窗安装(1960mm×2000mm带上亮) | 海螺型材 | B、D立面 | | 5 | 樘 | 5 | 5 | | |
| 4-252 | 实木窗帘盒制作和安装 | 300mm宽,300mm高 | B、D立面 | | 6.60-0.24+4 | m | 10.36 | 10.36 | | |
| 5-4 | 胶合板窗帘盒刷乳胶漆 | | B、D立面 | | 6.60-0.24+4 | m | 10.36 | 10.36 | | |
| 4-49 | 实木装饰门制作与安装 | | M4、M9 | | 0.85×2.15×2+2.15×1.2 | $m^2$ | 6.24 | 6.24 | | |

**工程量计算书(工程量清单计价)**

工程名称:经理室室内装饰工程　　　　第 4 页 共 4 页

| 定额编号 | 工 程 项 目 | 说 明 | 位 置 | 件数 | 计 算 式 | 单 位 | 数 量 | 累计数量 | 定额计量单位 | 定额计量数量 |
|---|---|---|---|---|---|---|---|---|---|---|
| 4 - 109 换 | 门窗贴脸 | | *M4*、*M9* *B*、*D* 立面 | | [(0.85 + 0.16) × 4 + 2.15 × 12 + (1.2 + 0.16) × 2 + (6.00 - 0.24) + 1.7 × 6 + 4] × 0.08 | $m^2$ | 4.20 | | | |
| 5 - 277 | 门窗贴脸油清漆 | | *M4*、*M9* *B*、*D* 立面 | | [(0.85 + 0.16) × 4 + 2.15 × 12 + (1.2 + 0.16) × 2 + (6.00 - 0.24) + 1.7 × 6 + 4] × 0.08 | $m^2$ | 4.20 | | | |
| 2 - 301 换 | 樱桃木筒子板 | | *M4*、*M9* | | (2.15 × 6.00 + 1.20 + 0.85 + 0.85) × 0.24 | $m^2$ | 3.79 | | | |
| 5. 室内拆建项目 | | | | | | | | | | |
| 13 - 76 | 实心砖隔断墙 | | 隔断墙 | | (4.65 + 6.00 - 3.20 + 0.05) × 3.00 × 0.10 - 0.85 × 2.15 × 0.10 | m3 | 2.07 | | | |
| 6. 措施项目工程量 | | | | | | | | | | |
| 13 - 147 | 块料地面成品保护 | 旧地毯 | | | (抛光砖 + 地毯) 工程量 | $m^2$ | 55.74 | | | |
| | | | | | | | | | | |
| | | | | | | | | | | |
| | | | | | | | | | | |
| | | | | | | | | | | |
| | | | | | | | | | | |
| | | | | | | | | | | |

### 13.3.3 某经理室室内装饰施工图

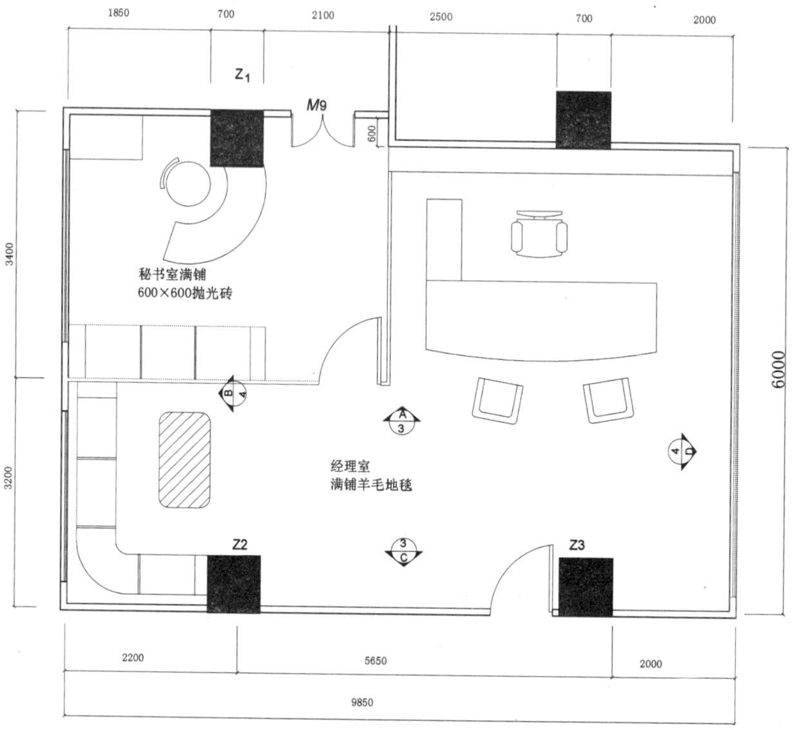


经理室室内平面图 1:100

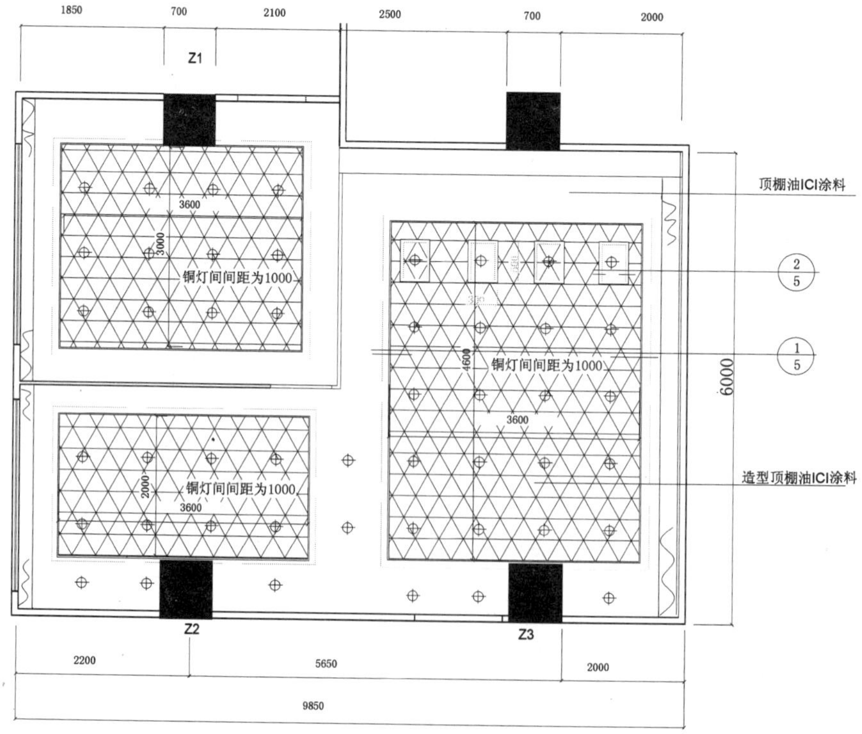


经理室顶棚平面图 1:100

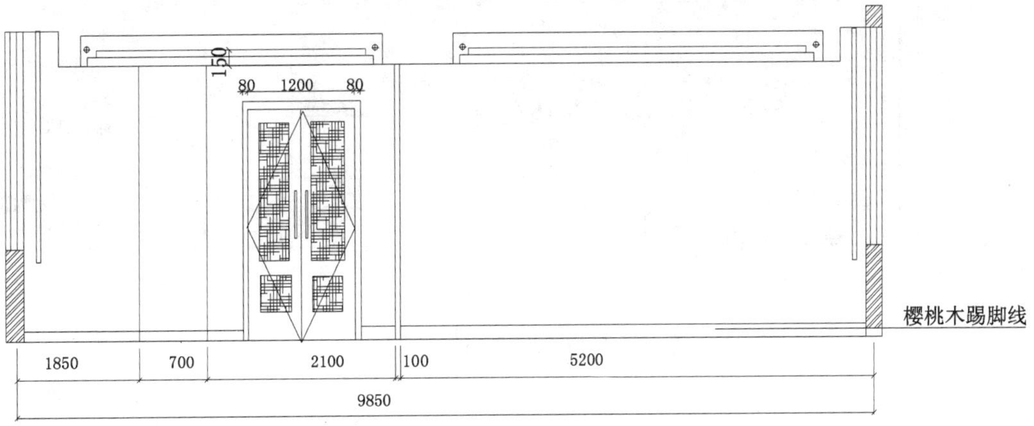


经理室A立面 1:50

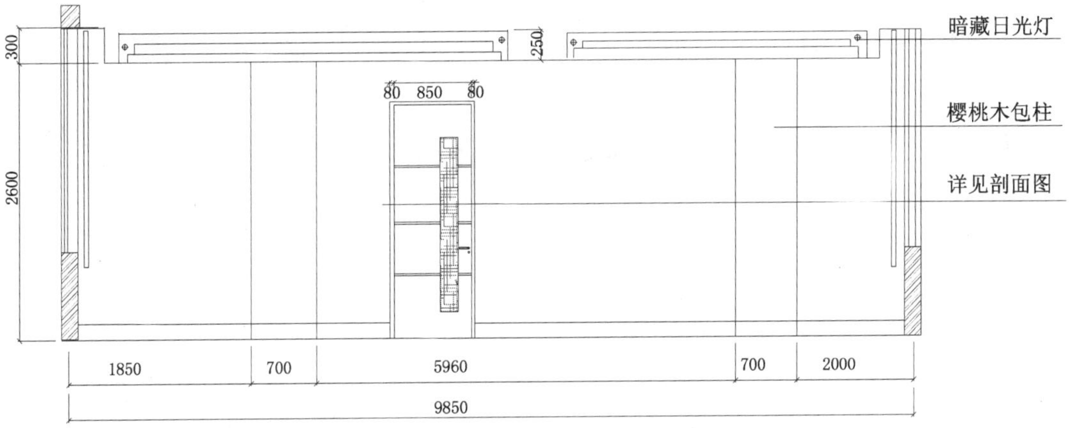


经理室C立面 1:50

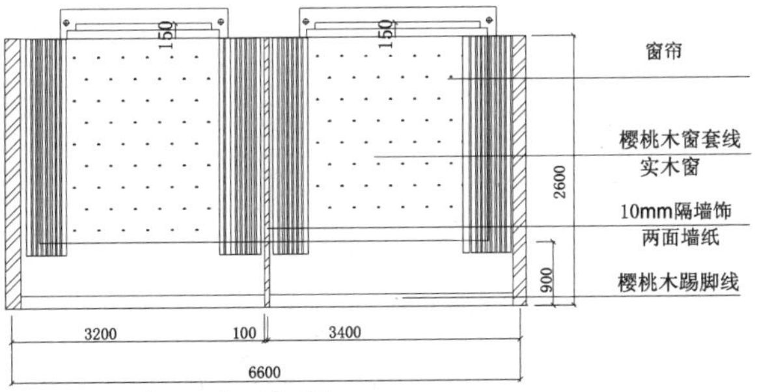


经理室B立面 1:50

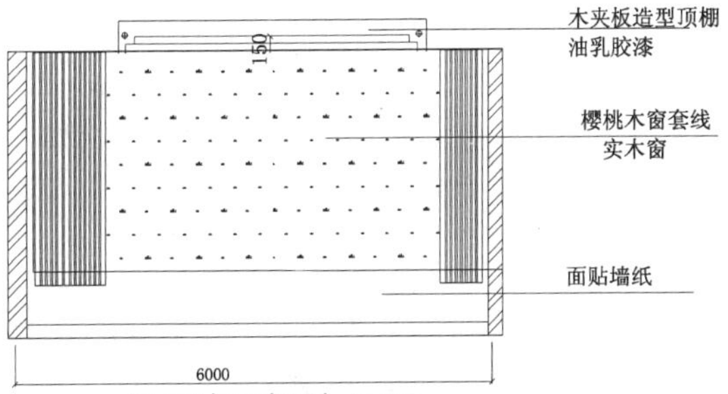


经理室D立面 1:50

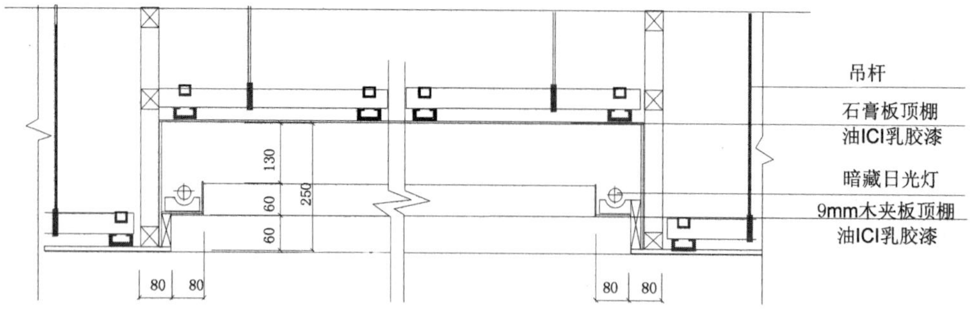


① 顶棚剖面图1:10

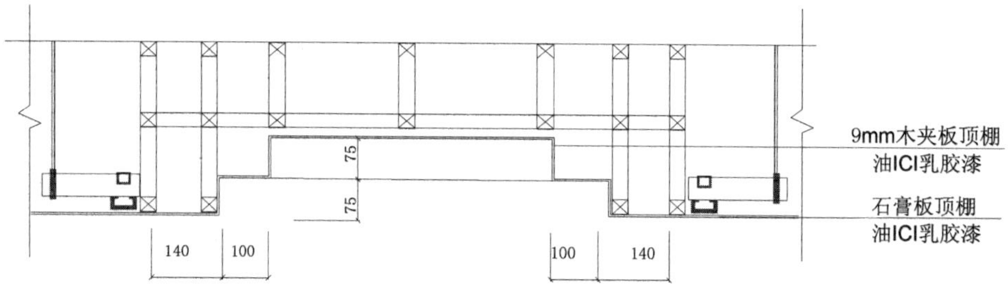


② 顶棚剖面图1:10

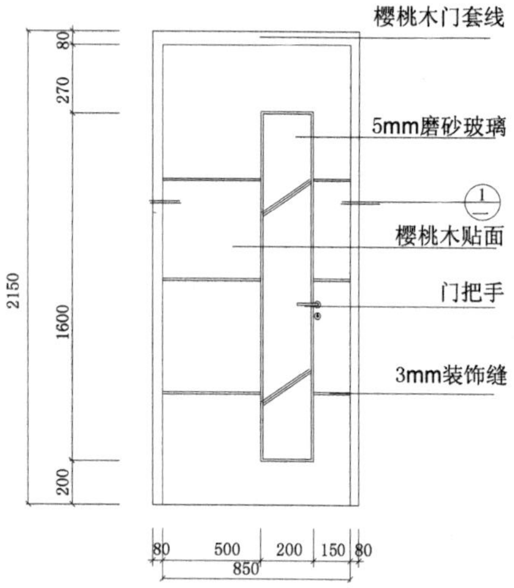


M4门大样图 1: 20

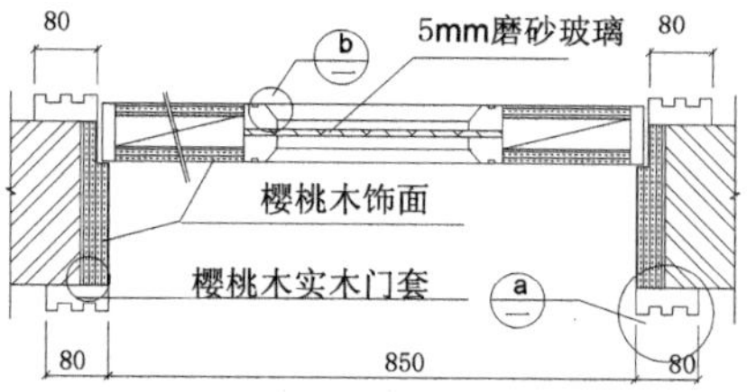


① 剖面图 1:5

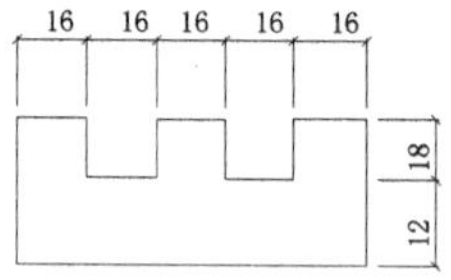


ⓑ 门套大样图1:1

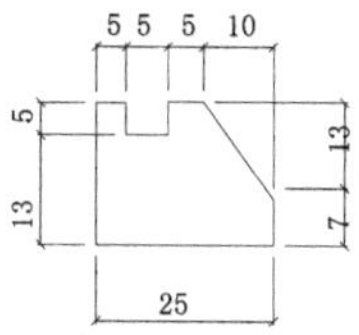


ⓐ 木线大样图1:1

【本章小结】

工程招标投标是建设单位和施工单位（或买卖双方）交易的一种手段和方法。

招标即招标人（业主或建设单位）择优选择施工单位（承包方）的一种做法。在工程招标之前，将拟建的工程委托设计单位或顾问公司设计，编制概预算或估算，俗称编制标底。标底是个不公开的数字，它是工程招投标中的机密，切不可泄露。招标单位准备好一切条件，发表招标公告或邀请几家施工单位来投标，利用投标企业之间的竞争，从中择优选定承包方（施工单位）。

本章结合我国室内装饰工程招标投标特点和建设工程工程量清单计价编制的方法，对某经理室室内装饰工程进行了招投标清单编制。

【思考题】

1. 我国建设工程招投标发展经历了怎样过程?

2. 室内装饰工程招投标的内容、文件组成有哪些?

3. 工程量清单计价与装饰工程招投标的关系如何?

4. 工程量清单计价编制应注意哪些问题?

5. 以某品牌店工程为例编制招投标清单。

【推荐阅读书目】

1. 福建省建筑装饰工程预算定额（2001）. 福建省建委编制. 北京：中国计划出版社，2001.

2. 建设工程工程量清单计价规范（GB50500—2003）. 中华人民共和国建设部主编. 北京：中国计划出版社，2003.

【相关链接】

1. 福建省建设工程造价信息网，http：//www. fjgczj. com。

2. 中国建设工程造价信息网，http：//www. ccost. com。

3. 中国建设工程造价管理协会，http：//www. ceca. org. cn。

# 参考文献


陈玉雄，蒋孔昭，译. 1986. 工程管理原理：计划、进度与控制［M］. 长沙：湖南科学技术出版社.
董庆阳. 1997. 花岗岩板材在建筑装饰应用上的通病及防治［J］. 新型建筑材料，(3).
福建省建委. 2001. 福建省建筑装饰工程预算定额（2001）［M］. 北京：中国计划出版社.
陈建国. 2001. 工程计量与造价管理. ［M］. 上海：同济大学出版社.
顾国华. 1999. 实用建筑装饰施工手册［M］. 北京：中国建筑工业出版社.
何新闻. 2002. 室内设计材料的表现与运用［M］. 长沙：湖南科学技术出版社.
李飞. 2002. 装饰工程预算速成手册［M］. 北京：中国水利水电出版社.
李永盛，等. 1999. 建筑装饰工程施工［M］. 上海：同济大学出版社.
林知炎，曹吉鸣. 2002. 工程施工组织与管理［M］. 上海：同济大学出版社.
刘锋，等. 2005. 室内装饰工程施工管理与组织［M］. 上海：上海科学技术出版社.
刘念华，等. 2002. 建筑装饰施工技术［M］. 北京：科学出版社.
吕凤举，等. 1990. 建筑装饰工程质量管理［M］. 北京：中国建筑工业出版社.
潘金祥. 1998. 建筑装饰工程质量监督手册［M］. 北京：中国建筑工业出版社.
钱昆润，等. 1998. 建筑装饰工程监理手册［M］. 北京：中国建筑工业出版社.
邱增处，等. 2001. 大规格木地板在生产应用中的变形及分析［J］. 西北林学院学报，16（4）.
宋少沪，汪德江，等. 2001. 装饰工程预算［M］. 北京：中国铁道出版社.
孙科炎. 2004. 建筑装饰装修工程施工与质量验收实用手册［M］. 北京：中国建筑工业出版社.
孙维君. 1999. 装饰工程项目管理规范实施手册［M］. 北京：中国建筑工业出版社.
王海平，董少峰. 1992. 室内装饰工程手册［M］. 北京：中国建筑工业出版社.
武育秦，廖天平. 1997. 装饰工程预算与报价［M］. 重庆：重庆大学出版社.
向仕龙，等. 2003. 室内装饰材料［M］. 北京：中国林业出版社.
向仕龙，等. 2005. 装饰材料的环境设计与应用［M］. 北京：中国建筑工业出版社.
许炳权. 2003. 装饰装修施工技术［M］. 北京：中国建材工业出版社.
叶翼翔. 2000. 涂料耐久性影响因素的分析［J］. 新型建筑材料，(8).
张云莲. 2001. 天然饰面石材的常见病害及其防治［J］. 腐蚀与保护，22（4）.
赵方冉. 2002. 装饰装修材料［M］. 北京：中国建材出版社.
赵西安. 1996. 幕墙工程手册［M］. 北京：中国建筑工业出版社.
赵子夫，等. 1998. 建筑装饰工程施工工艺［M］. 沈阳：辽宁科学技术出版社.
中华人民共和国建设部. GB50500－2003 建设工程工程量清单计价规范［S］. 北京：中国计划出版社.
中南林学院. 1995. 室内装修工程［M］. 哈尔滨：东北林业大学出版社.
朱志杰. 1997. 建筑装饰工程参考定额与报价［M］. 北京：中国计划出版社.
GB50210—2001 建筑装饰装修工程质量验收规范［S］. 北京：中国建筑工业出版社.
GB5022—1995 建筑内部装修设计防火规范［S］. 中华人民共和国标准，1995.
GB50300—2001 建筑工程施工质量验收统一标准［S］. 北京：中国建筑工业出版社.
［美］阿诺德·M. 拉斯金，［美］W. 尤金·埃斯特斯. 1985. 工程管理. 张鹏飞，周依龄，译. 北京：电子工业部第六研究所.